"煤炭清洁转化技术丛书"

丛书主编：谢克昌

丛书副主编：任相坤

各分册主要执笔者：

《煤炭清洁转化总论》	谢克昌	王永刚	田亚峻
《煤炭气化技术：理论与工程》	王辅臣	龚 欣	于广锁
《气体净化与分离技术》	上官炬	毛松柏	
《煤炭转化过程污染控制与治理》	亢万忠	周彦波	
《煤炭热解与焦化》	尚建选	郑明东	胡浩权
《煤炭直接液化技术与工程》	舒歌平	吴春来	任相坤
《煤炭间接液化理论与实践》	孙启文		
《煤基化学品合成技术》	应卫勇		
《煤基含氧燃料》	李 忠	付廷俊	
《煤制烯烃和芳烃》	魏 飞	叶 茂	刘中民
《煤基功能材料》	张功多	张德祥	王守凯
《煤制乙二醇技术与工程》	姚元根	吴越峰	诸 慎
《煤化工碳捕集利用与封存》	马新宾	李小春	任相坤
《煤基多联产系统技术》	李文英		
《煤化工设计技术与工程》	施福富	亢万忠	李晓黎

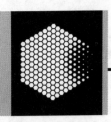

煤炭清洁转化技术丛书

丛书主编　谢克昌　　丛书副主编　任相坤

煤炭清洁转化总论

谢克昌　王永刚　田亚峻　编著

化学工业出版社

·北京·

内 容 简 介

本书是"煤炭清洁转化技术丛书"的分册之一,以煤炭清洁转化产业化发展的宏观背景为主线,以煤炭反应性为统领,系统介绍煤炭清洁转化的基本原理,提供煤炭清洁转化的总体轮廓。本书紧密结合我国煤炭清洁转化的技术发展,深度阐述煤炭的性质与利用、热解反应性、加氢反应性、燃烧反应性、气化反应性、转化过程中的催化等基础理论,充分融合国内近年来煤炭清洁转化的最新研究动态和技术进展,突出我国煤炭综合利用特色,结合我国国情分析煤炭清洁转化发展的制约因素,从理论和实践上提出我国煤炭清洁转化发展战略。

本书融合了作者团队在煤炭清洁高效转化领域多年的教学科研、技术开发和战略研究经验,可为读者提供煤炭清洁转化全貌的科学认知。本书可供从事煤化工科研、应用的技术人员阅读,也可作为高等院校化学工程与工艺、能源与动力工程、资源与环境工程等相关专业的教学参考书。

图书在版编目(CIP)数据

煤炭清洁转化总论/谢克昌,王永刚,田亚峻编著
. —北京:化学工业出版社,2022.11
(煤炭清洁转化技术丛书)
ISBN 978-7-122-42106-7

Ⅰ.①煤… Ⅱ.①谢… ②王… ③田… Ⅲ.①清洁煤
-研究 Ⅳ.①TD942

中国版本图书馆 CIP 数据核字(2022)第 162477 号

责任编辑:傅聪智 仇志刚　　　　　　　文字编辑:史亚琪 王云霞
责任校对:宋 玮　　　　　　　　　　　装帧设计:张 辉

出版发行:化学工业出版社(北京市东城区青年湖南街 13 号 邮政编码 100011)
印　装:中煤(北京)印务有限公司
787mm×1092mm 1/16 印张 18¾ 字数 445 千字 2024 年 2 月北京第 1 版第 1 次印刷

购书咨询:010-64518888　　　　　　　　售后服务:010-64518899
网　址:http://www.cip.com.cn
凡购买本书,如有缺损质量问题,本社销售中心负责调换。

定　价:150.00 元

"煤炭清洁转化技术丛书"编委会

主　任：

谢克昌　中国工程院院士，太原理工大学教授

副主任：

刘中民　中国工程院院士，中国科学院大连化学物理研究所研究员

任相坤　中国矿业大学教授

周伟斌　化学工业出版社编审

石岩峰　中国炼焦行业协会高级工程师

委　员（以姓氏汉语拼音排序）：

陈　健　西南化工研究设计院有限公司教授级高级工程师

方向晨　中国化工学会教授级高级工程师

房鼎业　华东理工大学教授

傅向升　中国石油和化学工业联合会教授级高级工程师

高晋生　华东理工大学教授

胡浩权　大连理工大学教授

金　涌　中国工程院院士，清华大学教授

亢万忠　中国石化宁波工程有限公司教授级高级工程师

李君发　中国石油和化学工业规划院教授级高级工程师

李庆生　山东省冶金设计院股份有限公司高级工程师

李文英　太原理工大学教授

李小春　中国科学院武汉岩土力学研究所研究员

李永旺　中科合成油技术有限公司研究员

李　忠　太原理工大学教授

林彬彬　中国天辰工程有限公司教授级高级工程师

刘中民　中国工程院院士，中国科学院大连化学物理研究所研究员

马连湘　青岛科技大学教授

马新宾　天津大学教授

毛松柏　中石化南京化工研究院有限公司教授级高级工程师

倪维斗　中国工程院院士，清华大学教授

任相坤　中国矿业大学教授

上官炬　太原理工大学教授

尚建选　陕西煤业化工集团有限责任公司教授级高级工程师

施福富　赛鼎工程有限公司教授级高级工程师

石岩峰　中国炼焦行业协会高级工程师

舒歌平　中国神华煤制油化工有限公司研究员

孙启文　上海兖矿能源科技研发有限公司研究员

田亚峻　中国科学院青岛生物能源与过程所研究员

王辅臣　华东理工大学教授

房倚天　中国科学院山西煤炭化学研究所研究员

王永刚　中国矿业大学教授

魏　飞　清华大学教授

吴越峰　东华工程科技股份有限公司教授级高级工程师

谢克昌　中国工程院院士，太原理工大学教授

谢在库　中国科学院院士，中国石油化工股份有限公司教授级高级工程师

杨卫胜　中国石油天然气股份有限公司石油化工研究院教授级高级工程师

姚元根　中国科学院福建物质结构研究所研究员

应卫勇　华东理工大学教授

张功多　中钢集团鞍山热能研究院教授级高级工程师

张庆庚　赛鼎工程有限公司教授级高级工程师

张　勇　陕西省化工学会教授级高级工程师

郑明东　安徽理工大学教授

周国庆　化学工业出版社编审

周伟斌　化学工业出版社编审

诸　慎　上海浦景化工技术股份有限公司

丛书序

  2021 年中央经济工作会议强调指出："要立足以煤为主的基本国情，抓好煤炭清洁高效利用。"事实上，2019 年到 2021 年的《政府工作报告》就先后提出"推进煤炭清洁化利用"和"推动煤炭清洁高效利用"，而 2022 年和 2023 年的《政府工作报告》更是强调要"加强煤炭清洁高效利用"和"发挥煤炭主体能源作用"。由此可见，煤炭清洁高效利用已成为保障我国能源安全的重大需求。中国工程院作为中国工程科学技术界的最高荣誉性、咨询性学术机构，立足于我国的基本国情和发展阶段，早在 2011 年 2 月就启动了由笔者负责的《中国煤炭清洁高效可持续开发利用战略研究》这一重大咨询项目，组织了煤炭及相关领域的 30 位院士和 400 多位专家，历时两年多，通过对有关煤的清洁高效利用全局性、系统性和基础性问题的深入研究，提出了科学性、时效性和操作性强的煤炭清洁高效可持续开发利用战略方案，为中央的科学决策提供了有力的科学支撑。研究成果形成并出版一套 12 卷的同名丛书，包括煤炭的资源、开发、提质、输配、燃烧、发电、转化、多联产、节能降污减排等全产业链，对推动煤炭清洁高效可持续开发利用发挥了重要的工程科技指导作用。

  煤炭具有燃料和原料的双重属性，前者主要用于发电和供热（约占 2022 年煤炭消费量的 57%），后者主要用作化工和炼焦原料（约占 2022 年煤炭消费量的 23%）。近年来，由于我国持续推进煤电机组与燃料锅炉淘汰落后产能和节能减排升级改造，已建成全球最大的清洁高效煤电供应体系，燃煤发电已不再是我国大气污染物的主要来源，可以说 2022 年，占煤炭消费总量约 57% 的发电用煤已基本实现了煤炭作为能源的清洁高效利用。如果作为化工和炼焦原料约 10 亿吨的煤炭也能实现清洁高效转化，在确保能源供应、保障能源安全的前提下，实现煤炭清洁高效利用便指日可待。

  虽然 2022 年化工原料用煤 3.2 亿吨仅占包括炼焦用煤在内转化原料用煤总量的32% 左右，但以煤炭清洁转化为前提的现代煤化工却是煤炭清洁高效利用的重要途径，它可以提高煤炭综合利用效能，并通过高端化、多元化、低碳化的发展，使该产业具有巨大的潜力和可期望的前途。至 2022 年底，我国现代煤化工的代表性产品煤制油、煤制甲烷气、煤制烯烃和煤制乙二醇产能已初具规模，产量也稳步上升，特别是煤直接液化、低温间接液化、煤制烯烃、煤制乙二醇技术已处于国际领先水平，煤制乙醇已经实现工业化运行，煤制芳烃等技术也正在突破。内蒙古鄂尔多斯、陕西榆林、宁夏宁东和新疆准东 4 个现代煤化工产业示范区和生产基地产业集聚加快、园区化格局基本形成，为现代煤化工产业延伸产业链，最终实现高端化、多元化和低碳化奠定了雄厚基础。由笔者担任主编、化学工业出版社 2012 年出版发行的"现代煤化工技术丛书"对推动我国现代煤化工的技术进步和产业发展发挥了重要作用，做出了积极贡献。

现代煤化工产业发展的基础和前提是煤的清洁高效转化。这里煤的转化主要指煤经过化学反应获得气、液、固产物的基础过程和以这三态产物进行再合成、再加工的工艺过程，而通过科技创新使这些过程实现清洁高效不仅是助力国家能源安全和构建"清洁低碳、安全高效"能源体系的必然选择，而且也是现代煤化工产业本身高端化、多元化和低碳化的重要保证。为顺应国家"推动煤炭清洁高效利用"的战略需求，化学工业出版社决定在"现代煤化工技术丛书"的基础上重新编撰"煤炭清洁转化技术丛书"（以下简称丛书），仍邀请笔者担任丛书主编和编委会主任，组织我国煤炭清洁高效转化领域教学、科研、工程设计、工程建设和工厂企业具有雄厚基础理论和丰富实践经验的一线专家学者共同编著。在丛书编写过程中，笔者要求各分册坚持"新、特、深、精"四原则。新，是要有新思路、新结构、新内容、新成果；特，是有特色，与同类著作相比，你无我有，你有我特；深，是要有深度，基础研究要深入，数据案例要充分；精，是分析到位、阐述精准，使丛书成为指导行业发展的案头精品。

针对煤炭清洁转化的利用方式、技术分类、产品特征、材料属性，从清洁低碳、节能高效和环境友好的可持续发展理念等本质认识，丛书共设置了 15 个分册，全面反映了作者团队在这些方面的基础研究、应用研究、工程开发、重大装备制造、工业示范、产业化行动的最新进展和创新成果，基本体现了作者团队在煤炭清洁转化利用领域追求共性关键技术、前沿引领技术、现代工程技术和颠覆性技术突破的主动与实践。

1.《煤炭清洁转化总论》（谢克昌　王永刚　田亚峻　编著）

以"现代煤化工技术丛书"之分册《煤化工概论》为基础，将视野拓宽至煤炭清洁转化全领域，但仍以煤的转化反应、催化原理与催化剂为主线，概述了煤炭清洁转化的主要过程和技术。该分册一个显著的特点是针对中国煤炭清洁转化的现状和问题，在深入分析和论证的基础上，提出了中国煤炭清洁转化技术和产业"清洁、低碳、安全、高效"的量化指标和发展战略。

2.《煤炭气化技术：理论与工程》（王辅臣　龚欣　于广锁　等编著）

该分册通过对煤气化过程的全面分析，从煤气化过程的物理化学、流体力学基础出发，深入阐述了气化炉内射流与湍流多相流动、湍流混合与气化反应、气化原料制备与输送、熔渣流动与沉积、不同相态原料的气流床气化过程放大与集成、不同床型气化炉与气化系统模拟以及成套技术的工程应用。作者团队对其开发的多喷嘴气化技术从理论研究、工程开发到大规模工业化应用的全面论述和实践，是对煤气化这一煤炭清洁转化核心技术的重大贡献。专述煤与气态烃的共气化是该分册的另一特点。

3.《气体净化与分离技术》（上官炬　毛松柏　等编著）

煤基工业气体净化与分离是煤炭清洁转化的前提与基础。作者基于团队几十年在这一领域的应用基础研究和技术开发实践，不仅系统介绍了广泛应用的干法和湿法净化技术以及变压吸附与膜分离技术，而且对气体净化后硫资源回收与一体化利用进行了论述，系统阐述了不同净化分离工艺技术的应用特征和解决方案。

4.《煤炭转化过程污染控制与治理》（亢万忠　周彦波　等编著）

传统煤炭转化利用过程中产生的"三废"如果通过技术创新、工艺进步、装置优化、全程管理等手段，完全有可能实现源头减排，从而使煤炭转化利用过程达到清洁化。该分册在介绍煤炭转化过程中硫、氮等微量和有害元素的迁移与控制的理论基础上，系统论述了主要煤炭转化技术工艺过程和装置生产中典型污染物的控制与治理，以及实现源头减排、过程控制、综合治理、利用清洁化的技术创新成果。对煤炭转化全过程中产生的"三废"、噪声等典型污染物治理技术、处置途径的具体阐述和对典型煤炭转化项目排放与控制技术集成案例的成果介绍是该分册的显著特点。

5.《煤炭热解与焦化》（尚建选　郑明东　胡浩权　等编著）

热解是所有煤炭热化学转化过程的基础，中低温热解是低阶煤分级分质转化利用的最佳途径，高温热解即焦化过程以制取焦炭和高温煤焦油为主要目的。该分册介绍了热解与焦化过程的特征和技术进程，在阐述技术原理的基础上，对这两个过程的原料特性要求、工艺技术、装备设施、产物分质利用、系统集成等详细论述的同时，对中低温煤焦油和高温煤焦油的深加工技术、典型工艺、组分利用、分离精制、发展前沿等也做了全面介绍。展现最新的研究成果、工程进展及发展方向是该分册的特色。

6.《煤炭直接液化技术与工程》（舒歌平　吴春来　任相坤　编著）

通过改变煤的分子结构和氢碳原子比并脱除其中的氧、氮、硫等杂原子，使固体煤转化成液体油的煤炭直接液化不仅是煤炭清洁转化的重要途径，而且是缓解我国石油对外依存度不断升高的重要选择。该分册对煤炭直接液化的基本原理、用煤选择、液化反应与影响因素、液化工艺、产品加工进行了全面论述，特别是世界首套百万吨级煤直接液化示范工程的工艺、装备、工厂运行等技术创新过程和开发成果的详尽总结和梳理是其亮点。

7.《煤炭间接液化理论与实践》（孙启文　编著）

煤炭间接液化制取汽油、柴油等油品的实质是煤先要气化制得合成气，再经费-托催化反应转化为合成油，最后经深加工成为合格的汽油、柴油等油品。与直接液化一样，间接液化是煤炭清洁转化的重要方式，对保障我国能源安全具有重要意义。费-托合成是煤炭间接液化的关键技术。该分册在阐述煤基合成气经费-托合成转化为液体燃料的煤炭间接液化反应原理基础上，详尽介绍了费-托合成反应催化剂、反应器和产物深加工，深入介绍了作者在费-托合成领域的研发成果与应用实践，分析了大规模高、低温费-托合成多联产工艺过程，费-托合成产物深加工的精细化以及与石油化工耦合的发展方向和解决方案。

8.《煤基化学品合成技术》（应卫勇　编著）

广义上讲，凡是通过煤基合成气为原料制得的产品都属于煤基合成化学品，含通过间接液化合成的燃料油等。该分册重点介绍以煤基合成气及中间产物甲醇、甲醛等为原料合成的系列有机化工产品，包括醛类、胺类、有机酸类、酯类、醚类、醇类、烯烃、芳烃化学品，介绍了煤基化学品的性质、用途、合成工艺、市场需求等，对最新基础研究、技术开发和实际应用等的梳理是该书的亮点。

9.《煤基含氧燃料》（李忠　付廷俊　等编著）

作为煤基燃料的重要组成之一，与直接液化和间接液化制得的煤基碳氢燃料相比，煤基含氧燃料合成反应条件相对温和、组成简单、元素利用充分、收率高、环保性能好，具有明显的技术和经济优势，与间接液化类似，对煤种的适用性强。甲醇是主要的、基础的煤基含氧燃料，既可以直接用作车船用替代燃料，亦可作为中间平台产物制取醚类、酯类等含氧燃料。该分册概述了醇、醚、酯三类主要的煤基含氧燃料发展现状及应用趋势，对煤基含氧燃料的合成原料、催化反应机理、催化剂、制造工艺过程、工业化进程、根据其特性的应用推广等进行了深入分析和总结。

10.《煤制烯烃和芳烃》（魏飞　叶茂　刘中民　等编著）

烯烃（特别是乙烯和丙烯）和芳烃（尤其是苯、甲苯和二甲苯）是有机化工最基本的基础原料，市场规模分别居第一位和第二位。以煤为原料经气化制合成气、合成气制甲醇，甲醇转化制烯烃、芳烃是区别于石油化工的煤炭清洁转化制有机化工原料的生产路线。该分册详细论述了煤制烯烃（主要是乙烯和丙烯）、芳烃（主要是苯、甲苯、二甲苯）的反应机理和理论基础，系统介绍了甲醇制烯烃技术、甲醇制丙烯技术、煤制烯烃和芳烃的前瞻性技术，包括工艺、催化剂、反应器及系统技术。特别是对作者团队在该领域的重大突破性技术以及大规模工业应用的创新成果做了重点描述，体现了理论与实践的有机结合。

11.《煤基功能材料》（张功多　张德祥　王守凯　等编著）

碳元素是自然界分布最广泛的一种基础元素，具有多种电子轨道特性，以碳元素作为唯一组成的炭材料有多样的结构和性质。煤炭含碳量高，以煤为主要原料制取的煤基炭材料是煤炭材料属性的重要表现形式。该分册详细介绍了煤基有机功能材料（光波导材料、光电显示材料、光电信息存储材料、工程塑料、精细化学品）和煤基炭功能材料（针状焦、各向同性焦、石墨电极、炭纤维、储能材料、吸附材料、热管理炭材料）的结构、性质、生产工艺和发展趋势。对作者团队重要科技成果的系统总结是该分册的特点。

12.《煤制乙二醇技术与工程》（姚元根　吴越峰　诸慎　主编）

以煤基合成气为原料通过羰化偶联加氢制取乙二醇技术在中国进入到大规模工业化阶段。该分册详细阐述了煤制乙二醇的技术研究、工程开发、工业示范和产业化推广的实践，针对乙二醇制备过程中的亚硝酸甲酯合成、草酸二甲酯合成、草酸酯加氢、中间体分离和产品提纯等主要单元过程，系统分析了反应机理、工艺流程、催化剂、反应器及相关装备等；全面介绍了煤基乙二醇的工艺系统设计及工程化技术。对典型煤制乙二醇工程案例的分析、技术发展方向展望、关联产品和技术说明是该分册的亮点。

13.《煤化工碳捕集利用与封存》（马新宾　李小春　任相坤　等编著）

煤化工生产化学品主要是以煤基合成气为原料气，调节碳氢比脱除CO_2是其不可或缺的工艺属性，也因此成为煤化工发展的制约因素之一。为促进煤炭清洁低碳转化，该分册阐述了煤化工碳排放概况、碳捕集利用和封存技术在煤化工中的应用潜力，总结了与煤化工相关的CO_2捕集技术、利用技术和地质封存技术的发展进程及应用现状，对CO_2捕集、利用和封存技术工程实践案例进行了分析。全面阐述CO_2为原料的各类利用技术是该分册的亮点。

14.《煤基多联产系统技术》（李文英　等编著）

煤基多联产技术是指将燃煤发电和煤清洁高效转化所涉及的主要工艺单元过程以及化工-动力-热能一体化理念，通过系统间的能量流与物质流的科学分配达到节能、提效、减排和降低成本的目的，是一项系统整体资源、能源、环境等综合效益颇优的煤清洁高效综合利用技术。该分册紧密结合近年来该领域的技术进步和工程需求，聚焦多联产技术的概念设计与经济性评价，在介绍关键技术和主要工艺的基础上，对已运行和在建的系统进行了优化与评价分析，并指出该技术发展中的问题和面临的机遇，提出适合我国国情和发展阶段的多联产系统技术方案。

15.《煤化工设计技术与工程》（施福富　元万忠　李晓黎　等编著）

煤化工设计与工程技术进步是我国煤化工产业高质量发展的基础。该分册全面梳理和总结了近年来我国煤化工设计技术与工程管理的最新成果，阐明了煤化工产业高端化、多元化、低碳化发展的路径，解析了煤化工工程设计、工程采购、工程施工、项目管理在不同阶段的目标、任务和关键要素，阐述了最新的工程技术理念、手段、方法。详尽剖析煤化工工程技术相关专业、专项技术的定位、工程思想、技术现状、工程实践案例及发展趋势是该分册的亮点。

　　丛书 15 个分册的作者，都十分重视理论性与实用性、系统性与新颖性的有机结合，从而保障了丛书整体的"新、特、深、精"，体现了丛书对我国煤炭清洁高效利用技术发展的历史见证和支撑助力。"惟创新者进，惟创新者强，惟创新者胜。"坚持创新，科技进步；坚持创新，国家强盛；坚持创新，竞争取胜。"古之立大事者，不惟有超世之才，亦必有坚韧不拔之志"，只要我们坚持科技创新，加快关键核心技术攻关，在中国实现煤炭清洁高效利用一定会指日可待。诚愿这套丛书在煤炭清洁高效利用不断迈上新水平的进程中发挥科学求实的推动作用。

谢克昌

2023 年 6 月 9 日

前言

由于煤组成的非均相性，其化学反应呈现非均相复杂性，与同属化石能源和化工原料的石油和天然气相比，煤的清洁转化难度更大。要想实现不同煤种的清洁高效转化，必须了解其结构与组成和转化反应性的关系，而煤转化为清洁能源或化学品的主要反应不外乎以下几个：

$$C + 2H_2 \longrightarrow CH_4 \text{（加氢甲烷化）}$$

$$CH_4 + H_2O \longrightarrow CO + 3H_2 \text{（水蒸气转化）}$$

$$C + H_2O \longrightarrow CO + H_2 \text{（水煤气制备）}$$

$$CO + H_2O \longrightarrow CO_2 + H_2 \text{（水煤气变换）}$$

$$CO_2 + C \longrightarrow 2CO \text{（}CO_2\text{歧化）}$$

$$CO_2 + CH_4 \longrightarrow 2CO + 2H_2 \text{（}CO_2\text{重整）}$$

清洁高效甚至低碳排放实现上述反应还离不开具有优良性能的催化剂及其作用。

作为"煤炭清洁转化技术丛书"的第一分册，《煤炭清洁转化总论》正是以煤的转化反应为主线，以煤的转化技术分章节，侧重煤炭利用的基本原理，构建煤炭转化的路线图，通过最新的研究动态和技术进展介绍，以期为读者提供煤炭清洁转化全貌的科学认知。全书共分十章：

第一章是煤炭清洁转化的总体情况概述并就其发展的制约因素及国外发展现状做了分析。

第二章介绍了与煤炭清洁转化利用密切相关的煤的物理性质和化学性质，其中特别总结了煤特性对转化的适应性。

第三章到第六章为煤化学转化最主要的基础反应以及与这些反应相关的技术概况。内容涵盖煤炭热解、煤炭加氢、煤炭燃烧和煤炭气化反应性。

第七章重点论述了煤炭清洁转化的重要共性问题，催化剂和催化作用以及在基本反应中的应用。

第八章是煤的直接利用介绍，除传统的基本技术及进展外，特别介绍了煤基碳素材料的制备。

第九章对煤炭清洁转化面临的挑战，如环境、水资源、节能、碳减排进行了详细分析。

第十章以作者团队的最新研究成果，阐述了具有前瞻性和导向性的煤炭转化清洁低碳、安全高效的发展战略。

　　作为师生的本书作者团队，深耕煤炭清洁高效转化领域科研教学、技术开发和战略研究多年，撰写本分册的目的除"煤炭清洁转化技术丛书"的需要外，更重要的是助力煤炭清洁高效利用，保障国家能源安全供应的重大需求。但毕竟因为作者一直在大学或科研院所工作，实践经验所限，不妥之处，在所难免。管见所及，虚己以听，望读者不吝赐教。

谢克昌　王永刚　田亚峻

2023 年 9 月 9 日

目录

1 煤炭清洁转化概况   001

4 煤炭加氢反应性 095

5　煤炭燃烧反应性　122

6　煤炭气化反应性　149

7　煤转化过程中的催化　175

8　煤的综合利用　　　194

9　中国煤炭清洁转化发展面临的挑战　　　249

10　中国煤炭清洁转化发展战略　　　266

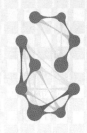

1

煤炭清洁转化概况

　　能源是人类活动的物质基础，人类社会的发展需要不断使用优质的能源和先进的能源技术。自从远古祖先使用火进行生产活动以来，人类的生存便和不断上升的能源需求与技术进步紧密联系在一起。

　　从燃烧木材、植被、泥煤开始，人类就开始探索各种能源的转化和利用技术。公元前2800年，古埃及人开始用风帆借助风力驱动船只的航行；公元8世纪前后，人类开始学会利用风能和水能，风力机械首先被用来协助牲畜做碾谷和提水等重体力劳动，利用水能的水车用于灌溉农田；到了公元14世纪，结合先进的航海知识，人们合理利用风力实现了远洋航行，推动了远航技术的发展。可以说风能、水能以及生物质能在人类文明的发展过程中发挥了重要的作用。

　　化石燃料（fossil fuel）的利用，大大促进了人类文明的发展。考古发现，在中国河南巩义市铁生沟村和郑州市古荥镇等地的西汉冶铁遗址都发现了煤饼和煤屑，说明公元前200年煤已经作为燃料使用。到16世纪，人们认识到煤有比薪柴和木炭更高的热值，能用来冶炼。它的大规模利用不仅仅是能源利用技术的进步，也提高了人类的生产力水平。直到现代，煤仍是社会生产生活中的主要能源，仍然是钢铁生产、火力发电的主要燃料，也是重要的化工原料。

　　石油也是一种化石能源，其被发现的历史也很悠久，但大规模地用作能源却比煤炭要晚很长时间。很早以前，古代人就观察到石油浮出水面燃烧的现象，曾用来制作润滑剂，或用石油燃烧时产生的烟灰做墨。到19世纪，西方国家的石油井才开始生产。俄国的第一口油井在1848年钻成，美国的第一口油井在1859年钻成。现在，石油化工产品除了可作为燃料用来驱动火车、汽车、飞机等各种交通工具，还可作为各种化工生产的原料。

　　作为另一种化石燃料，天然气是现代广泛应用的工业和民用燃料，其被开发和利用的历史也有一千多年[1]。天然气的优点很多，首先它比燃煤要洁净，其次它的生产成本低、开采的劳动生产率比煤和石油高。目前天然气还在汽车中作为燃料推广。

　　在人类漫长的能源利用历史中，能源与动力之间转换的发展是相当缓慢的。18世纪末能量转换和守恒定律被发现之后，能源发展史上才出现了一个重大的历史性突破，从此人类

---

　　[1]　李约瑟认为，中国人首先发明了深井钻探技术。

开始致力于实现用热能转化成机械能来代替人力和畜力的历史性转变。煤和石油的广泛使用带动了第一次工业革命，出现了蒸汽机和内燃机，使生产活动逐步实现了机械化，使交通和运输更便利。

19世纪70年代，汽轮机和发电机的出现，促进了电力工业的飞速发展。电力的应用是能源科学技术发展的又一次重大革命，它使热能转换成为电能。电能作为目前最佳的载能体，已经成为化石能源、可再生能源和核能的主要转化产品。当今，各种一次能源资源转化生产电力具有很好的资源、技术基础，也是今后30~50年主要的能源生产利用方式。电力的大规模生产和利用开拓了广泛的能源开发利用领域，使得诸如化石能源，以及风能、潮汐能、波浪能、太阳能、地热能、核能、生物质能，甚至连生活垃圾也能转换为洁净、高效和方便的能源。能源的发展，能源和环境，是社会经济发展的重要问题，也是人类共同关注的问题。

中国是世界上主要的能源消费国之一，2022年全年能源消费总量54.1亿吨标准煤，其中煤炭消费量占能源消费总量的56.2%。煤炭作为中国重要的基础能源和化工原料，为国民经济发展和社会稳定提供了重要支撑。当前，中国煤炭的主要利用方式为直接燃烧发电和工业供热。我国石油和天然气的探明可采储量仅为世界人均值的10%和3%。据国家统计局统计，2022年我国原油进口量5.0828亿吨，石油对外依存度达71.2%；天然气进口量1520.7亿立方米，对外依存度达40.2%。未来我国油气能源的高对外依存度态势仍将长期存在。随着我国经济的快速发展，石油、天然气供应缺口逐年加大，势必影响我国经济的可持续发展，也将造成能源供给的安全隐患。煤炭清洁高效转化，不仅可以缓解我国能源供应紧张局面，保障国家能源安全，也是构建我国清洁低碳、安全高效的能源体系的必然选择。

1.1 能源的转化和利用

简单地说，能源是可以产生能量的物质。能量的来源和形式多种多样，而且可以相互转换。

通常凡是能被人类加以利用以获得有用能量的各种资源都可以称为能源，或者说，能源是指能够直接取得或者通过加工、转换而取得有用能量的各种资源，包括煤炭、原油、天然气、煤层气、水能、核能、风能、太阳能、地热能、生物质能等一次能源和电力、热力、成品油等二次能源。

1.1.1 能源的分类

能源种类繁多，而且经过人类不断的研究与开发，更多新型能源已经开始能够满足人类需求。根据不同的划分方式，能源也可分为不同的类型。从来源可分为三类：地球本身蕴藏的能量、来自地球外部天体的能源以及地球和其他天体相互作用而产生的能量。

通常地球本身蕴藏的能量是指与地球内部的热能有关的能源和与原子核反应有关的能源，如原子核能、地热能等。温泉和火山爆发喷出的岩浆就是地热的表现。

来自地球外部天体的能源主要是太阳能。这部分能源除直接辐射外，也为风能、水能、生物质能和矿物能源等的产生提供基础。人类所需能量的绝大部分都直接或间接地来自太阳。各种植物通过光合作用把太阳能转变成化学能在植物体内储存下来。煤炭、石油、天然气等化石燃料就是由古代埋在地下的动植物经过漫长的地质年代形成的，实质上是远古生物固定下来的太阳能。此外，水能、风能、波浪能、海流能等也都是由太阳能转换来的。

潮汐能是地球和其他天体相互作用而产生的能量。例如，月球引力的变化可以引起潮汐现象，产生的能量导致海平面周期性升降。潮汐能是海水潮涨和潮落形成的水的势能与动能。

能源按基本形态分类可分为一次能源（primary energy）和二次能源（secondary energy）。一次能源是在自然界中以原有形式存在的、未经加工转化的能源，包括化石能源（如煤、石油、天然气等）、核能（原子能）、生物质能、水能、风能、太阳能、地热能、海洋能等。二次能源是指由一次能源经过加工转换以后得到的能源，包括电能、汽油、柴油、液化石油气、氢能等。在一次能源中，对煤炭、石油、天然气、泥炭、木材等可通过燃烧释放出化学热量加以利用，对水能、风能、地热能、海流能、潮汐能等可通过势能与动能加以利用，显然化学能的利用过程会产生大量的污染。因此，根据能源消耗后是否造成环境污染来分类，前者被认为是能产生污染型能源，后者是清洁型能源。但能产生污染型能源若可以实现清洁转化，则应视为清洁能源。

化石能源是不可再生的，因为煤炭、石油、天然气等是经过漫长的时间固定下来的太阳能。以目前的消耗速度看，消耗的速度远大于生成的速度。相对而言，水能、风能、波浪能、海流能、潮汐能和生物质能等虽然也都是由太阳能转化来的，却可以不断得到补充或能在较短周期内再生，这样的能源称为可再生能源。地热能基本上是不可再生能源，但从地球内部巨大的蕴藏量来看，又具有再生的性质。

图 1-1 给出了地表的能流和能量平衡状况，图中反映了三种来源的能源及其各种形态能源之间的转化。

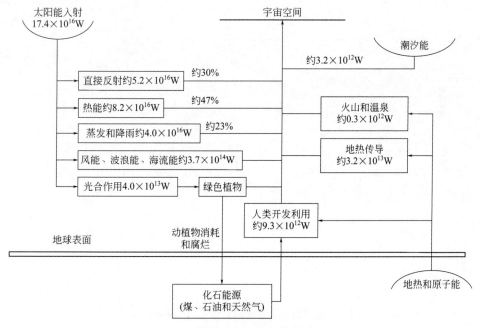

图 1-1　地球大气系统的能量平衡

1.1.2 化石能源的转化

能源利用是通过能源直接提供或转化为二次能源而提供的各种能量来实现的。能量也可进一步被转换成人们所需的形式。热能、机械能和电能是能够被人类利用的主要能量形式。通常化石能源中蕴藏的化学能需要通过燃烧过程释放出来，以热能的形式被利用，热能可以被进一步转换成机械能和电能。

经济活动中化石能源仍然是使用最广泛的一次能源。其原因是经济发展对能量转换系统和转换效率有一定的要求。尽管转换系统的本质不同，有的利用化学过程，有的利用物理过程，但共同的目标是实现对能源的有效驾驭和高效转化，其要求有以下四个方面。

1.1.2.1 能源转化高效率

能量转换过程中大多需要经过热能向机械能的转换，因此必然受到热力学定律的约束。理想热机的效率受到热力学第二定律的限制，使热能转换为机械能的效率都低于同样条件下卡诺循环的效率。提高热机的效率，可行和有效的方式是通过提高高温热源的温度来实现。现代化的热电厂尽量提高水蒸气的温度，使用过热蒸汽推动汽轮机，正是基于这个道理。通常，现代热电厂生产活动中的热机效率都在 35% 左右，这一转化效率难以突破和提高。新的化石能源转化技术基于系统的耦合和集成，能源资源的综合转化和能量的梯级利用，以实现能源转化过程的高效率。

一次能源向二次能源转化的过程中（图 1-2），火电的热损失比例是最高的，减少煤炭到电能的转化损失率是提高能效、节能减排的关键途径。扩大超超临界和高温超超临界机组的使用范围将极大地减少供电煤耗，提高电厂效率。

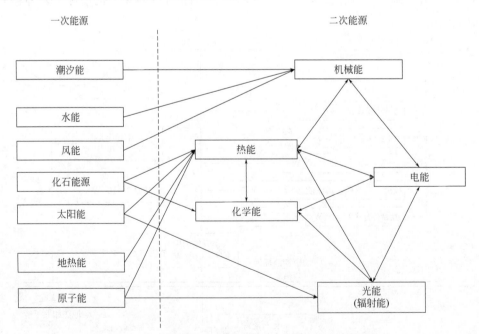

图 1-2 一次能源向二次能源的转化和能量转换的途径

1.1.2.2　能源转化速度快和能量密度大

　　能源转化过程应该用尽量小的设备获得更多的二次能源。例如热交换装置，使单位面积上所传递的热量尽可能地多，是研究开发能量转换装置时的努力方向。而对于一些通过化学反应进行的能源转化过程，可通过提高反应温度或使用催化剂或其他使反应强化的方式来提高转化速度。

　　选择和开发能源的转化技术时，必须考虑能源的能量密度和转化效率。可再生能源，如太阳能、风能等是无污染的清洁能源，但能量密度较小，或品位较低，或有间歇性，因此，需要不断开发新技术，提高能源的转化利用效率和能量密度。未来一段时间内，我国的能源结构将是可再生能源和化石能源并存。图 1-3 给出了几种化石能源在各种转化途径下的转化总效率。表 1-1 和表 1-2 分别列出了一些能源的能量密度和不同燃料的热值。

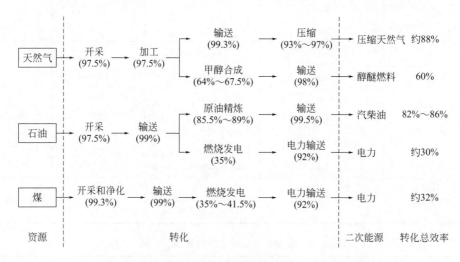

图 1-3　几种化石能源在各种转化途径下的转化总效率

表 1-1　能量密度

转化形式		能量质量密度 /(MJ/kg)	能量体积密度 /(MJ/L)	实际转化效率 /%
氢的核聚变(如太阳能的形成,氘氚聚变)		$3.37 \times 10^8 \sim 6.45 \times 10^8$		
原子核裂变(如^{235}U 核能发电)		8.8250×10^7	1.5×10^9	
化学反应能	爆炸过程	$2.7 \sim 11.3$	$3.8 \sim 20.0$	
	有机物热分解	约 1.5	$1.5 \sim 2.5$	
	有机物燃烧	$5 \sim 40$		
物理过程能	机械运动,如风能	$0.4 \sim 0.8$	$3.2 \sim 6.4$	$81 \sim 94$
	压缩空气	$0.040 \sim 0.512$	$0.06 \sim 0.16$	64
	常压蒸汽	0.001	0.001	$85 \sim 90$
	动力蒸汽 (22.064MPa,373.8℃)	1.968	0.708	

转化形式			能量质量密度/(MJ/kg)	能量体积密度/(MJ/L)	实际转化效率/%
可燃气体燃烧		氢	143		
		甲烷	55.6	0.0378	
		丙烷	49.6	25.3	
可燃液体燃烧		汽油	46.4	34.2	
		生物柴油	42.20	33	
		2,5-二甲基呋喃	42	37.8	
		原油	46.3	37	
		乙醇	30	24	
		甲醇	19.7	15.6	
固体燃料燃烧		褐煤	14.0～19.0		
		石墨	32.7	72.9	
		无烟煤	32.5	72.4	36
		烟煤	24	20	
		畜牧业产生的粪便	15.5		
		木材	6.0～17.0		
喷气燃料			42.8	33	
生活垃圾			8.0～11.0		

表 1-2 不同燃料的热值

燃料		热值/(MJ/kg)
燃料油	煤油	33.6
	2号喷嘴燃料油	41.0
	4号重质燃料油	40.8
	5号重质燃料油	42.2
	6号重质燃料油(2.7% S)	40.3
	6号重质燃料油(0.3% S)	37.9
煤	无烟煤	33.3
	烟煤	32.5
	次烟煤	29.3
	褐煤	25.6
燃气	天然气	29.3
	液化丁烷	49.3
	液化丙烷	50.3

1.1.2.3 优良的负荷调节能力

能量转换装置需要根据用能需求调节其转换能量的多少。不同的用能领域，如工业、民用等对能量使用的形式和特点也不一样。开发新型的能量转换装置必须综合考虑能源的输送、储存以及能量输出的峰谷负荷调节等。而单纯地建设火力发电系统、提高发电能力不是解决地区能源系统的最佳方式，也不符合可持续发展的要求。开发新型的能量转换装置需要节能降耗、提高能源利用率。

自20世纪70年代末期以来，热电联产以及随后发展起来的热电冷联产能量供应系统以其良好的社会效益和经济效益，获得越来越广泛的应用。这些多联产的能量转换装置系统一方面可以实现能量梯级利用，提高能源使用效率，节约大量能源；另一方面，其运行灵活，可在高峰段和低谷段之间实现优良的能量负荷调节。

20世纪80年代提出的甲醇与电力联产流程（见图1-4），实现了整体煤气化联合循环发电（IGCC）机组的连续运转（负荷因子>0.9），提高了能效；其实现的途径是用回路弛放气合成甲醇供燃气轮机使用，排出气供废热锅炉使用；其效果是通过调节循环比控制甲醇产量，见表1-3。因甲醇本身是一种燃料，发电量较少时全过程热效率增加。

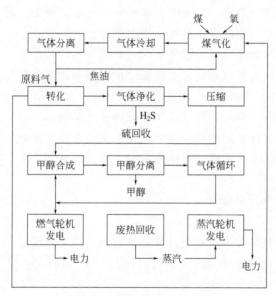

图 1-4　甲醇与电力联产流程

表 1-3　不同循环比时的联产指标 [330t(煤)/h]

循环比	甲醇产量/(t/h)	发电/MW	能源转化效率/%
—	0	900	35.3
0	72	537	38.9
4	182	223	53.8
7	201	161	56.1

以热电冷联产为主要目标的分布式能源系统的开发也需要实现能源系统负荷可调、提高能效。分布式能源系统组合了内燃机、余热锅炉、制冷机组来统一解决电、热、冷供应。由

于利用了高品位和低品位的能量，回收了低品位热能来满足部分热能需要，系统的能源利用效率远高于常规火力发电。

然而，热电冷联产的分布式能源系统的高效和平稳运行过程中，冷热负荷的稳定性对分布式能源系统运行效益影响显著[1]，实际冷热负荷占额定冷热负荷的百分数对分布式供能系统的初投资回收期有显著影响。

1.1.2.4　满足环境要求

能源作为经济发展的原动力，需要为社会提供稳定、经济、清洁、可靠、安全的保障，以能源的可持续发展和有效利用支持经济和社会的可持续发展。能源利用过程也是造成环境污染的主要原因，防止能源利用过程的污染，如燃烧污染，是当前能量转换必须面对和解决的问题。但保护环境的要求往往与转换过程的经济性相矛盾。事实上，稳定供应、环境友好、价格低廉共同构筑了"能源不可能三角"。

通常能源的开发和利用都会给环境造成影响，包括可再生能源。如水电开发可能造成地面沉降、流域生态系统变化、水质变化；地热开发可能引起地面下沉，地下水或地表水受到污染；可再生能源转化为能量载体的生产过程也会产生污染；等等。但在诸多的能源中以化石能源引起的环境影响最为严重，其影响贯穿开采、运输、加工、利用的全过程。这些污染主要包括大气污染、温室效应增强、酸雨、废弃物等。

因此，能源的可持续发展需要兼顾环境保护及经济效益两方面。目前全世界的能源以煤和石油等化石能源为主，虽然以核能和太阳能为代表的新能源前景广阔，但受到许多条件的限制，难以做到随意供应。因此有必要慎重考虑人类在与自然界进行质能转换时，尽量降低不可再生能源的消耗速度，充分利用可再生能源以促进其循环再生，同时减少能源消耗对环境的危害，以达到人类对自然环境的持续利用。未来的能源政策以可再生能源为基础，以提高能源利用效率、节约能源、缓解能源供求矛盾、减少环境污染为重要途径。

1.1.3　化石能源的利用

当今社会巨大的能源需求主要是通过使用化石燃料来得到满足的。人们所使用的化石燃料属于不同形式的碳氢化合物（或称烃类），包括煤、石油和天然气，它们的不同之处在于各自所含碳、氢元素的比例与结构。

目前，全球煤炭资源探明储量约为 10741.08 亿吨，石油资源探明储量约为 2444.21 亿吨，天然气资源探明储量约为 188.1 万亿立方米，储采比分别为 139、53.5、48.8[2]。从长远看，化石能源作为不可再生能源，最终会有枯竭的一天。

1.1.3.1　常规石油和非常规石油

2020 年原油探明储量约 2444.21 亿吨（约合 3492 亿吨标准煤）；按现有勘探投入看，资源量仍有继续增加的空间。

非常规石油，包括深层石油、油页岩、油砂、重油和超重油，在世界上的分布更为广泛，2014 年可采资源量大约为 272 亿吨（约合 386 亿吨标准煤）。在现有经济条件下，可在世界范围内勘探开发非常规石油，最佳对象是深层石油（主要是轻质油和凝析油），而开发油页岩和油砂矿床困难较大。表 1-4 列出了世界主要资源国的石油资源量。

表 1-4 世界主要资源国的石油资源量[2]

国家或地区		原油探明储量/亿桶				占总资源比例(2020年)/%	储采比
		2004年	2014年	2018年	2020年		
按国家	沙特阿拉伯	2643.1	2665.8	2976.7	2975.3	17.2	73.6
	委内瑞拉	797.3	2999.5	3038.1	3038.1	17.5	>500
	伊朗	1327.4	1575.3	1556.0	1578.0	9.1	139.8
	伊拉克	1150.0	1430.7	1450.2	1450.2	8.4	96.3
	科威特	1015.0	1015.0	1015.0	1015.0	5.9	103.2
	阿联酋	978.0	978.0	978.0	978.0	5.6	73.1
	俄罗斯	1054.6	1031.6	1072.1	1078.0	6.2	27.6
	利比亚	391.3	483.6	483.6	483.6	2.8	339.2
	哈萨克斯坦	90.0	300.0	300.0	300.0	1.7	45.3
	尼日利亚	358.8	374.5	369.7	368.8	2.1	56.1
	加拿大	1795.8	1721.6	1707.7	1680.9	9.7	89.4
	美国	293.0	549.6	688.9	687.6	4.0	11.4
	卡塔尔	268.6	257.1	252.4	252.4	1.5	38.1
	中国	182.6	251.7	261.9	259.6	1.5	18.2
	安哥拉	90.4	84.2	81.6	77.8	0.4	16.1
	巴西	112.4	161.8	134.4	119.3	0.7	10.8
按地区	北美地区	2236.8	2379.3	2454.6	2429.1	14.0	28.2
	中南美地区	1019.6	3255.1	3246.6	3233.7	18.7	151.3
	欧洲	179.7	129.1	145.7	136.3	0.8	10.4
	独联体国家	1228.5	1416.1	1456.6	1462.5	8.4	29.6
	中东地区	7500.7	8030.7	8338.6	8359.4	48.3	82.6
	非洲大陆	1079.0	1267.6	1257.0	1251.0	7.2	49.8
	亚太地区	415.2	476.6	460.1	451.6	2.6	16.6
全球总可采资源量		13659.5	16954.5	17359.2	17323.7	100.0	53.5
油砂(加拿大)		1739.9	1662.5	1634.7	1613.6	9.3	

注：1桶（石油）＝158.9873L。

1.1.3.2 天然气

随着勘探开发技术的进步，全球天然气探明储量不断增加。2020年全球天然气已探明储量为188.1万亿立方米。俄罗斯、伊朗、卡塔尔天然气探明储量位居世界前三，分别占资源总量的19.9%、17.1%、13.1%。表1-5列出了世界主要资源国的天然气资源量[2]。

表 1-5 世界主要资源国天然气资源量

国家或地区		天然气探明储量/($\times 10^{12} m^3$)				占总资源比例(2020 年)/%	储采比
		2004 年	2014 年	2018 年	2020 年		
按国家	俄罗斯	33.6	35.0	38.0	37.4	19.9	58.6
	伊朗	26.0	32.1	32.0	32.1	17.1	131.1
	卡塔尔	26.2	25.4	24.7	24.7	13.1	144.0
	土库曼斯坦	2.6	19.5	19.5	13.6	7.2	230.7
	沙特阿拉伯	6.4	7.9	5.9	5.9	3.2	107.1
	美国	5.2	10.0	12.9	12.6	6.7	13.8
	阿联酋	5.9	5.9	5.9	5.9	3.2	107.1
	委内瑞拉	4.8	6.2	6.3	6.3	3.3	333.9
	尼日利亚	5.0	5.1	5.4	5.5	2.9	110.7
	阿尔及利亚	4.4	4.3	4.3	2.3	1.2	28.0
	印度尼西亚	2.8	2.9	2.8	1.3	0.7	19.8
	伊拉克	3.0	3.0	3.5	3.5	1.9	336.3
	澳大利亚	1.8	2.4	2.4	2.4	1.3	16.8
	中国	1.5	3.6	6.4	8.4	4.5	43.3
	马来西亚	1.1	1.1	0.9	0.9	0.5	12.4
	埃及	1.8	2.1	2.1	2.1	1.1	36.6
	挪威	2.4	1.9	1.6	1.5	0.8	12.8
	哈萨克斯坦	2.0	2.0	2.7	2.3	1.2	71.2
	科威特	1.5	1.7	1.7	1.7	0.9	113.2
按地区	北美地区	7.2	12.2	15.0	15.1	8.0	13.7
	中南美地区	6.8	8.2	8.0	7.9	4.2	51.7
	欧洲	6.0	4.4	3.4	3.2	1.7	14.5
	独联体国家	40.6	59.1	63.6	56.6	30.1	70.5
	中东地区	70.9	77.6	75.6	75.8	40.3	110.4
	非洲大陆	13.6	14.2	14.7	12.9	6.9	55.7
	亚太地区	10.9	14.1	16.9	16.6	8.8	25.4
全球总可采资源量		156.0	189.8	197.2	188.1	100	48.8

除此之外，还有一些如煤层气、致密岩储层气、甲烷水合物、水溶气、深层气和非生物成因气等资源被认为是非常规天然气资源。有研究认为，非常规天然气的资源量将超过常规天然气资源量一个量级，但其开发成本较常规天然气高。

1.1.3.3 煤

全球煤的储量丰富，2020 年全球煤炭已探明储量为 10741.08 亿吨，按目前的开采速率，可开采 139 年。煤主要分布在世界 79 个国家（表 1-6），其中美国煤炭探明储量为 2489

亿吨（占 23.2%）、俄罗斯 1622 亿吨（占 15.1%）、中国 1432 亿吨（占 13.3%）、澳大利亚 1502.27 亿吨（占 14.0%）。按照所含能量的多少，可将煤分为两大类，即低级的软褐煤（由于其价值低，不宜长距离运输和作为商品进入市场）和高级的硬煤（可进入世界贸易市场）。

表 1-6　2020 年世界主要资源国煤炭资源量

国家或地区		煤炭探明储量/亿吨			比例/%	储采比
		烟煤和无烟煤	次烟煤和褐煤	总量		
按国家	美国	2189.38	300.03	2489.41	23.2	513
	俄罗斯	717.19	904.47	1621.66	15.1	407
	中国	1350.69	81.28	1431.97	13.3	37
	澳大利亚	737.19	765.08	1502.27	14.0	315
	印度	1059.79	50.73	1110.52	10.3	147
	哈萨克斯坦	256.05		256.05	2.4	226
	南非	98.93		98.93	0.9	40
按地区	北美	2244.44	322.90	2567.34	23.9	484
	中南美	86.16	50.73	136.89	1.3	240
	欧洲	590.84	781.56	1372.40	12.8	299
	独联体国家	1002.08	904.47	1906.55	17.8	367
	中东及非洲	159.74	0.66	160.40	1.5	60
	亚太	3453.13	1144.37	4597.50	42.8	78
全球总可采资源量		7536.39	3204.69	10741.08	100	139

化石燃料通过燃烧释放出能量用于发电、取暖以及其他能量转换过程。但化石燃料是不可再生的。据评估，全球的化石燃料资源可持续使用不超过 200～300 年，其中石油和天然气可持续使用的时间不超过一个世纪。

对于化石燃料来说，"可采储量"是指在现有技术条件下能够经济地开采获得的数量。"探明储量"是指在不考虑开采成本和所需技术的前提下，所有已知或者已被评估存在的总量。随着技术的进步，新的能源矿藏可能不断地被勘探和发现，市场环境条件也在不断地改变，这些都能使能源资源的"探明储量"不断增加，都能使目前的"探明储量"类型的能源资源转变为"可采储量"类型。由上述可知，资源损耗显然不仅仅是物质的真正耗竭问题，有时还常常混入开发成本和经济、政治等问题。需要重点指出的是，虽然化石燃料资源的发现和消耗速度都是动态变化着的，很难对这些资源做出确切的评估，但是消耗量和未来需求量在迅速增长。表 1-7 列出了 2020 年世界与中国化石能源可采储量、产量和储采比。势必让人确信的一点是人们将会面对一个真实而且不可避免的重大的能源来源问题。

表 1-7　2020 年世界与中国化石能源可采储量、产量和储采比

化石能源	探明可采储量			产量			储采比	
	世界	中国	中国占比	世界	中国	中国占比	世界	中国
煤	$10741.08×10^8$ t	$1431.97×10^8$ t	13.3%	$77.32×10^8$ t	$39.01×10^8$ t	50.46%	139	37

化石能源	探明可采储量			产量			储采比	
	世界	中国	中国占比	世界	中国	中国占比	世界	中国
石油	2444.21×10^8 t	35.42×10^8 t	1.5%	41.71×10^8 t	1.95×10^8 t	4.7%	53.5	18.2
天然气	188.1×10^{12} m³	8.40×10^{12} m³	4.5%	3861.51×10^8 m³	194.00×10^8 m³	5.0%	48.8	43.3

1.1.4 可再生能源的利用

可再生能源是指水能、风能、太阳能、生物质能、地热能、海洋能等非化石能源，在自然界可以循环再生，取之不尽，用之不竭。它们是相对于会穷尽的不可再生能源的一种能源，对环境无害或危害很小，资源分布广泛，适宜就地开发利用。随着全球范围内的能源短缺、气候变化以及世界各国对环境保护的日益重视，可再生能源的开发与利用已是世界各国能源利用共同的发展方向。

可再生能源的利用主要集中在电力领域，供热、制冷和运输等方面利用相对较少。*Renewable Capacity Statistics 2023* 数据显示，2022 年全球可再生能源发电总装机容量达到 3372GW，其中水电装机容量为 12555GW，风电装机容量为 899GW，太阳能发电装机容量为 1053.1GW（太阳能光伏发电装机容量为 1046.6GW、聚光太阳能发电装机容量为 6.5GW），生物质能发电装机容量为 149GW，地热能发电装机容量 14.9GW，海洋能发电装机容量 0.5GW，如表 1-8 所示。2022 年，可再生能源发电量占全球总发电量的 40.2%，其中太阳能和风能发电量约占全球发电量的 12.6%。截至 2022 年底，已有超过 40 个国家拥有至少 10GW 的可再生能源发电能力，而 10 年前只有 19 个国家。一些国家，可再生能源在供热、供冷和运输方面的份额也有所增加。金砖国家可再生能源发电装机容量达到 1580.3GW，占全球可再生能源发电总装机容量的 46.9%；欧盟 27 国可再生能源装机容量达 569.6GW，占全球可再生能源发电总装机容量的 16.9%。另外，截至 2022 年，中国在水电、风电、太阳能发电、生物质能发电等方面的装机容量均居世界首位，可再生能源发电总量约为 1042GW，占全球可再生能源发电总装机容量的 34.8%；美国、印度、德国、日本、英国可再生能源发电总装机容量分别为 352GW、163GW、148GW、118GW、52GW，如表 1-9 所示，分别约占全球可再生能源发电总装机容量的 10.90%、5.30%、4.79%、3.63%、1.82%。

2019 年，可再生能源消费占供暖和制冷领域能源消费的 11.2%，但该领域的增长仍然很小。2020 年太阳能供热、新型生物热、地热直接利用量分别为 1.5EJ❶、14.2EJ、462PJ❶，2021 年这三种可再生能源供热量分别为 1.5EJ、14EJ、508PJ，除地热直接利用量增长 9.96% 外，太阳能供热无新增，新型生物热降低 1.43%。

可再生能源在交通运输中所占比重略有上升，主要是作为液体生物燃料，主要包括乙醇、生物柴油 [脂肪酸甲酯（FAME）和氢化植物油（HVO）]。2021 年乙醇产量为 2.2EJ，生物柴油产量为 1.8EJ（FAME 产量为 1.5EJ、HVO 产量为 0.3EJ），增长幅度较小。

---

❶ $1EJ = 1 \times 10^{18}$ J，$1PJ = 1 \times 10^{15}$ J。

表 1-8　世界可再生能源开发利用量[3]

利用形式		2020 年	2021 年	2022 年
发电①	水电装机容量/GW	1213	1235.0	1255.5
	风电装机容量/GW	731.7	824.2	899.0
	太阳能光伏发电装机容量/GW	713.9	855.2	1046.6
	聚光太阳能热发电(CSP)装机容量/GW	6.5	6.4	6.5
	生物质能发电装机容量/GW	133	141	149
	地热能发电装机容量/GW	14.4	14.7	14.9
	海洋能发电装机容量/GW	0.5	0.5	0.5
	可再生能源发电总装机容量/GW	2813	3077	3372
供热②	太阳能供热/EJ	1.5	1.5	
	新型生物热/EJ	14.2	14	
	地热直接利用/PJ	462	508	
生物燃料②	乙醇产量/EJ	2.2	2.2	
	生物柴油(FAME)产量/EJ	1.4	1.5	
	生物柴油(HVO)产量/EJ	0.3	0.3	

① 数据来源：*Renewable Capacity Statistics 2023*。
② 数据来源：*Renewables 2022 Global Status Report*。

表 1-9　截至 2022 年世界主要国家和地区可再生能源发电量　　　　单位：GW

各发电技术装机容量/GW	金砖国家	欧盟 27 国	中国	美国	印度	德国	日本	英国
水电	579	130	369.8	83.9	47.2	5.6	28.2	2.2
风电	438.9	204.1	367.5	140.9	41.9	66.3	4.6	28.5
太阳能光伏发电	496.8	198.3	402.3	111.5	62.8	66.6	78.8	14.4
聚光太阳能热发电(CSP)	1.4	2.3	0.6	1.5	0.3	约 0	0	0
生物质能发电	64.1	33.8	34.5	11.3	10.7	9.9	5.5	7.3
地热能发电	0.1	0.9	约 0	2.7	0	约 0	0.4	约 0
海洋能发电	约 0	0.2	约 0	约 0	0	0	0	约 0
总计	1580.3	569.6	1174.7	351.8	162.9	148.4	117.5	52.4

1.1.4.1　水能

水能指水体的动能、势能和压力能等能量资源。水能是一种既经济又清洁的可再生能源，其主要利用形式为水力发电。水力发电具有技术成熟、开发经济、调度灵活、清洁低碳、安全可靠等特点，兼顾灌溉、防洪、航运等社会效益，是世界各国能源发展与基础设施建设的优先选择。

近年来，全球水力发电发展迅速，2022 年全球水力发电新增装机容量 21.1GW，占可再生能源发电新增装机容量的 7.2%，总装机容量达到 1255.5GW。全球水力发电累计装机容量前十名的国家分别为中国、巴西、美国、加拿大、俄罗斯、印度、日本、挪威、土耳其、法国。中国以 369.8GW 的装机容量位居世界第一，占全球水力发电总装机容量的 29.5%。全球排名前十的国家水电装机容量之和超过全球总装机容量的 2/3，如表 1-10 所示。

表 1-10 截至 2022 年全球水力发电装机容量排名前十的国家

国家	2022 年新增装机容量/GW	截至 2022 年累计装机容量/GW	国家	2022 年新增装机容量/GW	截至 2022 年累计装机容量/GW
中国	13.2	369.8	日本	0.1	28.2
巴西	0.4	109.8	挪威	0	34.1
美国	0.1	83.9	土耳其	0.1	31.6
加拿大	0.8	83.4	法国	0	24.6
俄罗斯	0	51.4	世界总计	21.1	1255.5
印度	0.4	47.2			

1.1.4.2 风能

风能是指风所负载的能量，利用形式主要是将大气运动时所具有的动能转化为其他形式的能量。风力发电作为风能利用的主要形式，已是可再生能源领域中技术最成熟、最具规模和开发条件的发电方式之一，可利用的风能在全球范围内分布广泛、储量巨大。近年来，全球风力发电规模持续增长，2022 年全球风力发电累计装机容量 899GW，较 2021 年增长 9.1%。全球风力发电装机容量排第一位的是中国，占到全球风力发电累计装机容量的 40.9%，如表 1-11 所示。作为现阶段发展最快的可再生能源之一，风电在世界电力生产结构中的占比正在逐年上升，发展前景广阔。

表 1-11 截至 2022 年全球风力发电装机容量排名前十的国家

国家	2022 年新增装机容量/GW	截至 2022 年累计装机容量/GW	国家	2022 年新增装机容量/GW	截至 2022 年累计装机容量/GW
中国	37.5	367.5	巴西	3.0	24.2
美国	7.8	140.9	法国	2.4	21.1
德国	2.5	66.3	加拿大	1.0	15.3
印度	1.9	41.9	瑞典	2.4	14.6
西班牙	1.4	29.3	世界总计	74.7	899
英国	2.8	28.5			

截至 2022 年，全球陆上风电累计装机容量达到 835.6GW，位列前五位的国家分别为中国、美国、德国、印度和西班牙，共占全球陆上风电累计装机容量的 72.5%。全球海上风电累计装机容量为 63.2GW，中国以 30.5GW 排名第一，英国 13.8GW 位居第二，德国 8.1GW 名列第三。综合来看，全球海上风电市场运行较为稳健，保持持续增长态势。海上风力资源丰富、风源稳定，且不占用土地资源，将风电场从陆地向海上发展在全球已经成为一种新趋势，未来发展潜力巨大。

1.1.4.3 太阳能

太阳能是指可被人类直接利用的太阳辐射能，是一种清洁的可再生能源，主要利用方式有光电转换和光热转换。光电转换是通过光伏效应把太阳辐射能直接转换成电能；光热转换主要是利用太阳热能科技将阳光聚合，把太阳辐射能转换为热能，进而转换为电能。

自 20 世纪 70 年代全球石油危机以来，太阳能光伏发电技术就得到了西方发达国家的高度重视，太阳能光伏发电产业在全球得到快速发展。2022 年，全球新增太阳能光伏发电装机容量 191.5GW，占全球所有可再生能源发电新增装机容量的一半以上；全球累计太阳能光伏发电装机容量达到了 1046.6GW，较上年增加 22.4%，累计太阳能光伏发电装机容量占全球可再生能源发电装机容量的 31.4%。2022 年，中国太阳能光伏发电新增装机容量及累计装机容量均居世界首位，占全球太阳能光伏发电新增装机容量和累计装机容量的比例分别为 44.9% 和 37.5%。截至 2022 年太阳能光伏发电累计装机容量排名前十的国家如表 1-12 所示。

表 1-12　截至 2022 年全球太阳能光伏发电装机容量排名前十的国家

国家	2022 年新增装机容量/GW	截至 2022 年累计装机容量/GW	国家	2022 年新增装机容量/GW	截至 2022 年累计装机容量/GW
中国	88.1	402.3	意大利	2.5	25.1
美国	17.6	111.5	巴西	9.9	24.1
日本	4.6	78.8	荷兰	7.7	22.6
德国	7.2	66.6	韩国	2.8	21.0
印度	13.5	62.8	全球总计	191.5	1046.6
澳大利亚	3.9	26.8			

聚光太阳能热发电（CSP）是一种集热式的太阳能发电厂的发电系统，其商业部署开始于 1984 年美国兴建太阳能发电系统（SEGS），到 1990 年 SEGS 厂完成。截至 2017 年底，全球 CSP 累计装机容量 5069MW。2020 年全球 CSP 累计装机容量达到 6511MW，2021 年达到 6375MW，较上一年减少 2.09%，2022 年有所增加，全球 CSP 累计装机容量达 6501MW。西班牙和美国仍是全球领先者，分别占到全球 CSP 累计装机容量的 35.4% 和 22.8%，其次是中国、摩洛哥、南非、印度、以色列、智利、阿联酋、科威特、沙特阿拉伯、阿尔及利亚、埃及、法国，如表 1-13 所示。目前，安装聚光太阳能热发电系统的国家数量仍在不断增加，未来发展潜力巨大。

表 1-13　2022 年全球聚光太阳能热发电（CSP）新增和累计装机容量

国家	2022 年新增装机容量/MW	截至 2022 年累计装机容量/MW	国家	2022 年新增装机容量/MW	截至 2022 年累计装机容量/MW
西班牙		2304	阿联酋		100
美国		1480	沙特阿拉伯		>50
中国	26	596	科威特		>50
摩洛哥		540	阿尔及利亚		>25
南非		500	埃及		>20
印度	—	343	法国		9
以色列		242.0	全球总计	144	6501
智利		108			

太阳能热技术广泛应用于世界各国，主要为热水、空间供暖和干燥提供低温热能。越来越多的工业、医院、酒店及其他大型供热用户转向太阳能热系统，以满足对高温热、蒸汽和制冷的需求。截至 2021 年底，已经有 130 个国家受益于太阳能供暖和制冷系统。太阳能热系统每年提供约 1460PJ 的热量，相当于 2.38 亿桶石油提供的能量。全球范围内，2021 年太阳能累计供热达到了 425TWh。

1.1.4.4 生物质能

生物质是指把光能以化学能形式储存起来的有机物质。生物质能是自然界中有生命的植物提供的能量，这些植物以生物质作为媒介储存太阳能，是可再生能源的重要组成部分。生物质能源燃料来源广泛，品类众多，包括固体生物燃料和可再生废物（包括秸秆、垃圾、其他固体生物燃料）、液体生物燃料、沼气三大类，其主要利用形式是生物质能发电及用作运输燃料（生物燃料）。

为了应对能源短缺、环境污染等问题，全球各国积极支持与推动生物质能发电项目。2022 年，全球生物质能发电累计装机容量 149GW，较 2021 年增长 5.7%。其中：欧盟仍是全球最大的生物质能发电区域，占全球生物质能发电总装机容量的 22.7%，德国是其主要的生物质能发电产出国。2022 年，金砖国家生物质能发电装机容量达到 64.1GW，占全球生物质能发电总装机容量的 43%，其中中国生物质能发电增长迅猛，2022 年生物质能发电装机容量增长至 34.5GW。另外，全球生物质能发电主要来源于甘蔗渣发电、沼气发电、垃圾发电，2022 年其装机容量占生物质能发电总装机容量的比例分别为 14.12%、14.35%、14.73%，如图 1-5 所示。

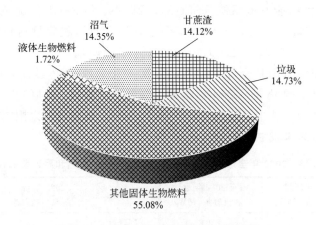

图 1-5 2022 年生物质能发电装机量结构

由生物质能转化的燃料主要有乙醇（主要由玉米、甘蔗及其他作物生产）和生物柴油（FAME，由植物油和脂肪生产，包括废食用油等）。此外，通过用氢处理动植物油和脂肪制成的柴油［加氢植物油（HVO）、加氢酯和脂肪酸（HEFA）］替代燃料的生产和使用也在增长。2021 年，全球所有生物燃料的产量达到 4EJ，与 2020 年相比增长 2.6%。美国和巴西为生物燃料主要生产国，2019 年生物燃料产量占全球生物燃料产量的 66.67%，其次是印度尼西亚、中国、德国，其占比分别为 4.90%、2.86% 和 2.86%，如表 1-14 所示。

表 1-14 2019 年全球生物燃料主要生产国与地区

国家	生物燃料产量/($\times 10^9$ L)			较 2018 年增长产量/($\times 10^9$ L)
	乙醇	FAME	HVO	
美国	59.7	4.0	2.5	−1.7
巴西	35.3	5.9	—	2.9
印度尼西亚	—	7.9		3.9
中国	4.0	0.6		0.7
德国	0.8	3.8		
法国	0.9	2.8	0.2	−0.3
阿根廷	1.1	2.5	—	−0.2
泰国	1.6	1.7		0.3
西班牙	0.5	2.0		0.1
荷兰	0.4	1.0	1.1	0.1
加拿大	2.0	0.3		0.5
印度	2.1	0.2		0.5
马来西亚	—	1.6		0.7
波兰	0.2	1.0		0.1
意大利	—	0.8	0.2	0.2
欧盟 28 国	4.7	12.4	2.9	−0.1
全球总计	113.7	41.2	6.5	7.9

1.1.4.5 地热能

地热能是蕴藏在地球内部的热能，是一种清洁低碳、分布广泛、安全优质的可再生能源，通常分为浅层低温（<25℃）地热能（又称地温能）、水热型地热能、干热岩型地热能，资源利用潜力巨大。国际能源署（IEA）、中国科学院和中国工程院等机构的研究报告显示，世界地热能基础资源总量为 1.25×10^{27} J（折合 4.27×10^8 亿吨标准煤），其中埋深在地下 5000m 以内的地热能基础资源量占比 11.6%。目前，全球有效开发利用地热资源的国家已达 80 多个。地热能的开发利用方式呈现多样化、高效梯级利用的特点，主要包括直接利用（供暖、康养、旅游、种植、养殖等）和发电。

地热能直接利用方面，2015 年底，世界开发利用地温能的地源热泵总装机容量约为 50GW，占世界地热能直接利用总装机容量的 71% 左右；水热型地热能供暖装机容量为 7.556GW，占世界地热能直接利用总装机容量的 10.7%。中国地温能、中深层地热能直接利用分别以年均 28%、10% 的速度增长，已连续多年位居世界第一。2017 年底，中国地源热泵装机容量达 20GW，年利用地温能折合 1900 万吨标准煤，实现供暖（制冷）建筑面积超过 5 亿平方米，其中京津冀开发利用规模最大。2018 年地温能供暖（制冷）建筑面积约为 6 亿平方米。

地热能发电是地热能利用的重要方式，具有潜力巨大、利用率高、CO_2 减排效果好、发电成本低、初期开发成本高等特点。全球地热发电累计装机容量呈现逐年增长趋势，2021

年全球新增地热发电装机容量304MW，全球地热发电总装机容量达到14474.0MW，土耳其和印度尼西亚为新增地热发电装机容量的主要国家，占全球地热发电新增装机容量的68.79%。其次为肯尼亚、捷克、日本、墨西哥、美国、德国等。截至2021年，全球地热发电累计装机容量前10名的国家分别为美国、印度尼西亚、菲律宾、土耳其、新西兰、墨西哥、肯尼亚、意大利、冰岛、日本。美国以2596.7MW的装机容量位居世界第一，2021年地热发电排名前十的国家占全球地热发电总装机容量的92.81%，如表1-15所示。

表1-15 截至2021年全球地热发电装机容量排名前十的国家

国家	2021年新增装机容量/MW	截至2021年累计装机容量/MW	国家	2021年新增装机容量/MW	截至2021年累计装机容量/MW
美国	24.8	2596.7	肯尼亚	0.0	824.0
印度尼西亚	146.2	2276.9	意大利	0.0	797.0
菲律宾	0.0	1928.7	冰岛	0.9	754.1
土耳其	63.0	1676.2	日本	0.0	556.3
新西兰	32.0	1066.0	世界总计	304	14474.0
墨西哥	0.0	948.0			

1.1.4.6 海洋能

海洋能通常指海洋中所蕴藏的可再生的自然能源，主要包括潮汐能、波浪能、海流能（潮流能）、海水温差能和海水盐差能。更广义的海洋能还包括海洋上空的风能、海洋表面的太阳能以及海洋生物质能等。按储存形式又可分为机械能、热能和化学能。其中，潮汐能、海流能和波浪能为机械能，海水温差能为热能，海水盐差能为化学能。海洋能是一种具有巨大能量的可再生能源，清洁无污染，但地域性强，能量密度较低且多变、不稳定。

海洋能发电在可再生能源发电中所占比例最小，大多数是规模相对较小的示范和试验项目，发电能力不足1MW。2018年净新增装机容量约为2MW，装机总容量为532MW，尽管发展缓慢，但海洋能发电行业开始向半永久性装置发展。2019年，海洋能发电行业逐步走向商业化，净新增装机容量约为3MW，全年约有535MW的运行能力。海洋能发电主要集中在欧洲，2021年欧洲潮汐能发电新增装机容量为241MW。海洋能源的资源潜力巨大，其中所具有波浪能的理论值大大超过世界当前总发电量，全球可供开发的波浪能约3TW（1TW=1×10^{12}W），但经过几十年的发展努力，仍未得到有效开发。

1.2 煤炭在能源中的地位和作用

1.2.1 煤炭在能源中的地位

煤炭是最重要的矿物燃料，它曾激发了工业革命，而正是由于工业革命的出现才造就了现代工业社会。历史上，煤炭是第一种被大规模使用的矿物燃料，它现在还占全世界一次能源的23%。在发电行业中，煤炭仍然是主要的能源资源并发挥着重要作用。

煤炭作为主要的一次能源，在使用过程中如不采取相应的环保措施，可能造成环境的污染。在环境保护和可持续发展要求日益提高的背景下，环境保护做不好将影响煤炭的可持续利用。受限于大规模能源的可获得性，煤炭在中国依然是可靠的能源。

世界煤炭储藏丰富，足够维持130年以上。煤炭的储藏量/开采量比值约是石油和天然气的2.6倍。可以预见今后煤炭的供应和价格波动要比石油和天然气小。但是由于煤炭含碳量高，煤炭的前途将取决于在大范围内低碳化利用新技术的发展。

在2021年，世界上的煤炭产量（无烟煤和褐煤）总计达81.73亿吨。其中，中国是主要的生产国，生产了41.26亿吨，占全球总量的50.5%（表1-16）。未来煤炭产量将伴随着中国、印度等一些亚洲发展中国家的电力需求量的增加而大幅度增长。

表1-16　重要国家的煤炭产量　　　　　　　　　　　单位：亿吨（占比除外）

国家	2005年	2010年	2014年	2018年	2021年	2021年占比/%
中国	22.047	32.40	38.74	36.98	41.26	50.5
美国	10.265	9.846	9.07	6.86	5.24	6.4
印度	4.284	5.699	6.44	7.60	8.11	9.9
澳大利亚	3.788	4.239	4.91	5.06	4.78	5.9
俄罗斯	2.985	3.169	3.58	4.42	4.34	5.3
南非	2.444	2.538	2.61	2.53	2.34	2.9
德国	2.028	1.823	1.86	1.69	1.26	1.5
印度尼西亚	1.469	3.059	4.58	5.58	6.14	7.5
波兰	1.595	1.332	1.37	1.22	1.08	1.3
全世界	58.867	72.733	81.65	80.91	81.73	

在发达国家，煤主要用于发电，这是由煤相对于天然气的经济竞争力所决定的。但从环境角度来看，煤在燃烧过程中会释放大量的污染物，包括二氧化硫、氮氧化物、粉尘、烟尘、二氧化碳，以及汞、铅、砷等重金属。

煤炭作为最主要的燃料，在过去40年里所占的份额基本保持不变。在世界范围内，几乎40%的电力是利用60%的全球煤炭产量所创造的。许多国家高度依赖于煤炭发电，包括波兰（95%）、南非（93%）、澳大利亚（77%）、印度（78%）和中国（76%）。在煤炭资源丰富的美国，92%的国内煤炭产量被用在大型火力发电厂发电，以满足美国51%的电力需求。煤炭除了用来发电外，还经常被用作多种工业燃料，如钢铁冶炼和水泥制备。

煤炭用于炼焦的历史悠久，炼焦化学工业是煤炭化学工业的一个重要部分，主要加工方法是高温炼焦和化学产品回收。主要产品焦炭是高炉冶炼的燃料和还原剂，用于铸造、有色金属冶炼、制造水煤气；煤气可用于合成氨，也可用来制造电石，以获得有机合成工业的原料乙炔；副产物经过回收可提取焦油、氨、萘、硫化氢、粗苯等产品，并获得净焦炉煤气、煤焦油。粗苯精制加工和深度加工后，可以制取苯、甲苯、二甲苯、二硫化碳等。焦化产品广泛用于化学工业、医药工业、耐火材料工业和国防工业。净焦炉煤气可供民用和作工业燃料。煤气中的氨可用来制造硫酸铵、浓氨水、无水氨等。炼焦化学工业的产品已达数百种，中国的炼焦化学工业已能从焦炉煤气、焦油和粗苯中制取一百多种化学产品，中国已成为焦化产品生产、消费以及出口大国。

煤制合成氨也是煤的主要用途之一。合成氨主要用于生产农用化肥，可以煤炭、石油和天然气为原料生产。合成氨生产成本中原料约占75%，由于原料来源和价格的因素，不同国家和地区合成氨生产原料比例也不完全一致。通常合成氨装置经过适当改动以后，就可以适用天然气、煤（焦）、轻油和重油等其他原料。

大规模高效煤气化技术结合煤基一碳化工技术是煤炭高效转化发展的新方向。与合成氨一样，甲醇合成同样可以煤、焦炭、天然气及重油为原料。然而从资源背景看，煤炭储量远大于石油和天然气储量，因此在煤炭洁净利用的大背景下，在很长一段时间内煤将是甲醇生产最重要的原料。

甲醇是重要的化工原料，甲醇转化可以制备烯烃、芳烃等基本的化工原料，是实现煤炭化工的重要路径。从甲醇出发生产煤基化学品是煤炭化工发展的重要方向。

1.2.2 煤炭资源的形成

煤炭是植物遗体经过生物化学作用和物理化学作用而转变成的沉积有机矿产。一般认为，煤炭形成过程主要包括泥炭化阶段和煤化阶段。前者主要是生物化学过程，后者是物理化学过程。

泥炭化阶段是植物在泥炭沼泽、湖泊或浅海中不断繁殖，其遗骸在微生物作用下不断分解、化合和聚积的阶段，在这个阶段中起主导作用的是生物地球化学作用。低等植物经过生物地球化学作用形成腐泥，高等植物形成泥炭，因此成煤第一阶段可称为腐泥化阶段或泥炭化阶段。

煤化阶段包含两个连续的过程。第一个过程，在地热和压力的作用下，泥炭层发生压实、失水、老化、硬结等各种变化而成为褐煤。褐煤的密度比泥炭大，在组成上也发生了显著的变化，碳含量相对增加，腐植酸含量减少，氧含量也减少。因为煤是一种有机岩，所以这个过程又叫作成岩作用。第二个过程，是褐煤转变为烟煤和无烟煤的过程。在这个过程中煤的性质发生变化，所以这个过程又叫作变质作用。地壳继续下沉，褐煤的覆盖层也随之加厚。在地热和静压力的作用下，褐煤继续经受着物理化学变化而被压实、失水。其内部组成、结构和性质都进一步发生变化。这个过程就是褐煤变成烟煤的变质作用。烟煤比褐煤碳含量增高，氧含量减少，腐植酸在烟煤中已经不存在了。烟煤继续进行着变质作用。由低变质程度向高变质程度变化。从而出现了低变质程度的长焰煤、气煤，中等变质程度的肥煤、焦煤和高变质程度的瘦煤、贫煤。它们的碳含量也随着变质程度的加深而增大。

温度对于成煤过程中的化学反应有决定性的作用。随着地层加深，地温升高，煤的变质程度就逐渐加深。高温作用的时间愈长，煤的变质程度愈高，反之亦然。在温度和时间的同时作用下，煤的变质过程基本上是化学变化过程。在其变化过程中所进行的化学反应是多种多样的，包括脱水、脱羧、脱甲烷、脱氧和缩聚等。

压力也是煤形成过程中的一个重要因素。随着煤化过程中气体的析出和压力的升高，反应速度会愈来愈慢，但却能促成煤化过程中煤质物理结构的变化，能够降低低变质程度煤的孔隙率、水分含量，增大密度。

1.2.3 中国的煤炭资源

中国是世界上煤炭储量较为丰富的国家之一，2020 年，中国煤炭探明可采储量 1431.97 亿吨，占世界煤炭总探明可采储量的 13.3%。其中烟煤和无烟煤探明可采储量为 1350.69

亿吨，高挥发性烟煤和褐煤探明可采储量为 81.28 亿吨。然而中国人口众多，人均煤炭探明可采储量却很少。中国是世界上主要的煤炭生产与消费大国，2021 年，煤炭产量 41.26 亿吨，占世界煤炭生产总量的 50.5%；煤炭消费量 42.95 亿吨，占世界煤炭消费总量的 53.8%。过多的消费量和较少的探明可采储量是中国煤炭可持续开发利用面临的严峻挑战。

中国煤炭分布广泛，煤田面积约 $55 \times 10^4 km^2$。中国聚煤期的地质时代由老到新主要是：早古生代的早寒武世；晚古生代的早石炭世、晚石炭世—早二叠世、晚二叠世；中生代的晚三叠世，早、中侏罗世和晚侏罗世—早白垩世和新生代的第三纪。其中以晚石炭世—早二叠世，晚二叠世，早、中侏罗世和晚侏罗世—早白垩世四个聚煤期的聚煤作用最强。另外，中国含煤地层遍布全国，包括元古界、早古生界、晚古生界、中生界和新生界，各省（自治区、直辖市）都有大小不一、经济价值不等的煤田[4]。然而，中国煤炭分布极不均衡，整体呈现"北多南少、西多东少"的特点。在中国北方，煤炭资源主要分布于大兴安岭—太行山、贺兰山之间的地区，主要包括内蒙古、山西、陕西、宁夏、甘肃、河南六省区的全部或大部分，其煤炭资源量在 100 亿吨以上，占全国煤炭资源量的 50% 左右，占北方煤炭资源量的 55% 以上。在中国南方，煤炭资源主要分布于云南、贵州、四川三省，这三省煤炭资源量之和为 3525.74 亿吨，占南方煤炭资源量的 91.47%；探明保有资源量也占中国南方探明保有资源量的 90% 以上。中国煤炭资源和现有生产力呈逆向分布，从而形成了"北煤南运"和"西煤东调"的基本格局。大量煤炭自北向南、由西到东长距离运输，给煤炭生产和运输带来较大压力[5]。

煤炭资源使用量不断增大，造成我国的煤炭资源储量严重消耗，合理利用煤炭，减少对环境的影响是煤炭清洁转化利用的重要课题。

1.3 中国煤炭清洁转化现状

煤化工是通过煤炭转化技术用化学方法将煤炭转换为气体、液体和固体产品或中间产品，而后进一步加工成化工、能源产品的工业。目前主要的煤炭转化技术有煤的燃烧、热解、焦化、气化、液化以及煤制化学品等。

煤化工始于 18 世纪后半叶，19 世纪形成了完整的传统煤化工体系。进入 20 世纪，许多以农林产品为原料的有机化学品多改为以煤为原料生产，煤化工成为化学工业的重要组成部分。第二次世界大战以后，石油化工发展迅速，很多化学品的生产又从以煤为原料转移到以石油、天然气为原料，从而削弱了煤化工在化学工业中的地位。

目前，煤化工生产的环境问题日益引起关注，资源综合利用与开发也越来越被广泛重视。随着现代煤化工的发展，煤炭转化技术不仅趋于清洁化和高效化，而且研究开发重点逐渐转移到煤炭低碳化利用的洁净煤技术，如原料煤的净化、高效洁净燃烧、大规模先进气化、低碳化学品合成以及煤基碳素材料等。

1.3.1 燃煤发电

在所有发电方式中，煤燃烧发电是历史最久的，也是最重要的一种火力发电形式。火力发电按其作用分为单纯供电和既发电又供热。按原动机可分为汽轮机发电、燃气轮机发电、柴油机发电。按所用燃料可分为燃煤发电、燃油发电、燃气发电。为提高综合经济效益，火力发电应尽量靠近燃料基地进行。在大城市和工业区则应实施热电联供。

火力发电系统主要由燃烧系统（以锅炉为核心）、汽水系统（主要由各类泵、给水加热器、凝汽器、管道、水冷壁等组成）、电气系统（以汽轮发电机、主变压器等为主）、控制系统等组成。前两者产生高温高压蒸汽；电气系统实现由热能、机械能到电能的转变；控制系统保证各系统安全、合理、经济运行。

早期中国燃煤发电技术研发与设备制造水平相对落后，很多先进的机组需要从国外引进。自 1975 年以来，中国先后引进 300MW 与 600MW 亚临界机组，300MW、600MW 与 900MW 超临界机组，200MW 与 300MW 循环流化床机组，350MW 与 400MW 的 IGCC 机组。中国于 2006 年和 2007 年实现 1000MW 和 600MW 超超临界机组的国产化[6]，目前，已有 70％以上的燃煤发电机组的关键设备实现国产化。

根据过热蒸汽温度与压力的不同，燃煤发电机组可分为高压机组、超高压机组、亚临界机组、超临界机组和超超临界机组。其中高压机组的过热蒸汽压力为 7.8～10.8MPa，温度多为 540℃；超高压机组的过热蒸汽压力为 11.8～14.7MPa，温度多为 540℃，少数为 555℃[7]；超临界机组的过热蒸汽压力为 22.1～25MPa，温度为 540～580℃。超超临界比超临界的压力、温度更高，不同国家对超超临界的定义不同，如日本定义超超临界条件下蒸汽压力大于 24.2MPa，温度高于 593℃，丹麦、中国定义超超临界条件下蒸汽压力分别大于 27.5MPa、27MPa[8]。一般情况下，超超临界条件下蒸汽压力大于 25MPa，温度高于 580℃。2016 年底，中国燃煤发电机组中超超临界机组有 205 台，超临界机组有 510 台，亚临界机组有 1074 台，装机容量占比分别为 18.1％、25.4％和 40.8％，较高参数的机组装机容量超过 80％。高参数是未来燃煤发电的重点方向，中国正积极开展二次再热技术和 700℃超超临界机组的研发和应用，进一步提高机组效率，预计到 2030 年超超临界机组的比例将达到 60％[9]。

中国燃煤发电机组主要采用煤粉锅炉和循环流化床锅炉。与煤粉锅炉相比，循环流化床锅炉具有清洁高效、污染物排放量低、燃料适应性广、负荷调节范围大以及灰渣易于综合利用等优点[10]，应用前景广阔。目前中国已掌握世界领先的循环流化床技术，具备了开发创新的能力。随着循环流化床锅炉低能耗技术的逐渐完善，循环流化床锅炉机组在供电效率和可靠性方面已和煤粉锅炉机组相当[11]。

由于水资源相对匮乏，中国北方的燃煤发电机组主要采用空冷技术。空冷机组分为直接空冷机组和间接空冷机组，间接空冷机组根据凝汽器的形式又分为表面式凝汽器间接空冷机组和混合式凝汽器间接空冷机组。直接空冷机组比间接空冷机组占地面积小，系统调节灵活，但真空系统庞大，运行费用高，受周围环境的影响大。与水冷机组相比，空冷机组的节水效果达到 75.7％～79.4％，但供电煤耗增加 10～18gce/kWh[12]（ce 为标准煤）。

相对于纯凝机组，热电联产机组将高品位的热能用于发电，低品位的热能用于供热，综合能量利用率高，具有显著的节能减排效益。热电联产机组按蒸汽汽轮机的形式分为背压供热机组、抽气供热机组和抽凝供热两用机组，中国主要采用背压供热机组和抽凝供热两用机组，抽气供热机组在凝汽工况时热效率低、煤耗大，基本不采用。近年来，中国北方地区冬季供暖期空气污染严重，政府大力推进"上大压小"热电联产项目代替小型燃煤锅炉、落后小热电机组及散煤来进行供暖。2020 年，中国共有热电联产项目 893 个，装机容量占比为

40%。未来中国将遵循"统一规划、以热定电、立足存量、结构优化、提高能效、环保优先"的原则，积极推进热电联产发展，力争实现北方大中型以上城市集中供热率达到 60%以上，完全覆盖 20 万人口以上县城，形成规划科学、布局合理、利用高效、供热安全的热电联产产业健康发展格局[13]。

1.3.2 煤炭气化

煤炭气化是煤炭清洁转化利用的有效途径，是现代煤化工的核心和龙头，是现代煤化工装置的重中之重[14]，在我国煤化工产业发展进程中发挥越来越重要的作用。煤气化技术的进步，也为我国的环保事业做出了重大贡献。我国煤炭气化工艺已由老式的 UGI 炉块煤间歇气化发展到先进的气流床气化等技术，国内自主创新的新型煤气化技术得到了快速发展[15]。

目前，我国已是全球最大的煤气化技术应用市场，市场涌现的煤炭气化技术已经超过40 种，煤炭气化技术基础研究与技术均已进入世界先进行列。在大型现代煤化工项目的推动下，我国煤气化技术研发不断加快，大型煤气化技术达到世界先进水平，多喷嘴对置式水煤浆气化、航天粉煤加压气化、水煤浆水冷壁气化等具有自主知识产权的、单炉投煤量1500～3000t/d 的气流床气化炉已有约 70 台实现商业化运行，水煤浆气化压力已达到6.5MPa，正在开发 8.7MPa 气化技术；晋华炉、宁煤炉、两段式干粉煤气化炉等均已实现工业化应用；陕西延长石油集团开发的大型输运床气化炉（KSY），日投煤量可达 5000t，堪称世界煤气化史上的巨无霸；华东理工大学和中石化宁波工程公司合作开发的单喷嘴热壁式粉煤气化技术、中国船舶集团上海 711 所开发的煤气化技术等均取得进展；第三代新型煤气化技术包括煤的催化气化、加氢气化、地下气化、等离子体气化、太阳能气化和核能余热气化等，已成为人们关注的焦点。

煤炭气化技术广泛应用于下列领域：

① 作为工业燃气。一般热值为 4.6～5.6kJ/m³ 的煤气，采用常压固定床气化炉、流化床气化炉均可制得。主要用于钢铁、机械、卫生、建材、轻纺、食品等部门，用以加热各种炉、窑，或直接加热产品或半成品。

② 作为民用煤气。一般热值为 12.6～14.6kJ/m³，要求 CO 含量小于 10%，除焦炉煤气外，用直接气化也可得到，鲁奇（Lurgi）炉较为适用。与直接燃煤相比，民用煤气不仅可以明显提高用煤效率和减轻环境污染，而且大大方便人民生活。出于安全、环保及经济等因素的考虑，要求民用煤气中的 H_2、CH_4 及其他烃类可燃气体含量应尽量高，以提高煤气的热值；而 CO 有毒，其含量应尽量低。

③ 作为化工合成和燃料油合成原料气。随着合成气化工和碳一化工技术的发展，以煤气化制取合成气，进而直接合成各种化学品的路线已经成为现代煤化工的基础，主要包括合成氨、合成甲烷、合成甲醇、合成醋酐、合成二甲醚以及合成液体燃料等。化工合成气对热值要求不高，主要对煤气中的 CO、H_2 等成分有要求，一般德士古气化炉、Shell 气化炉较为合适。目前我国合成氨和甲醇产量的 60% 和 70% 以上来自煤炭气化合成工艺。

④ 作为冶金还原气。煤气中的 CO 和 H_2 具有很强的还原作用。在冶金工业中，利用还原气可直接将铁矿石还原成海绵铁；在有色金属工业中，镍、铜、钨、镁等金属氧化物也可用还原气来冶炼。因此，冶金还原气对煤气中的 CO 含量有要求。

⑤ 作为联合循环发电燃气。整体煤气化联合循环发电（IGCC）是指煤在加压下气化，产生的煤气经净化后燃烧，高温烟气驱动燃气轮机发电，再利用烟气余热产生高压过热蒸汽驱动蒸汽轮机发电。用于 IGCC 的煤气，对热值要求不高，但对煤气净化度，如粉尘及硫化物含量的要求很高。与 IGCC 配套的煤气化一般采用固定床加压气化（鲁奇炉）、气流床气化（德士古气化炉）、加压气流床气化（Shell 气化炉）。加压流化床气化工艺产生的煤气热值一般为 $9.2 \sim 10.5 MJ/m^3$。

⑥ 作煤炭气化燃料电池。燃料电池是由 H_2、天然气或煤气等燃料（化学能）通过电化学反应直接转化为电的化学发电技术。目前主要有磷酸盐型（PAFC）、熔融碳酸盐型（MCFC）、固体氧化物型（SOFC）等。它们与高效煤气化结合的发电技术就是整体煤气化熔融碳酸盐燃料电池（IG-MCFC）和整体煤气化固体氧化物燃料电池（IG-SOFC）发电系统，其发电效率可达 53%。

⑦ 煤炭气化制氢。氢气广泛用于电子、冶金、玻璃生产、化工合成、航空航天、煤炭直接液化及氢能电池等领域，目前世界上 96% 的氢气来源于化石燃料转化，其中煤炭气化制氢起着很重要的作用，一般是将煤炭转化成 CO 和 H_2，然后通过变换反应将 CO 转换成 H_2 和 H_2O，将富氢气体经过低温分离或变压吸附或膜分离技术，即可获得氢气。煤制氢技术重大发展方向为逐步推进新型煤气化等关键技术开发，3500t/d 级大规模高效宽煤种适应性的煤气化技术工业应用，生物制氢和煤转化过程耦合中试试验，低能耗可再生能源电解制氢设备样机制造，光催化剂形成太阳能光催化与煤转化过程耦合工艺路线。在此基础上，建成大容量、高效、宽煤种适应性的煤气化装置以及 $10m^3/h$ 可再生能源制氢与煤化工耦合全流程装置，开发高可靠性的适合高灰分高灰熔点煤的气化等关键技术和装备；针对氢、甲烷不同目标产品，开发新型煤气化技术；研究新型高效氢分离技术、水煤气变换与氢气分离一体化技术。努力实现煤气化单位投资降低 30%，系统能效提高 20%，水耗降低 30%；实现高效、低成本的煤气化和焦炉煤气制高纯氢技术应用。

⑧ 煤炭气化制合成氨。以煤为原料、采用煤气化-合成氨技术是中国化肥生产的主要方式，目前国内合成氨生产中已使用的主要煤气化工艺技术有固定床气化（包括提升型固定床空气间歇气化、常压固定床富氧连续气化和碎煤固定床加压气化）、流化床气化（包括恩德炉粉煤气化和灰熔聚流化床粉煤气化）、气流床气化（包括水煤浆加压气化和壳牌粉煤加压气化）以及其他气化技术（包括 GSP 干粉煤气化技术、多元料浆气化技术、科林 CCG 粉煤气化技术和 BGL 块/碎煤熔渣气化技术）。提升型固定床空气间歇气化有约 350 家合成氨企业在应用，是我国煤气化应用最广泛的技术。常压固定床富氧连续气化技术是利用 UGI 炉，采用富氧-蒸汽连续上吹，取代空气间歇气化而制取合成氨原料气。碎煤固定床加压气化技术在工业应用中是一种较为成熟的技术，系德国鲁奇公司所开发，故称其为鲁奇加压气化技术，云南解化等厂家应用该气化技术生产合成氨。恩德炉粉煤气化技术是在德国常压温克勒（Winkler）煤气化技术基础上，针对存在的问题，进行了三项重大改进完善之后逐步形成的实用新型技术，在吉林长山化肥集团等厂家使用。灰熔聚流化床粉煤气化由中国科学院山西煤化所开发，在山东肥城等企业应用；气流床气化包括水煤浆加压气化、壳牌粉煤加压气化、HT-L 航天粉煤加压气化技术，这些技术同样被国内众多合成氨生产企业所应用；另外，GSP 干粉煤气化技术、多元料浆气化技术、科林 CCG 粉煤气化技术、BGL 块/碎煤熔渣气化技术等在合成氨生产中也有广泛应用[16]。

⑨ 煤炭气化制天然气。以煤为原料经过气化生产合成气，再经过甲烷化生产天然气，

是煤制天然气的有效途径。一般来说，气化过程生成的粗合成气中 CO 含量高而 H_2 含量低，需通过变换反应调整 H_2 与 CO 比例。变换过程产生的大量 CO_2、H_2S 和 NH_3 等杂质同时进入净化单元脱除，净化后的合成气通过甲烷化反应合成 CH_4，经回收热量、分离凝液和压缩干燥等工序得到合格的天然气产品。煤的气化是制备天然气工艺的关键，对降低煤制天然气反应成本、提高反应效率有着重要意义。现阶段，我国煤制天然气气化技术主要包括鲁奇碎煤加压气化技术、BGL 碎煤熔渣气化技术和水煤浆气化技术等。

未来，我国煤气化技术工业应用水平将进一步提升，并不断推动我国现代煤化工技术的进步。

1.3.3 煤炭液化

1.3.3.1 煤炭直接液化

煤炭直接液化是指将煤粉碎到一定粒度后，与供氢溶剂及催化剂等在一定温度、压力条件下直接作用，使煤加氢裂解形成小分子化合物的过程。煤直接液化的产品以汽油、柴油、航空煤油以及石脑油、丙烯等为主，产品市场潜力巨大，工艺、工程技术集中度高，是新型煤化工技术和产业发展的重要方向。煤液化可得到质量符合标准，硫、氮含量很低的洁净发动机燃料，不改变发动机和输配、销售系统均可直接供给用户。

第二次世界大战期间，在德国曾实现过工业化生产。1973 年后，因石油危机，西方各国相继开发出煤液化工艺，并完成百吨每天级规模的中试。后来原油市场价格趋于稳定，煤液化产品无法同廉价的石油竞争，致使煤直接液化工艺商业化较少，但围绕改进这些工艺的应用基础研究却始终不断，主要集中在反应机理、煤岩显微组成对煤直接液化的影响、煤浆流变特性、溶剂作用及其性质对产品的影响、催化作用和新催化剂的开发、逆反应对液化的影响和抑制、降低液化的氢耗等方面。代表性的工艺有美国的 HTI 工艺、德国的 IGOR$^+$ 液化新工艺和日本的 NEDOL 工艺。

目前，我国拥有全球唯一的煤直接液化商业化示范项目——神华鄂尔多斯 108 万吨/年煤直接液化项目，具有单系列处理量大、油产率高、稳定性好等特点，其核心技术已在全球 13 个国家申请了专利。另外，利用煤直接液化生产出来的产品主要有超清洁汽柴油、军用油品、高密度航空煤油、火箭煤油等，它们都是特种油品或者附加值较高的化学品，这些产品已经被国家广泛使用，一部分产品填补了国内空白，在我国的国防领域具有极大的应用空间和潜力。

1.3.3.2 煤炭间接液化

煤炭间接液化是将煤首先气化成 CO 和 H_2，通过水汽变换反应转化为一定 H/C 比的合成气（$CO+H_2$），再通过催化合成（F-T 合成等）转化为烃类化合物。

煤间接液化合成油的关键技术是合成气转化反应，反应条件较为温和，典型反应条件为 $250\sim350℃$、$3.0\sim5.0MPa$。合成汽油产品的辛烷值不低于 90，合成柴油产品的十六烷值高达 75，且不含芳烃和硫、氮等污染物。但煤间接液化反应是一个强放热反应，每生成一个 —CH_2— 基团，就要失去一个水分子，因而在合成油的过程中能量损失较大。

南非于 1955 年开始建设 Sasol-1、Sasol-2 和 Sasol-3 煤炭间接液化工厂。为了解决 F-T

合成工艺技术问题，对 F-T 合成烃类液体燃料技术的研究开发工作都集中于如何提高产品的选择性和降低成本方面，通过高效、高选择性的催化剂开发，工艺流程简化及采用先进的气化技术等，对 F-T 合成技术及工艺进行改进，逐步提高了 F-T 合成工艺技术的先进性。

目前，我国已经掌握了具有自主知识产权的煤炭间接液化技术，整体水平达到世界领先。我国已有兖矿未来能源 115 万吨/年煤间接液化示范项目、神华宁煤 400 万吨/年煤间接液化示范项目、伊泰集团杭锦旗 120 万吨/年精细化学品项目和潞安集团 180 万吨/年煤间接液化示范项目建成投产[17,18]。随着后续大型示范项目的陆续建成和稳定运行，工艺技术、能效、环保等方面也将不断完善和提高，我国煤间接液化制油技术将有更大的进步空间。

1.3.4 煤炭热解焦化

1.3.4.1 煤炭分级热解

煤炭的热解又称为煤的干馏或热分解，是指煤在隔绝空气的条件下进行加热，在不同温度下发生一系列的物理变化和化学反应的复杂过程，是煤炭转化的关键步骤。其结果是生成煤气、焦油、焦炭等产品。特别是低阶煤热解能得到高产率的焦油和煤气。

煤热解技术根据热解炉的加热方式，可分为外热式、内热式及内热外热混合式[19]；根据热载体类型，可分为固体热载体、气体热载体及固-气热载体热解技术；根据热解温度，可分为低温（500～650℃）热解、中温（650～800℃）热解、高温（900～1000℃）热解及超高温（>1200℃）热解；根据固体物料的运行状态，可分为固定床、流化床、气流床及滚动床热解技术；根据加热速度，可分为慢速（<1K/s）热解、中速（5～100K/s）热解、快速（500～10⁶K/s）热解及闪速（>10⁶K/s）热解；根据气氛，可分为惰性气氛加氢热解及催化加氢热解；根据反应器内的压力，可分为常压热解及加压热解。按照目的产品，低阶煤热解技术可分为煤热解提质技术、煤热解制油气技术和以煤热解为基础的煤基多联产技术。

国内已开展了多年的煤热解技术研究与开发。如中国科学院山西煤化所较早就开展了煤炭热解提质技术研究，开发了多段回转炉（MRF）热解工艺；大连理工大学开发了褐煤固体热载体热解技术，通过将褐煤与热载体半焦快速混合加热，热解得到轻质油品、煤气和半焦；浙江大学和清华大学开发了以流化床热解为基础的循环流化床热电多联产工艺；中国科学院工程热物理研究所开发了以移动床为基础的热电气多联产工艺；陕西煤业化工集团开发了大型工业化低阶粉煤回转窑热解成套技术；陕西神木三江煤化工公司在鲁奇三段炉工艺的基础上开发出了 SJ-IV 低温干馏炉工艺。国内煤热解新工艺的开发，为煤热解技术的大型化、规模化、多联产提供了技术上和工程化上的有效经验。

1.3.4.2 煤炭的焦化

煤炭焦化是煤炭化学工业的一个重要部分。焦化过程是以煤为原料在隔绝空气条件下，加热到 950℃左右，经高温干馏生产焦炭，同时获得煤气、煤焦油，并回收苯、甲苯、二甲苯等芳烃和其他化工产品的一种煤转化工艺。焦化是应用最早且至今仍然是最重要的煤转化利用方法。

焦化行业在我国有着百余年的发展历史，2021 年，我国焦炭产量为 4.64 亿吨，是现阶段世界上最大的焦炭生产国，焦炭产量占世界焦炭总产量的 50% 以上。随着焦化行业的技术不断取得进步，焦炉结构更加高效、节能。

随着焦化技术日趋完善，我国焦化行业成功实现低成本少污染，土焦、改良焦、小机焦等落后的炼焦技术基本淘汰，炼焦装备正向着大型化、现代化的方向发展。多种新型的炼焦工艺如捣固炼焦技术、选择性粉碎技术、煤炭调湿技术、智慧配煤技术以及干熄焦技术等飞速发展。焦化化产回收及深加工能力不断提升。目前，我国焦化行业已基本形成了"以常规机焦炉生产高炉炼铁用冶金焦，以热回收焦炉生产铸造用焦，以中低温干馏炉加工低变质煤生产电石、铁合金、化肥与化工等用焦，以及进行煤焦油、粗苯、焦炉煤气深加工"的具有中国特色的焦化工业体系，产业链较为完整，对煤资源开发利用最为广泛，炼焦煤的价值潜力挖掘最为充分[15]。

1.3.5 煤基含氧燃料

煤基含氧燃料是指煤（包括原煤、煤层气、焦炉煤气）通过气化合成低碳含氧清洁燃料。常用的煤基含氧燃料主要包括甲醇、乙醇和二甲醚三种替代燃料，来源广泛，制备方法多样。煤基含氧燃料技术是煤化工发展的重要内容之一，可以实现对石油制品的直接替代。

1.3.5.1 煤基甲醇燃料

20 世纪 50 年代末我国就开始以焦炭、煤为原料，采用锌-铬催化剂高压法来合成甲醇，并先后在吉化、兰化、太化等地投建。60 年代，南京化学工业公司研究院开发出了中压铜基合成催化剂，从此开始在全国发展合成氨联产甲醇技术。70 年代我国引进了 ICI 和 Lurgi 的低压合成甲醇技术。1995 年，我国第一套自主研发的大型甲醇低压合成装置在上海投产。此后许多高校及设计院都先后开发了具有自主知识产权的甲醇合成工艺[20]。目前，国内煤制甲醇采用的气化技术主要有固定床间歇气化、灰熔聚粉煤气化、恩德粉煤气化和间歇流化床粉煤气化等技术；煤气净化对 H_2S、CO_2 与有机硫脱除主要有物理吸收法、化学吸收法和物理化学吸收法三类。物理吸收法是当今比较常用的方法，广泛应用于高 CO_2 分压原料气的处理，其代表工艺有低温甲醇洗法和聚乙二醇二甲醚（NHD）法等；目前国内大型装置所采用的甲醇合成技术多数为中压和低压合成技术，以 Lurgi 中低压法和 ICI 中低压法为代表，采用这两种方法的总甲醇产量占据世界总产量的 80% 以上。其他固定床工艺均是由传统 Lurgi 工艺或 ICI 工艺演变而来，技术上无明显的先进性差异；甲醇精馏主要工艺有 ICI 的两塔流程与 Lurgi 的三塔流程。两塔工艺装置投资省、流程简单、能耗高；三塔工艺流程较长、装置较复杂、操作能耗较低。2022 年，煤制甲醇企业持续加码和扩张产能，大型企业如青海国投计划建设产能 180 万吨煤制甲醇项目，榆林煤化建设年产 180 万吨煤制甲醇项目，中泰新材料新建 100 万吨煤制甲醇项目；中小企业如河南延化、瑞星集团等也有数十万吨煤制甲醇的扩产计划。从地区看，煤制甲醇产能大多布局于西北地区。

随着技术的不断进步，中国采用煤炭为原料合成甲醇生产规模呈大型化趋势，如表 1-17 所示。煤制甲醇企业新建的大型煤制甲醇装置大部分采用以干粉煤气化和水煤浆气化为代表的气流床气化技术。大型干粉煤气化和水煤浆气化技术已经较为成熟，可供选择的技术商较多，应用业绩逐渐增加，能够满足大型煤制甲醇发展的要求。同时，与煤气化技术配套的大型空分技术、净化技术、甲醇合成技术也已经相对成熟，能够为大型煤制甲醇提供良好的技术支持。

表 1-17　我国部分煤制甲醇企业主要工艺技术

企业名称	产能/ (万吨/年)	主要工艺技术		
		气化	净化	甲醇合成
兖矿国宏化工有限责任公司	50	水煤浆加压气化	低温甲醇洗(Lurgi)	华东理工大学甲醇合成技术(绝热-管壳式合成塔双塔并联)
河南煤化集团鹤煤化工分公司	60	水煤浆加压气化	低温甲醇洗(Lurgi)	Topsøe 低压合成技术(MK-121)
甘肃华亭中煦煤化工有限责任公司	60	GE 水煤浆气化	低温甲醇洗	Topsøe 低压合成技术
兖州煤业榆林能化公司	60	水煤浆加压气化	低温甲醇洗(Lurgi)	Lurgi 甲醇合成(水冷串气冷)反应器
神华集团包头煤化工有限公司	180	水煤浆加压气化	低温甲醇洗(Linde)	Davy 甲醇合成技术
新奥集团	60	GE 水煤浆加压气化	低温甲醇洗(大连理工)	Casale 合成技术
陕西蒲城清洁能源化工有限责任公司	180	GE 水煤浆加压气化	低温甲醇洗	Davy 甲醇合成技术
中煤蒙大化工新能源有限公司	60	多元料浆气化	低温甲醇洗	Davy 甲醇合成技术
同煤集团广发化学工业有限公司	60	壳牌煤气化技术	低温甲醇洗(Linde)	Topsøe 低压合成技术
大唐内蒙古多伦煤化工有限公司	160	壳牌煤气化技术	低温甲醇洗(Lurgi)	MegaMethanol 大型甲醇合成技术(Lurgi)
河南永煤集团	50	壳牌煤气化技术	低温甲醇洗(Lurgi)	华东理工低压合成技术(双塔并联)
河南中原大化集团	50	壳牌煤气化技术	低温甲醇洗(Lurgi)	Topsøe 低压合成技术
神华宁煤集团	167	GE 水煤浆加压气化	低温甲醇洗(Lurgi)	MegaMethanol 大型甲醇合成技术(Lurgi)
宁夏宝丰集团	150	HT-L 气化技术	低温甲醇洗	Davy 甲醇合成技术
山西焦化股份有限公司	60	碎煤加压气化	低温甲醇洗	Casale 合成技术
新能能源有限公司	60	GE 水煤浆加压气化	低温甲醇洗(大连理工)	Casale 合成技术
中煤陕西榆林能源化工有限公司	180	GE 水煤浆加压气化	低温甲醇洗(Lurgi)	Davy 甲醇合成技术

1.3.5.2　煤基二甲醚

二甲醚（DME）是一种无色、易燃、略似氯仿嗅味的气体，易压缩成液体，具有良好的混溶性，易溶于汽油、四氯化碳、丙酮、氯苯和乙酸甲酯等多种有机溶剂，加入少量助剂后可与水以任意比例互溶。二甲醚在化工、医药、农药等多个领域具有独特的用途[21]。

二甲醚最早是在高压合成甲醇的副反应中生成，进而分离得到的。随着技术的进步，合成甲醇副反应中生成的二甲醚，已不能满足人们对二甲醚作为新一代清洁替代能源的需求。各国相继开发出一系列投资省、操作条件好、污染较少的新工艺，基本上分为一步法和两步法。一步法是利用合成气直接生产二甲醚，目前，国内已有众多相对成熟的技术。中国科学院大连化物所采用金属-沸石双功能催化剂体系，筛选出 SD219-Ⅲ型催化剂，将合成气高选择性地转化为二甲醚；浙江大学在浙江桐乡化肥厂完成了工业合成气一步法合成二甲醚的单管试验，并在此基础上建立一套 1500t/a 的一步法合成二甲醚的工业化示范装置。清华大学开始与美国空气化学品公司合作进行浆态床一步法二甲醚生产技术的研究，后又与重庆英力燃化有限公司合作开发出采用循环浆态床反应器一步法合成二甲醚技术，并于 2004 年 4 月到 9 月成功进行了 3000t/a 的中试。中国科学院山西煤炭化学研究所与浑源县政府共同承担的"煤基合成气浆态床一步法合成二甲醚洁净燃料中间试验"已在大同实施。两步法是经过甲醇合成和甲醇脱水两步过程得到二甲醚，目前国内大部分厂家采用的是甲醇脱水两步法，其中山东久泰化工科技股份有限公司对传统液相法二甲醚工艺使用的催化剂进行了改进，开发了拥有自主知识产权的复合酸法脱水催化生产二甲醚技术，并于 2001 年 9 月率先建成了 5000t/a 二甲醚生产装置。

中国煤炭资源丰富的优势一定程度上促进了煤制二甲醚产业的发展。国内拥有煤炭资源的企业发展二甲醚产业在保障原料来源的同时，降低了生产成本，提高了产品竞争力。山西兰花集团的 100 万吨/年二甲醚项目（一期 10 万吨/年）、神华宁煤集团的 83 万吨/年二甲醚项目（一期 20 万吨/年）等均利用自身的资源优势来提高产品的竞争力。2007 年 9 月，中天合创能源有限责任公司的成立，标志着我国最大的煤制二甲醚项目——鄂尔多斯 300 万吨二甲醚项目进入快速推进新阶段。目前，我国二甲醚生产装置主要集中在河北、江苏、内蒙古、河南等地，消费市场主要集中在江浙、广东等地。

1.3.5.3 煤基乙醇燃料

乙醇作为一种重要的基础工业原料，广泛应用于各个方面。乙醇燃料是指对 95% 左右的乙醇进一步脱水，再加上 5% 体积分散的变性剂使之成为水分小于 0.8% 且不可食用的变性无水乙醇（也称为燃料乙醇）。乙醇按 10% 的比例混配入汽油中，可使氧含量达到 3.5%，助燃效果好，使汽油燃烧更充分，提高燃烧效率。另外由于乙醇的辛烷值（RON）可达 111，按 10% 的比例混配入汽油中，可使汽油辛烷值提高 2～3 个单位，提高汽油抗爆性，降低汽车尾气中的有害物质排放，有利于改善环境。2017 年 9 月 13 日，国家发展改革委、国家能源局等十五部门联合印发《关于扩大生物燃料乙醇生产和推广使用车用乙醇汽油的实施方案》，根据方案要求，到 2020 年，我国全国范围将推广使用车用乙醇汽油。

煤制乙醇是以煤为原料经过气化生成合成气，再用合成气制取乙醇。目前，煤制乙醇技术路线主要分为直接法和间接法两大类。直接法又分为合成气直接催化、合成气厌氧发酵两大路线；间接法通过将合成气转化为甲醇，之后利用甲醇生产乙醇，包括醋酸直接加氢、醋酸酯化加氢、二甲醚羰基化-醋酸甲酯加氢三种工艺。

目前，国内各大研究机构不断探索，煤制乙醇技术研究与应用进展逐步加快。中国科学院大连化物所经合成气直接催化制乙醇，通过使用 Mn、Fe 等作铑基催化剂助剂，乙醇的选择性可达 60% 以上[22]。宝钢集团、中国科学院与 LanzaTech 一起合作，采用合成气厌氧发酵制乙醇技术，建设了 1 套 300t/a 乙醇的示范装置，产出 99.5% 的乙醇。2016 年 4 月，江苏索普集团建成 3 万吨/年醋酸加氢制乙醇（99.6%）工业示范装置，但过程反应速率慢，其产品的选择性和转化率有待提高。另外，我国已有多家单位开发醋酸酯化加氢制乙醇技术，已经处于工业化阶段。河南顺达化工采用南京化工研究院的醋酸（酯）加氢路线制乙醇技术；建设的 20 万吨/年的工业化装置已正式投产，生产出合格产品。2022 年 6 月 30 日，总投资 69.8 亿元的延长石油榆神 50 万吨/年煤基乙醇项目在陕西榆林榆神工业区建成中交，标志着项目进入试车阶段。这是延长石油继 2017 年全球首套 10 万吨/年煤基乙醇科技示范项目成功实施之后的工业放大项目，也是全球目前规模最大的煤基乙醇项目。

煤基合成燃料乙醇技术已成功地工业化应用，将有效弥补石油资源不足，缓解燃料乙醇对粮食的依赖，为世界能源安全和粮食安全提供有力保障。国内拟建或在建煤基燃料乙醇装置能力约为 1300 万吨，2021 年我国煤制乙醇市场规模达到 44 亿元，2022 年市场规模达到 51 亿元。

1.3.6　煤经甲醇制烯烃和芳烃

1.3.6.1　煤经甲醇制烯烃

煤经甲醇制烯烃是指以煤气化合成的甲醇为原料生产低碳烯烃的化工技术，主要有甲醇制乙烯和丙烯（MTO）与甲醇制丙烯（MTP）技术。我国煤制烯烃产业的发展是对传统以石油为原料制取烯烃路线的重要补充，是实现煤化工向石油化工延伸发展的有效途径。

我国煤经甲醇制烯烃技术的研发始于 20 世纪 80 年代，经过多年发展，我国煤制烯烃产业发展已位居世界前列。1981 年，中国科学院大连化物所最早开始进行 MTO 科技攻关项目，经多年研究，大连化物所开发出煤制合成气经二甲醚制低碳烯烃的工艺路线（简称 DMTO）。2010 年，我国建成了世界首套、全球最大煤基甲醇制烯烃工业化示范工程——神华包头煤制烯烃项目。后来，我国在第一代 DMTO 技术的基础上成功开发第二代甲醇制烯烃技术（DMTO-Ⅱ），2015 年 2 月，在蒲城清洁能源化工有限责任公司成功投产。现在，大连化物所又开发出第三代甲醇制烯烃技术，2017 年 8 月，中天合创鄂尔多斯煤炭深加工项目生产出合格的烯烃产品。2020 年以第三代技术为主的催化剂开发又取得新的进展。截至 2023 年 10 月，大连化物所甲醇制烯烃系列技术已技术许可 32 套工业装置，烯烃产能达 2160 万吨/年，其中已投产 17 套工业装置，烯烃产能超过 1000 万吨/年。

对于 MTP 的研究，我国最具有代表性的成果是由中国化学工程集团公司、清华大学、淮南化工集团联合开发的煤制丙烯（MTP）技术。2009 年，采用清华大学的 MTP 技术，世界第一套流化床甲醇转化制丙烯（FMTP）工业性试验装置一次性开车成功[24]，甲醇处理量为 3 万吨/年，其甲醇转化率达到 99.9％，丙烯选择性达到 67.3％。2010 年 10 月，由神华宁夏煤业团体公司承建，采用德国鲁奇 MTP 技术的煤基聚丙烯大型煤化工示范项目成功投产，产出纯度为 99.69％的丙烯产品，年产 52 万吨聚丙烯，这是全球首套 MTP 大规模产业化装置。

据统计，2018 年我国煤基甲醇制烯烃总产能达到 1302 万吨/年，已投入运行和试车成功的煤基甲醇制烯烃装置共 29 套，在世界上率先实现了甲醇制烯烃核心技术的工业化应用，走在了国际煤化工发展的最前沿。截至 2021 年末，我国煤（甲醇）制烯烃总产能为 1672 万吨。

1.3.6.2　煤经甲醇制芳烃

煤经甲醇制芳烃是以煤为原料经气化生产甲醇，再以甲醇为原料，采用双功能活性催化剂，通过脱氢、环化反应生产芳烃的工艺过程，是我国现代煤化工发展中的一个新兴重要领域，也是石油芳烃的重要补充。我国煤经甲醇制芳烃技术研究相对较早，相关技术处于世界领先水平。目前，我国具有自主知识产权的煤制芳烃技术主要有中国科学院山西煤化所的固定床甲醇制芳烃（MTA）技术、清华大学的循环流化床甲醇制芳烃（FMTA）技术以及河南煤化集团研究院与北京化工大学开发的煤经甲醇制芳烃技术等[23]。

我国于 20 世纪 80 年代开始研究煤制芳烃技术。早期产物以烷烃为主，芳烃含量小，分离成本高，更适合作为油品添加剂。近年来，伴随着煤制烯烃技术产业化并取得一定经济效益，我国的煤制芳烃技术进展迅速，处于世界领先水平。由赛鼎公司设计的内蒙古庆华集团10 万吨/年甲醇制芳烃装置于 2012 年 2 月投产成功，这是赛鼎运用与中国科学院山西煤化所合作开发的"一种甲醇一步法制取烃类产品的工艺"技术建设的我国第一套甲醇制芳烃装置。2013 年 1 月，华电榆横采用清华大学的流化床甲醇制芳烃技术万吨级中试装置试车成功[24]，开启了甲醇制芳烃的工业化进程，规划建设的百万吨煤经甲醇制芳烃装置正稳步推进中，使我国成为国际上第一个以煤为原料生产全产业链石油化工产品的国家。2014 年在陕北建立了 100 万吨/年甲醇制芳烃工业示范装置，目前 FMTA 技术已有大唐国际、陕西华电两套成功运行的装置。

与煤经甲醇制芳烃相比，煤基合成气直接制芳烃技术在降低装置投资和运行费用方面更具潜力。国内研究合成气直接制芳烃技术的主要有南京大学、中国科学院山西煤化所等单位，煤基合成气一步法制芳烃技术目前仍处于实验室研究阶段，研究进展广受关注。

煤制芳烃是继煤制油、煤制烯烃、煤制天然气、煤制乙二醇之后，在我国发展起来的又一重要现代煤化工技术。发展煤制芳烃符合我国化石资源禀赋特点，煤制芳烃是对石油芳烃的重要补充，是减少我国对二甲苯进口量、满足国内聚酯产业快速发展需求的重要途径。虽然我国煤制芳烃正处于产业化初期，但是总体来看具有良好的市场前景。

1.3.7　煤制乙二醇和醋酸

1.3.7.1　煤制乙二醇

乙二醇是一种重要的石油化工基础有机原料。目前乙二醇主要用于制聚酯涤纶、汽车抗冻剂、表面活性剂等，是化纤产业链中重要的一环。聚酯行业是其最为主要的下游产业，占乙二醇消费量的 90％以上。近几年，随着我国经济发展，居民收入提升，出口增加，我国聚酯产需规模不断扩大，带动我国乙二醇产销规模不断增长。由于我国石油资源短缺，以煤为原料制备乙二醇的基本思路是先将煤转化为合成气，然后再由合成气直接合成乙二醇，或者通过一些中间体的转化间接制备乙二醇，成为了石油路线生产乙二醇的重要补充。

煤制乙二醇主要采用合成气制乙二醇技术，合成气制乙二醇技术主要分为直接合成法和间接合成法。直接合成法通过合成气直接合成乙二醇。间接合成法主要有三种路线：合成气—甲醇—甲醛路线，合成气—甲醇—乙烯—环氧乙烷水合路线和一氧化碳（CO）氧化偶联生成草酸酯再加氢合成乙二醇路线。其中气相法草酸酯加氢工艺研究比较成熟。

国内煤制乙二醇的研究可追溯至 20 世纪 80 年代初，中国科学院福建物构所、华谊集团、西南化工研究设计院、华东理工大学、上海戊正、上海浦景等机构或公司都对煤制乙二醇技术开展了研究。1998—2007 年，我国煤制乙二醇技术逐步由实验室研究向产业化放大过渡，由中国科学院福建物构所联合江苏丹化集团有限责任公司开展技术攻关的世界首个20 万吨/年煤制乙二醇工业示范项目于 2009 年成功生产出合格的乙二醇产品，标志着我国在世界上率先实现了煤制乙二醇成套技术的工业化应用。2009 年至今，我国煤制乙二醇产业迎来了工业化革命，随着技术突破，我国的煤制乙二醇生产装置与生产能力高速发展，多项拥有自主知识产权的技术成果处于国际领先水平。截至 2022 年，煤制乙二醇产能规模增长至 1045 万吨。

煤制乙二醇大型化技术的发展，有助于填补我国国内巨大的市场缺口，继而带动下游聚酯产业的发展，为煤炭清洁高效利用开辟出了一条新的途径。

1.3.7.2 煤制醋酸

醋酸是一种重要的有机化工产品，主要用于醋酸乙烯酯（VAM）、醋酸酯、醋酸酐、对苯二甲酸（PTA）、氯乙酸以及双乙烯酮等产品的生产，是合成纤维、胶黏剂、医药、染料和农药的重要原料[25]。此外，它还是优良的有机溶剂，在化工、轻纺、塑料、医药、橡胶以及染料等行业有着十分广泛的用途。

醋酸合成的工艺按原料不同可分为乙烯路线，乙炔、乙醇路线，丁烷或轻油路线和甲醇路线四条技术路线。乙炔、乙醇路线成本较高，逐渐在市场竞争中被淘汰，许多新建装置已不再采用。乙烯路线和丁烷路线受资源限制影响较大，一般多靠近原料产地建设。甲醇低压羰基合成醋酸工艺因甲醇和 CO 来源广泛、反应条件温和、产品产率高、工艺简单、操作稳定、经济效益好等特点，被众多新建醋酸装置所选用。

目前，中国甲醇法生产醋酸的能力总量远远大于乙烯法，乙烯法和乙醇法制备醋酸工艺逐步被取代，甲醇法醋酸生产都普遍运行稳定，产品质量好。中国醋酸工艺技术结构调整已经完成，并趋于合理完善。同时，甲醇低压羰基合成醋酸技术的规模迈向大型化，装置生产规模大多为 20 万～60 万吨/年，而 20 万吨/年的生产装置经技术改造可扩大到 40 万～45 万吨/年。我国醋酸生产能力较大的有江苏索普集团有限公司、塞拉尼斯（南京）化工有限公司、上海吴泾化工有限公司及山东兖矿国泰化工有限公司等。随着甲醇羰基合成醋酸工艺的发展，2013 年我国醋酸的总产能达到 952 万吨，约占世界总生产能力的 49.8%，稳居世界第一，甲醇羰基合成醋酸工艺的生产能力达到了世界总生产能力的 94.1%[26]。2022 年我国醋酸产能 1043 万吨/年，产量约 940.5 万吨，产能利用率较高。我国的醋酸行业发展迅速，市场需求较大，醋酸的产量无法满足市场巨大的需求。借助我国煤化工的产业优势，以及我国具有自主知识产权的大型甲醇低压羰基合成法新工艺的成功开发，推动了新一轮的投资建设。

大型煤气化技术成功运行为煤制乙二醇和醋酸等煤基化学品大型化生产创造了条件，特别是在石油资源紧缺的情况下，使得煤基化学品呈现大型化的发展趋势，成为石油产品的补充。

1.3.8 煤基炭材料

炭材料包括从无定形碳到石墨结晶的一系列过渡态碳的材料。以煤为原料可以制得多种炭材料，煤系针状焦和煤基活性炭在我国都有一定的产业化规模，煤基炭纤维也有一定程度的发展，其他新型煤基炭材料也显示了良好的发展前景。

炭材料作为结构材料和功能材料广泛地应用于冶金、机电、航空、化工等多个行业，新型炭材料也因其独特结构和优异性能在新能源、电子、催化、医疗等领域展现出广阔的应用前景。以煤沥青为原料经过炭化、煅烧和石墨化等过程可以制备针状焦，针状焦主要用于生产电炉炼钢用的高功率、超高功率石墨电极和动力锂电池负极材料。针状焦也可以用来作为电刷、核石墨、电化学容器及火箭技术等的新型骨料。煤基炭纤维可用煤抽提物和煤沥青等为原料进行制备，炭纤维具有高强度、高模量、低密度、抗蠕变、热膨胀系数小、导电传热性能优良等特性，既可以作为功能材料发挥作用，又能作为结构材料来承载负荷，有很多独特和重要的应用。

以煤为原料可以制备多种新型煤基炭材料，如富勒烯、碳纳米管、石墨烯、气相合成单晶金刚石以及功能性碳基薄膜等，这些炭材料具有一系列新颖的物理和化学特性。相比于传统煤基炭材料，这些新型煤基炭材料由于其独特的结构及优异的性能，在航空航天等高科技领域能够发挥特殊的作用。由于我国较为丰富的煤炭资源，煤基炭材料展现了良好的发展前景，发展煤基炭材料将丰富煤炭的高附加值利用途径。

1.4　中国煤炭清洁转化的相关问题

煤炭是一种主要的化石燃料资源，在使用过程中必须解决可能造成的环境污染，同时必须平衡水资源的消耗，减少温室气体的排放，提高能源利用效率。节能提效、减少水耗和碳排放、环境友好是推进煤炭清洁转化利用的关键。

1.4.1　节能提效

煤炭清洁转化过程中的能耗问题，是关乎行业发展的重要问题。节能提效不仅有利于降低企业能耗成本，而且有利于可持续发展，同时也是减碳第一优选。由于煤炭结构等因素的制约，煤炭转化的能耗一般较高，例如，天然气制甲醇每吨甲醇能耗约为30GJ，而煤制甲醇能耗约为42GJ，煤制甲醇能耗远高于天然气[27]，煤炭清洁转化的节能潜力还是巨大的。

燃煤发电、热解、气化、液化生产过程中有大量的能量消耗，可以进行节能减排的环节较多[28]。通过对化工过程和热工过程集成优化整合实现煤基多联产，获得多种高附加值的芳香烃、脂肪烃等化工产品以及气体燃料、液体燃料、电等洁净的二次能源，使能源动力系统得到合理利用，使化工产品或清洁燃料的生产过程变得低能耗、低成本，达到煤炭资源的梯级综合利用，实现高效化利用能源资源。在煤炭转化过程中，加大采用空冷、冷热流体换热、多级循环水、低温减压蒸馏、热量回收等技术的研究与应用，降低过程中水、蒸汽、煤气消耗。此外，加大对化工过程强化技术的研究，开发新型反应器、新型热交换器、高效填料、新型塔板等化工装备技术。优化生产工艺，加强反应和分离的耦合，分离过程的耦合等，实现煤化工过程强化新技术及新工艺，进而达到节能、高效的目标。节能技术也是减少煤用量和污染物排放的最有效、最现实的途径。

1.4.2　减少水耗和碳排放

1.4.2.1　减少水耗

煤化工行业生产过程中用水量较大，按现有技术条件，煤制甲醇吨产品耗水量 15～18t，煤制烯烃吨产品耗水量 9～14t，煤制乙二醇吨产品耗水量 35～45t，1,4-丁二醇吨产品耗水量 20～23t，直接液化吨产品耗水量 7t，间接液化吨产品耗水量 12t[12]。煤炭资源和水资源总体呈逆向分布，煤化工产业布局受煤炭资源主导，使得产业发展中水资源配置问题凸显。在我国确定的 13 个大型煤炭基地中，除了云贵及两淮地区水资源丰富外，其余 11 个地区均不同程度地缺水。而水资源稀缺区域往往水环境容量也不足，甚至缺乏纳污水体。节约水资源、提高水的利用率对煤化工企业提高经济效益、实现可持续发展有着重要的意义。煤化工的发展应该"以水定产、总量控制"。目前，我国的煤化工处于大型工业化的开发阶段，面对水资源制约问题，要加大水资源的循环利用，提升节水能力，通过对技术、设备、系统、管理等进行优化可以降低耗水量。

1.4.2.2　减少碳排放

根据《BP 世界能源统计年鉴 2022》显示，2021 年我国二氧化碳排放量达到 105.23 亿吨，同比增长 5.8%，占世界二氧化碳排放总量的 31.1%。我国已向世界承诺，在 2060 年实现碳中和，减排形势较为严峻。

煤化工作为中国最主要的煤炭利用行业之一，也是碳排放的贡献者。近年来，随着煤代油战略的实施以及新型煤制烯烃行业的兴起，新型煤化工行业将会成为未来的耗煤大户，一套年产 60 万吨烯烃的煤制烯烃（CTO）项目的年耗煤量约为 330 万吨，一套年产 50 万吨丙烯的煤制丙烯（CTP）项目的年耗煤量约为 310 万吨，一套年产 100 万吨煤制油品（直接或间接液化）项目年耗煤量约为 450 万吨，一套年产 40 亿立方米天然气（标准状态）项目的年耗煤量达到 1300 万吨左右[29]。据测算，直接法煤制油的二氧化碳排放量是 5.8t/t、间接法煤制油是 6.5t/t、煤制烯烃是 11.1t/t、煤制乙二醇是 5.6t/t。2021 年，煤制油总产能 823 万吨/年、有效产能 744 万吨/年，产量 679.5 万吨，产能利用率 82.6%、有效产能利用率 91.3%；煤制天然气产能 61.25 亿立方米/年，全年产量 44.53 亿立方米，产能利用率 72.7%；煤（甲醇）制烯烃产能 1672 万吨/年，全年产量 1575.2 万吨，综合产能利用率 94.2%；煤（含合成气）制乙二醇产能 803 万吨/年（新增 186 万吨/年），全年产量 322.8 万吨，产能利用率 40.2%，如表 1-18 所示[30]。现代煤化工的大规模产业化势必带来煤炭消耗的增加，同时也带来 CO_2 排放的增加，因此，必须加大碳减排的力度。

表 1-18　2021 年我国现代煤化工产业主要方向产能和产量

类型	产能/(万吨/年)	产量/万吨	产能利用率/%
煤制油(煤直接液化＋煤间接液化)	823	679.5	82.6
煤制天然气	61.25 亿立方米/年	44.53 亿立方米	72.7
煤(甲醇)制烯烃	1672	1575.2	94.2
煤(含合成气)制乙二醇	803	322.8	40.2

随着温室气体影响越来越严重，各种各样的减排技术应运而生，对于煤炭转化过程中的二氧化碳减排问题，通过采用高效节能减排技术，耦合可再生能源减排技术、碳捕集和封存/碳捕集利用与封存（CCS/CCUS）技术、二氧化碳综合利用等可实现二氧化碳减排。

1.4.3　环境友好

煤炭转化利用是以煤炭为主要原料，生产加工过程中会产生大量的废水、废气以及固体污染物，若不妥善处理，将会严重影响人类生存环境。加强环境保护，打造环境友好型煤化工产业成为了煤炭清洁转化的必然选择，解决煤化工产业发展过程中的环境污染问题，关系着我国煤炭清洁转化产业未来的可持续发展。

煤炭清洁转化面对的主要环境问题是废气、废水和固体废弃物的三废问题。

（1）废气问题

煤转化过程中产生的废气，如不加以处理排放，就会对大气环境以及人体健康产生严重的影响。燃煤发电过程中会产生粉尘、烟尘、CO、CO_2、SO_2、NO_x、有机化合物，以及含有重金属、未燃尽的碳氢化合物、挥发性有机化合物等物质的污染气体；焦化过程除产生CO、CO_2、SO_2、NO_x、NH_3、烟尘等气体污染物外，还会有苯并[a]芘（BaP）等苯系物和酚、氰等污染物。气化过程气体污染物包括粉尘、碳氧化物、硫氧化物、NH_3、苯并[a]芘、CO、CH_4等。液化及煤基燃料、煤基化学品生产中同样会产生大量污染气体。这些废气如不处理排放，就会随风飘散，造成远距离的空气污染，使企业周围的空气质量下降，损害附近居民的身体健康。焦炉废气中含有苯可溶物（BSO）、BaP等致癌物质，会导致肺癌的发病率上升。因此，加强对这些污染气体的处理，使其达标排放，是煤炭清洁转化的重要任务。废气处理主要包括废气除尘、烟气脱硫、烟气脱硝、烟气脱重金属等过程。

（2）废水问题

煤化工在生产过程中会产生污染废水，废水当中含有大量有机污染物，其最主要的特点是污染物浓度高、组分较复杂、受煤种和生产工艺影响存在不同程度的难降解物质，不论对环境还是对人类本身都有着较大的影响。焦化和煤气化过程产生的废水含有油、酚、氰、氨以及硫化氢等污染物，化学需氧量（COD）较高。这类废水有机物含量较多，有机物生物降解时消耗水中溶解氧，影响水生生物的生存，造成水质恶化；污水中的氰化物、含氮化合物、油等物质对水体也有危害。废水中含有的酚类化合物可通过皮肤、黏膜的接触吸入和经口服而侵入人体内部，造成人体细胞失活，严重损害人体健康。未经处理的污水若作为灌溉用水，会使农作物减产和枯死；污水中的油类物质会使土壤盐碱化。因此，煤炭清洁转化必须处理废水，做到达标排放。

（3）固体废弃物问题

煤化工生产过程中产生的固体废弃物主要有燃煤锅炉产生的粉煤灰、煤渣和脱硫石膏，焦化生产过程产生的焦油渣、洗油再生残渣、酸焦油、生化污泥，煤气化过程产生的灰渣等，其成分复杂，产量较大，若不回收利用直接贮入堆灰场，不但占用土地，而且随风飘散会对大气产生污染，被雨水冲刷会对土壤和水体造成污染。随着《土壤污染防治行动计划》（简称"土十条"）出台和《土壤污染防治法》立法，传统主流的储存、填埋处理处置方法已经不能适应国家对环保、可持续发展的要求，并存在一定的占用大量土地资源、污染地下水的环境隐患和风险，因此实现煤炭转化过程中固体废弃物资源化利用和减量化处理十分重要。

1.5　世界煤炭清洁转化发展现状

煤炭是世界一次能源的重要组成部分，2022年煤炭消费占世界一次能源的26.9%，仅次于石油的31%。煤炭又是容易产生污染的高碳能源，在为社会做出巨大贡献的同时，在其开采、加工、储运和使用过程中，有可能产生环境污染和碳排放问题。世界各国在煤炭利用过程中，采取了相应的清洁转化技术，以高效、洁净地利用煤炭。

1.5.1 美国

美国是世界上主要的煤炭生产和消费大国之一,2021年煤炭生产与消费量分别占全球煤炭生产与消费总量的7.0%和6.6%。美国重视洁净煤技术的开发和应用,以期获得清洁可靠、稳定的能源供应。

1986年3月,美国率先推出"洁净煤技术示范计划(CCTDP)",希望有效地控制SO_x、NO_x、温室效应气体、其他有害气体、固体和液体废料以及其他污染物排放,示范计划主要包含四个方面:a.先进的燃煤发电技术[整体煤气化联合循环发电(IGCC)、常压和增压流化床燃烧发电、燃料电池发电、磁流体发电、烟气燃气轮机发电];b.污染物排放的有效控制装置(先进的烟气脱硫技术、先进的NO_x与SO_x联合脱除系统、低NO_x燃烧器、催化和非催化脱除NO_x系统、燃气和煤的再燃技术吸附射流系统);c.煤炭加工成洁净能源技术(选煤、煤加工、温和气化、气化液化);d.工业应用(冶金、水泥及造纸行业控制硫、氮、灰尘排放和烟气回收洗涤等)。该计划已有13项取得初步商业化成果。另外,在煤气化、液化、煤制烯烃、煤制乙二醇等煤炭清洁转化技术利用方面,美国也曾取得较快发展。

(1)燃煤发电

美国能源信息署(EIA)发布的数据显示,煤炭是美国电力的第三大来源,2021年美国燃煤发电约占其总发电量的22.21%。在美国,几乎所有燃煤发电厂都使用蒸汽轮机,部分燃煤发电厂将煤转化为天然气,供燃气轮机发电。美国十分重视洁净煤发电技术,发电厂以提高效率、环境友好、降低成本为发展目标,主要发展先进的低排放锅炉系统(LEBS)、高性能动力系统(HIPPS)、压力流化床燃烧(PFBC)、整体煤气化联合循环发电(IGCC)等技术[31]。另外,美国拥有世界上单机容量最大的超临界1300MW双轴机组。虽然单机容量为目前世界最大,其技术水平与目前世界先进的高效燃煤发电水平有一定差距。2001年美国能源部(DOE)和俄亥俄煤炭发展办公室(OCDO)联合主要电站设备制造商、美国电力研究院(EPRI)等单位启动先进超超临界燃煤发电机组US DOE/OCDO A-USC研究项目,并成立US DOE/OCDO A-USC联盟。该项目的最终目标是开发蒸汽参数达到35MPa/760℃/760℃的火力发电机组,效率达到45%[高位热值(HHV)]以上。2020年7月,美国能源部(DOE)宣布投入1.18亿美元来支持"Coal FIRST"计划,开发先进的小型、灵活碳中性燃煤电厂及基于该类电厂的无碳制氢技术[32]。投资3700万美元支持7个选定项目开发未来先进燃煤电厂的关键组件,包括间接超临界二氧化碳(sCO_2)动力循环燃煤锅炉主加热器设计的测试与模型优化,sCO_2涡轮机高温密封件开发,零排放合成气燃烧器测试,先进sCO_2循环的煤基合成气富氧燃烧涡轮机开发,先进"Coal FIRST"煤基多联产电厂高效氢气生产/碳捕集的先进陶瓷膜/模块开发,先进"Coal FIRST"煤基多联产的高效模块化燃烧前碳捕集系统开发,以及模块化分级增压富氧燃烧发电厂的关键组件开发。

(2)煤气化[33]

美国在气流床和流化床气化技术开发方面曾引领世界,其拥有的煤气化技术具体指标如表1-19所示。气流床按照进料可分为水煤浆和干粉进料。美国通用汽车公司(GE)水煤浆气化是水煤浆气化技术的代表,气化压力达4.0~6.5MPa,单台炉加煤量为2000t/d,碳转化率达到98%以上,在中国得到了广泛的应用。美国还开发了输运床气化(TRIG)技术,适用于褐煤、次烟煤等低阶煤,气化规模可达4000t/d,碳转化率超过98%。另外,美国在

气化过程中耦合 CO_2 捕集技术方面也开展了许多工作。针对化学链气化技术，以载氧体中的晶格氧替代纯氧为氧源，气化过程在两个反应器中单独进行，在气化反应器内得到以 H_2 和 CO 为主要组分的合成气，在再生反应器中载氧体恢复晶格氧，通过载氧体在两个反应器中循环，实现化学链气化过程。该技术产生的高浓度 CO_2 可直接进行封存，与化学吸收法、富氧燃烧、整体煤气化联合循环发电系统等第一代 CO_2 减排技术相比，在实现 CO_2 低排放的同时获得较高系统效率。化学链燃烧在 CO_2 富集与捕捉方面具有明显优势，美国的化学链煤气化系统（ZECA）、燃料灵活的先进气化燃烧系统（GEEER）、钙基化学链气化系统、铁基化学链合成气系统以及铁基煤直接化学链气化系统等尚处于实验室或者中试规模，有待工业规模的示范运行装置检验。

表 1-19　美国现阶段典型气流床和流化床气化技术指标

技术名称	气流床		流化床
	壳牌石油集团 有限公司煤气化	美国通用汽车 公司水煤浆气化	输运床气化
成熟程度	工业化	工业化	工业化
排渣方式	液态排渣	液态排渣	固态排渣
单炉最大投煤量/(t/d)	3200	2000	4000
气化压力/MPa	2.0～4.0	4.0～6.5	约 4.0
气化温度/℃	1400～1700	1300～1400	900～1050
冷煤气效率/%	78～83	71～76	78～83
有效气成分/%	90～94	78～81	约 80
碳转化率/%	99	>98	>98
气化煤种	褐煤、烟煤、石油焦	煤、石油焦	褐煤、次烟煤等低阶煤

（3）煤液化

1973 年的世界石油危机，促使世界各国开始开发第二代煤直接液化技术。美国开发的氢-煤法（H-Coal）、溶剂精炼煤法（SRC-Ⅰ、SRC-Ⅱ）、供氢溶剂法（EDS）等工艺，均已完成大型中试（如表 1-20 所示），技术上具备建厂条件。为降低生产成本，美国研发了双孔径分布的催化剂提高馏分油产率；为降低氢气消耗，工艺改进为双反应器串联。20 世纪 80 年代和 90 年代，基于煤分解和液化产品提质的最佳工艺条件不同，又开发了两级催化液化技术，如两级催化液化法（CTSL、HTI）。两级催化液化法与氢-煤法相比，馏分油产率提高了 50% 以上，氢利用率提高了 30%，液体产品生产成本降低了 20%。值得注意的是，美国 Velocys 公司开发了由 900 多个微通道组成的费-托合成反应器，集成了固定床和浆态床的优势，结构紧凑，可以有效地控制温度，使整个反应器保持很好的等温性能，且不存在催化剂和蜡分离的难题；同时微通道内装填具有高活性的 Co 基催化剂，使得反应具有很高的单程转化率，生产速率是常规系统的 4～8 倍。目前，该反应器已完成每天 6 桶油的示范，但美国目前没有煤液化工业化装置。

表 1-20　美国主要煤直接液化技术指标

技术指标	SRC-Ⅰ	SRC-Ⅱ	EDS	H-Coal	CTSL	HTI
研发阶段	中试	中试	中试	中试	中试放大	中试放大
规模/(t/d)	6	50	200	600	2	3
流程	单段	单段	单段	单段	两段	两段

技术指标	SRC-Ⅰ	SRC-Ⅱ	EDS	H-Coal	CTSL	HTI
反应器	浆态床	浆态床	携带床	流化床	流化床	悬浮床
催化剂	非催化	非催化	非催化	Co-Mo	Ni-Mo	Fe
馏分油产率/%	—	—	24.0	33.0	60.0~65.0	67.2
温度/℃	—	440~466	425~450	435~465	435~440	440~450
压力/MPa	—	14.0	17.5	20.0	17.0	17.0

（4）煤制化学品

美国环球油品（UOP）公司开发了以煤制甲醇或天然气制甲醇为原料的甲醇制烯烃（MTO）技术，甲醇转化率高达 99.97%，烯烃选择性高达 89.39%，目前已经得到工业化验证。美国陶氏化学（DOW）公司采用硫化钼（MoS_2）催化剂，在 200~300℃、3.4~20.6MPa 下，可将合成气直接转化为混合醇。20 世纪 50 年代，美国杜邦（DuPont）公司采用羰基钴催化剂，在 340MPa 下合成乙二醇。20 世纪 80 年代，美国联合碳化物（UCC）公司采用铑催化剂，在 230℃、50MPa 条件下，合成气转化制乙二醇。同时，对草酸酯气相法催化加氢生成乙二醇的催化剂和工艺进行了大量研究。在 180~240℃、30MPa、氢酯摩尔比为 67、Cu/SiO_2 催化作用下，草酸二甲酯几乎完全转化，乙二醇选择性达 97%。美国阿尔科（ARCO）公司开发了 Cu-Cr 系加氢催化剂，乙二醇产率为 95%。美国草酸酯合成乙二醇技术尚未见工业化报道。美国 Liquid Light 公司开发出通过催化电化学的方法以 CO_2 为原料生产乙二醇的技术。该技术采用覆有催化剂的电极使二氧化碳反应生成草酸碳，分离出催化剂后，将草酸碳转化得到乙二醇。

1.5.2 欧盟

欧盟煤清洁转化主要在洁净煤发电上。欧盟第五框架计划（1998—2002 年）以及欧盟第六框架计划（2002—2006 年）中均支持新型发电技术的示范，以改善燃煤电厂的环境和经济可接受性，重点放在改进传统煤炭技术，推进建设 IGCC 电厂，开发生物质与煤联合气化、烟道气干法脱硫和脱氮等新工艺。欧盟第七框架计划（2007—2013 年）支持开发 CO_2 捕集和封存（CCS）技术，实现电力生产零排放，通过研发和示范洁净煤及其他固体燃料转化效率技术，提高工厂能源利用效率。2007 年底，欧盟通过了战略能源技术计划（SET-Plan），利用该计划为载体，加速开发并大规模部署低碳技术。碳捕获和封存是欧盟认定有潜力实施的六个关键低碳技术领域之一，正努力促使 CCS 技术在燃煤发电厂进行部署。欧盟对 CCS 和 CCUS 项目的支持力度很大，并通过地平线欧洲项目部和创新基金组织进行资金扶持。2021 年 11 月，创新基金组织宣布了 2020 年的项目申请结果，对 7 个大型能源转型项目投资超过 11 亿欧元（约合 75.41 亿元人民币），其中 4 个项目涉及 CCS。

欧盟煤清洁转化的研究着力于提高工业及民用煤炭的利用和转化效率，强调环境友好性。欧盟也重视开发战略性技术，如煤炭液化技术、煤炭地下气化技术和减轻环境影响的技术。此外，欧盟国家的"兆卡计划"正在研究开发的项目有整体煤气化联合循环发电（IGCC）、煤和生物质及废弃物联合气化（或燃烧）、循环流化床燃烧、固体燃料气化与燃料电池联合循环技术等。

1.5.3 日本[34]

日本是世界上主要能源消费国之一，长期以来，资源匮乏及其居高不下的能源对外依存度严重制约着日本的发展，几乎所有化石能源都依靠进口。煤炭资源约占日本一次能源供给的 1/4，燃煤发电量占其全国发电量的 1/3 左右。

日本早在 1980 年就成立了"新能源产业技术综合开发机构（NEDO）"，从事洁净煤和新能源技术的研发，1995 年组建了"洁净煤技术中心"。日本在洁净煤领域的科研经费投入巨大，成果卓越，技术水平居于世界前列。日本洁净煤技术的开发战略主要体现在各项综合能源技术开发计划和专项煤炭战略规划及其相关技术路线图上。综合能源技术开发计划主要包括阳光计划、月光计划、新阳光计划、科学基本计划、国家技术战略路线图（能源领域）、清凉地球能源创新技术计划、能源技术创新计划、能源相关技术开发路线图等。其中清凉地球能源创新技术计划选择 21 项优先发展的能源技术，包括先进超超临界技术（A-USC）、整体煤气化联合循环发电技术（IGCC）、煤气化燃料电池联合发电技术（IGFC）以及 CO_2 的捕集和封存技术（CCS）等。

在政府的大力推动和支持下，日本新能源产业技术综合开发机构（NEDO）和日本煤炭资源中心（JCOAL）分别绘制了煤炭清洁高效利用技术路线图，全景式展示了日本煤炭清洁高效利用技术的研发进展和今后发展方向。煤炭转化技术、高效燃烧技术、污染物控制技术是日本洁净煤技术的三大核心。

日本煤炭转化技术领域重点研发项目有：喷流床煤气化技术（HYCOL）、多联产煤制气技术（EAGLE）、双塔式褐煤气化炉利用技术（TIAR）、IGCC、IGFC、A-IGCC、A-IGFC、CO_2 循环型 IGCC、可再生能源混烧煤气化技术、热电联产技术、多联产发电技术、创新型零排放煤气化发电技术、氢气制造运输技术、褐煤气化制造天然气技术（SNG）、煤层气回收技术、煤制油技术、沥青煤液化技术（NEDOL）、褐煤液化技术（BCL）、二甲醚制造技术（DME）、多联产煤转化技术（CPX）、煤制氢热分解技术（ECOPRO）等。

高效燃烧技术领域重点研发项目有：生物质煤混烧技术、低阶煤燃烧技术、微粉煤火力发电技术、常压循环流化床燃烧技术（FBC）、常压内循环流化床锅炉技术（ICFBC）、增压内循环流化床锅炉技术（PICFBC）、增压煤炭部分燃料技术（PCPC）、煤炭部分燃烧技术（CPC）、增压流化床燃烧技术（PFBC）、强增压流化床燃烧技术（A-PFBC）、先进超超临界发电技术（A-USC）、CO_2 回收型煤制氢技术（HyPr-RING）、CO_2 回收封存技术（Post-Combustion）、回收煤气化 CO_2 技术（Pre-Combustion）、CO_2 分离式化学燃烧煤炭技术、微粉煤富氧燃烧技术（Oxyfuel）等。

污染物控制技术领域重点研发项目有：CO_2 转化技术、SO_x 处理技术、NO_x 处理技术、氯化汞脱硝技术、同步脱硫脱硝技术、烟尘处理技术、微量元素去除技术（Step CCT）、煤气化清洁技术等。此外，煤炭加工和废弃物再利用技术领域重点研发项目有：高效选煤技术、无灰煤技术（Hyper Coal）、低阶煤提质技术（UBC）、高效褐煤干燥技术、高级褐煤利用技术、褐煤提质技术、标准粉煤密封运输系统（CCS）、水煤浆技术（CWM）、型煤技术、新一代煤炭粉碎技术、煤灰粉利用技术、煤灰粉制造水泥和混凝土（煤灰粉在土木建筑和农林水利领域的运用）、煤气化废渣有效利用等。

在日本洁净煤技术体系中，重视低阶煤资源开发利用是一大特色。低阶煤占煤炭资源储量的一半，应用提质技术促进低阶煤有效利用对于保障煤炭的稳定供给具有重要的意义。低阶煤由于含水率高，发热量低，易自燃起火，难以有效利用。因此，必须采用提质技术进行加工。日本重要煤炭来源国澳大利亚和印度尼西亚两国的煤炭多为低品质的褐煤，但低灰分、低硫含量的特性特别适合进行提质加工。将煤粉碎加入煤油等轻质油，通过加热去除水分，再将沥青等重质油附着在煤炭内部细孔和煤表面，就能提质成为高品质煤。日本双塔式气化炉（TIGAR）适用燃料范围广泛，褐煤和生物质可同步气化，2015年已在印度尼西亚开始试运行，已成功从3300kcal/kg（1kcal＝4.1868kJ）提质为4950kcal/kg，并生产出燃料和化工原料。日本新日铁公司的ECOPRO组合煤气化反应和热分解反应也实现了低阶煤高效转换。

生物质煤炭混烧技术（ABC）为难以利用的低品质生物质燃料找到了新的出路。低品质生物质燃料由于其水分高、盐分高、粉碎处理困难往往予以废弃。但如果与煤炭进行混烧便可进行有效利用，而且与现有的煤电技术相比可明显减少CO_2的排放。日本目前的混烧比例为8%～10%，下一步的混烧率目标是25%。除直接混烧外，正在开发的生物质燃料与煤炭混合同步气化技术，为未来与IGCC和IGFC进行技术对接奠定了基础。生物质混烧技术比单独利用生物质燃料发电效率高，不仅促进了木屑、草本等生物质的综合利用，还可利用下水道污泥发电有效处理废弃物。

1.5.4 其他国家

南非是世界上煤化工发展具有代表性的国家，掌握着成熟的煤化工技术并实现产业化生产。1927年，南非基于本国丰富的煤炭资源，开始寻找煤基合成液体燃料的途径，1939年首先购买了德国F-T合成技术在南非的使用权，20世纪50年代初，成立了萨索尔（SASOL）公司，开始采用煤间接液化技术建设大型化的工业生产装置。经过多年的发展，南非煤炭液化技术逐步成熟，并拥有两种"煤制油"技术，由煤炭液化技术而引申出来的产品已遍布整个化学工业领域。目前，南非不仅可以从煤炭中提炼汽油、柴油、煤油等普通石油制品，而且还可以提炼出航空燃油和润滑油等高品质石油制品，均可进行大规模生产。萨索尔公司拥有目前国外商业化的煤间接液化典型技术——F-T合成技术，开发应用的浆态床和固定流化床工艺及设备居世界领先地位，其拥有的SAS固定流化床反应器是迄今为止最大的F-T合成反应器，单台生产能力达到2500t/d。该公司的3个液化厂，年耗煤4590万吨，生产汽油、柴油、蜡、燃气、氨、乙烯、丙烯、聚合物、醇、醛、酮等113种产品，总产量达760万吨，其中油品占60%左右，保证了南非28%的汽油、柴油供给量[35]。南非在煤炭间接液化产业化发展的同时，不断进行技术改进和技术进步，形成目前世界最大的煤转化工厂。

澳大利亚作为煤炭资源大国，不断加快煤炭清洁利用技术的研发。先进煤炭产品加工技术研究方面，已开发出超级清洁煤技术，生产无黏结剂煤球。超级清洁煤（UCC）是一种经过化学净化的高纯度煤，具有极低的灰分，可直接注入燃气轮机中，实现高效发电；先进燃煤技术开发方面，澳大利亚研究机构与煤炭和发电企业在煤粉发电领域展开合作，深入研究微量元素、微粒收集以及环境影响，减少环境排放。其成立的清洁发电合作研究中心开发减少褐煤燃料发电厂的温室气体排放技术。澳大利亚研究机构运用其在分析化学方面的专业技术，研究减少煤对环境影响的方法，其中的一个关键为煤灰废物控制，特别是微量元素的滤除。针对大量燃煤所产生的 CO_2，澳大利亚对 CO_2 进行地质封存。此项技术包括收集 CO_2 并将其压缩成超临界状态（类似密相流体），通过管道运输到合适的地点，将其注入地层以下至少 800m 深处。同时还开发了包括综合气化联合循环技术、加氧燃料燃烧、褐煤脱水和干燥以及超级清洁煤技术等一系列与 CO_2 收集和地质封存相关的技术，使燃煤发电的气体排放大幅降低甚至近于零；煤炭液化、气化技术研发方面，澳大利亚的电力与煤液化项目，旨在根据维多利亚州独特地质环境，开发一种真正的 21 世纪全球性能源，与一些国家正在进行的"煤制油"项目不同，该液化能源以煤为基本燃料，使气体排放趋近零。通过将高质量低成本的拉特罗布山谷（Latrobe Valley）褐煤转化成一种合成液体，同时产生电力副产品。该技术还包括提高煤使用效率的技术以及煤气化等，未来的煤气化技术有望为澳大利亚的"氢经济"提供大量的氢气。2004 年 3 月澳大利亚"21 世纪煤"国家行动启动，旨在减少和消除澳大利亚电力燃煤的温室气体排放。通过许多新兴技术，进一步加强了可再生资源回收，并采取措施提高最终使用效率，控制急速增长的能源需求，减少甚至消除燃煤气体排放。他们有"炼铁"研究项目，其重点是实现炼铁效率和环境性能的"阶段性"提高而对煤和焦炭提出新的要求；还有副产品和废物处理项目，旨在研究环保问题，凡是由于用煤而产生废物，其管理和利用事宜均属此项研究的范畴[36]。

印度早在 20 世纪 80 年代，就开始大力研发煤炭选矿、煤气化、液化和 IGCC。1996 年，技术信息·预测和评估委员会（DST）进行了一项燃烧前技术评估研究，对电力公司和其他主要煤炭消费行业（如钢铁和水泥）将采取的技术升级措施提供了具体意见。2006 年，科学技术部对清洁煤-能源循环进行了深入研究，旨在推动清洁煤能源循环的研发，并制定出清洁煤技术未来的路线图，通过政策和方案来重视洁净煤的引进、适应和发展。印度还成立了国家洁净煤技术中心（NCCTC），致力于本土煤炭和清洁煤技术的研究与开发[37]。印度政府 2012 年提出启动一项针对洁净煤和清洁炭技术的任务作为国家气候变化行动计划（NAPCC）的一部分，以达到减少大量来自燃煤发电厂的二氧化碳排放的目标。任务计划包括先进的超超临界技术、整体煤气化联合循环技术以及碳捕集技术。印度甘地原子能研究中心（IGCAR）、印度重电公司（BHEL）和国家热电公司（NTPC）签署了一项协议来督促火电厂采用超超临界锅炉。虽然超临界技术已经应用，但超超临界技术仍在开发。欧盟也加大与印度清洁煤技术的合作，双方政府间联委会确定的重点优先合作领域，从 2011 年 11 月开始，致力于清洁煤技术的联合开发应用。研发团队采用化学、热分解、质谱学以及岩相分析等方法，对印度产高灰分煤特征进行了全面的分析，包括化合物成分和颗粒物分布。在计算机流体力学模型的协助下，最终选定整体煤气化联合循环发电技术（IGCC），作为最佳清洁煤技术开展联合攻关。研发团队确定了技术开发路线：a.适应印度产高灰分煤燃烧的 IGCC 开发；b.符合当地实际的低成本经济型火电厂原型结构优化设计；c.原型设计开发中试示范项目实施；d.新技术推广应用部署。研发团队成功研制开发出高标准但结构进一步简化的集成煤气化联合循环技术发电厂原型，正在进行中试示范项目开发。初步结果已显示出创新型技术的性价比优势，同时还拥有从源头上捕集 CO_2 和降低大气污染的优势。

印度尼西亚位于亚洲东南部，有丰富的煤炭资源，资源量超过 1000 亿吨，储量超过 200 亿吨[38]。2019 年，印度尼西亚的煤炭产量为 6.1 亿吨，占全球总产量的 7.5%，位居世界第四[2]。作为煤炭生产大国，印度尼西亚同样重视洁净煤技术的应用与发展，其褐煤的开发是解决能源危机以及环境问题的方案之一。DH 能源集团通过在煤转换成清洁能源项目中采用创新绿色利用褐煤技术，对印度尼西亚政府给予支持，其褐煤开发战略通过在 Pendopo

坑口洁净煤发电项目、煤炭提质项目、煤炭气化和液化项目，以及煤层气和碳捕集及封存项目将褐煤转化为清洁能源。这一开发战略计划提供清洁能源和衍生产品，如电、洁净煤、天然气替代品、化工产品和清洁燃料。除了坑口发电项目外，DH 能源集团还在南苏门答腊Pendopo 开展褐煤提质项目以提高印度尼西亚褐煤的附加值，并将其升级为高发热量的煤炭产品。由于印度尼西亚褐煤资源较难出口，DH 能源集团还在南苏门答腊 Pendopo 开发煤炭气化和液化项目，煤炭气化和液化技术的实施也是实现多元化能源战略的另一项举措[39]。另外，2019 年 12 月，印度尼西亚首个洁净煤电站——爪哇 7 号蒸汽发电站投运，该电站是印度尼西亚首家使用煤炭通过锅炉超超临界（USC）科技发电的蒸汽发电站，预计提高发电效力 15％，同时节省燃料经费、减少废气排放量，运作适宜使用海水的油气脱硫系统（SWFGD），该系统被认为是最环保的方式[40]。

参考文献

[1] 王丽慧，吴喜平. 分布式能源系统运行效果受负荷稳定性的影响[J]. 建筑节能，2007，35(191)：48-51.

[2] BP. BP statistical review of world energy 2020[R/OL]. (2020-06-17)[2021-01-08]. https://www.bp.com/content/dam/bp/business-sites/en/global/corporate/pdfs/energy-economics/statistical-review/bp-stats-review-2020-full-report.pdf.

[3] Andre T. Renewables 2022 Global Status Report[M]. Paris：REN21 Secretariat，2022.

[4] 佚名. 中国煤炭资源的基本情况[J]. 能源与节能，2017(8)：119.

[5] 佚名. 中国煤炭资源分布概况[J]. 能源与节能，2017(4)：59.

[6] Na C N，Yuan J H，Xu Yan，et al. Penetration of clean coal technology and its impact on China's power industry[J]. Energy Strategy Reviews，2015，7：1-8.

[7] 中国国家标准化管理委员会. 电站锅炉蒸汽参数系列：GB/T 753—2012[S]. 北京：中国标准出版社，2013.

[8] Fan H J，Zhang Z X，Dong J C，et al. China's R&D of advanced ultra-supercritical coal-fired power generation foraddressing climate change[J]. Thermal Science and Engineering Progress，2018，5：364-371.

[9] 谢克昌. 中国煤炭清洁高效可持续开发利用战略研究[M]. 北京：科学出版社，2014.

[10] 黄其励. 先进燃煤发电技术[M]. 北京：科学出版社，2014.

[11] 国家能源局. 能源技术创新"十三五"规划[R/OL]. (2016-12-30)[2021-01-08]. http://zfxxgk.nea.gov.cn/auto83/201701/P020170113571241558665.pdf.

[12] 国家发展和改革委员会，环境保护部，工业和信息化部. 电力行业(燃煤发电企业)清洁生产评价指标体系[Z/OL]. (2015-04-15)[2021-01-08]. http://www.ndrc.gov.cn/zcfb/zcfbgg/201504/W020150420524648567766.pdf.

[13] 中华人民共和国国家发展和改革委员会. 热电联产管理办法[Z/OL]. (2016-03-22)[2021-01-08]. http://www.ndrc.gov.cn/zcfb/zcfbtz/201604/W020160418316712991268.pdf.

[14] 汪寿建. 现代煤气化技术发展趋势及应用综述[J]. 化工进展，2016，3(35)：653-664.

[15] 中国炼焦行业协会. 中国焦化工业改革开放四十年的发展[EB/OL]. (2018-12-20)[2021-01-08]. http://huanbao.bjx.com.cn/news/20181220/950827.shtml.

[16] 王国祥. 煤气化技术在合成氨生产中的应用情况[J]. 氮肥技术，2016，37(2)：16-23.

[17] 中国煤炭加工利用协会. 中国煤炭深加工产业发展报告[M]. 北京：中国煤炭加工利用协会，2018.

[18] 胡发亭，颜丙峰，王光耀，等. 我国煤制燃料油技术进展及工业化现状[J]. 洁净煤技术，2019，25(1)：60-66.

[19] 邹涛，刘军，曾梅，等. 煤热解技术进展及工业应用现状[J]. 煤化工，2017，45(1)：40-44.

[20] 任光. 我国煤制甲醇的工业现状及发展趋势分析[J]. 化肥设计，2016，54(5)：5-7.

[21] 杨传玮，蔡恩明. 我国二甲醚行业现状及发展前景预测[J]. 中国石油和化工经济分析，2008(8)：25-29.

[22] 兰荣亮. 煤制乙醇工业生产技术对比分析[J]. 山东化工，2019，48(7)：139-140.

[23] 黄格省，包力庆，丁文娟，等. 我国煤制芳烃技术发展现状及产业前景分析[J]. 煤炭加工与综合利用，2018，(2)：6-9.

[24] 佚名. 华电煤业集团和清华大学合作的甲醇制芳烃中试装置试车成功[J]. 石油炼制与化工，2013，44(5)：1.

[25] 崔小明. 国内外醋酸的供需现状及发展前景分析[J]. 煤化工, 2015(2): 6.

[26] 张马宁, 闫伟华, 姚彬. 国内外醋酸行业的现状及分析[J]. 广东化工, 2019, 46(7): 159-160.

[27] 李红斌. 我国现代煤化工产业发展现状及制约因素分析[J]. 山西化工, 2018, 38(4): 38-40.

[28] 杨国忠. 煤化工节能减排技术分析[J]. 建筑工程技术与设计, 2014(11): 636-636.

[29] 高艳, 李志光. 煤化工企业应对碳排放的思考[J]. 当代化工研究, 2016(8): 87-89.

[30] 中国石油和化学工业联合会. 傅向升: 现代煤化工应突出"创新、降碳、集群化"[R/OL]. (2022-08-04)[2022-08-08]. http://www.cpcif.org.cn/detail/6798a728-120b-4ffe-8e5d-cb9de55459ca.

[31] 王倩, 王卫良, 刘敏, 等. 超(超)临界燃煤发电技术发展与展望[J]. 热力发电, 2021, 50(2): 1-9.

[32] United States Department of Energy. DOE invests $118 million in 21st century technologies for carbon-neutral electricity and hydrogen produced from coal[EB/OL]. (2020-07-17)[2021-01-08]. https://www.energy.gov/articles/doe-invests-118-million-21st-century-technologies-carbon-neutral-electricity-and-hydrogen.

[33] 吴彦丽, 李文英, 易群, 等. 中美洁净煤转化技术现状及发展趋势[J]. 中国工程科学, 2015, 17(9): 133-139.

[34] 周杰, 周溪峤. 日本煤炭清洁利用与高效发电产业国家战略研究[R]. 国际清洁能源论坛(澳门), 2015.

[35] 李群. 对大型电力企业建设煤化工项目的认识[J]. 煤化工, 2011, 39(2): 1-4.

[36] 于文珂. 澳大利亚的煤炭加工与利用技术[J]. 中国煤炭工业, 2007(7): 46-47.

[37] Goel M. Implementingclean coal technology in India[M]//iNetwork. India Infrastructure Report 2010: Infrastructure Development in a Sustainable Low Carbon Economy. India: OUP India, 2010: 208-221.

[38] 梁富康, 苏新旭. 印度尼西亚的煤炭资源及开发前景[J]. 中国煤炭, 2019, 45(4): 128-132.

[39] 卡兹·塔纳卡. 印度尼西亚煤炭工业现状与洁净煤技术发展[C]//国际煤炭峰会论文集. 北京: 中国煤炭工业协会, 2012: 201-207.

[40] 印尼首个洁净煤电站投运[N]. 国际日报. 2019-12-28(A2).

2

煤的物理和化学性质

煤炭大约形成于 2.9 亿～3.6 亿年前的石炭纪时期。石炭纪时期的植物死亡后，落入缺氧的沼泽或泥浆地带，或被沉积物掩埋。由于缺氧，它们只有部分腐烂，形成如同海绵般的含碳丰富的物质并首先逐渐变成泥煤。在热和地质压力的共同作用下，泥煤逐渐硬化成为煤炭。在成煤过程中，植物中的碳成分以及植物在光合作用中所获得的太阳能都最终汇集于煤炭之中。

目前已确定，生成煤的原始物质是石炭纪与其相临近的地质年代最繁茂的植物和生长在湖泊沼泽中的微生物、浮游生物等死后堆积起来的残骸。就其化学组成来讲，这些物质主要由纤维素、某些碳水化合物和树脂以及蜡类所组成。成煤物质在地热和压力的作用下，经过漫长的变质最后形成了煤。这种变化过程称为"煤化过程"，而不同的煤种在很大程度上是由它们之间的"变质程度"不同引起的。

煤化阶段首先形成泥炭，然后褐煤，随之次烟煤、烟煤，最后是无烟煤。表 2-1 中列出了从植物到无烟煤的有机元素变化，从中可以看出从泥炭到无烟煤阶段的炭化过程。

表 2-1　各种燃料的元素组成与炭化程度的关系　　　　　　　单位:%

煤种	C_{daf}	H_{daf}	O_{daf}	N	S	发热量/（MJ/kg）
木材	35～50	5.0～6.0	30～50	0.5～1.5	0～0.3	17.0～21.2
泥炭	55～62	5.3～6.5	27～34	1.5～2	0.5～1	9.5～15.0
年轻褐煤	60～70	5.5～6.6	20～23	0.5～2	0.5～1	23.0～27.2
年老褐煤	70～76.5	4.5～6.0	15～30	0.5～2	0.5～1	
长焰煤	77～81	4.5～6.0	10～15	1～2	0.5～2	32.0～33.8
气煤	79～85	5.4～6.8	8～12	1～2	0.5～2	33.0～34.7
肥煤	82～89	4.8～6.0	4～9	1～2	0.5～2	34.0～36.0
焦煤	86.5～91	4.5～5.5	3.5～6.5	1～2	0.5～2	34.0～36.0
瘦煤	88～92.5	4.3～5.0	3～5	1～2	0.5～2	35.1～36.5
贫煤	88～92.7	4.0～4.7	2～5	1～2	0.5～2	35.1～36.5
年轻无烟煤	89～93	3.2～4.0	2～4	<1	<1	33.4～36.5
典型无烟煤	93～95	2.0～3.2	2～3	<1	<1	
年老无烟煤	95～98	0.8～2.0	1～2	<1	<1	
焦炭	—	—	—	—	—	30.0～32.0

注: daf—干燥无灰基; C—含碳质量分数; H—含氢质量分数; O—含氧质量分数; N—含氮质量分数; S—含硫质量分数。

植物中含有大量的水分，占 50% 左右，干基发热量 $17.0\sim21.2\mathrm{MJ/kg}$[1,2]，主要化学成分是多环高氧含量的纤维素和木质素。在煤化过程中纤维素与木质素中的氧形成水和二氧化碳而被排出，因此，干基无灰基的氧含量逐渐从木材的 $30\%\sim50\%$，降低到褐煤的 $20\%\sim30\%$，随着炭化的深入，进一步降低到烟煤的 $2\%\sim15\%$，最终达到无烟煤的 $1\%\sim4\%$，同时使残余物中的碳浓度越来越大，发热量也从 $9.5\mathrm{MJ/kg}$ 达到 $36.5\mathrm{MJ/kg}$。

2.1 煤的基本化学特征

2.1.1 煤的物理性质

煤的物理性质是煤的一定化学组成和分子结构的外部表现，由成煤的原始物质及其聚积条件、转化变质、煤化程度和风化、氧化程度等因素决定，包括颜色、光泽、密度、容重、硬度、脆度、断口及导电性等。其中，除了密度和导电性需要在实验室测定外，其他根据肉眼观察就可以确定。煤的物理性质可以作为初步评价煤质的依据，并用以研究煤的成因、变质机理和解决煤层对比等地质问题。

2.1.1.1 颜色

煤的颜色是指新鲜煤表面的自然色彩，是煤对不同波长光波吸收的结果，呈褐色至黑色，一般随煤化程度的提高而逐渐加深。

2.1.1.2 光泽

煤的光泽是指煤的表面在普通光下的反光能力。一般呈沥青、玻璃和金属光泽。煤化程度越高，光泽越强；矿物质含量越多，光泽越暗；风化、氧化程度越深，光泽也越暗，直到完全消失。

2.1.1.3 粉色

煤的粉色是指将煤研成粉末后的颜色或煤在上釉瓷板上刻划时留下的痕迹，所以又称为条痕色，呈浅棕色至黑色。一般是煤化程度越高，粉色越深。

2.1.1.4 密度和容重

煤的相对密度是不包括孔隙在内的一定体积的煤的质量与同温度、同体积的水的质量之比。煤的容重又称煤的体重或假密度，它是包括孔隙在内的一定体积的煤的质量与同温度、同体积的水的质量之比。煤的容重是计算煤层储量的重要指标。褐煤的容重一般为 $1.05\sim1.20$，烟煤为 $1.20\sim1.40$，无烟煤变化范围较大，为 $1.35\sim1.80$。煤岩组成、煤化程度、煤中矿物质的成分和含量是影响密度和容重的主要因素。在矿物质含量相同的情况下，煤的密度随煤化程度的加深而增大。

2.1.1.5 硬度

煤的硬度是指煤抵抗外来机械作用的能力。根据外来机械力作用方式的不同，可进一步将煤的硬度分为刻划硬度、压痕硬度和抗磨硬度三类。煤的硬度与煤化程度有关，褐煤和焦煤的硬度最小，一般为 2.0~2.5；无烟煤的硬度最大，接近 4.0。

2.1.1.6 脆度

煤的脆度是煤受外力作用而破碎的程度。成煤的原始物质、煤岩成分、煤化程度等都对煤的脆度有影响。在不同变质程度的煤中，长焰煤和气煤的脆度较小，肥煤、焦煤和瘦煤的脆度最大，无烟煤的脆度最小。

2.1.1.7 断口

煤的断口是指煤受外力打击后形成断面的形状。在煤中常见的断口有贝壳状断口、参差状断口等。煤的原始物质组成和煤化程度不同，断口形状各异。

2.1.1.8 导电性

煤的导电性是指煤传导电流的能力，通常用电阻率来表示。褐煤电阻率低。褐煤向烟煤过渡时，电阻率剧增。烟煤是不良导体，随着煤化程度增高，电阻率减小，至无烟煤时急剧下降，而具有良好的导电性。

2.1.2 元素组成

煤中的有机质主要由碳、氢、氧、氮和硫等元素组成，其中碳、氢、氧的总和占煤中有机质的 95% 以上。这些元素在煤有机质中的含量与煤的成因类型、煤岩组成和煤化程度有关。因此，通过元素分析了解煤中有机质的元素组成是煤质分析与研究的重要内容。当然，从元素分析数据还不能说明煤的有机质是什么样的化合物，也不能充分确定煤的性质，但是利用元素分析的数据并配合其他工艺性质指标，可以了解煤的某些性质。例如，可以计算煤的发热量、理论燃烧温度和燃烧产物的组成，也可以估算炼焦化学产品的产率，还可以作为煤分类的辅助指标等。

2.1.2.1 碳

碳是煤中有机质的主要组成元素。在煤的结构单元中，它构成了稠环芳烃的骨架。在炼焦时，它是形成焦炭的主要物质基础。在煤燃烧时，它是发热量的主要来源。

碳的含量随着煤化度的升高而有规律地增加。在同一种煤中，各种显微组分的碳含量（C_{daf}）也不一样：一般惰质组最高，镜质组次之，壳质组最低。碳含量与挥发分之间存在负相关关系，因此碳含量也可以作为表征煤化度的分类指标。在某些情况下，碳含量对煤化度的表征比挥发分更准确。

2.1.2.2 氢

氢是煤中第二种非常重要的元素。氢元素占腐植煤有机质的质量分数一般小于 7%。但因其原子量最小，故原子分数与碳在同一数量级。氢是组成煤大分子骨架和侧链的重要元素。与碳相比，氢元素具有较强的反应能力，单位质量的燃烧热也更大，理论上完全燃烧时放出的热量为 12.1MJ/kg。

氢含量（H_{daf}，质量分数）与煤的煤化度也密切相关，随着煤化度增高，氢含量逐渐下降。在中变质烟煤之后这种规律更为明显。在气煤、气肥煤阶段，氢含量能达到 6.5%；到高变质烟煤阶段，氢含量甚至下降到 1% 以下。各种显微组分的氢含量也有明显差别，对于同一种煤化度的煤：壳质组最大，镜质组次之，惰质组最低。

从中变质烟煤到无烟煤，氢含量与碳含量之间有较好的相关关系，可以通过线性回归得到经验方程：

对于中变质烟煤 $\qquad\qquad H_{daf}=26.10-0.241C_{daf}$ $\qquad\qquad$ (2-1)

对于无烟煤 $\qquad\qquad H_{daf}=44.73-0.448C_{daf}$ $\qquad\qquad$ (2-2)

2.1.2.3　氧

氧是煤中第三种重要的元素。有机氧在煤中主要以羧基（—COOH）、羟基（—OH）、羰基（ $\diagdown$ C=O）、甲氧基（—OCH$_3$）和醚（—C—O—C—）形态存在，也有些氧与碳骨架结合成杂环。氧在煤中存在的总量和形态直接影响煤的性质。煤中有机氧含量随煤化度增高而明显减少。泥炭干燥无灰基氧含量（O_{daf}，质量分数）为 15%～30%，到烟煤阶段为 2%～15%，无烟煤为 1%～3%。在研究煤的煤化度演变过程时，经常用 O/C 和 H/C 原子比来描述煤元素组成的变化以及煤的脱羧、脱水和脱甲基反应。

氧的反应能力很强，在煤的加工利用过程中起着较大的作用。如低煤化度煤液化时，因为含氧量高，会消耗大量的氢，生成水；在炼焦过程中，当氧化使煤氧含量增加时，会导致煤的黏结性降低，甚至消失；煤燃烧时，煤中氧不参与燃烧，却约束本来可燃的元素如碳和氢；对煤制取芳香羧酸和腐植酸类物质而言，氧含量高的煤是较好的原料。

各种显微组分氧含量的相对关系与煤的煤化度有关。对于中等变质程度的烟煤，镜质组 O_{daf} 最高，惰质组次之，壳质组最低；对于高变质烟煤和无烟煤，仍然是镜质组 O_{daf} 最高，但壳质组的 O_{daf} 略高于惰质组。

与氢元素相似，煤中的氧含量与碳含量也有一定的相关关系（但对无烟煤，氧与碳的负相关关系不明显）：

对于烟煤 $\qquad\qquad O_{daf}=85.0-0.9C_{daf}$ $\qquad\qquad$ (2-3)

对于褐煤和长焰煤 $\qquad\qquad O_{daf}=80.38-0.84C_{daf}$ $\qquad\qquad$ (2-4)

2.1.2.4　氮

煤中氮的含量较少，一般为 0.5%～3.0%。氮是煤中唯一的完全以有机状态存在的元素。煤中有机氮化物被认为是比较稳定的杂环和复杂的非环结构的化合物。其来源可能是动植物的脂肪、蛋白质等成分。植物中的植物碱、叶绿素和其他组织的环状结构中都有氮，而且相当稳定，在煤化过程中不发生变化，成为煤中保留的氮化物。在泥炭和褐煤中发现了以蛋白质形态存在的氮，但仅在泥炭和褐煤中发现，而在烟煤中几乎没有发现。煤中氮含量（N_{daf}，质量分数）随煤化度的加深而趋向减少，但规律性到高变质烟煤阶段以后才比较明显。在各种显微组分中，氮含量的相对关系也没有规律性。笔者的研究表明，氮在镜质组中以吡咯和吡啶、在壳质组中以氨基和吡啶、在惰质组中以氨基和吡咯形式存在。在煤的转化过程中，煤中的氮可生成胺类、含氮杂环化合物、含氮多环化合物和氰化物等。煤燃烧和气化时，氮转化为污染环境的 NO$_x$。煤液化时，需要消耗部分氢才能使产品中的氮含量降到最低限度。煤炼焦时，一部分氮转化为 N_2、NH_3、HCN 和其他一些有机氮化物逸出，其他的氮进入煤焦油或残留在焦炭中。炼焦化学产品中氨的产率与煤中氮含量及其存在形态有关。煤焦油中的含氮化合物有吡啶类和喹啉类，而在焦炭中则以某些结构复杂的含氮化合物形态存在。

对于我国的大多数煤来说，煤中的氮与氢含量存在如下的关系：

$$N_{daf} = 0.3H_{daf} \tag{2-5}$$

按此式，氮含量的计算值与测量值之差一般在 $\pm 0.3\%$ 以内。

2.1.2.5 硫

煤中的硫通常以有机硫和无机硫的状态存在。有机硫是指与煤有机结构相结合的硫，其组成结构非常复杂。有机硫主要来自成煤植物和微生物的蛋白质。植物的总含硫量一般都小于 0.5%。所以，硫分在 0.5% 以下的大多数煤，一般都以有机硫为主。有机硫与煤中有机质共生，结为一体，分布均匀，不易清除。笔者的研究结果表明，煤的三种基本显微组分中硫的赋存形态基本相同，均主要为噻吩、硫醇和硫醚。煤中无机硫大部分来自矿物质中各种含硫化合物，主要有硫化物硫和少量硫酸盐硫，偶尔也有元素硫存在。硫化物硫以硫铁矿为主，多呈分散状赋存于煤中。高硫煤的硫含量中，硫化物硫所占比例较大。硫酸盐硫以石膏为主，也有少量硫酸亚铁等，我国煤中硫酸盐硫含量大多小于 0.1%。

煤中的硫按可燃性可分为可燃硫和不可燃硫，按干馏过程中的挥发性又可分为挥发硫和固定硫。煤中硫的形态及其相互关系列于表 2-2。煤中各种形态硫的总和称为全硫，含量高低不等（$0.1\% \sim 10\%$）。硫含量多少与成煤时的沉积环境有关。一般来说，我国北部产地的煤含硫量较低，往南则逐渐升高。

表 2-2　煤中硫的赋存形态及其分类

分类		名称		化学式	分布
无机硫 S_I	不可燃硫	硫酸盐硫 S_s	石膏	$CaSO_4 \cdot 2H_2O$	在煤中分布不均匀
			硫酸亚铁	$FeSO_4 \cdot 7H_2O$	
	可燃硫	元素硫 S_e			
		硫化物硫 S_p	黄铁矿	FeS_2,正方晶系	
			白铁矿	FeS_2,斜方晶系	
			磁铁矿	Fe_7S_8	
			方铅石	PbS	
有机硫 S_O		硫醇		$R-SH$	在煤中分布均匀
		硫醚类	硫醚	R^1-S-R^2	
			二硫化物	$R^1-S-S-R^2$	
			双硫醚	$R^1-S-CH_2-S-R^2$	
		硫杂环	噻吩		
			硫醌		
		其他	硫酮		

煤中的硫对于炼焦、气化、燃烧和储运都十分有害，因此硫含量是评价煤质的重要指标之一。煤在炼焦时，约 60% 的硫进入焦炭，硫的存在使生铁具有热脆性；煤气化时，由硫产生的硫化氢不仅腐蚀设备，而且易使催化剂中毒，影响操作和产品质量；煤燃烧时，煤中硫转化为二氧化硫排入大气，腐蚀金属设备和设施，污染环境，造成公害；硫铁矿硫含量高的煤，在堆放时易于氧化和自燃，使煤的灰分增加，热值降低。世界上高硫煤的储量占有一定比例，因此寻求高效经济的脱硫方法和回收利用硫的途径，具有重要意义。

2.1.3 工业分析

2.1.3.1 水分

煤中的水分按其在煤中存在的状态，可以分为外在水分、内在水分和化合水三种。

外在水分：煤的外在水分［又称自由水分（free moisture）或表面水分（surface moisture）］是指煤在开采、运输、储存和洗选过程中，附着在煤的颗粒表面以及大毛细孔（直径大于 10^{-5} cm）中的水分，其含量用符号 M_f（%，质量分数）表示。外在水分以机械的方式与煤相结合，仅与外界条件有关，而与煤质本身无关，其蒸气压与常态水的蒸气压相等，较易蒸发。当煤在室温下的空气中放置时，外在水分不断蒸发，直至与空气的相对湿度达到平衡时为止。此时失去的水分就是外在水分。含有外在水分的煤称为收到煤，失去外在水分的煤称为空气干燥煤。

内在水分：煤的内在水分［又称固有水分（inherent moisture）或空气干燥基水分（moisture in air-dried coal）］是指吸附或凝聚在煤颗粒内部表面的毛细管或空隙（直径小于 10^{-5} cm）中的水分，其含量表示为 M_{inh} 或 M_{ad}（%，质量分数）。内在水分以物理化学方式与煤相结合，与煤种的本质特征有关（表2-3），内表面积越大，小毛细孔越多，内在水分亦越多。内在水的蒸气压小于常态水的蒸气压，较难蒸发，加热至 105～110℃ 时才能蒸发，失去内在水分的煤称为干燥煤。将空气干燥煤样加热至 105～110℃ 时所失去的水分即为内在水分。煤的内在水分还与外界条件有关，一定的湿度和温度下，内在水分可以达到最大值。此时的内在水分即称为最高内在水分 M_{hc}［即持水量（moisture holding capacity）］。

煤的外在水分与内在水分的总和称为煤的全水分含量 M_t（total moisture）。

表 2-3 不同煤种的内在水分含量

煤种	泥炭	褐煤	烟煤						无烟煤
			长焰煤	气煤	肥煤	焦煤	瘦煤	贫煤	
M_{ad}/%	12～45	5～25.4	0.9～8.7	0.6～4.9	0.5～3.2	0.4～2.6	0.3～1.6	约0.6	0.1～4.0

注：ad—空气干燥基。

化合水：煤中的化合水（water of constitution）是指以化学方式与矿物质结合的，在全水分测定后仍保留下来的水分，即通常所说的结晶水，它们以化学方式与无机物相结合。化合水含量不大，而且必须在高温下才能失去。例如，石膏（$CaSO_4 \cdot 2H_2O$）在 163℃ 时分解失去化合水，高岭土（$Al_2O_3 \cdot 2SiO_2 \cdot 2H_2O$）在 450～600℃ 方才失去化合水。在煤的工业分析中，一般不考虑化合水。

煤中水分的多少在一定程度上反映了煤质状况。低煤化度煤结构疏松，结构中极性官能团多，内部毛细管发达，内表面积大，因此具备了赋存水分的条件。例如褐煤的外在水分和内在水分均可达20%以上。随着煤化度的提高，两种水分都在减少。在肥煤与焦煤变质阶段，内在水分达到最小值（<1%）。到高变质的无烟煤阶段，由于煤粒内部的裂隙增加，内在水分又有所增加，可达到4%左右。

煤的最高内在水分与煤化度的关系基本与内在水分相同，具有明显的规律性（图2-1）。当挥发分含量V_{daf}为25%±5%时，M_{hc}小于1%，达到最小值。经风化后煤的内在水分增加，所以煤内在水分的多少，也是衡量煤风化程度的标志之一。煤中的化合水虽与煤的煤化度没有关系，但化合水多，说明含化合水的矿物质多，因而间接影响了煤质。

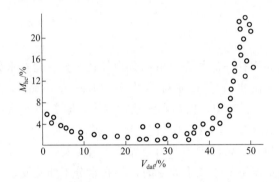

图 2-1　煤的最高内在水分 M_{hc} 与挥发分 V_{daf} 的关系

对于烟煤和无烟煤，常常采用空气干燥法测定煤中的水分，即在105～110℃下烘干煤样，通过计算其失重来计算水分含量，对于褐煤的水分测定需要在氮气气氛中进行干燥。除了干燥法之外，水分的测定还可以采用微波干燥法和甲苯蒸馏法，但微波干燥法对于无烟煤水分不适用，甲苯蒸馏法对于低煤化程度的煤样，如褐煤比较合适，但操作步骤烦琐，在国家标准中已经被摒弃。

一般说来，水分是煤中基本有害无利的无机物质。这是因为：在运输时，煤的水分增加了运输负荷；对煤进行机械加工时，煤中水分过多将造成粉碎、筛分困难，降低生产效率，损坏设备；炼焦时，煤中水分的蒸发需消耗热量，增加焦炉能耗，延长了结焦时间，降低了焦炉生产能力，水分过大时，还会损坏焦炉，使焦炉使用年限缩短。此外，炼焦煤中的各种水分，包括热解水全部转入焦化剩余氨水，增大了焦化废水处理的负荷；气化与燃烧时，煤中的水分降低了煤的有效发热量，但气化时对调节碳氢比有好处。

2.1.3.2　灰分

煤在作为燃料或加工转化的原料时，几乎都是利用其中的有机质。因此煤中的矿物质或灰分不是过程的可用组分。煤的灰分是指煤中所有可燃物质完全燃烧时，煤中矿物质在一定温度下经过一系列分解、化合等剩下的残渣，其空气干燥基含量用符号 A_{ad}（%，质量分数）来表示。传统的灰分测定分为缓慢灰化法和快速灰化法两种，具体步骤略有不同，但其要点都是称取一定量的空气干燥煤样，放入马弗炉中加热至（815±10）℃，并灼烧至恒重，以残留物的质量占煤样质量的百分数作为灰分产率。近代仪器分析也可采用放射同位素射线法、反射 X 射线法等方法测定。灰分是煤在规定操作下的变化产物，由氧化物和相应的盐类组成，既不是煤中固有的，更不能看成是矿物质的含量，称为灰分产率更确切些。

煤中灰分与煤中矿物质有密切的关系。煤中矿物质是除水分外所有无机物质的总称，主要成分一般有黏土、高岭石、黄铁矿和方解石等。

煤中的矿物质一般有三个来源：原生矿物质、次生矿物质和外来矿物质。原生矿物质指存在于成煤植物中的矿物质，主要是碱金属和碱土金属的盐类。原生矿物质参与煤的分子结构，与有机质紧密结合在一起，在煤中呈细分散分布，很难用机械方法洗选脱除。这类矿物质含量较少，一般仅为 $1\%\sim2\%$。次生矿物质指成煤过程中，由外界混入煤层中的矿物质，以多种形态嵌布于煤中，如煤中的高岭土、方解石、黄铁矿、石黄、长石、云母等。外来矿物质指在采煤过程中混入煤中的顶、底板和夹矸层中的矸石，其主要成分为 SiO_2、Al_2O_3、$CaCO_3$、$CaSO_4$ 和 FeS 等。

煤中矿物质与灰分的含量不同，但是两者之间存在一定的关系。可以采用以下经验公式从煤灰分计算煤中矿物质的含量（质量分数）：

$$MM = 1.08A + 0.55S_t \tag{2-6}$$

$$MM = 1.10A + 0.5S_p \tag{2-7}$$

$$MM = 1.13A + 0.47S_p + 0.5Cl \tag{2-8}$$

式中　MM——煤中矿物质含量，%；

　　　A——煤中灰分含量，%；

　　　S_t——煤中全硫含量，%；

　　　S_p——煤中硫化物硫含量，%；

　　　Cl——煤中氯的含量，%。

煤中矿物质的含量也可以直接测定。国际标准化组织曾提出一个标准方法（ISO 602），其要点是：煤样用盐酸和氢氟酸处理，部分脱除矿物质，而在此条件下煤中有机质不受影响，算出经酸处理后煤的质量损失，并将部分脱除矿物质的煤灰化以测定未溶解的那部分矿物质。

还有一种等离子体低温灰化法可以测定矿物质的含量。方法原理是，氧气通过射频时放电，形成活化气体等离子体，在约150℃流过煤样时，煤中的有机质因氧化而失去，矿物质除失去结晶水外基本无变化。此法还可用来校正煤的各项分析结果，将数据换算到干燥无矿物质基准。

煤高温燃烧时，大部分矿物质发生多种化学反应，与未发生变化的那部分矿物质一起转变为灰分。这些化学反应主要如下。

黏土、石膏等失去化合水：

$$SiO_2 \cdot Al_2O_3 \cdot 2H_2O \longrightarrow SiO_2 \cdot Al_2O_3 + 2H_2O \tag{2-9}$$

$$CaSO_4 \cdot 2H_2O \longrightarrow CaSO_4 + 2H_2O \tag{2-10}$$

碳酸盐矿物受热分解，放出 CO_2：

$$CaCO_3 \longrightarrow CaO + CO_2 \tag{2-11}$$

$$FeCO_3 \longrightarrow FeO + CO_2 \tag{2-12}$$

氧化亚铁氧化生成氧化铁：

$$4FeO + O_2 \longrightarrow 2Fe_2O_3 \tag{2-13}$$

硫化物矿物质氧化分解放出 SO_2，部分 SO_2 被煤中的 $CaCO_3$ 或 CaO 吸收：

$$4FeS_2 + 11O_2 \longrightarrow 2Fe_2O_3 + 8SO_2 \tag{2-14}$$

$$2CaCO_3 + 2SO_2 + O_2 \longrightarrow 2CaSO_4 + 2CO_2 \tag{2-15}$$

$$或 \qquad\qquad 2CaO + 2SO_2 + O_2 \longrightarrow 2CaSO_4 \qquad\qquad (2\text{-}16)$$

煤中的氯有 $30\% \sim 36\%$ 以有机氯的形式存在，在高温灰化时易分解而生成 HCl 或 Cl_2；煤中的未结合硫以 SO_2 形式失去；煤中的碱金属氧化物以及 Hg 在 $700℃$ 以上部分挥发。

按照煤中矿物质在煤高温燃烧时发生的化学反应，煤灰分主要是由金属和非金属的氧化物和盐类组成。在工业生产中，煤灰是煤用作锅炉燃料和气化原料时得到的大量灰渣。煤灰和煤灰分的化学组成基本一致，其主要成分是 SiO_2、Al_2O_3、CaO、MgO，它们之和占煤灰的 95% 以上，还有少量 K_2O、Na_2O、SO_3、P_2O_5 及一些微量元素的化合物。我国煤灰主要成分含量的一般范围列于表 2-4。

表 2-4　我国煤灰主要成分含量的一般范围　　　　　　　　单位：%

成分	褐煤		硬煤	
	最低	最高	最低	最高
SiO_2	10	60	15	>80
Al_2O_3	5	35	8	50
Fe_2O_3	4	25	1	65
CaO	5	40	0.5	35
MgO	0.1	3	<0.1	5
TiO_2	0.2	4	0.1	6
SO_3	0.6	35	<0.1	15
P_2O_5	0.04	2.5	0.01	5
KNaO	0.09	10	<0.1	10

无论是将煤作为能源还是作为原材料的来源，煤中的矿物质或灰分一般都是不利的。煤经过适当加工处理以排除矸石和矿物质，对降低煤炭灰分的加工处理后再利用有着多方面重要的意义，具体的影响如下。

① 对炼焦和炼铁的影响　炼焦煤灰分高，造成焦炭灰分高，炼铁时就要多消耗焦炭和作为助熔剂的石灰石。一般认为，炼焦煤灰分每降低 1%，可使炼出焦炭的灰分降低 1.33%。焦炭灰分每增加 1%，焦炭消耗量增加 $2\% \sim 2.66\%$，石灰石消耗量增加 4%，高炉产量降低 $2.6\% \sim 3.9\%$。如果再加上因灰分增加而带来的含硫量增加，那后果就更为严重了。所以，炼焦用煤的灰分一般不应 $>10\%$。

② 对燃烧和气化的影响　煤中的灰分高，造成灰渣量增加，势必带走一部分潜热（碳）和显热，使热效率降低。动力用煤的灰分每增加 1%，一般使煤耗量增加 $2.0\% \sim 2.5\%$。煤灰的熔融温度低，易引起电厂锅炉挂渣、结垢和沾污，易造成干法排灰的移动床气化炉结渣。对干法排渣的气化炉，煤灰熔融温度高有利；对液态排渣的气化炉则相反，煤灰熔融温度低和流动性好有利。煤灰的熔融性对气化工艺的选择有时起着决定性影响。另外，某些灰分，如碱金属和碱土金属化合物对煤气化有催化作用。

③ 对直接液化的影响　直接液化一般要求煤的灰分 $<10\%$，黄铁矿对加氢有催化作用，因此它的存在是有利的。这一点与炼焦、气化和燃烧不同。

2.1.3.3　挥发分

煤在规定条件下隔绝空气加热后挥发的除水以外的物质称为挥发分，其在煤样中的含量用符号 V_{ad}（%，质量分数）表示。事实上，煤在该条件下产生的挥发物既包括了煤的有机质热解气态产物，又包括煤中水分产生的水蒸气以及碳酸盐矿物质分解出的 CO_2 等。因此，挥发分属于煤挥发物的一部分，但并不等同于挥发物。因为挥发分不是煤中固有的，而是在特定温度下热解的产物，所以确切地说，挥发分含量应称为挥发分产率。

挥发分是煤分类的重要指标。煤的挥发分反映了煤的变质程度，挥发分由高到低，煤的变质程度由低到高。如泥炭的挥发分可达 70%，褐煤一般为 40%～60%，烟煤一般为 10%～50%，高变质的无烟煤则小于 10%。煤的挥发分和煤岩组成有关，角质类煤的挥发分最高，镜煤、亮煤次之，丝炭最低。

煤的挥发分不仅是炼焦、气化要考虑的一个指标，也是动力煤按发热量计价的一个重要的辅助指标。

2.1.3.4 固定碳

煤中去掉水分、灰分、挥发分，剩下的就是固定碳。煤的固定碳与挥发分一样，也是表征煤的变质程度的一个指标，随变质程度的增高而增高。固定碳是煤发热量的重要来源，所以固定碳也常常作为煤分类的一个指标。

固定碳计算公式：

$$FC_{ad} = 100 - (M_{ad} + A_{ad} + V_{ad}) \tag{2-17}$$

2.1.4 煤的岩相学特征

煤是一种有机岩石，可以通过研究岩石的方法来研究煤的颜色、光泽、断口、裂隙、硬度等，还可以利用显微镜来观察识别煤的颜色（透光色和反光色）、形态、物理结构和突起等显微组分结构特点指标。阐明煤的成因和成煤过程中的变化对煤质的影响，更合理地进行煤的分类，并了解认识煤岩成分物理、化学和工艺性质，对指导煤的合理利用和工艺加工有重要意义。

根据颜色、光泽、断口、裂隙、硬度等性质的不同，用肉眼可将煤层中的煤分为镜煤、亮煤、暗煤和丝炭四种宏观煤岩成分（lithotype of coal），它们是煤中宏观可见的基本单位。实际上，在煤层中宏观煤岩成分的自然共生组合使烟煤和无烟煤又有光亮煤、半亮煤、半暗煤和暗淡煤等类型之分。

煤的有机显微组分（maceral）（图 2-2），是指煤在显微镜下能够区分和辨识的基本组成成分。在显微镜下能观察到煤中由植物有机质转变而成的组分和煤中的矿物质。

 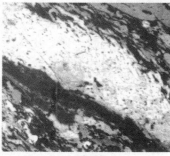 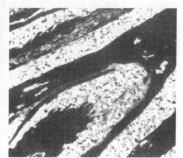

(a) 镜质组　　　　　　　　(b) 壳质组　　　　　　　　(c) 惰质组

图 2-2　煤的有机显微组分

煤中最主要的显微组分是镜质组（vitrinite），含量为 60%～80%，其基本成分来源于植物的茎、叶等木质纤维组织，在泥炭化阶段经凝胶化作用后，形成了各种凝胶体，因此又称为凝胶化组分。镜质组在透射光下呈橙红色至棕红色，随变质程度增高颜色逐渐加深；在反光油浸镜下，呈深灰色至浅灰色，随变质程度增高颜色逐渐变浅，无突起；到接近无烟煤变质阶段时，透光镜下已变得不透明，反光镜下则变成亮白色。随变质程度增高，非均质性逐渐增强。

惰质组（inertinite）也是煤中常见的一种显微组分，但在煤中的含量比镜质组少，含量为 10%～20%。它是由植物的木质纤维组织转化而来的，在泥炭化作用后形成的。惰质组在透射光下呈黑色不透明，反射光下呈亮白至黄白色，并有较高突起。随变质程度增高，惰质组变化不甚明显。

壳质组（exinite）来源于植物的皮壳组织和分泌物，以及与这些物质相关的次生物质，即孢子、角质、树皮、树脂及渗出沥青等。在反光油浸镜下呈灰黑色至黑灰色，具有中、高突起，在同变质煤中反射率最低；在透光镜下呈柠檬黄、橘黄或红色，轮廓清楚，形态特殊，具有明显的荧光效应；在蓝光激发下的反光荧光色为浅绿色、亮黄色、橘黄色、橙灰褐色和褐色，其荧光强度随变质程度的差异和组分不同而强弱不一。壳质组镜下颜色特征变化很大：在低变质阶段，反光油浸镜下为灰黑色；到中变质阶段，当挥发分为 28% 左右时，呈暗灰色，挥发分为 22% 左右时，呈白灰色而不易与镜质组区分，突起也逐渐与镜质组趋于一致。透射光下，在低变质阶段呈金黄色至金褐色，随变质程度增加变成淡红色，到中变质阶段则呈与镜质组相似的红色，荧光性也随变质程度增加而消失。

关于煤岩有机显微组分的分类，有许多分类方案，名词术语也不尽一致。归纳起来可分为两种类型，一类侧重于成因研究，组分划分较细，常用透光显微镜观察；另一类侧重于工艺性质及其应用的研究，组分划分得较为简明，常用反光显微镜观察。

镜质组、壳质组及惰质组三类显微组分在成煤过程中的变化是很不一致的。惰质组在泥炭化阶段就发生了剧烈的变化，在以后的煤化阶段中变化很少；壳质组由于对生物化学作用很稳定，所以在泥炭化阶段很少变化，只有深度变质作用时变化才较大；唯有镜质组在整个成煤过程中都是比较有规律的渐进变化。总的趋势是当煤的变质程度提高后三类显微组分的相似性越来越明显。

煤中不同显微组分在煤的转化过程中起的作用不同，镜质组和壳质组在加热过程中能够熔融并产生活性键成分，是有黏结性的活性组分；惰质组和矿物杂质在加热过程中不能熔融，被视为无黏结性的惰性组分。采用显微热台对煤显微组分微粒进行热解，通过在线拍摄的显微图片能够直观揭示出煤粒热解时呈现的两个阶段——脱挥发分和半焦收缩。半焦收缩过程由缓慢收缩、过渡收缩和快速收缩三个阶段构成，活化能、指前因子及速率常数皆随三个阶段依次增大，其原因在于各段的化学键断裂种类及其键能、生成的自由基碎片及缩聚反应存在不同特点。就半焦收缩而言，镜质组的速率常数大于惰质组；变质程度较低的煤及其显微组分的速率常数大于变质程度较高的煤及其对应的显微组分，即前者显示出较强的半焦收缩反应性。

有机显微组分结构与气化反应性也存在一定的相关关系，脱灰后显微组分焦样的气化反应活性随煤阶升高而降低，各显微组分气化活性从高到低顺序为：惰质组、镜质组、壳质组。显微组分富集物焦样与 CO_2 和水蒸气的气化反应活性从高到低顺序均为：镜质组、壳质组、惰质组。不同煤阶煤的同一显微组分的气化反应性也存在差异，同时，显微组分在热解过程中的各组分间存在相互作用。

　　有研究结果表明，煤粉的燃烧性与煤岩显微组分的燃烧特性也密切相关。壳质组、镜质组燃烧形成的残炭燃尽性好，而惰质组形成的残炭很难燃尽。同时，显微组分性质对液化反应性也有影响[3]，在煤液化过程中煤中惰质组的转化率和油产率比其他组分低，不同显微组分的最佳液化条件存在差异。其中影响惰质组反应性的因素较为复杂，而煤中活性显微组分与惰性成分在液化过程中的相互关系、显微组分在液化反应过程中的协同效应及其表征都是值得进一步研究的内容。

2.1.5　煤阶

2.1.5.1　煤的类型和煤化程度的关系

　　从化学的观点来看，在煤化过程中原始物料有机官能团上的氧和氢从芳香碳网络骨架上脱去，并以 H_2O、CO_2、CH_4 等多种气体分子形式从煤基中逸出，是造成碳含量随煤化过程发生有规律变化的重要原因，因而碳含量时常可作为确定煤化程度的指标。源自化学组成各异的原始成煤物质的显微组分在煤化阶段所起的变化是完全不同的，因此原始物料不同的煤即使经受相同的变质作用，它们的性质也有很大差别，在同一个煤层中可以观察到有明显区别的几类煤。同样地，含有同样的原始成煤物质或是相同的煤岩显微组分的煤，由于经受的变质作用的差异，最终的煤产物也是不相同的。所以，确定各种煤的性质的最重要因素是煤的类型（type）和煤化程度（rank）这两个紧密结合的参量。煤的类型是由煤岩组分（主要有机显微组分的含量和形态）所决定的；煤化程度主要是煤的变质作用所达到的程度。煤的本性取决于这两种因素，即反映各种不同的显微组分的比例和组成煤的类型，反映地球化学和地质学因素的变质作用。从褐煤开始，特别是烟煤阶段，这两个因素是煤属性的决定因素。

2.1.5.2　镜质组反射率

　　煤的镜质组反射率（reflectance of vitrinite）是表征煤化度的重要指标。各种煤岩显微组分的反射率均随煤化度加深而增大，反映了煤的内部由芳香稠环化合物组成的核的缩聚程度在增加，碳原子的密度在增大。但各煤岩显微组分的反射率随煤化度变化的速度有差别，其中镜质组的变化快而且规律性强。同时镜质组又是煤的主要组分，颗粒较大且表面均匀，其反射率易于测定。而且，镜质组反射率与表征煤化度的其他指标（如挥发分、碳含量）不同，它不受煤的岩相组成变化的影响，因此是较理想的煤化度指标，尤其适用于烟煤阶段。

　　镜质组物质表面反射光强度与入射光强度的百分比称为镜质组反射率，它是利用光电效应原理，在反射光显微镜下，采用波长 546.5nm 的光线垂直入射，再从被测物体表面反射出来，通过光电倍增管，将光能转变为电能进行测量，并在同样条件下与标准的反射率相比较而获得样品的反射率。测反射率的介质有空气和油两种，分别以最大反射率和随机反射率表示之。由于镜质组受温度和作用时间的双重制约，故随机反射率值的变化不仅可反映热成熟度，而且还可反映油气属性。

　　由于煤的镜质组随机反射率（R_r）直方图可以清楚地反映出不同组型活性组分分布情况，平均随机反射率 $R_{r,m}$ 大体上反映活性组分的总体质量，所以选取镜质组平均随机反射率 $R_{r,m}$、随机反射率 R_r 直方图作为炼焦配煤参数。而煤中的惰性组分，在焦化过程中促使焦炭结构生成孔隙和裂纹,降低焦炭强度,对焦化有不利的影响;但也有有利的一面,如在焦化过程中它能吸附活性组分放出的气体和液体,参与焦炭结构的形成,因此惰性组分也是不可缺少的。惰性组分含量过多或过少都不利于形成优质焦炭,因此惰性组分含量是炼焦配煤的又一个参数。

2.2 煤种的分类指标

2.2.1 坩埚膨胀序数

煤的坩埚膨胀序数是煤在燃料层中燃烧气化时其黏结性的指标,是国际硬煤分类的指标,也常用作衡量煤风化程度的指标。

坩埚膨胀序数反映的是煤的熔融情况、胶质期间析气情况和胶质体的透气性。煤在胶质体阶段的膨胀是由热解生成的气体逸出造成的。由于胶质体透气性低,这些气体逸出不够快,因而局部形成有很高内压力的气泡使黏性的胶质体膨胀。生成脱气的孔后气体压力逐渐降低。这种现象在单个煤粒、松散的煤料及煤砖中都可观察到。对于单个煤粒,同时生成脱气孔时,其膨胀的主要影响因素是放出气体与颗粒内部扩散之比值,煤岩微成分的组成和尺寸的差别也有作用。

测定过程中将1g煤样放入特制的坩埚中,按规定方法进行加热,所得焦块与一组标准焦块侧形图相比较,根据近似的序号得出序数。

2.2.2 烟煤黏结指数

罗加指数(RI)是波兰煤化学家罗加教授1949年提出的测试烟煤黏结能力的指标。现已为国际硬煤分类方案所采用。我国1985年颁发了烟煤罗加指数测试的国家标准(GB 5449—85)之后进行两次修订(GB/T 5449—1997、GB/T 5449—2015)。但在我国现行煤的分类中,RI不作为分类指标。RI实质上是煤样在规定条件下炼得焦煤的耐磨强度指数,它表明煤样黏结惰性物质(无烟煤)的能力。RI越大,煤的黏结性越强。一般而言,RI<5,煤不具黏结性;RI在5~20,煤黏结性很差或不具有黏结性;RI在20~45,煤黏结性比较差;RI在45~80,煤黏结性良好;RI在80~90,煤黏结性很强。

测定罗加指数时,用1g煤样与5g标准无烟煤均匀混合,于850℃焦化,所得焦块于特定转鼓中破碎,以下式计算得出结果。

$$\mathrm{RI} = \frac{\frac{1}{2}(m_0 + m_3) + m_1 + m_2}{3m} \times 100\%$$ (2-18)

式中　m——焦化后焦渣的总质量,g;

$\quad\quad m_0$——第一次转鼓试验前大于1mm的焦炭质量,g;

$\quad\quad m_1$——第一次转鼓试验后大于1mm的焦炭质量,g;

$\quad\quad m_2$——第二次转鼓试验后大于1mm的焦炭质量,g;

$\quad\quad m_3$——第三次转鼓试验后大于1mm的焦炭质量,g。

罗加指数表征煤的黏结力的优点是煤样量少，方法简便易行。它的缺点是，规范性也很强，对标准无烟煤的要求很严，区分强黏煤灵敏度不够。中国煤分类常采用黏结指数 G 来取代罗加指数。

煤的黏结指数是参考罗加指数测定原理提出的，是表征烟煤黏结性的一种指标。测定时是将一定质量的试验煤样和专用无烟煤样在规定的条件下混合，快速加热成焦，所得焦块在一定规格的转鼓内进行强度检验，以焦块的耐磨强度，即抗破坏力的大小来表示煤样的黏结能力[1]。黏结指数是判别煤的黏结性、结焦性的一个关键指标，是我国现行煤的分类国家标准（GB/T 5751—2009）中代表烟煤黏结力的主要分类指标之一。

测试要点是：将 1g 煤样与 5g 标准无烟煤混合均匀，在规定条件下焦化，然后把所得焦渣在特定的转鼓中转磨两次，测试焦渣的耐磨强度，规定为煤的黏结指数，其计算公式如下：

$$G = 10 + \frac{30m_1 + 70m_2}{m} \tag{2-19}$$

式中　m_1——第一次转鼓试验后过筛，其中大于 10mm 的焦渣质量，g；

　　　m_2——第二次转鼓试验后过筛，其中大于 10mm 的焦渣质量，g；

　　　m——焦化后焦渣总质量，g。

当测得的 $G < 18$ 时，需要重新测试，此时煤样和标准无烟煤样的比例为 3∶3，即 3g 煤样和 3g 无烟煤，其余与上同，计算公式如下：

$$G = \frac{30m_1 + 70m_2}{5m} \tag{2-20}$$

2.2.3　胶质层指数

煤的胶质层指数又称煤的胶质层最大厚度，或 Y 值，是我国煤的现行分类中区分强黏结性的肥煤、气肥煤的一个指标。

它的测试原理是不同结焦性的煤在干馏过程中胶质层的厚度、收缩情况和膨胀曲线不同。烟煤在干馏条件下加热到一定的温度范围时，表面逐层热分解，形成胶体状态，再逐渐固结成焦炭，这既是烟煤的一种特性，也是烟煤分类的一种指标。一般用胶质层测定仪测定，以毫米表示，可由 0mm 到 30mm 以上。例如主焦煤的胶质层最大厚度是 18～26mm，肥煤 >25mm 等。

它的测试要点是测试胶质层的最大厚度 Y 值、最终收缩度 X 值和体积曲线，来表征煤的结焦性。其中，胶质层的最大厚度应用得最广。最大厚度是通过测试胶质层的上部层面高度和下部层面高度得出的（一般出现在 520～630℃），最终收缩度 X 值是曲线终点与零点线间的距离。最大厚度、最终收缩度和体积曲线都是通过胶质层指数测试仪上的记录转筒和记录笔记录下来的。

同一煤样胶质层指数平行测试结果的允许误差为：

胶质层的最大厚度 ≤20mm，误差 1mm；

胶质层的最大厚度 >20mm，误差 2mm；

---

[1] GB/T 5447—2014《烟煤黏结指数测定方法》。

最终收缩度，误差 3mm。

胶质层指数表征煤的结焦性的最大优点是最大厚度有可加性。这种可加性可以从单煤最大厚度计算到配煤最大厚度，是估算配煤炼焦最大厚度的较佳方案。在地质勘探中可以通过加权平均计算出几个煤层的综合最大厚度。它的缺点：一是规范性强，煤样粒度、升温速度、压力、煤杯材料、炉转耐火材料等都能影响测试结果；二是用样量大，一次平行测试需要煤样 200g，在地质勘探中常常由于煤芯煤样数量不足而无法测试；三是胶质层指数能反映胶质层的最大厚度，但不能反映出胶质层的质量。

2.2.4 奥阿膨胀度

煤的奥阿膨胀度（b，%），是 1926—1929 年由奥迪贝尔创立的，1933 年又为阿尼所改进，现在被西欧各国广泛采用。在国标分类中，与葛金焦性并列作为硬煤分亚组的两种方法之一。我国 1985 年以国标 GB 5450—85 发布，之后于 1997 年与 2014 年两次更新。奥阿膨胀度 b 值与胶质层厚度 Y 值并列作为我国煤炭现行分类中区分肥煤的指标之一。

煤的奥阿膨胀度的测试要点是将煤样制成一定规格的煤笔，置入一根标准口径的膨胀管内，按规定的升温速度加热，压在煤笔上的压杆记录煤样在管内的体积变化，以体积曲线膨胀上升的最大距离占煤笔原始长度的百分数，表示煤的膨胀度（b）的大小。

2.2.5 透光率

年轻煤的透光率（P_m，%）是我国煤的现行分类标准中用以区分褐煤和长焰煤的主要指标。

年轻煤的透光率，即年轻煤与混合酸（硝酸：磷酸：水＝1：1：9）在规定条件下生成的溶液，对一定波长的光的透光率。实际中，透光率是根据年轻煤与混合酸反应生成的溶液由黄到红的颜色，用目视比色法测试的。褐煤透光率低，溶液通常呈棕色；长焰煤透光率高，溶液呈浅黄色。混合酸中的磷酸主要起隐蔽三价铁对比色液颜色的干扰的作用。

2.2.6 发热量

煤的发热量又称为煤的热值，即单位质量的煤完全燃烧所放出的热量。

煤作为动力燃料，主要是利用其发热量，故发热量是煤按热值计价的基础指标。发热量越高，其经济价值越大。同时发热量也是计算热平衡、热效率和煤耗的依据，以及锅炉设计的参数。

煤的发热量可以用来表征煤的变质程度（煤化度），这里所说的煤的发热量，是指用相对密度 1.4 的比重液分选后的浮煤的发热量（或灰分不超过 10% 的原煤的发热量）。成煤时代最晚、煤化程度最低的泥炭发热量最低，一般为 20.9～25.1MJ/kg，成煤早于泥炭的褐煤发热量增高到 25～31MJ/kg，烟煤发热量继续增高，到焦煤和瘦煤时，碳含量虽然增加了，但由于挥发分的减少，特别是其中氢含量比烟煤低得多，有的低于 1%，相当于烟煤的 1/6，所以发热量最高的煤还是烟煤中的某些煤种。

鉴于低煤化度煤的发热量随煤化度的变化较大，一些国家常用煤的恒湿无灰基高位发热量作为区分低煤化度煤类别的指标。我国采用煤的恒湿无灰基高位发热量来划分褐煤和长焰煤。

2.2.6.1　煤的弹筒发热量

煤的弹筒发热量（Q_b）是热量计弹筒内单位质量的煤样，在过量高压（2.5～3.5MPa）氧中燃烧后产生的热量（燃烧产物的最终温度规定为25℃）。

由于煤样是在高压氧气的弹筒里燃烧的，因此发生了煤在空气中燃烧时不能进行的热化学反应。如煤中氮以及充氧气前弹筒内空气中的氮，在空气中燃烧时，一般呈气态氮逸出，而在弹筒中燃烧时却生成 N_2O_5 或 NO_2 等氮氧化合物。这些氮氧化合物溶于弹筒水中生成硝酸，这一化学反应是放热反应。另外，煤中可燃硫在空气中燃烧时生成 SO_2 气体逸出，而在弹筒中燃烧时却氧化成 SO_3，SO_3 溶于弹筒水中生成硫酸。SO_2、SO_3 以及 H_2SO_4 溶于水生成硫酸水化物都是放热反应。所以，煤的弹筒发热量要高于煤在空气中、工业锅炉中燃烧时实际产生的热量。为此，实际中要把弹筒发热量折算成符合煤在空气中燃烧的发热量。

煤的弹筒发热量的测试要点见 GB/T 213—2008。

2.2.6.2　煤的高位发热量

煤的高位发热量（Q_{gr}，总热量），即煤在空气中大气压条件下燃烧后所产生的热量。实际上是由实验室中测得的煤的弹筒发热量减去硫酸和硝酸生成热后得到的热量。

应该指出的是，煤的弹筒发热量是在恒容（弹筒内煤样燃烧室容积不变）条件下测得的，所以又叫恒容弹筒发热量。由恒容弹筒发热量折算出来的高位发热量又称为恒容高位发热量。而煤在空气中大气压下燃烧的条件是恒压的（大气压不变），其高位发热量是恒压高位发热量。恒容高位发热量和恒压高位发热量两者之间是有差别的。一般恒容高位发热量比恒压高位发热量低 8.4～20.9J/g。

空气干燥基（ad）煤的高位发热量计算公式为：

$$Q_{gr,ad} = Q_{b,ad} - 94.1S_{b,ad} - aQ_{b,ad} \tag{2-21}$$

式中　$Q_{gr,ad}$——分析煤样的高位发热量，J/g；

$\quad\quad Q_{b,ad}$——分析煤样的弹筒发热量，J/g；

$\quad\quad S_{b,ad}$——由弹筒洗液测得的煤的硫含量，%，当全硫（S_t）含量小于4%或发热量大于 14600J/g 时，可用 S_t 数据代替 S_b 数据；

$\quad\quad 94.1$——煤中每1%（0.01g）硫的校正值，J/g；

$\quad\quad a$——硝酸校正系数，当 $Q_{b,ad} \leqslant 16700$J/g 时取 $a=0.001$，当 16700J/g$<Q_{b,ad} \leqslant 25100$J/g 时取 $a=0.0012$，当 $Q_{b,ad}>25100$J/g 时取 $a=0.0016$。

2.2.6.3　煤的低位发热量

煤的低位发热量（Q_{net}，净热值）是指煤在空气中大气压条件下燃烧后产生的热量，扣除煤中水分（煤中有机质中的氢燃烧后生成的氧化水，以及煤中的游离水和化合水）的汽化热（蒸发热），剩下的实际可以使用的热量。

同样，实际上由恒容高位发热量算出的低位发热量，也称恒容低位发热量，它与在空气中大气压条件下燃烧时的恒压低位热量之间也有较小的差别。

2.2.6.4　煤的恒湿无灰基高位发热量

恒湿是指温度3℃、相对湿度96%时，测得的煤样的水分（或称最高内在水分）。煤的恒湿无灰基（maf）高位发热量（$Q_{gr,maf}$）实际是不存在的，是指煤在恒湿条件下测得的恒容高位发热量，除去灰分影响后算出来的发热量。

恒湿无灰基高位发热量是低煤化度煤分类的一个指标。

2.3　煤的分类

煤在使用前，需要依据用途、工艺性质和质量进行分类，以区别不同煤的近似特性和显著差异。可以根据煤的元素组成进行煤的分类，转化过程中可以依据煤的变质程度和工艺性质分类。

2.3.1　硬煤国际分类

国际硬煤（包括烟煤和无烟煤）分类以挥发分、黏结性和结焦性为指标[1]，分为62个煤类。对褐煤以水分和焦油产率为指标分为30个小类[2]。其中，硬煤和褐煤分界限[3]为高位发热量小于24MJ/kg、镜质组平均随机反射率小于0.6%。对中等煤化程度和高煤化程度的硬煤则选用镜质组随机反射率、坩埚膨胀序数、挥发分产率、惰性组含量、高位发热量和反射率分布特征等6个指标进行分类（表2-5）。

表2-5　国际硬煤分类类别

类别	$V_{daf}/\%$	$Q_{gr,maf}/(MJ/kg)$	类别	$V_{daf}/\%$	$Q_{gr,maf}/(MJ/kg)$
0	0~3	—	5	28~33	—
1A	3~6.5	—	6	33~41(参考)	>32.426
1B	6.5~10	—	7	33~44(参考)	>30.125~32.426
2	10~14	—	8	33~50(参考)	>25.5224~30.125
3	14~20	—	9	33~50(参考)	>23.8488~25.5224
4	20~28	—			

硬煤分成如表2-5所示十大类后，再以煤的黏结性指数（坩埚膨胀序数或罗加指数）分成0~3共四个组别，组别划分见表2-6。

表2-6　国际硬煤分类组别

组别	坩埚膨胀序数	罗加指数	黏结程度
0	0~1/2	0~5	不黏结至微黏结
1	1~2	>5~20	弱黏结
2	5/2~4	>20~45	中等黏结
3	>4	>45	中等至强黏结

---

[1] 1956年联合国欧洲经济委员会（ECE）煤炭委员会在国际煤分类会议上提出。
[2] 1974年国际标准化组织（ISO）第27技术委员会（TC27）以ISO 2950号标准颁布实施。
[3] 1985年2月，联合国欧洲经济委员会的国际煤分类会议上确定。

再按煤的结焦性（奥阿膨胀度或葛金试验焦性）划分成 0～5 共六个亚组。亚组划分见表 2-7。

表 2-7　国际硬煤分类亚组别

亚组别	奥阿膨胀度	葛金焦型	结焦程度
0	不软化	A	不结焦
1	只收缩	B～D	极弱结焦
2	<0～0	E～G	弱结焦
3	>0～50	G1～G4	中等结焦
4	>50～140	G5～G8	强结焦
5	>140	>G8	极强结焦

2.3.2　我国煤的分类

最初，中国煤炭分类[●]以挥发分 V 和胶质层最大厚度 Y（mm）两个指标为参数进行分类。随后，1986 年发布的《中国煤炭分类国家标准》（GB 5751—86）又增加了黏结指数 G、奥阿膨胀度 b、透光率 P_m 和恒湿无灰基高位发热量 $Q_{gr,maf}$ 等指标，将煤分为 14 类，即无烟煤、贫煤、贫瘦煤、瘦煤、焦煤、1/3 焦煤、肥煤、气肥煤、气煤、1/2 中黏煤、弱黏煤、不黏煤、长焰煤和褐煤。2009 年发布《中国煤炭分类》（GB/T 5751—2009）国家标准，代替 GB 5751—86，标准属性由强制性改为推荐性，增加了对术语"煤"及其定义的描述。新的分类国家标准对各类煤的若干特征表述如下。

2.3.2.1　无烟煤（WY）

无烟煤挥发分含量低，固定碳含量高，密度大，纯煤真密度最高可达 $1.90 g/cm^3$，燃点高，燃烧时不冒烟。对这类煤，可分为：01 号为老年无烟煤；02 号为典型无烟煤；03 号为年轻无烟煤。无烟煤主要是民用和制造合成氨的原料，低灰、低硫和可磨性好的无烟煤不仅可以作高炉喷吹及烧结铁矿石用的燃料，而且还可以制造各种炭材料，如炭电极、阳极糊和活性炭的原料，某些优质无烟煤制成航空用型煤可用于飞机发动机和车辆马达的保温。

2.3.2.2　贫煤（PM）

贫煤是变质程度最高的一种烟煤，不黏结或微弱黏结，在层状炼焦炉中不结焦，燃烧时火焰短，耐烧，主要是发电燃料，也可作民用和工业锅炉的掺烧煤。

2.3.2.3　贫瘦煤（PS）

贫瘦煤属黏结性较弱的高变质、低挥发分烟煤，结焦性比典型瘦煤差，单独炼焦时，生成的焦粉甚少。如在炼焦配煤中配入一定比例的这种煤，也能起到瘦化作用，这种煤也可作发电、民用及锅炉燃料。

[●] 20 世纪 50 年代以来，中国煤产量和消耗量迅速增加，为了合理利用煤炭资源，1952—1953 年提出东北区和华北区两个炼焦煤分类方案。1956 年又制定了统一的中国煤（以炼焦煤为主）分类方案，1958 年经国家技术委员会向全国推荐试行。

2.3.2.4　瘦煤（SM）

瘦煤属低挥发分的中等黏结性的炼焦用煤，在焦化过程中能产生相当数量的焦质体。单独炼焦时，能得到块度大、裂纹少、抗碎强度高的焦炭，但这种焦炭的耐磨强度稍差，作为炼焦配煤使用，效果较好。这种煤也可作发电和一般锅炉等的燃料，或可供铁路机车掺烧使用。

2.3.2.5　焦煤（JM）

焦煤属中等或低挥发分的以及中等黏结或强黏结性烟煤，加热时产生热稳定性很高的胶质体，如用来单独炼焦，能获得块度大、裂纹少、抗碎强度高的焦炭。这种焦煤的耐磨强度也很高。但单独炼焦时，由于膨胀压力大，易造成推焦困难，一般作为炼焦配煤用，效果较好。

2.3.2.6　1/3 焦煤（1/3JM）

1/3 焦煤为中高挥发分的强黏结性煤，是介于焦煤、肥煤和气煤之间的过渡煤种，单独炼焦时能生成熔融性良好、强度较高的焦炭，炼焦时这种煤的配入量可在较宽范围内波动，都能获得强度较高的焦炭，1/3 焦煤也是良好的炼焦配煤用的基础煤。

2.3.2.7　肥煤（FM）

肥煤为中等及中高挥发分的强黏结性烟煤，加热时能产生大量的胶质体。肥煤单独炼焦时，能生成熔融性好、强度高的焦炭，其耐磨强度也比焦煤炼出的焦炭好，因而是炼焦配煤中的基础煤。但单独炼焦时，焦炭上有较多的横裂纹，而且焦根部分常有蜂焦。

2.3.2.8　气肥煤（QF）

气肥煤为一种挥发分和胶质体厚度都很高的强黏结性肥煤，有人称之为"液肥煤"。这种煤的结焦性介于肥煤和气煤之间。单独炼焦时能产生大量气体和液体化学产品。气肥煤最适于高温干馏制煤气，也可用于配煤炼焦，以增加化学产品产率。

2.3.2.9　气煤（QM）

气煤为一种变质程度较低的炼焦煤。加热时能产生较多的挥发分和较多的焦油。胶质体的热稳定性低于肥煤，也能单独炼焦，但焦炭的抗碎强度和耐磨强度均稍差于其他炼焦煤，而且焦炭多呈长条而较易碎，且有较多的纵裂纹。在配煤炼焦时多配入气煤，可增加气化率和化学产品回收率，气煤也可以通过高温干馏制造城市煤气。

2.3.2.10　1/2 中黏煤（1/2ZN）

1/2 中黏煤为一种中等黏结性的中高挥发分烟煤。这种煤有一部分在单煤炼焦时能生成一定强度的焦炭，可作为配煤炼焦的煤种；黏结性较弱的另一部分单独炼焦时，生成的焦炭强度差，粉焦率高。因此，1/2 中黏煤可作为气化用煤或动力用煤，在配煤炼焦中也可适量配入。

2.3.2.11　弱黏煤（RN）

弱黏煤为一种黏结性较弱的低变质到中等变质程度的烟煤，加热时，产生的胶质体较少，炼焦时，有的能生成强度很差的小块焦，有的只有少部分能结成碎屑焦，粉焦率很高。因此，这种煤多适于作气化原料和电厂、机车及锅炉的燃料煤。

2.3.2.12　不黏煤（BN）

不黏煤多是在成煤初期就已经受到相当氧化作用的低变质到中等变质程度的烟煤，加热时基本上不产生胶质体。这种煤的水分含量大，有的还含有一定量的次生腐植酸；含氧量有的高达10％以上。不黏煤主要用作气化和发电用煤，也作为动力和民用燃料。

2.3.2.13　长焰煤（CY）

长焰煤为变质程度最低的烟煤，从无黏结性到弱黏结性均有，最年轻的长焰煤还含有一定数量的腐植酸，储存时易风化碎裂。煤化度较高的长焰煤加热时还能产生一定数量的胶质体，形成细小的长条形焦炭，但焦炭强度甚差，粉焦率也相当高。因此，长焰煤一般作气化、发电和机车等燃料用煤。

2.3.2.14　褐煤（HM）

褐煤分为两小类：透光率 $P_m > 30\%$ 的年老褐煤和 $P_m \leqslant 30\%$ 的年轻褐煤。褐煤的特点是水分含量大，密度小，不黏结，含有不同数量的腐植酸。煤中含氧量常高达 $15\% \sim 30\%$，化学反应性强，热稳定性差，块煤加热时破碎严重，存放在空气中易风化变质、碎裂成小块乃至粉末状。发热量低，煤灰熔点也大都较低，煤灰中常含较多的氧化钙和较少的三氧化二铝。因此，褐煤多作为发电燃料，也可作气化原料和锅炉燃料。有的褐煤可用来制造磺化煤或活性炭，有的可作为提取褐煤蜡的原料。另外，年轻褐煤也适用于制作腐植酸铵等有机肥料，用于农田和果园，能促进增产。

2.4　影响煤转化的特性

2.4.1　反应活性

煤的反应性又叫反应活性，是指在一定温度条件下，煤与不同的气体介质（CO_2、O_2 和水蒸气）相互作用的反应能力。反应性强的煤，在气化燃烧过程中，反应速度快、效率高。我国测定反应性的方法是在高温下以煤或焦炭 CO_2 还原率来表示，反应性指标在煤燃烧、气化和焦化中都得到应用。

对采用流化床和气流床等高效的新型气化技术，煤的反应性强弱直接影响到煤在气化炉中反应的快慢、完成程度、耗煤量、耗氧量及煤气中的有效成分等。高反应性的煤可以在生产能力基本稳定的情况下，使气化炉可以在较低温度下操作，从而避免灰分结渣和破坏煤的气化过程。在流化燃烧新技术中，煤的反应性强弱与其燃烧速度也有密切关系。因此，反应性是煤气化和燃烧的重要特性指标。

以 CO_2 的还原率表示煤对 CO_2 的化学反应性。将 CO_2 的还原率（α，%）与相应的测定温度绘成曲线，如图 2-3 所示。

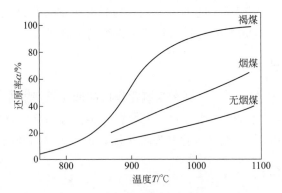

图 2-3　煤对二氧化碳的化学反应性

图 2-3 中煤的反应性随反应温度的升高而增强，各种煤的反应性随煤化程度的加深而减弱。因为 C 和 CO_2 反应不仅在燃料的外表面进行，而且也在燃料内部微细孔隙的毛细管壁上进行，孔隙率越高，反应的表面积越大。不同煤化度煤及其干馏所得残炭或焦炭的气孔率、化学结构不同，因此其反应性也不同。褐煤的反应性最强，但当温度较高（900℃以上）时，反应性增强减慢。无烟煤的反应性最弱，但在较高温度时，随温度升高其反应性显著增强。煤的灰分组成与数量对其反应性也有明显的影响。碱金属和碱土金属对 C 与 CO_2 的反应起着催化作用，使煤、焦的反应性提高并降低焦炭反应后强度。

煤的反应性与煤的变质程度、孔隙结构、无机成分和煤岩特性有关，一般变质程度越深的反应性越低，孔隙结构越发达反应活性越高，无机成分对煤的反应性有的起促进作用，有的起抑制作用。选择合适的催化剂可以提高煤的反应活性，煤中丝炭组分含量越高活性越好。

煤的反应性直接关系到煤的气化燃烧过程的效率，是选择合理工艺过程及操作过程的主要依据之一。反应活性随温度的提高而增大，理论上说在高温下煤的反应活性都很高，对气化燃烧速度已不起控制作用，因而高温气化、燃烧可以使用各种牌号的煤。但是生产研究实践告诉我们，反应活性对反应的效率存在一定的影响。在气流床的燃烧、气化设备中，当温度较低时，煤的反应活性更起着决定性作用。

煤的反应活性可直接以反应速度、活化能等方式表示，也可直接用气化剂与煤接触反应时的分解率和还原率来表示。用水蒸气时即称水蒸气分解率或水蒸气活性；用二氧化碳时用二氧化碳还原成一氧化碳的百分比表示，或称二氧化碳活性。水蒸气活性和二氧化碳活性都随温度的升高而增加，两者具有良好的相关关系，通常采用二氧化碳还原率的方法来测定煤的反应活性。

2.4.2　热稳定性

煤的热稳定性是指煤在高温燃烧或气化过程中对热的稳定程度，也就是煤块在高温作用下保持其原来粒度的性质。热稳定性好的煤，在燃烧或气化过程中能以其原来的粒度燃烧或气化掉而不碎成小块，或破碎较少；热稳定性差的煤在燃烧或气化过程中则迅速裂成小块或煤粉。这样，轻则炉内结渣，增加炉内阻力和带出物，降低燃烧或气化效率，重则破坏整个气化过程，甚至造成停炉事故。因此，热稳定性直接关系到固定床气化、燃烧等能否顺利进行及带出的粉尘量。

造成煤的热稳定性不良的原因很多，对于无烟煤和半焦而言与内含结晶水的作用有关，对于烟煤和褐煤而言是挥发分的数量和胶质体的质与量的关系。

测定煤的热稳定性的方法依据煤受热时形态变化的定性和定量分析来进行。

各种气化炉和工业锅炉对煤的粒度有不同的要求，因此测定煤热稳定性的方法也有所不同，但最常用的是 6～13mm 级块煤热稳定性的测定方法（GB/T 1573—2018）。该法取 6～13mm 粒度的煤样约 $500cm^3$，称其质量并装入 5 个 100mL 的坩埚中。在（900 ± 15）℃的箱形电炉中加热 30min 后取出冷却、称重、筛分，所得大于 6mm 的残焦占各级残焦质量之和的百分数为热稳定性指标 TS_{+6}。所得 3～6mm 及小于 3mm 的残焦质量的百分数为热稳定性的辅助指标：$TS_{3\sim6}$、TS_{-3}。TS_{+6} 指标数值越大，表明其热稳定性越好。

2.4.3 机械强度

煤的机械强度指煤对外力作用的抵抗能力，包括煤的抗碎强度、耐磨强度和抗压强度等物理性质。试验方法有落下试验法、转鼓试验法、耐压试验法等，应用比较广泛的是落下试验法。

落下试验法是根据煤块在运输、装卸和入炉过程中落下和互相撞击而破碎等特点拟定的。落下试验法有两种。一种是铁箱落下试验，方法是用 60～100mm 的块煤 25kg，放在特制的活底铁箱中，在离地 2m 高处让煤样从带活门的箱底自由落到地面的钢板上，用 25mm 方孔筛筛分，将大于 25mm 的煤样再进行落下和筛分，重复三次后称出大于 25mm 的煤样的质量，以煤样的质量占原来煤样质量的百分率作为煤炭的落下强度。

另一种落下试验是 10 块试验法。用 10 块 60～100mm 的煤样，逐一从 2m 高处自由落下到 15mm 厚的钢板上。

以上两种落下试验的结果是一致的，完全可以互相比较并能满足生产要求。其中铁箱落下试验精确些，而 10 块试验法则简单易行。用落下试验鉴定煤的机械强度的分级标准如表 2-8 所示。

表 2-8 煤的机械强度分级

级别	机械强度	>25mm 粒度所占比例/%	级别	机械强度	>25mm 粒度所占比例/%
1	高强度煤	＞65	3	低强度煤	＞30～50
2	中强度煤	＞50～65	4	特低强度煤	＜30

多数情况下要求气化和燃烧用煤为均匀的块煤。机械强度低的煤投入气化炉时容易碎成小块和粉末，从而使料柱透气性变差影响气化炉的正常操作。

煤的机械强度与煤化度、煤岩组成、矿物质含量以及风化等因素有关。高煤化度和低煤化度煤的机械强度较大，而中等煤化度的肥煤、焦煤机械强度较小。宏观煤岩成分中丝炭的机械强度最小，镜煤次之，暗煤最坚韧。矿物质含量高的煤机械强度较大。煤经风化后机械强度将降低。

中国大多数无烟煤的机械强度好，一般为 $60\% \sim 92\%$。但也有一些煤成片状、粒状，煤质松软，机械强度差，一般为 $40\% \sim 20\%$，甚至 20% 以下。

2.4.4　结渣性

煤的结渣性实际上是指煤中矿物质在高温燃烧或气化过程中，煤灰软化、熔融而结渣的性能。在气化过程中煤灰的结渣会影响正常操作，降低气化效率，结渣严重时将会导致停产。因此，必须选择不易结渣或只轻度结渣的煤炭作为气化原料。由于煤灰熔点并不能完全反映煤在气化炉中的结渣情况，因而要用煤的结渣性来判断气化过程中煤灰结渣的难易程度。

煤的结渣性的测定方法（GB/T 1572—2018）是将 $3 \sim 6mm$ 粒度的煤样装入特制的气化装置中，用同样粒度的木炭引燃。以空气作为气化介质，在三种不同的鼓风强度下使试样气化（燃烧）。待试样燃尽熄灭后停止鼓风，取出灰渣称量，经过筛分后测定其中大于 $6mm$ 灰渣质量，其占灰渣总质量的百分数作为结渣性指标。煤的结渣性与煤中矿物质含量和组成有关。矿物质含量高的煤较易结渣，矿物质中钙、铁等低熔点氧化物容易结渣，而 SiO_2、Al_2O_3 等高熔点氧化物含量高则不易结渣。

2.4.5　熔融性和灰黏度

煤灰是煤中矿物质燃烧后生成的各种金属和非金属氧化物以及硫酸盐等复杂的混合物，它们没有一个固定的熔化温度，而只是一个较宽的熔化温度范围，并且这些煤灰成分在一定温度下能形成共熔体，这种共熔体在熔化状态时有熔解煤灰中其他高熔点物质的能力，并改变了熔体成分和熔化温度。煤灰的这种熔融特性习惯上称为煤灰熔点。

煤灰的熔融性取决于煤灰的组成。煤灰成分十分复杂，主要有 SiO_2、Al_2O_3、Fe_2O_3、CaO、MgO 和 SO_3 等。煤灰主要成分的含量波动很大，根据煤灰成分可以大致推测煤中矿物质的组成，初步判断灰熔点的高低。一般情况下煤灰中 Al_2O_3 和 SiO_2 成分的比例越大，其熔化温度越高；而 Fe_2O_3、CaO 和 MgO 等碱性成分的比例越大，则熔化温度越低。煤灰熔点也可根据其组成用经验公式进行计算。

煤灰熔点是气化与燃烧用煤的一个重要工艺指标，对于固体排渣的气化炉或锅炉，结渣是生产中的一个严重问题。灰熔点低的煤容易结渣，这将降低气化炉煤气的质量或给锅炉燃烧带来困难，影响正常操作，甚至造成停炉事故。因此，对这类气化炉与锅炉应使用灰熔点高的原料煤。但对液态排渣的气化炉或锅炉，则希望原料煤的灰熔点低，熔融灰渣的黏度小，流动性好并且对耐火材料或金属无腐蚀作用。

测定煤灰熔融性常用方法是角锥法（GB/T 219—2008）。测定方法是将煤灰与糊精混匀后在模具中制成一定尺寸的三角锥体，将三角锥体放入灰熔点测定炉中，在一定的气氛下，以一定的加热速度升温，观察灰锥在受热过程中的形态变化，确定它的三个特征熔融温度：变形温度（T_1）、软化温度（T_2）和熔化温度（T_3）。当灰锥受热后尖端开始熔化，开始弯曲或变圆时，该温度即为变形温度；当继续加热锥尖弯曲至触及托板，或变成球形，或变成高度小于等于底长的半球形时，此时的温度为软化温度；当灰锥完全熔化、有较大流动性展开成薄层（$\leqslant 1.5mm$）时，此时温度为熔化温度。工业上一般选软化温度 T_2 作为衡量煤灰熔融性的主要指标。按照煤灰熔融温度的高低可将煤灰分为四种类型（如表 2-9 所示）。灰熔点测试时的气氛对结果有影响，一般应模拟工业条件在弱还原性气氛中进行。

表 2-9 灰熔点分级

级别	灰熔点(ST)/℃	级别	灰熔点(ST)/℃
难熔灰分	＞1500	低熔灰分	＞1100～1250
高熔灰分	＞1250～1500	易熔灰分	＜1100

煤灰黏度是指煤灰在高温熔融状态下流动时的内摩擦系数。煤灰在高温下达到熔化温度后即呈流体，整个流体可假设由多层组成。煤灰流动时两个相对的液层之间存在相互作用的内摩擦，其摩擦系数即为煤灰黏度 η。煤灰黏度可用牛顿摩擦定律推算。可应用钢丝扭矩式黏度计测定煤灰的黏度。煤灰黏度是气化用煤和动力用煤的重要指标。对液态排渣的气化炉和燃烧炉来说，了解煤灰流动性可选择合适的原料和燃料煤、助熔剂和确定排渣温度，可正确指导气化和燃烧的生产工艺和炉型设计。

用煤灰黏度 η 可以较好评定灰渣的流动性。灰黏度小则流动性好，可以正常液态排渣。灰渣黏度大其流动性则差，当煤灰黏度达到 100Pa·s 时，熔渣在重力作用下将停止流动。我国煤灰黏度一般在 5～25Pa·s，在生产上对固定床的液态排渣气化炉，煤灰黏度应小于 5Pa·s；粉煤气化炉的灰渣黏度应小于 25Pa·s；对液态排渣锅炉为保证操作顺利，要求煤灰黏度为 5～10Pa·s，最高不能超过 25Pa·s。而对灰熔点高、灰黏度大的煤则适用于各种类型气化和燃烧用的固定床、流化床的固态排渣炉。

煤灰黏度的大小主要取决于煤中矿物质组成及成分间的相互作用。一般来说，灰渣成分中 SiO_2 和 Al_2O_3 含量高，灰渣黏度大；而 Fe_2O_3、CaO、MgO 或 Na_2O 等增加，煤灰黏度则降低。生产中可采用加入助熔剂和配煤等方法改变灰渣黏度，以适应气化或燃烧的需要。

2.5　煤的特性对转化的适应性

煤的工业用途非常广泛，归纳起来主要是冶金、化工和动力三个方面。各工业部门对所用的煤都有特定的质量要求和技术标准，简要介绍如下。

2.5.1　炼焦用煤

炼焦是将煤放在干馏炉中加热，随着温度的升高（最终达到 1000℃左右），煤中有机质逐渐分解，其中，挥发性物质呈气态或蒸气状态逸出，成为煤气和煤焦油，残留下的不挥发性产物就是焦炭。焦炭在炼铁炉中起着还原、熔化矿石、提供热能、支撑炉料、保持炉料透气性能良好的作用。因此，炼焦用煤的质量要求是以能得到机械强度高、块度均匀、灰分和硫分低的优质冶金焦为目的。国家对冶金焦用煤有专门的质量标准。

2.5.2　气化用煤

煤的气化是以氧、水、二氧化碳、氢等为气体介质，经过热化学处理过程，把煤转变为各种用途的煤气。煤气化所得的气体产物可作工业和民用燃料以及化工合成原料。常用的制气方法有两种：

① 固定床气化法　目前国内主要用无烟煤和焦炭作气化原料，制造合成氨原料气。要求作为原料煤的固定碳 FC>80%，灰分 A<25%，硫分 S≤2%，要求粒度要均匀（25~75mm，或 19~50mm，或 13~25mm），机械强度>65%，热稳定性>60%，灰熔点 T_2>1250℃，挥发分 V≤9%，化学反应性越强越好。

② 沸腾层气化法　对原料煤的质量要求是：化学反应性要大于 60%，不黏结或弱黏结，灰分 A<25%，硫分<2%，水分 M<10%，灰熔点 T_2>1200℃，粒度<10mm，主要使用褐煤、长焰煤和弱黏煤等。

2.5.3　液化用煤

一般以褐煤、长焰煤为主，弱黏煤和气煤也可以使用，其要求取决于炼油方法。

① 低温干馏法　是将煤置于550℃左右的温度下进行干馏，以制取低温焦油，同时还可以得到半焦和低温焦炉煤气。煤种为褐煤、长焰煤、不黏煤或弱黏煤、气煤。对原料煤的质量要求是：焦油产率 T_f>7%，胶质层厚度 Y 值<9mm，热稳定性>40%，气流内热式炉干馏原料块度为 20~80mm。

② 加氢液化法　是将煤、催化剂和重油混合在一起，在高温高压下使煤中有机质破坏，与氢作用转化成低分子液态或气态产物，进一步加工可得到汽油、柴油等燃料。原料煤主要为褐煤、长焰煤及气煤。要求煤的碳氢比<16，挥发分 V>35%，灰分 A<5%，煤岩的丝炭含量<2%。

2.5.4　燃烧用煤

任何一种煤都可以作为工业和民用的燃料。不同工业部门对燃料用煤的质量要求不一样。蒸汽机车用煤要求较高，国家规定是：挥发分 V≥20%，灰分 A≤24%，灰熔点 T_2≥1200℃，硫分 S≤1%，低位发热量 20.9~25.1MJ/kg 以上。发电厂一般应尽量用灰分 A>30% 的劣质煤，少数大型锅炉可用灰分 A 为 20% 左右的煤。为了将优质煤用于冶金和化学工业，近年来，我国在开展低热值煤的应用方面取得了较快的进展，不少发热量仅有 8.4MJ/kg 左右的劣质煤和煤矸石也能用于一般工厂，有的发电厂已掺烧煤矸石达 30%。

煤还有很多其他用途。如，褐煤和氧化煤可以生产腐植酸类肥料；从褐煤中可以提取褐煤蜡供电气、印刷、精密铸造、化工等部门使用；用优质无烟煤可以制造碳化硅、碳粒砂、人造刚玉、人造石墨、电极、电石和供高炉喷吹或作铸造燃料；用煤沥青制成的碳纤维，其抗拉强度比钢材大千倍，且质量轻、耐高温，是发展太空技术的重要材料；用煤沥青还可以制成针状焦，生产新型的电炉电极，可提高电炉炼钢的生产效率；等等。总之，随着现代科学技术的不断进步，煤炭的综合利用技术也在迅速发展，煤炭的综合利用领域必将继续扩大。

参考文献

[1] 陈鹏. 中国煤炭性质、分类和利用[M]. 北京：化学工业出版社，2001.

[2] 李鹏，陈雪莉，于广锁. 生物质气流床气化的热解前处理工艺[J]. 太阳能学报，2010，31(2)：228-232.

[3] 李文，白进. 煤的灰化学[M]. 北京：科学出版社，2013.

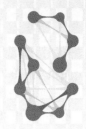

3

煤炭热解反应性

煤炭的热解（coal pyrolysis）是指在隔绝空气或惰性气氛中将煤炭加热转变为另一种或几种物质的化学过程。热分解的结果常常伴随着分子量的降低，生成大量低分子化合物。随着加热温度的升高，也发生各种分子间的聚合反应而使分子量增加（炼焦过程）。

煤的热解在煤炭转化过程中是至关重要的环节。由于热解是煤炭分解生成自由基的极快速反应，因此，煤的热解是燃烧、气化和液化等过程的第一步。煤炭的热解也是煤分级利用和炼焦过程的一种煤炭转化的热加工方法。本丛书有专门的分册《煤炭热解与焦化》介绍这样的热加工工艺，本章从煤炭的基本属性入手，论述煤炭热解化学反应，概述工艺过程，建立煤炭热解反应性与热加工工艺的联系。煤炭的热解反应性是这些热加工过程的化学基础，一定程度上决定了煤炭分级利用和炼焦的工艺过程，对这些工艺过程的煤种选择、产物加工技术路线以及工艺条件确定都是至关重要的。

3.1 煤热解的化学基础

在隔绝空气条件下加热时，煤的有机质随温度升高发生一系列变化，形成气态（煤气）、液态（焦油）和固态（半焦或焦炭）产物。通常，煤的热分解过程大致分为三个阶段。

第一阶段，煤炭被加热到约 200℃，以干燥脱气为主。这一阶段煤的外形基本无变化。褐煤在 200℃ 以上达到热分解温度，发生脱羧基反应，约 300℃ 开始发生热解反应；烟煤和无烟煤在这一温度范围则一般不发生变化。脱水主要发生在 120℃ 前，CH_4、CO_2 和 N_2 等气体的脱除大致在 200℃ 前完成。

第二阶段，煤炭被加热到约 600℃，这一阶段以解聚和分解反应为主。生成和析出大量气体挥发物（煤气和焦油），在 450℃ 左右析出的焦油量最大，在 450～600℃ 气体析出量最多。煤气成分主要包括气态烃和 CO_2、CO 等，有较高的热值；焦油主要是成分复杂的单环和稠环芳香化合物。烟煤在约 350℃ 开始软化，随后是熔融、黏结，到 600℃ 结成半焦。低变质程度烟煤和弱黏煤的半焦与原煤相比，一部分物理指标如芳香层片的平均尺寸和氢密度等变化不大，这表明半焦生成过程中缩聚反应还不太明显。中等变质程度烟煤在这一阶段经历了软化、熔融、流动和膨胀直到固化，半焦结构发生了较大的变化。这一阶段也出现了一系列特殊现象，并形成气、液、固三相共存的胶质体。部分黏结性烟煤的液相中有液晶（中间相）存在。胶质体的数量和质量决定了煤的黏结性和成焦性的好坏。

第三阶段，$600 \sim 1000^\circ C$。在这一阶段，半焦变成焦炭，以缩聚反应为主。析出的焦油量极少，挥发分主要是煤气，故又称二次脱气阶段。煤气主要成分是 H_2 和少量 CH_4。从半焦到焦炭，一方面析出大量煤气，另一方面焦炭本身的密度增大。半焦体积收缩，生成许多裂纹，发生碎裂，形成块状的焦炭。焦炭的块度和强度与收缩情况有直接关系。继续提高反应温度，缩聚反应加剧，焦炭块度减小，强度提高。

3.1.1 热解理论

由于煤结构的复杂性，特别是煤热解涉及焦、油、气三相，因此，对该过程定量描述一直是一个难题，其关键是理论模型的合理性。煤的热解过程中既包括物理的挥发，也包括化学的裂解、缩聚反应。早期的理论研究主要是建立热解过程的基本化学反应、计算气体产物产率和传热传质过程描述。随着研究手段的进步，出现了新的理论模型，如一级化学动力学模型和化学反应群动力学模型等。由于提出的热解反应越来越多，这些模型也就越来越复杂，形成了许多不同的热解理论，这些热解理论大致可分为两种类型：经典理论和新近提出的解聚理论。

经典理论包括气体逸出机理和液体形成及逸出机理。气体逸出机理认为，煤热解的气体产品有水蒸气、一氧化碳、二氧化碳、甲烷以及低分子碳氢化合物。其气体产品的形成通常与特殊官能团的热分解有关，可以用最终产物的一级反应动力学模型和活化能来精确预测。液体形成和逸出机理则认为，煤热解焦油的形成要经过以下几个步骤：a. 煤中大分子通过弱的桥键断裂发生解聚作用，形成小的碎片组成胶质体；b. 胶质体分子再次聚合（交联）；c. 小分子化合物通过蒸发、对流和气体扩散脱离煤表面；d. 分子从煤粒内部通过对流和非熔融煤孔中的扩散或在熔融煤中靠液相或泡沫转移到煤粒表面。热解挥发分产品的获得是由传质过程控制的。

在煤热解的解聚理论中，煤则被看作是交联的大分子固体，热解被确切地看作是解聚过程，但煤并非单纯的交联大分子，而是包括了大分子网络和小分子相。考虑到煤的非均质化学组成、不规则的大分子组成和复杂的物理结构，人们提出了三种解聚模型来解释煤热解过程中观察到的连续趋势。这三种解聚模型分别是：官能团、解聚、蒸发和交联（FG-DVC）模型，化学渗透脱挥发分（CPD）模型和 Flashchain 模型。Solomon[1] 设计提出了 FG-DVC模型，该模型用来描述煤、半焦和焦油气体中气体的产生与释放以及在桥键断裂和交联反应下煤中大分子网络所发生的分解和缩聚行为。首先 Solomon 提出了煤热解的九步反应：a. 氢键的断裂；b. 非共价键结合的小分子的挥发和转移；c. 含氧官能团断裂造成的低温交联；d. 较弱的桥键断裂产生分子片段；e. 分子片段中的脂肪族和芳香族官能团热解产生氢气；f. 分子片段以煤焦油的形式从煤颗粒中释放出来；g. 中温下的交联反应，可能与甲烷的产生相关；h. 官能团热解释放气态产物，主要为 CO_2、CH_4 和 H_2O；i. 芳香环缩合产生氢气。基于此，Solomon 提出了官能团 FG 模型，认为煤的热解主要是由官能团断裂引起的，用来描述煤、半焦和焦油气体产生和释放的机理。其次煤热解不止有官能团的断裂，还有芳香核、氢化芳香结构、烷基链、烷基桥键的变化，基于此，提出了 DVC 模型，用来描述在桥键断裂和交联发生的影响下，煤中大分子网络所发生的分解和缩聚行为，预测碎片的分子量分布情况[2]。将 DVC 模型与 FG 模型结合，建立了 FG-DVC 模型。Grant[3] 提出了 CPD 模型，认为煤的大分子组成是通过桥键连接的芳环网络，焦油前驱体的形成通过渗透统计来描述，渗透统计基于在名义上无限的煤晶格中断开的不稳定桥键的数量。半焦是通过将不稳定的桥键自发转化为完整的链而形成的。模型省略了与明显的实验现象有关的各种结构反应性，因此，该模型无法描述几个重要的趋势，也无法将速率常数与等级相关。Niksa[4] 提出了一种独特的 Flashchain 模型，采用煤组成、化学动力学、链统计和闪蒸的新模型来解释各种煤的脱挥发分。它认为煤是芳香核的线性片段的混合物，并且芳香核通过弱键或难熔键连接。

Yang 等[5] 研究提出煤的热解过程包括两个阶段。在初级阶段（<560℃），热解反应受挥发性物质扩散速率的控制，该阶段的挥发性物质较难分离，并观察到高的热解活化能。随着热解温度的升高，热解反应进入扩散极限，挥发性物质大量释放，活化能低。在第二阶段（>560℃），热解反应受焦油释放反应控制，热解反应阶数为 1.5，在第二阶段热解过程中也观察到了高的热解活化能。一般认为较弱的键在热解过程中最先断裂。而刘振宇团队[6] 提出煤共价键受热断裂产生挥发分是简单一步反应，主要取决于煤的温度；挥发分的反应则是多因素影响（尤其是气相温度，在快速热解反应器中存在较大温度梯度）的多步反应，包括裂解产生更多自由基和自由基缩聚形成四氢呋喃不溶的重质组分。刘振宇[7] 通过分析认为煤热反应的挥发产物大部分经历了自由基碎片的反应。因此，煤热解过程中体系的自由基浓度应该不断变化，且其变化行为应该与焦油和气体的组成及质量密切相关。该团队后期研究表明，快速冷凝得到的煤（或生物质）热解焦油富含自由基（浓度在 10^{17} spin/g 量级），且其浓度随挥发分经历的环境而变，温度越高，自由基浓度越高[8]。这个现象说明，尽管煤热解产生的小分子自由基难以测定，但焦油富含的大分子自由基因其运动（线性及转动）速率较慢而反应相对缓慢，可以研究和调控。Liu[9] 利用电子自旋共振光谱技术（electron spin resonance，ESR）对煤热解过程的研究结果表明，热解温度低于 300℃ 时，主要是小分子的解吸（又称脱附）过程。当热解温度处于 400～500℃ 之间时，煤中自由基浓度急剧增加并伴随着挥发性物质的释放，煤的热解反应加剧。热解温度升高到 600℃ 时，自由基浓度的增加趋势受到抑制，热解反应趋缓，因为新生的自由基可以从周围的环境中获取氢和稳定的碎片或者它们之间发生缩聚，形成新的稳定的键。温度的进一步升高，自由基浓度开始大幅下降，在 800℃ 热解半焦中检测不到 ESR 信号，热解趋于完成，这主要是因为自由基在聚合和缩合反应过程中消失，导致形成不挥发的焦炭。Shi[10] 等采用热重分析（TGA）研究煤热解行为与煤中键能的关系，研究发现热重质量损失主要归因于共价键产生的碎片挥发分，主要是因为小的挥发性自由基碎片的逆行反应不会产生固体，而较大的自由基碎片生成较慢且主要发生缩聚反应。而 Cui[11] 研究了大同煤热解过程中含氧官能团的演变机理，发现煤的热解过程主要包括桥键的断裂、脂族侧链和羟基的裂解、产物的二次热解以及在较高温度下的缩聚反应。结果表明，煤的基本结构单元中的凝结度增加。侧链的断裂与基本结构有关，并且羟基、羧基和羰基的含量降低。脂肪结构的含量下降，稠合芳环数量增加。在热解过程中，羟基显示出比其他含氧官能团和芳族结构更好的热稳定性。脂族结构比芳族结构更容易分解和分解得更快。煤中不稳定的亚甲基桥键断裂并逐渐还原。同时，饱和脂肪的支链增加，烷基链的长度缩短。Sione 等[12] 采用分布式活化能模型（DAEM）来预测挥发物释放量与活化能或时间的关系，通过假定释放的挥发分质量分布为高斯分布，提出了一种带平滑的反向迭代法，该方法可以直接从挥发分数据估算出挥发分相对于活化能的潜在相对广泛分布。Li 等[13] 的研究结果表明，醇解包括链烷醇中氧原子对褐煤煤基模型化合物中含氧桥键中碳原子的亲核攻击、氢从链烷醇中的 OH 转移到含氧桥键中的氧原子上，以及含氧桥键的断裂。Li 等[14]研究了煤基模型化合物（苯甲醚、苯乙醚和对甲基苯甲醚）的热解机理，发现三种模型化合物在较高温度下热解时，自由基反应在热解过程中占主导地位，且 PhO—C 均质键断裂是自由基反应的第一步，而在较低温度下热解时，非自由基反应占主导地位且 β-H 是非自由基反应的关键因素；此外，苯环上的取代基在苯醚的热解过程中起重要作用，苯醚中氢自由基从苯氧基自由基解离后可以直接形成共轭稳定结构化合物，同时，这些实验结果得到了理论计算的支持。人们采用不同的煤基模型化合物[15]，通过实验和理论研究的方法计算了煤热解时自由基生成、化学键的稳定性和部分官能团的反应机理，很多理论研究的结果和实验得到的结果是一致的。梁丽彤等[16]的研究以尽可能少地破坏煤中的单元结构（即打破化学键）的方式将煤转化成高附加值化学品或液体燃料，提出了低阶煤的催化解聚技术，该技术有利于提高焦油品质和产率，也有利于热解半焦的输送和利用。

谢克昌等[17]对 5 种不同变质程度煤及其化学族组分进行了不同升温速率、不同反应终温、不同压力、气氛及其颗粒特性下的热解行为、产物演化规律与动力学的深入研究。为揭示各种煤反应性、提高煤转化过程的效率、降低污染排放提供了理论依据。针对传统煤化学无法从分子水平解析煤热解过程反应历程、机理和动力学的难点，以及现有自由基链式反应理论不能明确地揭示较大分子的自由基反应历程，特别是反应深度较大时的二次反应历程的关键问题，提出煤热解反应主体由热离解的自由基主导的新观点，构建了普适性的煤热解自由基调控机理及其强化机制[18-20]。在热解自由基调控理论中，将热解反应历程分为 3 个阶段。煤化学族组分的基元反应产生初始自由基阶段、自由基调控阶段和自由基复合阶段。在整个反应历程中均受外界能量传递的影响，取决于能量基点与特定化学键的键能差值，产生自由基的离解反应与自由基复合反应为可逆平衡反应。

① 煤化学族组分基元反应产生于初始自由基阶段。在受热条件下，煤各类化学族组分分子发生基元离解反应产生初始自由基，遵循阿伦尼乌斯方程（$k = A\mathrm{e}^{-E_{\mathrm{a}}/(RT)}$，其中，$k$ 为反应速率常数，A 为指前因子，E_{a} 为表观活化能，R 为摩尔气体常数，T 为热力学温度）。

② 自由基调控阶段。在系统能量变化、煤固体颗粒热传递反应逆向特性、反应操作条件（加热升温速率、温度、反应停留时间、压力、颗粒粒度、气氛等）、反应器结构（混合热质传递特性、平推流、返混、表面粗糙度等）等调控作用下，初始自由基进一步按照 C—C 键断裂、C—H 键断裂以及芳烃自由基缩合进行选择性转化，生成不同结构的二次自由基和稳定物质。

③ 自由基复合阶段。随着系统能量降低，二次自由基按照复合物质键能最大化、空间位阻最小化和分子量最小化的原则进行复合，得到稳定的热解产物及其分布。热解产物分布遵循阿伦尼乌斯方程。煤热解过程的自由基调控反应历程如图 3-1 所示。

煤热解的研究方法主要有两种，一种是检测热解过程的产物及相应的失重量，通过推断产物的形成及反应的量来推测反应过程，研究装置为热重在线色谱。这种方法的优点是简单易行，产物分析容易，缺点是推测的成分较多。由于热分析设备的限制，传热传质同样会使问题复杂化，甚至有时得出错误结论。另一种方法就是直接以模型化合物为热解物，较精确地确定煤热解机理。这种方法对热解模型的建立和校正确实是前述方法不可替代的。但由于煤复杂体系的非线性，对其中的各个单独过程不能拆开解释，只有将其放回原系统中才能真

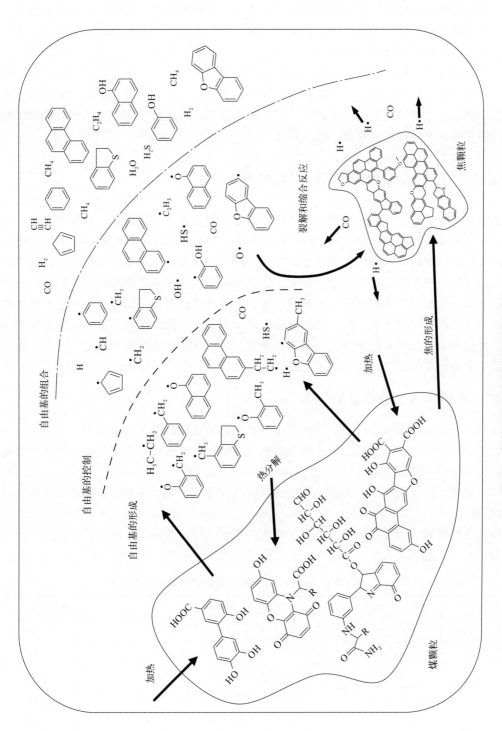

图 3-1　煤热解的自由基调控反应机理示意图

正反映出煤在热解中的表现。因此，这种方法的局限性也非常明显。如何定量、准确地描述热解过程是目前关于煤热解研究的重要内容之一。

纵观煤热解反应性的研究历史和现状可以看出，尽管在世界范围内已做了很多努力，但客观地说，煤的热解反应机理仍不完全清楚，这与世界各地煤的组成和结构不同，难于找到统一的参考标准有关，煤的显微组分组成及它们的相互作用的影响是一条有益的线索，能够更接近问题的实质，但也存在不同煤显微组分结构差异的问题。煤中官能团的热解反应能力直接关系到全煤的热解反应性，通过在线反应分析联用装置有可能避开复杂的反应机理而获得对煤热解反应性的较为充分的认识。谢克昌在《煤的结构与反应性》一书中对煤的结构与反应性的实验研究和理论探索做了深入阐述[21]。

3.1.2　煤在热解过程中的化学反应

由于煤的不均一性和分子结构的复杂性，加之矿物质对热解的催化等其他作用，使得煤的热解化学反应非常复杂，彻底了解反应的细节十分困难。从煤的热解进程中不同分解阶段的元素组成、化学特征和物理性质的变化出发，对热解过程进行考察，可以发现，煤热解的化学反应总的讲可分为裂解和缩聚两大类。这其中包括了煤中有机质的裂解、裂解产物中分子量较小部分的挥发、裂解残留物的缩聚、挥发产物在逸出过程中的分解及化合、缩聚产物的进一步分解和再缩聚等过程。从煤的分子结构看，可认为热解过程是基本结构单元周围的侧链、桥键和官能团等对热不稳定成分的不断裂解，形成低分子化合物并逸出；基本结构单元的缩合芳香核部分对热保持稳定并互相缩聚形成固体产品（半焦或焦炭）。

3.1.2.1　有机化合物的热裂解规律

有机化合物对热的稳定性，主要取决于分子中化学键键能的大小。其中，表 3-1 为部分可能的热裂解反应的裂解能和部分典型有机化合物的化学键键能。煤中典型有机化合物化学键能热稳定性的一般规律是：缩合芳烃＞芳香烃＞环烷烃＞烯烃＞烷烃。芳环上侧链越长，侧链越不稳定；芳环数越多，无共轭结构的侧链越不稳定；缩合多环芳烃的环数越多，其热稳定性越强。

煤的热分解过程也遵循一般有机化合物的热裂解规律，按照其反应特点和在热解过程中所处的阶段，一般划分为煤的裂解反应、二次反应和缩聚反应。

表 3-1　煤中典型有机物化学键及可能的热裂解反应裂解能

化学键	键能/(kJ/mol)	裂解反应	裂解能/(kJ/mol)
C_a—C_a	2057	Ph—CH_3 ⟶ Ph—CH_2·+H·	357
C_a—H	425	Ph—O—Ph′ ⟶ Ph—O—+Ph′	357
C_{al}—H	392	Ph—CH_2—Ph′ ⟶ Ph—CH_2·+Ph′·	338
C_a—C_{al}	332	Ph—CH_2—CH_3 ⟶ Ph—CH_2·+CH_3·	293
C_{al}—O	314	Ph—O—CH_3 ⟶ Ph—O·+ CH_3·	286
C_{al}—C_{al}	297	Ph—O—CH_2—Ph′ ⟶ Ph—O—CH_2·+ Ph′—CH_2	233
		Ph—CH_2—CH_2—Ph′ ⟶ Ph—CH_2·+ Ph′—CH_2	205

注：C_a，芳香碳；C_{al}，脂肪碳；Ph，苯环。

3.1.2.2　煤热解中的裂解反应

煤在受热温度升高到一定程度时其结构中相应的化学键会发生断裂，这种直接发生于煤分子的分解反应是煤热解过程中首先发生的，通常称之为一次热解。一次热解主要包括以下几种裂解反应。

桥键断裂生成自由基：煤的结构单元中的桥键是煤结构中最薄弱的环节，受热很容易裂解生成自由基碎片。煤受热升温时自由基的浓度随加热温度升高而增大。

脂肪侧链裂解：煤中的脂肪侧链受热易裂解，生成气态烃，如 CH_4、C_2H_6 和 C_2H_4 等。

含氧官能团裂解：煤中含氧官能团的热稳定性顺序为—OH＞$C=O$＞—$COOH$＞—OCH_3。羟基不易脱除，到 $700\sim800℃$ 以上和有大量氢存在时可生成 H_2O。羰基可在 $400℃$ 左右裂解生成 CO。羧基在温度高于 $200℃$ 时即可分解生成 CO_2。另外，含氧杂环在 $500℃$ 以上也有可能开环裂解，放出 CO。

低分子化合物裂解：煤中脂肪结构的低分子化合物在受热时也可以分解生成气态烃类。

3.1.2.3　煤热解中的二次反应

一次热解产物的挥发性成分在析出过程中如果受到更高温的作用（如在焦炉中），就会继续分解产生二次裂解反应。主要的二次裂解反应有：

直接裂解反应

$$C_2H_6 \xrightarrow{-H_2} C_2H_4 \xrightarrow{-CH_4} C \tag{3-1}$$

$$\tag{3-2}$$

芳构化反应

$$\tag{3-3}$$

$$\tag{3-4}$$

加氢反应

$$\tag{3-5}$$

$$\tag{3-6}$$

缩合反应

$$\tag{3-7}$$

3.1.2.4 煤热解中的缩聚反应

煤热解的前期以裂解反应为主，后期则以缩聚反应为主。首先是胶质体固化过程的缩聚反应，主要包括热解生成的自由基之间的结合、液相产物分子间的缩聚、液相与固相之间的缩聚和固相内部的缩聚等，这些反应基本在 550～600℃ 前完成，结果生成半焦。然后是从半焦到焦炭的缩聚反应，反应特点是芳香结构脱氢缩聚，芳香层面增加，可能包括苯、萘、联苯和乙烯等小分子与稠环芳香结构的缩合，也可能包括多环芳烃之间缩合。半焦到焦炭的变化过程中，在 500～600℃ 之间煤的各项物理性质指标如密度、反射率、电导率、特征 X 射线衍射峰强度和芳香晶核尺寸等有所增加但变化都不大；在 700℃ 左右这些指标产生明显跳跃，以后随温度升高继续增加。

3.1.3 煤热解动力学

煤热解动力学的研究内容包括煤在热解过程中的反应种类、反应历程、反应产物、反应速度、反应控制因素以及反应动力学常数。这些方面的研究是煤科学的基础，也是煤洁净转化利用的基础。煤的热解动力学研究主要包括两方面的内容：胶质体反应动力学和脱挥发分动力学。

3.1.3.1 胶质体反应动力学

van Krevelen 等[22]根据煤的热解阶段的划分，提出了胶质体（metaplast）理论，对大量的实验结果进行了定量描述。该理论首先假设焦炭的形成由三个依次相连的反应表示：

$$结焦性煤 \xrightarrow{k_1, E_1} 胶质体 \tag{3-8}$$

$$胶质体 \xrightarrow{k_2, E_2} 半焦＋一次气体 \tag{3-9}$$

$$半焦 \xrightarrow{k_3, E_3} 焦炭＋二次气体 \tag{3-10}$$

式中　$k_{1\sim3}$——反应速率常数，s^{-1}；

$E_{1\sim3}$——活化能，kJ/mol。

反应（3-8）是解聚反应，该反应生成不稳定的中间相，即所谓胶质体。反应（3-9）为裂解缩聚反应，在该过程中焦油蒸发，非芳香基团脱落，最后形成半焦。反应（3-10）是缩聚脱气反应。假定这三个反应是一级反应，则上面的三个反应可用以下三个动力学方程式描述：

$$-\frac{d[结焦性煤]}{dt} = k_1[结焦性煤] \tag{3-11}$$

$$-\frac{d[胶质体]}{dt} = k_1[结焦性煤] - k_2[胶质体] \tag{3-12}$$

$$\frac{d[气体]}{dt} = \frac{d[一次气体]}{dt} + \frac{d[二次气体]}{dt} = k_2[胶质体] + k_3[半焦] \tag{3-13}$$

许多实验数据表明，在炼焦过程中，k_1 和 k_2 几乎相等，故可以认为 $k_1 = k_2 = k$。在引入 $t=0$ 时的边界条件和一些经验性的近似条件后，上述微分方程可以得到如下解：

$$[结焦性煤] = [结焦性煤]_0 e^{-\bar{k}t} \tag{3-14}$$

$$[\text{胶质体}]=[\text{结焦性煤}]_0 \bar{k}t\mathrm{e}^{-\bar{k}t} \tag{3-15}$$

$$[\text{气体}]\approx[\text{结焦性煤}]_0[1-(\bar{k}t+1)\mathrm{e}^{-\bar{k}t}] \tag{3-16}$$

式中 $\bar{k}$——经过修正后的反应速率常数。

实验表明，该动力学理论与结焦性煤在加热时用实验方法观察到的一些现象相当吻合。此外，反应活化能 E 可用以下公式求得：

$$\ln k=-\frac{E}{RT}+b \tag{3-17}$$

所得到的煤热解活化能 E_1 为 209～251kJ/mol，与聚丙烯和聚苯乙烯等聚合物裂解的活化能相近，大致相当于—CH_2—CH_2—的键能。一般来说，煤开始热解阶段 E 值小而 k 值大；随着温度的升高，热解加深，则 E 值增大而 k 值减小。式（3-8）～式（3-10）所示的三个依次相连的反应，其反应速率常数 $k_1>k_2>k_3$。煤热解平均表观活化能随煤化度的升高而增大。一般气煤活化能为 148kJ/mol，而焦煤的活化能为 224kJ/mol。

3.1.3.2 脱挥发分动力学

用热失重法研究脱挥发分速度也是煤热解动力学的重要方面。煤受热分解，挥发物析出并离开反应系统，其质量损失可以用热天平测定，进行煤热解脱挥发分动力学研究。

（1）等温热解

快速将煤加热至预定温度 T，保持恒温，测量失重，从失重曲线在各点的切线可以求出 $-\mathrm{d}W/\mathrm{d}t$，直至恒重。温度 T 下的最终失重，一般要在失重趋于平稳数小时后才能测得。不同温度下典型的失重曲线和总失重如图 3-2 所示。图中的三条失重曲线对应的温度从上到下依次降低。在反应开始时累积失重与时间呈直线关系，经过一段转折，逐渐达到平衡。平衡值大小与煤种和加热温度有关。达到平衡的时间一般在 20～25h 以上。首先必须假定分解速率等同于挥发物析出的速率，根据失重曲线的形状推断这些反应总合起来可以按照表观一级反应来处理，其反应速率常数可以通过下式计算：

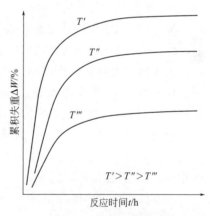

图 3-2 不同温度下的
等温失重示意曲线

$$k=\frac{1}{t}\times\ln\frac{1}{1-x} \tag{3-18}$$

式中 x——对应于反应时间 t 时的失重量与最大失重的比值。

按照一级反应求算得到的表观活化能只有 20kJ/mol 左右。其原因是反应的起始阶段煤粒实际上处于急剧升温阶段，使煤粒微孔内产生了暂时的压力梯度，过程由扩散速度控制而不是反应速度控制，此时的活化能实际上是扩散活化能。由此可见热解速度（反应速率）和脱挥发分速度（反应与扩散的总速率）是两个不完全相同的概念。在等温热解过程中，可以有许多反应同时发生，对煤的热解会造成一次热解脱气和二次缩聚脱气的重叠，故根据脱除的气体来建立本征动力学方程体系非常困难。等温脱挥发分过程究竟是扩散控制还是由挥发物的生成控制尚无定论。但有大量数据表明，由于环境的不同，两种过程都有可能是主要的析出机理。

（2）程序升温热解

在等温法实验过程中，同一种样品多次实验间的差异难免影响实验结果的准确性，且实验值反映的是所选温度范围内的平均值，不能反映整个过程的情况。与等温法相比，非等温法具有许多优点：实验量小；可以消除因样品的差异而引起的实验误差；可以消除因温度范围选择不当而造成的实验数据的不可比性；可以避免将试样在一瞬间升到规定温度 T 所发生的问题。另外，在原则上程序升温法可从一条失重速率曲线算出所有动力学参数；可以避免许多等温条件热解带来的不便，因此，该法已得到广泛使用。但此法也要假定分解速率等同于挥发物析出速率。对于某一反应或反应序列，气体析出速率与浓度的关系为：

$$\frac{\mathrm{d}x}{\mathrm{d}t} = A\,\mathrm{e}^{\frac{-E}{RT}}(1-x)^n \tag{3-19}$$

$$x = \frac{m_\mathrm{o} - m_\mathrm{i}}{m_\mathrm{o} - m_\mathrm{f}} = \frac{\Delta m_\mathrm{i}}{\Delta m_\mathrm{f}} \tag{3-20}$$

式中　x——煤热解转化率，%；

　　　　n——反应级数；

　　　　E——活化能，kJ/mol；

　　　　R——气体常数，kJ/（mol·K）；

　　　　A——指前因子，s^{-1}；

　　　m_0——试样起始质量，g；

m_i，Δm_i——试样在热解过程中某一时刻的质量和质量损失量，g；

m_f，Δm_f——试样在热解终点的残余质量和质量损失量，g。

关于反应级数 n 有许多不尽相同的讨论。煤的热失重或脱挥发分速度因煤种、升温速率、压力和气氛等条件而异，还没有统一的动力学方程。对于线性升温过程，Coast-Redfern 采用了一种比较简明的方法：

设温度 T 与时间 t 有线性关系

$$T = T_0 + \lambda t \tag{3-21}$$

式中　λ——升温速率，K/s。

联立式（3-19）和式（3-21）可以得到如下近似解，

当 $n=1$

$$\ln\left[-\frac{\ln(1-x)}{T^2}\right] = \ln\left[\frac{AR}{\lambda E}\left(1-\frac{2RT}{E}\right)\right] - \frac{E}{RT} \tag{3-22}$$

当 $n \neq 1$

$$\ln\left[\frac{1-(1-x)^{1-n}}{T^2(1-n)}\right] = \ln\left[\frac{AR}{\lambda E}\left(1-\frac{2RT}{E}\right)\right] - \frac{E}{RT} \tag{3-23}$$

由于 E 值很大，故 $2RT/E$ 项可以近似取零。如果反应级数选取正确，上式左端项对温度倒数 $1/T$ 作图，应为直线，由此直线的斜率和截距可以分别求得活化能 E 和指前因子 A。

3.1.4　煤热解产物

煤热解产物是一种极其复杂的混合物，经热解可得到固体产物半焦、液体焦油、热解水和气态热解气。

① 固体产物：高温炼焦的主要产物为焦炭，中低温热解的固体产物为半焦或煤焦。半焦的基本微晶与石墨相似，是碳原子呈六角形排列的层片体，平行层片体之间呈角位移杂乱的不规则排列。半焦的化学组成与原煤的煤阶、显微组分及热加工过程相关。半焦有机结构元素组成主要为碳、氢、氧，大部分的氮、硫在热解时逸出，少量以杂环化合物形式存在。

② 液体产物：煤焦油是指煤干馏和气化过程得到的液体产品，热解初始阶段发生干燥脱吸及逸出的热解水在焦油回收部分也被冷凝下来。按照煤热解温度可分为低温（450～600℃）焦油、中温（700～900℃）焦油和高温（1000℃左右）焦油。中低温焦油含有较多的酚类化合物、烷基取代的芳烃类、脂肪族链状烷烃和烯烃，提取酚类后可作为加氢制取优良液体燃料的原料。

③ 气体产物：煤热解气是热解过程的另一副产物，主要包括 H_2、CH_4、CO 和少量 CO_2、C_1～C_4 烃类。焦炉煤气中 H_2 和 CH_4 含量较高，可作为工业燃料气和城市居民用气。

3.2　影响煤热解反应性的因素

影响热解反应性的因素很多，煤化程度、粒径、热解介质、加热速率、热解终温和反应器等都是其中的重要因素。

3.2.1　煤化程度的影响

煤化程度是煤热解过程最主要的影响因素之一。从表 3-2 可以看出，随煤化程度的增加，热解开始的温度逐渐升高。另外，热解产物的组成和热解反应活性也与煤化程度有关，一般来说年轻煤热解产物中煤气和焦油产率及热解反应活性都要比老年煤高。

表 3-2　不同煤种的开始热解温度

煤种	泥炭	褐煤	烟煤	无烟煤
开始热解温度/℃	190～200	230～260	300～390	390～400

根据煤化学理论，煤的结焦性可用煤的煤化程度指标（挥发分 V_{daf} 等）和黏结性指标（胶质层的最终收缩度 X、胶质层厚度 Y、黏结指数 G 等）来反映，因而在焦化生产中构成了 V_{daf}-X，Y，V_{daf}-G 等炼焦配煤法。煤岩学观点认为煤化程度和煤的显微组成是决定煤的结焦性好坏的主要因素。煤的煤化程度由煤中镜质组的平均随机反射率（$R_{r,m}$）决定，$R_{r,m}$愈大，煤的煤化程度愈高。$R_{r,m}$ 不受煤的显微组成影响，而煤化参数 V_{daf} 不仅与煤化程度有关，而且与显微组成有关，因此 $R_{r,m}$ 比 V_{daf} 更能准确地反映煤的煤化程度。煤中不同显微组分在煤的结焦过程中起的作用不同，镜质组和壳质组在加热过程中能够熔融并产生活性键成分，被视为有黏结性的活性组分；惰性组和矿物杂质在加热过程中不能熔融，被视为无黏结性的惰性组分。活性组分以镜质组为主，壳质组较少，它的性质是非均一的。不同组型（据 Schapiro）的活性组分结焦性不同，V_{11}（R_{max} 为 1.1%～1.19%）、V_{12}（R_{max} 为 1.2%～1.29%）的活性组分结焦性最好。由于煤的镜质组随机反射率（R_r）直方图可以清

楚地反映出不同组型活性组分分布情况，平均随机反射率 $R_{r,m}$ 能大体上反映活性组分的总体质量，所以选取镜质组平均随机反射率 $R_{r,m}$ 和随机反射率 R_r 直方图作为炼焦配煤参数。而煤中的惰性组分，在焦化过程中促使焦炭结构生成孔隙和裂纹，降低焦炭强度，对焦化有不利的影响；但也有有利的一面，如在焦化过程中它能吸附活性组分放出的气体和液体，参与焦炭结构的形成。因此惰性组分也是不可缺少的，只是多少要适量。故惰性组分含量是炼焦配煤的另一个参数。

3.2.2　粒度的影响

煤的粒度大小影响煤在反应过程中传热、传质以及挥发分逸出的效果，对热解结果影响较大。吕太等[23]对不同粒径煤进行了实验研究，研究表明，大颗粒的煤粒热解需要较长的加热时间，其热解产物逸出阻力较大，煤的一次热解产物发生二次反应的概率增加。薛永强等[24]通过在化学热力学和动力学理论中引入表面项来分析和讨论粒度对煤热解反应的影响规律，研究结果表明，粒度对煤热解反应的热力学性质和动力学参数都有明显的影响，减小煤颗粒的粒径，其摩尔表面能增大，导致煤热解的表观活化能降低并使反应的速率常数增大，使煤颗粒的热解速率加快，提高了转化率。此外，粒度的大小直接影响着设备的效率及其经济性，因此，根据热解工艺的需要选择恰当的颗粒粒径范围是十分必要的。

3.2.3　传热的影响

如果传热阻力主要发生在颗粒和其周围之间，则在升温过程中颗粒的温度是均匀的，而且升温速度随粒度的增加而减小。在此条件下，升温过程中热解速度随粒度减小而增大，但当加热速度超过某数值之后，升温过程中反应的量是可以忽略的。对小于某种粒度的煤样，热解速度实际上是化学控制，而不依赖于加热速度和颗粒大小。刘训良等[25]采用分布活化能模型及能量守恒方程对煤颗粒热解的传热、传质过程建立数学模型，研究发现挥发分析出速率较快的温度区间为 $420\sim470℃$，越是处于颗粒内层，挥发分快速释放所处温度越高，析出速率值也越高；颗粒中间层的温度变化及挥发分析出规律均与核心处相似。王书慧等[26]在一维拟均相模型上，利用热解数据对煤的热导率进行了计算，结果表明，$5\sim10L/min$ 的气体流量可在一定程度上促进热解炉内的传热，增大煤的热导率；气体温度一定，且小于热解终温时，增大气体流量，使 $450\sim500℃$ 时的热解时间延长。

3.2.4　热解气氛的影响

煤热解一般在惰性气氛下进行，工业炼焦炉中在煤焦周围充满热解气氛，对于实验室研究有一定实际价值。通过改变非惰性反应气氛，引入氢气、甲烷等活性组分，旨在促进热解过程自由基片段的稳定、抑制焦油大分子片段之间的缩聚结合。研究[27,28]考察 CO_2 和 CO 气氛下褐煤热解，认为吸附于煤表面的氧物种具有强电负性，提供活性中心，促进芳环开裂、侧链、醚键和脂肪链分解，产生更多小分子自由基以稳定煤热解碎片。Wang 等[29]研究了甲烷在二氧化碳重整气氛下焦油的生成机理，对比 N_2、H_2、CH_4、CO_2 气氛下热解，其焦油产率有很大提高，GC-MS 和 GC 分析结果表明焦油中酚类物质含量最高，^{1}H-NMR 以及[13]C-NMR 分析表明·CH$_3$ 自由基参与煤焦油的生成反应。

3.2.5 矿物质影响

煤中的矿物质种类复杂，且与有机结构紧密结合。按矿物质组成分为黏土矿物、石英、碳酸盐矿物、硫化物和硫酸盐矿物。Liu[30]比较原煤、酸洗脱矿物质煤、脱矿物质煤添加无机物的热重实验，煤中原生矿物对煤热解反应性和动力学无明显作用；外加无机物均表现对热解产物释放的促进作用，与所经历温度区间和煤种相关。Hayashi[31]的煤下落管反应器实验研究认为，尽管煤中固有 Na、Ca、Mg、Fe 含量很低，脱除后显著影响热解初期的焦油和煤焦的二次反应。

3.2.6 热解温度与停留时间的影响

煤热解反应涉及旧化学键的断裂、挥发分的脱除等吸热过程。初次热解产物从颗粒扩散进入气相，过程中发生二次反应。有研究者[32]通过两段式固定床实验装置，考察了热解温度及热解气停留时间对热解最终产物的影响，其中裂解温度为 500～800℃，停留时间为10～50s。研究发现，随着热解气停留时间的延长，当裂解温度为 600℃时，焦油、煤气产率变化不明显，主要发生一些脂肪烃类的分解，仅 CH$_4$、C$_2$H$_4$ 产率有少量增加，H$_2$、CO、CO$_2$ 没有变化；裂解温度为 700℃时，H$_2$、CO 的产率缓慢增加；当裂解温度为 800℃时，焦油产率迅速减小并迅速趋于稳定，煤气产率快速增大，其中伴随有 CO 变换反应发生。另外，挥发分在高温下的停留时间还与煤粒径、反应体系压力等因素有关，从而影响热解终产物的组成和分布。

3.2.7 热解压力的影响

煤加压热解时其热解过程和产物结构组成明显不同于常压热解，在一定的压力下，热解压力小范围的升高（＜0.8MPa）有利于挥发分的析出，过高的压力不利于挥发分的快速析出，导致半焦产率的增加而焦油产率降低。Tao 等[33]研究了压力对抚顺和先锋褐煤热解气态烃产率的影响，随着压力的增大，气态烃产率分别提高了 9.1%和12.7%，而氢气产率大大降低，分别降低76.5%和75.9%，二氧化碳产率增加了 7.4%和8.9%，压力促进二氧化碳和氢气的合成反应，是气态烃产率提高的原因。

3.2.8 升温速率的影响

升温速率越快，则在每一温度点上的停留时间越短，导致在每一温度点时的热解不充分，直接影响煤体热解的效果，导致不同的热解规律。当二次反应不存在时，升温速率的大小对挥发分的生成率的影响不大，即升温速率对煤体热解的影响主要体现在对二次反应的影响。随着升温速率的加大，热滞后现象比较明显，导致煤样热解的总产气量增大，热解产生气体的速率增大。但是，对于不同变质程度的煤种，即使加热速率保持相同而挥发分的析出时间也不相同。

3.2.9 反应器类型的影响

由于不同反应器中煤的升温历程及挥发分的二次反应程度不同，故反应器类型是影响煤热解产物分布的重要因素之一。煤热解反应器的类型较多，包括固定床反应器、流化床反应器、气流床反应器、丝网反应器和居里点反应器等，常用的是固定床反应器，比较有特点的是丝网反应器。乔凯[34]研究了固定床与旋转床反应器对神东煤热解产物分布及组成的影响。神东煤在旋转床反应器中的升温速率快于固定床反应器，热解温度为 $500\sim600℃$ 时，旋转床热解焦油产率较固定床增加了 $1.12\%\sim1.31\%$，此时挥发分以缩聚反应为主，焦油中重质组分（正己烷不溶物）较固定床热解增加了 $15.17\%\sim24.80\%$。金属丝网反应器由于采用两电极加热，加热速度较快（最高可达 $5000℃/s$），载气连续通过丝网，迅速将一次热解产物带离煤颗粒，避免挥发分的二次热解反应，有利于研究煤热解的本征反应[35]。

3.3 热解反应性与煤的分级利用

煤炭是组成复杂的有机和无机化合物的混合物，其中有机化合物又有反应活性组分和相对惰性组分。煤炭热解过程是反应活性组分首先断裂成小分子化合物，这些小分子化合物在继续加热过程中容易断裂成更小的分子而降低利用价值。因此，将热解的小分子化合物分离出来，制备高附加值的化学品，避免过度断裂分解；将难分解组分继续深度热加工，这就形成了煤炭热解分级利用的初级概念。将煤炭部分气化和完全气化，然后梯级利用，则是煤炭分级利用概念的进一步延伸。煤炭的分级分质利用是基于煤炭各组分的不同性质和转化特性，以煤炭同时作为原料和燃料，将煤的热解（干馏）与燃烧发电、煤气化、煤气利用、煤焦油深加工等多个过程有机结合的新型能源利用方式。热解是煤转化的最初阶段，是煤转化过程中的第一步，对煤的后续转化（气化、液化、燃烧和碳化）有着重要影响，是加氢、燃烧和气化的初始和伴随反应。热解反应性影响煤热解过程中油、气和半焦的产生，进而影响到后续油、气和半焦的加工利用。因此，热解反应性与煤的分级利用密切相关。

煤经热解产生气、液、固三种产品。热解生产的固体产品半焦含水量大幅降低，是很好的高热值无烟燃料，将其燃烧产生蒸汽可用于发电和供热[36]。热解后的半焦着火点升高，有利于远距离运输，且生产的块状半焦可以用于电石、铁合金等行业。粉状的半焦可以制取水煤浆，气化后合成油和石蜡等化工产品。液体产品焦油可通过加氢裂解制取优质清洁的柴油和汽油等液体燃料。同时，煤焦油还可以将低沸点的酚类分离，用于生产制取各类合成纤维、合成树脂、香料、橡胶和防腐剂等化工产品。气态产物煤气的主要成分是 H_2、CH_4、CO、CO_2、$C_1\sim C_4$ 烃类等，从中提取的 H_2 可为焦油加氢改质提供氢源，提氢后的 CH_4 可用于加工得到压缩天然气和液化天然气等，余下的 CO 可用于合成氨和生产甲醇等[37,38]。

目前，煤分级利用技术主要分为三类：煤热解分级利用技术、煤部分气化分级利用技术和煤完全气化分级利用技术。

3.3.1 煤热解分级利用技术

煤热解分级利用技术是指在隔绝空气或惰性气氛下，在低温 $400\sim700℃$、中温 $700\sim$

900℃条件下加热煤，使其完全热解并得到半焦、中低温焦油和热解煤气产品的过程。煤热解分级利用技术系统流程如图 3-3 所示[39]。

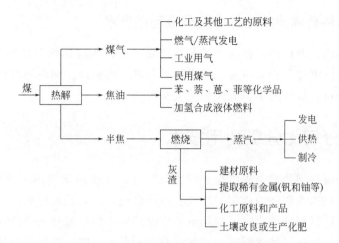

图 3-3　煤热解分级利用技术系统流程图

煤通过热解生产煤气、焦油和半焦产品，煤气可以用作燃气及化工产品的原料气；焦油可以进一步转化为苯、蒽、萘、菲以及加氢合成液体燃料；半焦可以作为燃料送入锅炉燃烧产生蒸汽，用来发电和供热及制冷，继而实现在一个系统中以煤为原料，同时联产热、电、气及焦油等多种产品。

根据热解反应装置、热载体性质的不同，目前该技术可以分为以流化床热解为核心的分级利用技术、以移动床热解为核心的分级利用技术和以半焦热载体热解为核心的分级利用技术。

3.3.1.1　以流化床热解为核心的分级利用技术

以流化床热解为核心的分级利用技术主要由流化床热解炉和循环流化床燃烧炉组成，利用循环流化床锅炉的循环热灰作为煤热解的热量来源，煤在流化床热解炉中热解产生煤气、焦油和半焦，半焦在循环流化床锅炉中燃烧产生蒸汽及煤热解所需的循环灰。以流化床作为热解反应器的优点是床内物料混合较好，温度均匀，能够提供良好的反应条件，热解炉强度较大，体积较小，便于实现规模化生产。缺点是流化床热解反应器需要大量的流化气体，系统热损失较大，带出物较多，增加尾部净化系统的复杂性。目前中国科学院工程热物理研究所、中国科学院过程工程研究所、浙江大学、清华大学都分别开发了各自的以流化床热解为基础的循环流化床多联产技术，并且浙江大学已完成了基础实验和小型热态试验研究，并进入工业试验阶段。

3.3.1.2　以移动床热解为核心的分级利用技术

以移动床热解为核心的多联产技术由移动床热解炉和循环流化床燃烧炉组成，与以流化床为核心的分级利用技术原理基本相同，差别主要在于采用移动床而不是流化床作为煤热解的场所。循环流化床锅炉的循环热灰提供煤在移动床中热解所需的热量，产生的煤气经净化后供用户使用，而产生的半焦和循环灰送到循环流化床锅炉，半焦作为锅炉燃料燃烧后发电、供热，循环灰则在炉膛中加热后再度进入移动床热解炉中循环使用。移动床热解不需要大量的流化气体，且热解气中带出物较少，后续净化系统处理相对简单。国内的研究单位有中国科学院工程热物理研究所、北京动力经济研究所以及北京蓝天新能源科技有限责任公司。

3.3.1.3　以半焦热载体热解为核心的分级利用技术

以半焦热载体热解为核心的多联产工艺是以煤半焦作为固体热载体与煤直接接触热解，并以流化态方式按热解过程所需热量来组织物料和热量的输送。国内外对该工艺进行研发的单位有鲁奇鲁尔公司、清华大学、大连理工大学等[32]。

3.3.2　煤部分气化分级利用技术

煤部分气化分级利用技术是先将煤进行部分气化，生成的煤气用于化学品的生产加工，未经气化的部分半焦送入燃烧炉内用于燃烧发电或供热，其系统流程见图 3-4[40]。

煤在气化炉内进行部分气化时，与热解的惰性环境不同，部分气化的气化剂可以是空气也可以是纯氧，这样就使得气化所产生的煤气热值和品质不同。以空气为气化剂气化时生成的煤气中氮气含量较高，造成煤气热值偏低，煤气可用于燃气/蒸汽联合循环发电装置中。而以纯氧为气化剂气化时生成的煤气热值较高，可以直接作为民用燃气、工业燃气及燃气/蒸汽联合循环发电的燃料气，也可以当作化工原料气生产各种醇醚燃料及其他化工产品。没有气化完全的残余半焦化学品位低，则送入锅炉进行燃烧，产生的蒸汽用于发电和供热。

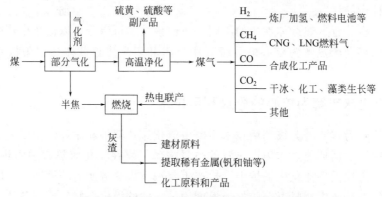

图 3-4　煤部分气化分级利用技术系统流程图

目前在国外主要有气化燃烧技术与联合循环发电相结合的先进燃煤发电技术。以煤部分气化为基础的先进燃煤发电技术，主要代表有美国 Foster Wheel 公司开发的第二代增压循环流化床联合循环（2G-PFBC 或称 APFBC）和英国 Babcock 公司开发的空气气化循环（ABGC）。日本通过引进国外技术和自行开发研究的结合，设计出了第二代增压流化床联合循环（APFBC）和增压内部循环流化床联合循环（PICFG）等。

虽然我国部分气化技术起步较晚，但目前已完成了一系列的研究，取得一定的进展。如在循环流化床锅炉的半焦燃烧系统中使用气化空气-蒸汽预热方法，与循环流化床锅炉半焦燃烧系统相比，不仅可以得到较高热值的煤气（由 5378kJ/m³ 提高到 6632kJ/m³），也可以提高系统的整体效率（由 42.9% 提高到 43.9%）[41]。浙江大学、中国科学院山西煤炭化学研究所和东南大学分别对常压气化、加压气化和常压气化增压燃烧技术进行了大量的研究。浙江大学提出的煤空气-水蒸气部分气化循环联合发电技术方案，可以实现煤部分气化、常压流化床燃烧和洁净煤发电三种技术相结合，目前已顺利完成空气部分气化集成半焦燃烧试验，可实现系统的连续运行。中国科学院山西煤炭化学研究所已经初步实现了加压流化床煤部分气化反应的实验研究，并得出了温度、压力以及进料量对煤部分气化反应的影响规律。中南大学设计的工业部分气化炉和小型增压流化床反应器，研究了系统压力对煤气化的影响及空气、蒸汽与煤之间的比例关系，以及床层温度受流化风量、给煤量、中心喷风量和水蒸气量的综合影响等。

3.3.3 煤完全气化分级利用技术

煤在气化炉内发生完全气化，全部转化为合成气，产生的合成气可以用于燃气/蒸汽联合循环发电、作为燃料气，以及作为合成液体燃料等化工产品的原料气。煤完全气化分级利用技术系统流程如图 3-5 所示[32]。

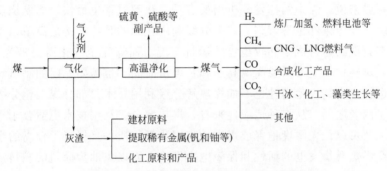

图 3-5 煤完全气化分级利用技术系统流程图

完全气化分级利用技术由一个气化反应单元和一个煤气利用单元组成，该技术将煤中最活跃、最容易利用的挥发分进行了最充分的利用，根据不同组分用于不同的行业，实现经济效率的最优化。

完全气化分级利用技术是目前国内外研究的热点与重点之一。在国外，美国能源部提出Vision 21（展望21）能源系统，其基本思想是以煤气化为龙头，利用所得的合成气，一方面用以制氢供燃料电池汽车用；另一方面通过高温固体氧化物燃料电池和燃气轮机组成的联合循环转换成电能，能源利用率可达 50%～60%。其系统特点是排放少，经济性比现代煤粉炉高 10%。壳牌（Shell）公司提出了合成气园（syngas park）的概念，它亦以煤的气化或渣油气化为核心，所得的合成气用于 IGCC 发电、一步法生产甲醇和化肥，并作为城市煤气供给用户。美国 PEFI 公司（Power Energy Fuel，INC）提出了通过石油焦气化联产低碳甲醇与发电的多联产系统。其中，甲醇用于调峰，乙醇用于调和汽油，丙醇等用于化工生产，经济技术评价表明该联产过程的税收投资收益率在 15.2%～15.8%。欧盟提出的HYPOGEN 项目的目标是建成以煤气化为基础的生产 192MW 电力和氢的近零排放电站。在国内，2012 年，中国首座煤气化联合循环电站——华能天津 IGCC 示范电站投产，标志着我国洁净煤发电技术取得了重大突破，该电站采用具有华能自主知识产权的世界首台两段式干煤粉加压纯氧气化炉以及多项新技术新工艺，发电效率高，环保性能好，污染物排放接近天然气电站排放水平，是我国最环保的燃煤电站。中国科学院工程热物理研究所与山东兖矿集团合作进行 76MW 发电和年产 24 万吨甲醇的煤气化-甲醇联合循环发电联产示范工程的建设。太原理工大学煤科学与技术重点实验室[42,43]提出了气化煤气、热解煤气共制合成气的"双气头"多联产技术，"双气头"多联产系统选择了现有的煤气化技术，结合气化煤气富碳、焦炉煤气富氢的特点，采用创新的气化煤气与焦炉煤气共重整技术，进一步使气化煤气中的CO_2和焦炉煤气中的CH_4转化成合成气，是一个在气源上创新的多联产模式。中国能源集团也在开发煤合成油与发电的联产技术，提出了煤、电、油及化学品联产基地建设规划，正在实施煤直接液化-间接液化-多联产一体化发展方案。

从产品角度、系统复杂度和煤种适应性三方面来分析这三种煤分级利用技术。从产品角度来看，热解分级利用技术可生产半焦、焦油和煤气产品，产品种类最丰富，可以最大限度地释放煤中的化学物质，且焦油和半焦产量最多，维持了较高的半焦产量和活性。部分气化分级利用技术生产的煤气热值适中，半焦产物热值适中，但CO含量较低，能满足城市燃气要求。完全气化分级利用技术生产的合成气量最多，燃气总体热值不大，且不适宜用于民用燃气。从系统复杂角度来看，煤中的各组分在热解、气化和燃烧反应过程中表现出的反应特性相差较大，一般来说，煤中的挥发分析出最容易，热解过程也最快，而燃烧反应也比气化过程要容易得多，反应条件也不苛刻。热解分级利用技术的系统结构最简单，也无需额外的制氧装置，具有较低的运行成本和较稳定的运行工况。而煤完全气化需要极为苛刻的条件，为了追求高的残炭转化率通常需要高温高压和长停留时间，也需要专门的制氧装置，系统复杂，投资大，运行成本高，稳定性也不如煤热解分级利用技术。部分煤气化分级利用技术的系统复杂性介于两者之间。从煤种适应性来看，煤热解分级利用技术更适合于挥发分高的低品质褐煤，该工艺可以最大限度地释放煤中的有用化学物质，且保持了较高的半焦产量和活性，有利于后续半焦燃烧发电的活性和保障电力供应，而以焦油为原料的燃料油制备工艺与目前常规的间接液化和直接液化技术相比，可以有效地降低工艺的复杂程度和成本。完全气化分级利用技术对煤质有很高的要求，而部分气化分级利用技术煤种的适用性介于二者之间。

综上所述，煤热解分级利用技术比较适合我国的国情和发展，尤其适合低阶煤的利用，对于煤种特性复杂的具体国情尤其具有重要意义。因为一方面热解过程中最大限度地利用了煤中高附加值的挥发分和化学品，另一方面也极大程度地将煤中的富碳成分转化为半焦并保持了其较高的活性进行燃烧发电。同时，热解分级利用技术工艺设备简单、反应条件温和（中低温、无压力、无需催化剂）、能源转化率高（均在80％以上）、煤种适应性广、对环境污染小，可实现节能、环保和经济效益的最大化。

近年来，煤热解分级利用的研究取得了显著进展。2017年4月，陕西延长石油集团研发的万吨级粉煤热解-气化一体化（CCSI）技术通过了中国石油和化学工业联合会组织的技术鉴定。这一技术依据煤的组成、结构特征以及不同组分反应性的差异，创造性地将粉煤热解和半焦气化结合在一个反应器内，以空气（或氧气）为气化剂，将粉煤一步法转化为高品质的中低温煤焦油合成气，实现了粉煤热解、半焦气化的分质转化和优化集成。2019年7月，陕煤集团榆林化工有限责任公司"煤炭分质利用制化工新材料示范项目"一期180万吨/年乙二醇工程正式开工，该项目是目前全球在建最大的煤制乙二醇项目。2019年11月，由陕煤集团神木天元化工有限公司、华陆工程科技有限责任公司共同研发的"大型工业化低阶粉煤回转热解成套技术"通过了由中国石油和化学工业联合会组织的科技成果鉴定。该技术拥有自主知识产权，攻克了低阶粉煤清洁高效分质转化的热解关键性技术和装备制造难题，对于促进低阶粉煤高效转化具有积极意义，推动了煤热解领域的科技进步。

3.4 热解与焦炭的生产

中国经济持续发展带动了基础材料的增长需求。钢铁等基础材料的高需求，又拉动了焦炭的生产与增长。焦炭生产是高炉炼铁、机械铸造最主要的关联支柱产业。受资源和环境保护的限制，日本、欧美等发达国家炼焦能力处于收缩状态。但是，鉴于我国经济社会所处阶段，大规模焦化生产仍需持续一段时间。煤炭热解反应性与焦化产业的结构、焦炭质量和产业化水平密切相关。

3.4.1 焦炭生产

黏结性煤在加热过程中发生分解，生成大量自由基，具有高度反应性的自由基随温度升高发生聚合，生成固体的焦炭。炼焦的过程，就是煤炭热解发生聚合的过程，这样的过程构成了工业化的炼焦工业。

3.4.1.1 焦炉炼焦过程

炼焦是在炼焦炉中进行的，炼焦炉由煤炭发生热解聚合的炭化室和用于加热的燃烧室组成。煤在炭化室中主要受到两侧炉墙的高温作用，从炉墙到炭化室中心方向，煤料逐层经过干燥、脱水、脱除吸附气体、热分解、胶质体的产生和固化、半焦形成和收缩等阶段。最终形成焦炭。实际生产过程中，各阶段之间互相交错、难以截然分开。

① 干燥脱附阶段：120℃以前放出外在水分和内在水分，200℃以前析出吸附于煤孔隙中的气体。

② 热解开始阶段：这一阶段的起始温度随煤变质程度而异，一般在 $200 \sim 300$℃发生，主要产生化合水和 CO_2、CO 和 CH_4 等气态产物，并有微量焦油析出。

③ 胶质体产生和固化阶段：大部分黏结性烟煤在 $350 \sim 450$℃大量析出焦油和气体，几乎全部焦油在这一温度下产生，释放的气体以 CH_4 及其同系物为主，并有少量不饱和烃 C_nH_m 和 H_2、CO、CO_2 等生成。这些液体、气体和残余的煤粒一起形成胶质体状态。进一步加热，胶质体热解更加剧烈，析出大量挥发物，黏结性烟煤熔融、相互黏结，固化为半焦。

④ 半焦收缩和焦炭形成：500℃左右黏结性烟煤经胶质体状态，散状煤粒熔融、相互黏结而形成半焦；温度继续升高，700℃之前，半焦内释放出的挥发物以 H_2 和 CH_4 为主，并使半焦收缩产生裂纹，称为半焦收缩阶段；$700 \sim 950$℃半焦进一步热分解，析出少量以 H_2 为主要成分的气体，半焦进一步收缩，使其变紧变硬，裂纹增大，最终形成焦炭。

3.4.1.2 水平室式炼焦炉

现代炼焦炉主要以水平室式炼焦炉为主，是焦化工业长期发展积累的结果。历经 200 余年的发展和改进，焦炉的结构不断优化，但基本的组成没有发生大的改变。焦炉由炉顶、燃烧室和炭化室、蓄热室、斜道区等部分组成。按装煤方式的不同，焦炉可分为顶装式和捣固式。焦炉所用煤气由炉底喷入（下喷式）或从斜道区供入，加热用的煤气可以是高炉煤气、发生炉煤气，也可是直接燃烧剩余的焦炉煤气。

图 3-6 为双联下喷式捣固焦炉纵剖面图。表 3-3 中给出了典型焦炉的尺寸和参数。

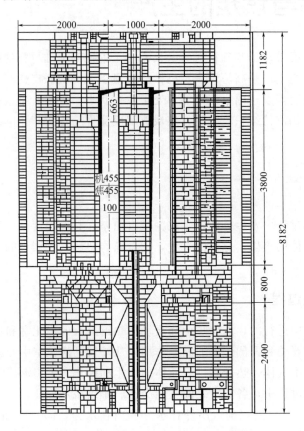

图 3-6　双联下喷式捣固焦炉纵剖面图

表 3-3　典型焦炉的尺寸和参数

主要参数	炉型							
	JN43-804	JNK43-98D JNK43-98F	JNDK43-98D	JNDK55-05	JN60-6	JNDK625-07	JNX70-2	7.63m 焦炉
装煤方式	顶装	顶装	捣固	捣固	顶装	捣固	顶装	顶装
炭化室长度/m	14.08	14.08	14.08	15.98	15.98	17.00	16.96	18.80
炭化室有效长度(或捣固焦炉煤饼平均长度)/m	13.28	13.28	13.15	15.11	15.14	16.15	16.10	18.00
炭化室高/m	4.30	4.30	4.30	5.55	6.00	6.17	6.98	7.63
炭化室有效高度(或捣固焦炉煤饼高度)/m	4.00	4.00	4.17	5.37	5.65	6.00	6.63	7.18
炭化室平均宽度(或捣固焦炉煤饼宽度)/mm	450	500	450	500	450	470	450	590

主要参数	炉型							
	JN43-804	JNK43-98D JNK43-98F	JNDK43-98D	JNDK55-05	JN60-6	JNDK625-07	JNX70-2	7.63m 焦炉
炭化室有效容积（或捣固焦炉煤饼体积)/m³	23.90	26.56	24.70	40.60	38.50	45.54	48.00	76.25
装炉煤散密度（或捣固焦炉煤饼密度)/(t/m³)	0.75	0.76	0.93	1.00	0.74	1.00	0.75	0.75
每孔炭化室装干煤量/t	17.90	20.20	23.00	40.60	28.50	45.60	36.00	57.19
焦炉周转时间/h	18.0	20.5	22.5	25.5	19.0	24.5	19.0	25.2

（1）炉顶

炉顶位于焦炉炉体的最上部，设有看火孔、装煤孔和从炭化室导出荒煤气用的上升管孔等。炉顶最下层为炭化室盖顶层，一般用硅砖砌筑，以保证整个炭化室膨胀一致，也有用黏土砖砌筑的，这种砖不易断裂，但易产生表面裂纹。为减少炉顶散热，在炭化室顶盖层以上采用黏土砖、红砖和隔热砖砌筑。炉顶表面一般铺红砖，以增强炉顶面的耐磨性。在多雨地区，炉顶面设有坡度，以便排水。炉顶厚度按保证炉体强度和降低炉顶温度的要求确定，现代焦炉炉顶一般为1000～1700mm，中国大型焦炉的炉顶厚度为1000～1250mm。

（2）燃烧室和炭化室

燃烧室是煤气燃烧的地方，通过与两侧炭化室隔墙向炭化室提供热量。装炉煤在炭化室内经高温干馏变成焦炭。燃烧室墙面温度高达1300～1400℃，而炭化室墙面温度一般为1000～1150℃，装煤和出焦时炭化室墙面温度变化剧烈，且装炉煤中的盐类对炉墙有腐蚀性。现代焦炉均采用硅砖砌筑炭化室墙。硅砖具有荷重软化点高、导热性能好、抗酸性渣侵蚀能力强、高温热稳定性能好和无残余收缩等优良性能。砌筑炭化室的硅砖采用沟舌结构，以减少荒煤气窜漏和增强砌体强度；所用的砖型有丁字砖、酒瓶砖和宝塔砖。中国焦炉的炭化室墙多采用丁字砖，20世纪80年代以后则多采用宝塔砖。目前，国内新建焦炉的炭化室墙厚度一般在90mm左右。为防止焦炉炉头砖产生裂缝，有的焦炉的炉头采用高铝砖或黏土砖砌筑，并设置直缝以消除应力，中国焦炉多采用这种结构。

燃烧室分成许多立火道，立火道的形式因焦炉炉型不同而异。立火道由立火道本体和立火道顶部两部分组成。煤气在立火道本体内燃烧。立火道顶是立火道盖顶以上部分。从立火道盖顶砖的下表面到炭化室盖顶砖下表面之间的距离，称为加热水平高度，它是炉体结构中的一个重要尺寸。如果该尺寸太小，炉顶空间温度就会过高，致使炉顶产生过多的沉积炭；反之，则炉顶空间温度过低，将出现焦饼上部受热不足，因而影响焦炭质量。另外，炉顶空间温度过高或过低，都会对炼焦化学产品质量产生不利影响。炭化室的主要尺寸有长、宽、高、锥度和中心距。焦炉的生产能力随炭化室长度和高度的增加而成比例增加。捣固焦炉与顶装炉不同，其锥度较小，只有0～200mm。

（3）蓄热室

为了回收利用焦炉燃烧废气的热量预热贫煤气和空气，在焦炉炉体下部设置蓄热室。现代焦炉均采用横蓄热室，以便于单独调节。蓄热室有宽蓄热室和窄蓄热室两种。宽蓄热室是每个炭化室下设一个，窄蓄热墙一般用硅砖砌筑，有些国家用黏土砖或半硅砖代替硅砖砌筑温度较低的蓄热室下部。在蓄热室中放置格子砖，以充分回收废气中的热量。格子砖要反复承受急冷急热的温度变化，故采用黏土质或半硅质材料制造。现代焦炉的格子砖一般采用异型薄壁结构，以增大蓄热面积和提高蓄热效率。蓄热室下部有小烟道，其作用是向蓄热室交替导入冷煤气和空气，或排出废气。小烟道中交替变换的上升气流（被预热的煤气或空气）和下降气流温度差别大，为了承受温度的急剧变化，并防止气体对小烟道的腐蚀，需在小烟道内衬以黏土砖。

（4）斜道区

斜道区是位于燃烧室和蓄热室之间的通道。不同类型焦炉的斜道区结构有很大差异。斜道区布置着数量众多的通道（斜道、水平砖煤气道和垂直砖煤气道等），它们彼此距离很近，并且上升气流和下降气流之间压差较大，容易漏气，所以斜道区设计要合理，以保证炉体严密。为了吸收炉组长向生产的膨胀，在斜道区各砖层均留膨胀缝。膨胀缝之间设置滑动缝，以利于膨胀之间的砖层受热自由滑动。斜道区承受焦炉上部的巨大重量，同时处于 1100～1300℃ 的高温区，所以也用硅砖砌筑。

3.4.1.3　水平室式炼焦的优点和局限性

经过长期的开发，水平室式炼焦形成了一些特点，具体有：

① 炭化室和燃烧室采用间接加热技术，能回收优质煤气和化学产品，资源利用率高。

② 采用双联火道废气循环、高低灯头、分段燃烧及下喷回炉煤气等技术，使全炉高向、长向加热均匀性好，可进一步提高产品质量。

③ 采用蓄热室结构且内装薄壁多孔格子砖，可增加换热面积，提高入炉空气温度，进而提高热效率。

④ 采用合理的炭化室宽度及薄壁高密度硅砖炭化室墙，使传热加速，生产效率提高。

但水平室式炼焦工艺在装煤孔、上升管、炉门及装煤出焦过程中会引起严重泄漏污染，是水平室式炼焦炉的致命弱点，在发达国家正在被逐步淘汰。

3.4.2　炼焦用煤与焦炭质量

首先，炼焦用煤需要较好的结焦性煤种。结焦性与煤中的挥发分相关，所以，煤的挥发分高低与焦炭和化学产品产率密切相关。可选的炼焦煤种有气煤、肥煤、焦煤、瘦煤等，也可通过配煤技术利用弱黏煤、褐煤进行炼焦。挥发分指标也是配煤煤种组成的重要选择依据，一般要求配煤挥发分与中变质程度烟煤接近。

其次，炼焦用煤需用洗选的精煤。炼焦用煤的灰分、硫分也是评价炼焦用煤的重要指标。灰分对煤的黏结性和结焦性都有不利影响，而硫分的影响主要体现为转入焦炭中的硫会恶化高炉操作，降低生铁质量。通常，炼焦用煤对灰分、硫分的要求往往较动力煤和民用煤更为严格。但在生产高硫焦时，可以适当使用高硫煤。

另外，胶质层指数、黏结指数、奥阿膨胀度是评价炼焦煤最常用的黏结性指标。这 3 个指标是中国烟煤分类的主要指标，其规范性很强，对煤样粒度、试验条件和操作过程的测试结果均显著影响。此外，煤镜质体反射率及其分布图由于能够有效地鉴别混煤，常作为炼焦煤性质评价的必要检测指标。

提高焦炭质量的措施除了保证煤炭质量以外，还需要强化炼焦的各个方面。高炉大型化和富氧喷煤因其巨大的经济效益和社会效益已经成为世界范围内的大趋势，这对焦炭质量提出了更高的要求。

影响焦炭质量的因素较多且遍布于炼焦生产的各个环节，提高焦炭质量的技术措施就是对炼焦生产环节进行改进和完善。

① 合理选择炼焦煤基地和配煤方案：炼焦煤的性质是决定焦炭质量的基本因素，选择适当的炼焦煤及其配比是提高焦炭质量的首要措施。随着煤炭供应的市场化，使得焦化厂选择优质炼焦煤、合理调整配煤比成为可能。如在部分炉组上采用适当多配低灰、低硫、强黏结性煤的方法炼制优质焦炭（灰分<10.5%）。

② 煤料捣固：将炼焦煤在炉外捣固，使其堆积密度提高到 $950 \sim 1150 kg/m^3$，一般可使焦炭 M40 提高 $1 \sim 6$ 个百分点，M10 改善 $2 \sim 4$ 个百分点，CSR 提高 $1 \sim 6$ 个百分点。在保证焦炭质量的情况下，采用煤料捣固还可以多配 $15\% \sim 20\%$ 的弱黏结性气煤及气肥煤。

③ 型煤压块：将炼焦装炉煤的一部分进行压块成型，与散状煤料混合装炉炼焦，通过提高装炉煤散密度来改善焦炭质量。一般情况下，焦炭质量在一定范围内随型煤配入量的增加而提高，如果保持焦炭机械强度不变，则可增加 $10\% \sim 15\%$ 甚至更多的弱黏结性煤用量。

④ 煤调湿技术：煤调湿技术是将炼焦煤料在装炉前除掉一部分水分，保持装炉煤水分稳定且相对较低（一般为 6% 左右）。这项技术因其具有显著的节能、环保和经济效益，以及提高焦炭质量等优势而受到普遍重视，在日本已得到迅速发展。第二代煤调湿技术以干熄焦发电机抽出的蒸汽为热源，在多管回转式干燥机内采用蒸汽与湿煤间接换热。第三代煤调湿技术在流化床内用焦炉烟道气与湿煤直接换热。煤调湿工艺可使焦炉生产能力提高 7.7%，装炉煤散密度提高 $4\% \sim 7\%$。

⑤ 选择粉碎：根据炼焦煤中煤种和岩相组成在硬度上的差异，按不同粉碎度的要求，将粉碎和筛分（或风力分离）结合，使煤料粒度更加均匀。由于煤粒分离方法上的差异，选择粉碎又可分为机械选择粉碎和风力选择粉碎。风力选择粉碎不仅在生产能力、投资、能耗、运行等方面显著优于机械选择粉碎，还可以分离出大颗粒煤及密度大的惰性组分和灰分高的煤，使之粉碎得更细。我国炼焦煤中难粉碎的气煤配比较高，风力选择粉碎工艺非常适应这一煤质特点。

⑥ 配添加物：在装炉煤中配入适量的黏结剂和抗裂剂等非煤添加物改善结焦性能。配黏结剂工艺适用于低流动度的弱黏结性煤料，有改善焦炭机械强度和焦炭反应性的功效；配抗裂剂工艺适用于高流动度的高挥发性煤料，可增大焦炭块度、改善焦炭气孔结构、提高焦炭机械强度。

⑦ 配煤技术：在焦化生产中，大多数企业由于煤源广，煤质复杂且波动大，影响了焦炭质量，特别是有些供煤企业，把不同煤种混后供给焦化厂，由于混配比例时而改变，煤质波动更大，造成焦炭质量不稳定。煤化参数（如挥发分 V_{daf}、黏结指数 G 等）不能准确地反映煤料的煤质变化情况，而煤岩参数（$R_{r,m}$，R_r 直方图）能较准确地反映煤料的煤质变化情况。

3.4.3 焦化产业发展

3.4.3.1 行业现状

我国焦化行业发展紧随钢铁行业步伐，基本是以持续、高速发展态势运行，焦炭产量迅猛扩张，产能分布逐步优化，副产品加工能力不断提升，产业结构调整、转型升级积极推进。据统计，截至 2021 年，全国焦化生产企业 469 家，焦炭总产能 6.22 亿吨，其中常规焦炉产能近 5.5 亿吨，半焦（兰炭）产能 7705 万吨〔个别电石、铁合金企业自用半焦（兰炭）生产能力未统计在全国焦炭产能中〕，热回收焦炉产能 1371 万吨。随着炼焦技术进步和产业结构的调整，我国已基本形成了以"常规机焦炉生产高炉炼铁用冶金焦，以热回收焦炉生产铸造用焦，以中低温干馏炉加工低变质煤生产电石、铁合金、化肥与化工等用焦，以及进行煤焦油、粗苯、焦炉煤气深加工"的产业链较为完整的、对煤资源开发利用最为广泛、炼焦煤的价值潜力挖掘最为充分、独具中国特色的焦化工业体系，未来焦化行业的发展将更加清洁、高效、科学。

3.4.3.2 炼焦技术

我国焦化理论研究科学全面，工艺技术水平突飞猛进，自主创新能力不断提升。

（1）煤预热技术

采用预热煤炼焦可大幅度提高焦炉的生产能力，扩大炼焦用煤的范围和降低炼焦耗热，提高弱黏煤的黏结性等。在克服炼焦过程中煤料膨胀对炭化室墙的影响后，可作为新的焦化技术采用。

（2）捣固炼焦

捣固炼焦的突出优点是堆积密度增加使煤的黏结性和结焦性改善，从而在同样煤质的条件下提高焦炭质量，或在一定的焦炭质量前提下减少优质强黏结煤的配比，提高弱黏结性煤的配比。采用捣固炼焦技术可弥补优质煤不足的缺陷。

捣固焦炉与顶装焦炉在炼焦工艺流程上的最大区别在于装煤方式。捣固焦炉的煤料事先用捣固机捣成体积略小于炭化室的煤饼后，从机侧装入炭化室。捣固焦炉按捣固煤饼的制作工艺可分为固定煤塔式捣固焦炉、捣固装煤推焦机式捣固焦炉及这两种方式相结合的捣固焦炉。

（3）干法熄焦和新型湿法熄焦

干法熄焦（CDQ，简称干熄焦）是采用惰性气体熄灭赤热焦炭的熄焦方法，具有节能、提高焦炭质量和环保三大优点。与湿法熄焦相比，焦炭的 M40 提高 3～8 个百分点，M10 改善 0.3～0.8 个百分点。干熄焦可降低高炉焦比，有利于高炉炉况顺行和提高高炉的生产能力，对采用富氧喷吹技术的大型高炉效果更加显著。一般认为，大型高炉采用干熄焦炭可降低焦比 2%，提高高炉生产能力 1%；干熄焦技术还可在焦炭质量相同的情况下，降低强黏结性焦、肥煤配比，降低炼焦成本。

新型湿法熄焦工艺实际上是对传统湿法熄焦的喷洒方式、喷洒量、喷嘴及控制方式进行改进，达到熄后焦炭水分低且稳定均匀的目的。新型湿法熄焦可使焦炭水分稳定在 2%～4% 之间，比原湿法熄焦的焦炭水分至少降低 2 个百分点。目前世界上比较成熟的新型湿法熄焦工艺有美钢联开发的低水分熄焦工艺和德国的稳定熄焦工艺，前者已在我国得到了广泛应用。

（4）焦炉大型化

焦炉大型化可增加炭化室容积，在生产同等规模焦炭的情况下，可以大大减少出炉次数，减少阵发性的污染，改善炼焦生产环境。增加焦炉炭化室宽度，具有提高装炉煤散密度、改善焦饼水平收缩、提高焦炭的机械强度和平均块度及扩大煤源等优点。表3-4列出了大容积焦炉的基本参数。

表 3-4 大容积焦炉的基本参数

项目	JCR[①]	7.63m 顶装焦炉	7m 顶装焦炉	6.25m 捣固焦炉	5.5m 捣固焦炉	4.3m 捣固焦炉
炭化室平均宽/mm	850	590	450	530	500 / 554	500
煤饼体积/m³	约 80	76.25	48	45.6	36.5 / 40.6	27.2
煤饼体积密度/(t/m³)	0.86	0.75	0.75	1.0	1.0	1.0
全焦产率/%	75	76.5	76.5	75	75	75.8
单孔焦炭产量/ t	51.6	43.7	27.4	33.7	27.0 / 30.0	20.6
焦炉周转时间/h	25	25.2	19	24.5	22.5 / 25.5	22.5

①JCR（jumbo coking reactor，巨型炼焦反应器），欧洲炼焦技术中心在德国建立的大型化焦炉示范装置，其炭化室高10m、宽8.5m、长10m。

注：1. 为方便比较全焦产率取均值75%。

2. 典型5.5m捣固焦炉炭化室宽有554mm和500mm两种。

焦炉大型化还有利于提高焦炉的自动化水平，而且有利于降低能耗，提高劳动生产率，优化焦炭质量。一般情况下，6m焦炉比4.3m焦炉焦炭的抗碎强度指标 M40 提高 3~4 个百分点，M10 改善 0.5 个百分点左右。

参考文献

[1] Solomon P R, Serio M A, Suuberg E M. Coal pyrolysis: Experiments, kinetic rates and mechanisms[J]. Progress in Energy & Combustion Science, 1992, 18(2): 133-220.

[2] 廖洪强, 李文, 孙成功, 等. 煤热解机理研究新进展[J]. 煤炭转化, 1996, 7(3): 1-8.

[3] Grant D M, Pugmire R J, Fletcher A R, et al. Chemical model of coal devolatilization using percolation lattice statistics [J]. Energy & Fuels, 1989, 3(2): 175-186.

[4] Niksa S, Kerstein A R. Flashchain theory for rapid coal devolatilization kinetics. 1. Formulation[J]. Energy & Fuels, 1991, 5(5): 647-665.

[5] Yang L, Ran J Y, Zhang L. Mechanism and kinetics of pyrolysis of coal with high ash and low fixed carbon contents[J]. Journal of Energy Resources Technology, 2011, 133(3): 1-7.

[6] Liu Z, Guo X, Shi L, et al. Reaction of volatiles - A crucial step in pyrolysis of coals[J]. Fuel, 2015, 154: 361-369.

[7] 刘振宇. 煤化学的前沿与挑战: 结构与反应[J]. 中国科学: 化学, 2014, 44(9): 1431-1439.

[8] He W J, Liu Q Y, Shi L, et al. Understanding the stability of pyrolysis tars from biomass in a view point of free radicals [J]. Bioresource Technology, 2014, 156: 372-375.

[9] Liu J X, Jiang X M, Shen J, et al. Influences of particle size, ultraviolet irradiation and pyrolysis temperature on stable free radicals in coal[J]. Powder Technology, 2015, 272: 64-74.

[10] Shi L, Liu Q, Guo X, et al. Pyrolysis behavior and bonding information of coal——A TGA study[J]. Fuel Processing Technology, 2013, 108: 125-132.

[11] Cui X, Li X L, Li Y M, et al. Evolution mechanism of oxygen functional groups during pyrolysis of Datong coal[J]. Journal of Thermal Analysis & Calorimetry, 2017, 129: 1169-1180.

[12] Sione P, Mark M G. Higher order approximations to coal pyrolysis distribution[J]. Journal of Sustainable Mining,

2018，17（2）：76-86.

[13] Li Z K, Zong Z M, Yan H L, et al. Alkanolysis simulation of lignite-related model compounds using density functional theory[J]. Fuel, 2014, 120: 158-162.

[14] Li G, Li L, Shi L, et al. Experimental and theoretical study on the pyrolysis mechanism of three coal-based model compounds[J]. Energy & fuels, 2014, 28: 980-986.

[15] 王明飞. 煤基模型化合物催化解聚的密度泛函理论研究[D]. 太原：太原理工大学，2016.

[16] 梁丽彤，黄伟，张乾，等. 低阶煤催化热解研究现状与进展[J]. 化工进展，2015，34（10）：3617-3622.

[17] 田原宇，谢克昌，乔英云，等. 基于化学族组成的煤化学研究体系构建及其应用[J]. 煤炭学报，2021，46（04）：1137-1145.

[18] Tian B, Qiao Y Y, Liu Q, et al. Structural features and thermal degradation behaviors of extracts obtained by heat reflux extraction of low rank coals with cyclohexanone[J]. Journal of Analytical and Applied Pyrolysis, 2017, 124: 266-275.

[19] Tian B, Qiao Y Y, Bai L, et al. Pyrolysis behavior and kinetics of the trapped small molecular phase in a lignite[J]. Energy Conversion and Management, 2017, 140: 109-120.

[20] Jiang Y, Zong P J, Tian B, et al. Pyrolysis behaviors and product distribution of Shenmu coal at high heating rate: A study using TG-FTIR and Py-GC/MS[J]. Energy Conversion and Management, 2019, 179: 72-80.

[21] 谢克昌. 煤的结构与反应性[M]. 北京：科学出版社，2002.

[22] Vankrevelen D W. Coal science and technology[M]. Amsterdam: Elsevier Scientific Pubblishing Company, 1981.

[23] 吕太，张翠珍，吴超. 粒径和升温速率对煤热分解影响的研究[J]. 煤炭转化，2005，28（1）：17-20.

[24] 薛永强，来蔚鹏，王志忠. 粒度对煤粒燃烧和热解影响的理论分析[J]. 煤炭转化，2005，28（3）：19-21.

[25] 刘训良，曹欢，王淦，等. 煤颗粒热解的传热传质分析[J]. 计算物理，2014，31（1）：59-66.

[26] 王书慧，王其成，吴道洪，等. 传热特性对褐煤热解过程的影响研究[J]. 煤炭加工与综合利用，2015，2：64-67.

[27] 高松平，赵建涛，王志青，等. CO_2对褐煤热解行为的影响[J]. 燃料化学学报，2013，41（3）：550-557.

[28] 高松平，王建飞，赵建涛，等. CO气氛下褐煤加压快速热解过程中CH_4的逸出规律[J]. 燃料化学学报，2014，42（6）：641-649.

[29] Wang P F, Jin L J, Liu J H, et al. Analysis of coal tar derived from pyrolysis at different atmospheres[J]. Fuel, 2013, 104(2): 14-21.

[30] Liu Q R, Hu H Q, Zhou Q, et al. Effect of inorganic matter on reactivity and kinetics of coal pyrolysis[J]. Fuel, 2004, 83(6): 713-718.

[31] Hayashi J I, Iwatsuki M, Morishita K, et al. Roles of inherent metallic species in secondary reactions of tar and char during rapid pyrolysis of brown coals in a drop-tube reactor[J]. Fuel, 2002, 81(15): 1977-1987.

[32] 陈昭睿. 煤热解过程中热解气停留时间对热解产物的影响[D]. 杭州：浙江大学，2015.

[33] Tao W, Zou Y R, Carr A, et al. Study of the influence of pressure on enhanced gaseous hydrocarbon yield under high pressure-high temperature coal pyrolysis[J]. Fuel, 2010, 89(11): 3590-3597.

[34] 乔凯. 低阶煤热解工艺优化及反应历程研究[D]. 太原：太原理工大学，2016.

[35] 李春柱. 维多利亚褐煤科学进展[M]. 北京：化学工业出版社，2009.

[36] Yan L B, He B S. On a clean power generation system with the co-gasification of biomass and coal in a quadruple fluidized bed gasifier[J]. Bioresource Technology, 2017, 235: 113-121.

[37] 张国昀. 低阶煤分质利用的前景展望及建议[J]. 当代石油石化，2014，（9）：19-23.

[38] 刘军，邹涛，初茉，等. 褐煤及其热解产品利用现状[J]. 洁净煤技术，2014，20（5）：97-100.

[39] 刘耀鑫. 循环流化床热电气多联产试验及理论研究[D]. 杭州：浙江大学，2005.

[40] 虞育杰，姜红丽，龚德鸿，等. 低阶煤分级利用技术研究综述[J]. 广州电力，2018，31（3）：9-14.

[41] Xiao J, Zhang M Y, Zheng P Y, et al. Thermal performance analysis of advanced partial gasification combined cycle[J]. Journal of Southeast University, 2004, 20(2): 200-204.

[42] 谢克昌. 煤化工发展与规划[M]. 北京：化学工业出版社，2005.

[43] 谢克昌，赵炜. 煤化工概论[M]. 北京：化学工业出版社，2012.

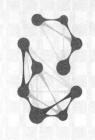

4

煤炭加氢反应性

　　煤炭加氢反应性是煤炭的重要性质，是煤炭加氢转化工艺的化学基础。煤炭加氢反应，通常是指煤的氢解，即煤中大分子有机物与 H_2 分子反应生成分子量相对较小化合物的过程，这一过程通常在催化剂及一定的温度、压力条件下进行。根据目标产物的不同，煤的氢解反应包括加氢液化、加氢热解以及加氢气化。

4.1　煤与氢的反应

　　加氢是重要的化工单元过程，氢在催化剂存在下与不饱和有机化合物之间的加氢反应过程常见于合成氨、合成液体燃料等领域。

　　从化学反应类型上看，加氢过程可分为两大类。第一类是氢与有机化合物直接反应，目的是增加有机化合物中氢原子的数目，使不饱和有机物变为饱和有机物。如己二腈加氢制己二胺［式（4-1）］；苯加氢生成环己烷［式（4-2）］，用于制造尼龙；鱼油加氢制硬化固体油，以便于制造肥皂、甘油等过程。

$$NC(CH_2)_4CN + 4H_2 \longrightarrow H_2N(CH_2)_6NH_2 \tag{4-1}$$

$$\text{（4-2）}$$

　　第二类是将大分子的有机物分子进行破裂变成小分子液体状态的化合物，并增加氢原子，氢与有机化合物反应的同时，伴随着化学键的断裂，这类加氢反应又称氢解反应。如加氢脱烷基［式（4-3）］，加氢裂化，加氢脱硫［式（4-4）］、氮［式（4-5）］、氧等杂原子，硝基苯加氢还原制苯胺等；煤、重油的氢解，以及油品加氢精制中非烃类的氢解等。

$$\text{（4-3）}$$

$$\text{（4-4）}$$

$$\text{(quinoline structure)} + 4H_2 \longrightarrow \text{(benzene with } CH_3 \text{ chain)} + NH_3 \qquad (4\text{-}5)$$

煤的加氢液化以获得低分子液态油品为目标，产物进一步加工可以精制成汽油、柴油等燃料油以及石脑油、酚类等重要化学品，即通常所说的煤的直接液化。煤的加氢气化是指在一定的温度和压力条件下，煤粉与氢气发生反应，一步生成甲烷、油品及半焦的过程。传统意义上的热解一般是在隔绝空气或惰性气氛下进行的固体分解反应，而煤加氢热解工艺介于气化和液化之间，是在一定温度和压力下，煤与外来氢之间反应得到轻质焦油及半焦的过程，有自己独特的优点。

此外，从原料参与的角度来说，煤与氢的另一种反应形式，则是煤先与水蒸气反应生成主要成分为 CO 和 H_2 的合成气 [式（4-6）]，然后合成气在催化剂和适当反应条件下合成以石蜡烃为主的液体燃料，该过程被称为煤的间接液化，其核心的反应称为费-托（F-T）合成，也是能源和化工领域的重要加氢反应过程 [式（4-7）]。

$$C + H_2O \longrightarrow CO + H_2 \qquad (4\text{-}6)$$
$$nCO + (2n+1)H_2 \longrightarrow C_nH_{2n+2} + nH_2O \qquad (4\text{-}7)$$

这一化学反应在 20 世纪成为了化学工业的重要基础，开启了从合成气制造大宗化学品的生产途径。以煤气化为龙头的新型煤化工产业，由于气化煤气中含有较多的一氧化碳，通过一氧化碳的水煤气变换反应调节碳氢比后 [式（4-8）]，即可利用费-托合成实现煤从固体向液体产品的转变，这时费-托合成反应方程就演变为式（4-9）。

$$CO + H_2O \longrightarrow CO_2 + H_2 \qquad (4\text{-}8)$$
$$2nCO + (n+1)H_2 \longrightarrow C_nH_{2n+2} + nCO_2 \qquad (4\text{-}9)$$

煤作为重要的化工原料，除了上述直接或者间接与氢的反应，其在转化应用中也会涉及诸多的加氢反应过程。如煤干馏产物的精制、焦化苯的加氢脱硫精制等。目前以高品质燃料为代表的生产和加工体系是建立在石油化学加工基础之上的，实现煤的加氢过程，能使煤转变为气态和液态燃料，将高分子量的煤转化为饱和氢的低分子化合物。鉴于煤的间接液化过程只是原料参与角度的煤与氢的反应，故本章仅研究煤直接与氢反应的相关内容。

4.2　煤加氢过程的化学原理

4.2.1　加氢反应原理

煤和石油作为最重要的两大类基础能源物质，本质的区别是分子结构的不同。煤中有机质是由彼此相似的结构单元通过各种桥键连接在一起所组成的三维网状大分子，类似于高分子聚合物，分子量与煤种有很大关系，虽然目前尚无定论，但普遍在 5000～10000 之间；而石油主要是由烷烃、芳烃和环烷烃等组成的混合物，平均分子量为 200～600。两者结构差别虽大，但元素组成却非常相近，均主要由 C、H、O、N 和 S 构成，但 H/C 比相差很大，其中烟煤的 C 含量与石油相近，H 含量远低于石油，O 含量远高于石油。煤炭和液体燃料的元素组成如表 4-1 所示。

表 4-1　煤炭和液体燃料的元素组成　　　　　　　　　　　　　单位:%

元素	无烟煤	烟煤	石油	汽油	甲烷	甲醇
C	89~98	77~92	83~87	86	75	37.5
H	0.8~4	4~6	11~14	14	25	12.5
O	1~4	2~20	0.3~0.9	—	—	50
N	约0.1	约0.1	0.2	—	—	
S	0.1~0.5	0.1~9	1	—	—	
H/C	约0.5	约1.0	约1.7	约1.9	4	4
O/C	约0.1	约0.2	约0.02	—		0.25

由表 4-1 给出的煤和石油的结构和元素组成对比可知，要将煤转化成液体产物，首先要将煤的大分子裂解为较小的分子，这就需要输入一定的能量，即必须具备一定的温度。其次，使得 H/C 原子比升高，O/C 原子比降低，这就必须增加氢原子或减少碳原子，转化必须向煤中加入足够量的氢。由于氢的活性较低，为了使氢保持较高的浓度，加快反应速度，就必须有较高的压力，同时加入溶剂和催化剂使煤的有机质与氢接触良好，促进它们之间的反应。

满足了加氢反应条件，煤的空间立体结构将被破坏，大分子变成了较小的分子，多环结构变成了单环、双环结构，环状结构被打开变成直链。与此同时，不但在碳原子上结合了一定数量的氢原子，而且煤分子结构中的一些含氧基团和醚键被破坏，与氢结合生成了水。煤中含硫和含氮结构被破坏，与氢结合生成硫化氢和氨而释出。这样，使煤的结构、分子量、H/C 原子比等发生了显著的变化，因而固体煤变成了液体的烃和油。需要指出的是，这个变化过程将消耗很多能量，而且在目前通过煤气化制氢或通过变换反应调氢的情况下还会产生大量的 CO_2。

4.2.2　加氢反应条件

依据参与加氢过程的物质的性质和最终产物的品质，煤的加氢过程选取的压力、温度、催化剂以及供氢溶剂不同。

在煤的加氢直接液化过程中，固体原料煤、催化剂与供氢溶剂混合，在 400~480℃，12~20MPa 下进行加氢反应[1]。体系中的循环溶剂，起着溶解煤粒、溶胀分散、稳定自由基、提供和传递活性氢、稀释液化产物等作用，进而使得煤直接液化反应温和。

在煤的加氢气化制天然气过程中，粉煤和氢气同时被加入气化炉内，在 800~1000℃ 温度和 3~10MPa 压力条件下[2]，依靠氢气对煤热解阶段释放自由基的稳定作用和气化阶段与半焦中具有反应活性的碳原子反应，得到富含甲烷的气体，同时副产高附加值的 BTX（苯、甲苯、二甲苯）和 PCX（苯酚、甲酚、二甲酚）等液态有机产品。

煤的加氢热解是通过在热解反应体系中加入氢来饱和煤热解过程中产生的大量自由基从而避免二次反应的发生，大量的自由基与氢结合生成轻质焦油，提高了焦油产率，从而改善焦油品质，并且可以获得高热值煤气及低硫半焦，所需要的工艺条件介于加氢气化和加氢液化之间[3]。

为了改善加氢过程的效率，一般固体煤直接与氢气反应时常常需要事先将它们破碎成非常小的颗粒，或制成浆状物。加氢液化必须有催化剂参与反应，加氢气化和加氢热解则可视工艺需求决定是否使用催化剂来加速反应进行或增加产率及提高选择性。

4.2.3　加氢催化剂

在煤加氢转化过程中，催化剂起着重要的作用，开发高效的煤加氢催化剂是提高反应转化率及增加产品产率的重要途径，发展至今，关于煤加氢转化的催化剂的研究主要集中在以下 3 种类型[4,5]。

第 1 类，以含铁矿物、铁盐为代表的廉价可弃型铁基催化剂，目前使用和研究过的铁基催化剂包括黄铁矿等含铁矿物质、赤泥及含铁工业废渣、各种纯态的氧化物和氢氧化物（Fe_2O_3、$FeOOH$ 等）、硫化物（FeS、FeS_2、Fe_2S_3）及负载铁等。铁基催化剂由于活性较好、廉价易得、无需回收而受到广泛重视。

第 2 类，Ni、Mo 系石油加氢催化剂，包括各种 Ni、Mo 氧化物和硫化物，含 Ni、Mo 的盐和有机配合物。此类催化剂与铁基催化剂相比，加氢活性更高，但是资源有限，价格昂贵，并且回收困难，与灰渣一同废弃会带来环境污染，所以经济性差，在建立和完善一整套催化剂有效回收工艺之前较难实现工业化应用。

第 3 类，以 $ZnCl_2$、$SnCl_2$ 等为代表的强酸性金属卤化物催化剂，此类催化剂活性较好，但是由于强酸性对设备腐蚀严重，目前尚不具有工业化应用前景。

此外，魏贤勇等[6]发现，固体超强酸（SSA）具有较强的酸度、低腐蚀性、易分离和环境友好等特性，也可被视为催化煤解聚的有前途的催化剂[7-9]。基于同 SSA 在实际使用中的类似优势和强大的碱性，固体超强碱（SSB）也有望应用于煤的催化转化[6]。

4.3　煤加氢液化反应

煤加氢液化过程中，如前所述，从产物角度讲，是固体形态的煤转变为液体燃料及化学品的过程；从元素含量及分子结构变化角度讲，则是通过加氢裂解、煤中大分子有机结构的改变和 H/C 原子比的增加，即煤（H/C 原子比≈0.8）经过一系列的加氢裂解反应最终转化为液体燃料（H/C 原子比≈2.0），同时脱除煤中无机矿物质和 O、N、S 等杂原子的过程[10]。

4.3.1　液化基本原理

自从 1913 年德国人 F. Bergius 发明了煤加氢液化以来，研究者们就开始了对煤加氢液化机理的探究。对于煤加氢液化机理的探究，历史上有两次质的飞跃，一次是 Curran 等[11]在 1967 年提出的煤加氢液化自由基反应机理，即煤大分子先发生热解产生煤基自由基碎片，然后煤基自由基碎片在有活性氢供给的情况下与活性氢结合从而稳定下来产生小分子产物；另外一次是 Neavel[12]在 1976 年提出的煤加氢液化体系供氢机理。

（1）煤加氢液化自由基反应机理

煤加氢液化的自由基反应机理为煤大分子先发生裂解产生煤基自由基碎片，然后煤基自由基碎片与活性氢结合从而稳定下来，否则煤基自由基碎片将发生缩聚反应产生大分子不溶物。经过多年来的不断分析与验证，该机理深受煤直接液化研究者们的广泛接受与认同，可以用式（4-10）～式（4-14）简单描述如下：

$$R—CH_2—CH_2—R' \longrightarrow R—CH_2 \cdot + R'—CH_2 \cdot \quad (4\text{-}10)$$

$$R—CH_2 \cdot + R'—CH_2 \cdot + 2H \cdot \longrightarrow RCH_3 + R'—CH_3 \quad (4\text{-}11)$$

$$R—CH_2 \cdot + R'—CH_2 \cdot \longrightarrow R—CH_2—CH_2—R' \quad (4\text{-}12)$$

$$2R—CH_2 \cdot \longrightarrow R—CH_2—CH_2—R \quad (4\text{-}13)$$

$$2R'—CH_2 \cdot \longrightarrow R'—CH_2—CH_2—R' \quad (4\text{-}14)$$

（2）煤加氢液化供氢机理

煤加氢液化体系供氢机理是在分析总结煤直接液化传统观点的基础上提出的。如图 4-1 所示，SH 代表四氢萘等供氢溶剂，S 代表萘等没有供氢能力的耗氢溶剂。在热和催化剂的共同作用下，H_2 转变为活性氢先传递到供氢溶剂中，然后再从供氢溶剂传递到煤中，供氢溶剂是 H_2 与煤之间的氢传递媒介。

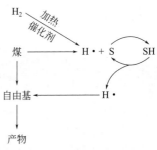

图 4-1　煤加氢液化体系
供氢机理示意图

煤炭经过加氢液化后剩余的无机矿物质和少量未反应的煤还是固体状态，可通过固液分离方法把固体从液化油中分离出去；产生的液化油含有较多的芳香烃及较多的氧、氮、硫等杂原子，必须再经过一次或一次以上提质加工才能得到合格的液体产品。液化油提质加工的过程主要是加氢，通过加氢脱除杂原子，进一步提高 H/C 原子比。煤液化之后其大分子结构分解成小分子，H/C 原子比被提高到石油的原子比水平，同时脱除了煤炭中氧、氮、硫等杂原子，以及煤中无机矿物质，从而使液化油的质量达到石油产品的标准。

经过多年的研究，研究人员对煤加氢液化反应中产物的形成机理有了一些新的认识，在上述自由基反应机理和供氢机理的基础上，研究人员提出[13]：煤液化过程中，煤大分子首先发生热解产生中间体，然后中间体通过其他化学反应转化成更稳定的产物。因此，根据初始键裂解的性质，液化过程中涉及的主要机制分为四类：自由基、氧化、碳正离子形成以及链烷烃分解。

根据这四种不同的机理，将从不同的煤（尤其褐煤）中获得各种产品。通过自由基机理形成具有某些官能团的小的芳族簇或脂族链；通过氧化机理形成氧化产物如一元、二元、三元和多元羧酸；通过碳正离子形成机理中的氢化过程产生环状化合物；通过链烷烃分解机理生成酯、醚、醇和羧酸产物。

四种液化机理及对应产物的形成过程分别介绍如下：

（1）自由基机理

自由基机理导致煤部分转化为小的芳香簇，并附有游离脂族链，在高温下，煤分子形成多种分子片段，一些煤分子片段保留了原始煤中衍生的官能团，其中含自由基的片段不稳定且具有反应性，在供氢溶剂和氢的存在下，这些反应性片段稳定得到相应的产物。

自由基机理在许多低等级煤的液化中很重要，例如小龙潭褐煤、胜利褐煤等。在这种机理中形成的初始自由基中间体通过涉及气态氢和供氢溶剂的催化过程稳定形成最终产物沥青烯（AS）、前沥青烯（PA）和油[14]，如图 4-2 所示，图中的黑色区域代表煤的大分子碳部分。

（2）氧化机理

通过氧化机理产生的氧化产物主要是混合的羧酸，包括一元羧酸、二元羧酸、三元羧酸和多元羧酸，二元羧酸产物比其他羧酸产物更占优势[15]。进一步的研究表明，二元羧酸中的主要产物是丙二酸和琥珀酸。氧化机理涉及煤中芳环的裂解，如图 4-3 所示，在氧化过程中，氧附着在芳环的双键碳上，从而在剧烈条件下使得芳环中双键键合的碳分解并生成它们

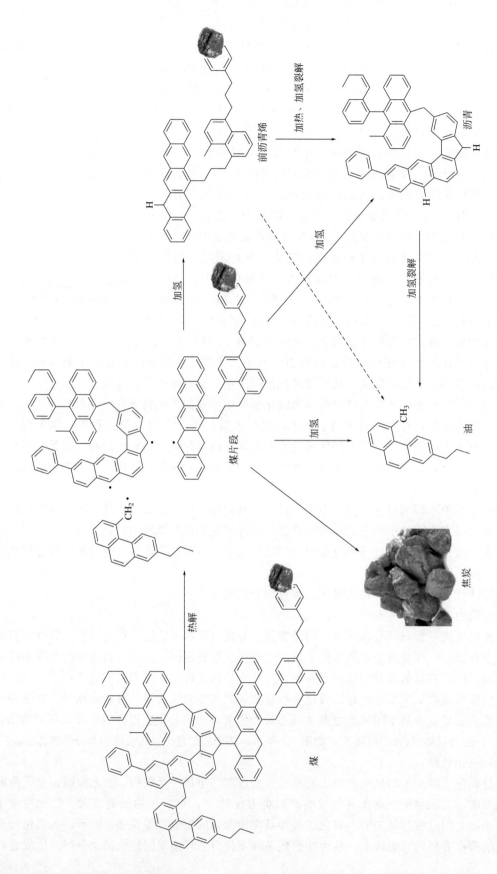

图 4-2 褐煤直接液化中典型自由基型自由基机理示意图[14]

各自的羧酸。更重要的是，氧化产物中不存在硫、氮和矿物质，表明脱硫、脱氮和脱矿物质是其形成过程中的主要过程。更重要的是，强氧化剂可以引起各种褐煤的芳环裂解并产生相应的羧酸，因此，也可以由不同种类的褐煤形成的羧酸证实褐煤被完全氧化。

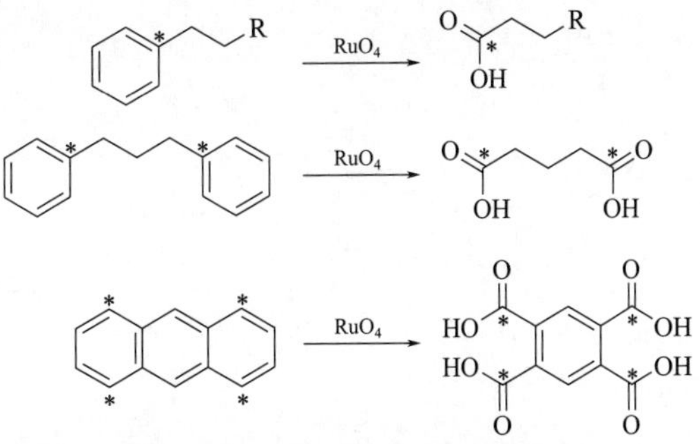

图 4-3　由褐煤形成的氧化产物[15]

（3）碳正离子形成机理

通过直接液化获得的环状产物可以分类为单环、双环、三环和多环。其中，双环产物是在催化剂和氢的存在下，通过碳正离子形成机理裂解碳-碳键而形成的[16]。

在研究过程中，通过将二(萘-1-基)甲烷（DNM）用作与煤有关的模型化合物，新型固体酸（NSA）作为催化剂以研究芳香族碳（C_{ar}）和烷基碳（C_{alk}）键的裂解，同时作为褐煤中相同裂解的证据。模型化合物可能会发生加氢机理，而 NSA 催化剂则有利于氢离子化（分解）为 H^+ 和 H^-[17]。之后，H^+ 通过质子化在褐煤的芳香族部分生成芳香族离子或苯环。芳香族离子化或质子化的苯环高度不稳定，会产生碳正离子或碳鎓离子。同时，形成的碳正离子转化为相应的产物。结果表明，C_{ar}—C_{alk} 键的裂解是通过碳正离子形成进行的，如图 4-4 所示。

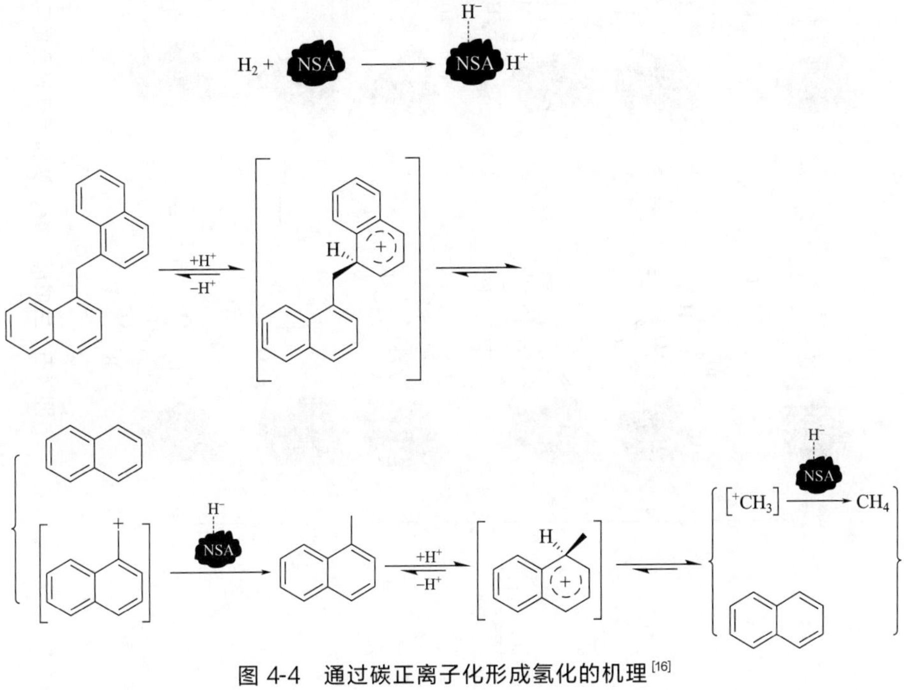

图 4-4　通过碳正离子化形成氢化的机理[16]

（4）链烷烃分解机理

对多种褐煤加氢液化反应的进一步研究表明，链烷烃分解机理有利于将具有醚和酯官能团的大褐煤片段转化成相对较小的醚、酯、醇和羧酸分子，涉及各种可能利于醇、醚、酯和其他产物的形成的途径，因此，可以说烷解是获得有用产物的重要键裂解方法之一[18]。通过链烷烃分解机理形成的产物如图 4-5、图 4-6 所示。

根据对煤（尤其是褐煤）液化过程最新机理研究的陈述，液化过程中涉及的各种反应机理及对应的产物类型汇总如图 4-7 所示。

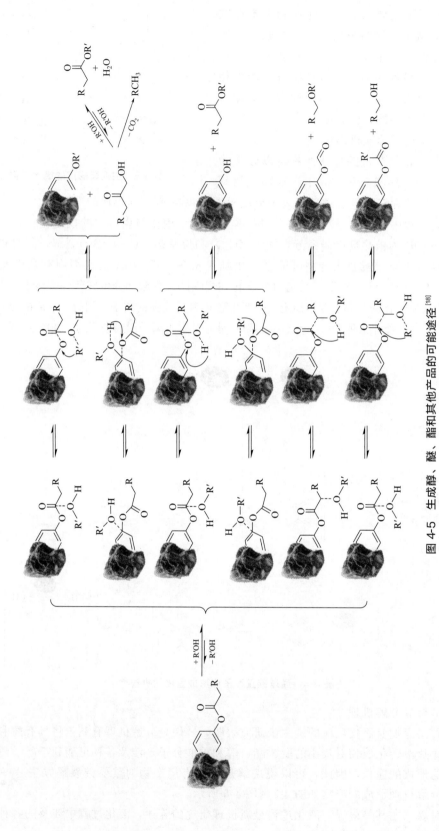

图 4-5 生成醇、醚、酯和其他产品的可能途径[18]

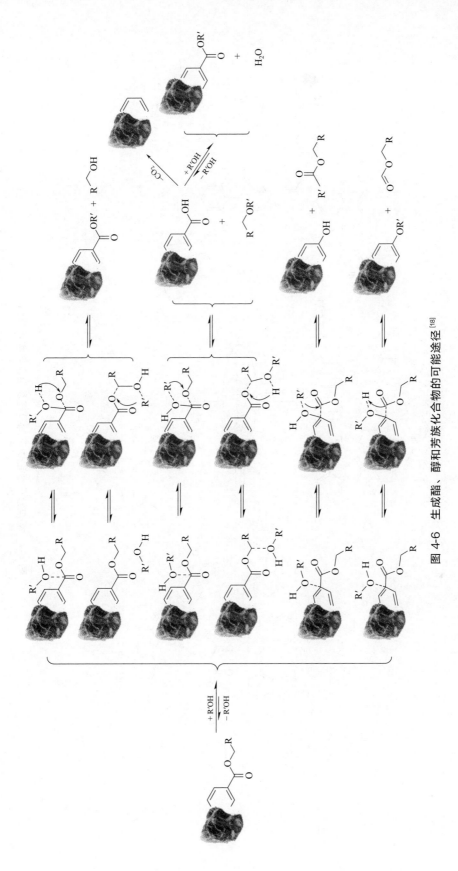

图 4-6　生成酯、醇和芳族化合物的可能途径[18]

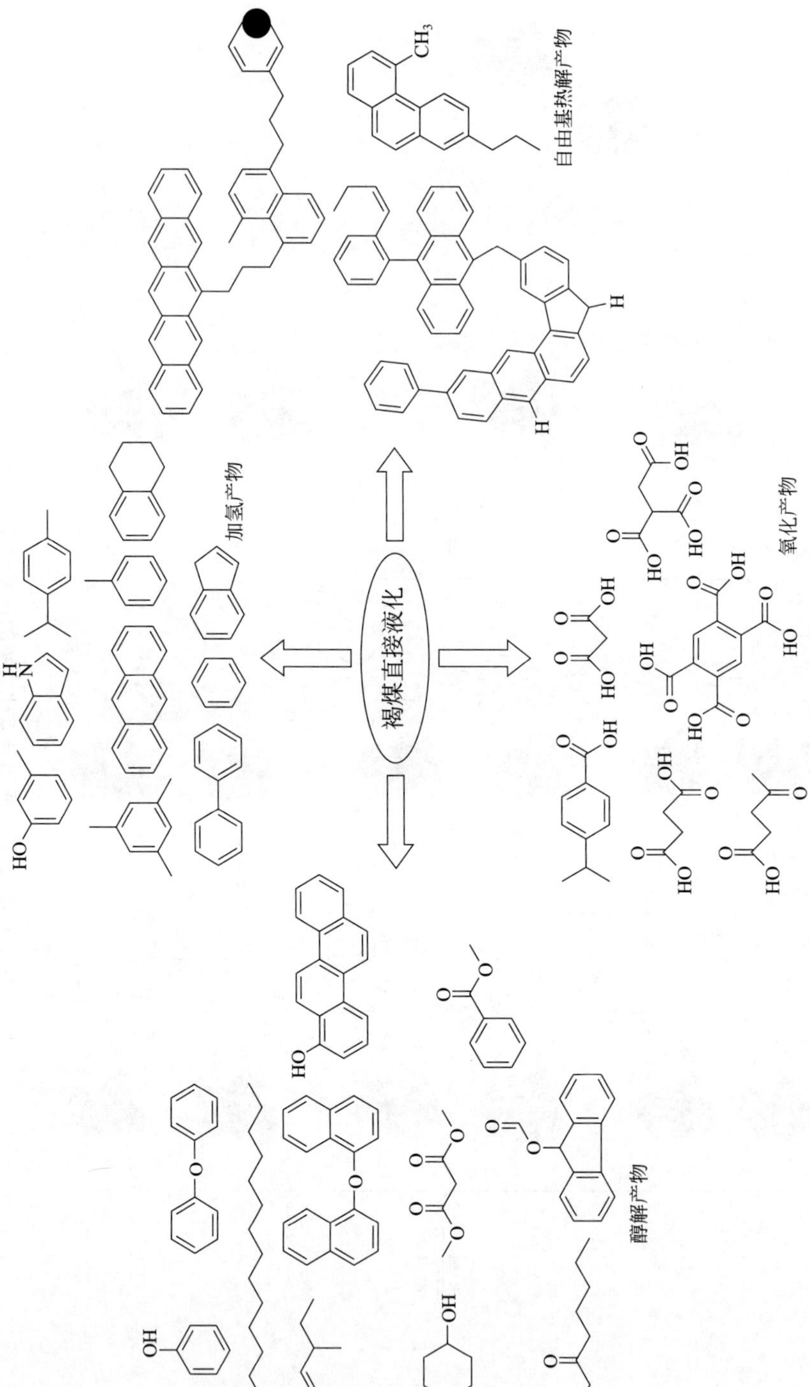

图 4-7 褐煤液化过程中不同机理及相应产物示意图

4.3.2　液化反应过程

煤炭不是组成均一的反应物，既包括少量容易发生液化的部分，如嵌在高分子有机主体结构中的低分子化合物等，也包括一些几乎没有液化活性的组分，如惰质组。煤直接液化过程中的化学反应极其复杂，是一系列顺序反应、平行反应与竞争反应的综合，总体上反应以顺序进行为主。

如前所述，加氢液化过程中，涉及自由基机理、氧化机理、碳正离子形成机理，以及链烷烃裂解机理对应的反应历程，均为煤裂解中间体在催化剂、氢和溶剂存在的条件下，继续完成进一步反应，生成对应产物的过程。

以煤加氢液化自由基反应机理为例，液化反应的 4 个环节如下：

① 煤的热解　在热和催化剂的共同作用下，煤结构中的弱桥键开始发生断裂产生煤基自由基碎片，如式（4-15）所示。

$$煤裂解 \longrightarrow \Sigma R\cdot \tag{4-15}$$

② 煤基自由基碎片加氢　煤热解产生的自由基碎片是不稳定的，与活性氢结合从而稳定下来是最理想的反应途径，如式（4-16）所示。

$$\Sigma R\cdot + H\cdot \longrightarrow \Sigma RH \tag{4-16}$$

得到的液化反应中间产物沥青质（PAA）也不是均相且组成多变，不同条件下得到的 PAA 结构不同，PAA 转化为小分子产物的活性要小于煤，它的转化需要依靠高活性催化剂。

③ 脱氧、脱氮、脱硫等脱杂反应　煤加氢液化过程中，煤中一些含氧、含氮、含硫等结构中的弱桥键发生断裂，与活性氢结合生成 H_2O（或者 CO、CO_2）、H_2S 和 NH_3 等气体从而被脱除。

④ 缩聚反应　在煤直接液化过程中，由于体系升温速率过大、温度过高或供氢不足，煤基自由基碎片不能及时地与活性氢结合，彼此就会发生缩聚反应生成大分子不溶物，缩聚反应是煤直接液化过程中的副反应。

根据以上认识进行总结，可将液化反应历程描述为图 4-8[19]。其中煤$_1$ 代表煤中的有机质主体；煤$_2$ 代表存在于煤中的低分子化合物；煤$_3$ 代表煤中的惰性组分。

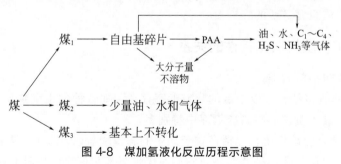

图 4-8　煤加氢液化反应历程示意图

4.3.3　煤质与煤的液化特性

煤质是决定煤直接液化反应能否进行的先决条件。煤的直接液化性能与煤的变质程度、岩相组成以及矿物质含量等密切相关。

4.3.3.1　煤阶与液化特性的关系

与煤的气化、热解、干馏和直接燃烧等转化方式相比，直接液化的反应条件较温和，也正因为如此受所用煤种的影响很大。不同的煤种进行直接液化，其所需的温度、压力和氢气量以及其液化产物的产率都有很大的不同。一般而言，除无烟煤难于液化外，其他煤均可不同程度地液化。煤炭加氢液化的难度随煤变质程度的增加而增大，即泥炭＜年轻褐煤＜褐煤＜高挥发分烟煤＜低挥发分烟煤。

褐煤和年轻烟煤的 H/C 原子比相对较高，它们易于加氢液化，并且 H/C 原子比越高，液化时消耗的氢越少，通常选 H/C 原子比大于 0.8 的煤为直接液化用煤。煤中挥发分的高低也是煤阶高低的一种表征指标，越年轻的煤挥发分越高、越易液化，通常选择挥发分大于35％的煤作为直接液化煤种。换言之，从制取油的角度出发，通常选用高挥发分烟煤和褐煤为液化用煤。与烟煤相比，褐煤的氧含量较高，大部分高于 20％，高的氧含量不但增加了氢耗量，而且液化中水的生成量大，使液化油产率相对偏低。

4.3.3.2　煤的岩相组成与液化特性的关系

由于煤的不均一性和煤结构的复杂性，在考虑煤种对直接液化的影响时，除了需从煤的工业成分、元素组成的角度分析外，还需要从煤岩显微组分的含量水平上进行分析。

同一煤化程度的煤，由于形成煤的原始植物种类和成分的不同，成煤初期沉积环境的不同，导致煤岩相组成也有所不同，其加氢液化的难易程度也不同。煤中惰质组在通常的液化反应条件下难于加氢液化，而镜质组、半镜质组和壳质组较容易加氢液化，所以将它们统称为活性组分。对内蒙古东胜马家塔煤及其分离出的"纯镜质组"和"纯惰质组"进行的高压釜液化试验证实，它们的液化特性的确存在明显差别，按转化率和油产率的高低次序来评价原料煤、"纯镜质组"和"纯惰质组"的液化反应性，试验结果是原料煤＞"纯镜质组"＞"纯惰质组"。但同时发现"纯惰质组"的转化率也达到 62％，说明它有一定的反应活性。试验还发现原料煤的转化率及油产率高于纯煤岩组分试验结果的线性叠加，说明各煤岩组分之间在液化反应过程中有某些协同作用。

一般而言，虽然惰质组在较苛刻条件下也能部分液化，但从经济上考虑，直接液化的煤种应尽可能选择惰质组含量低的煤。

4.3.3.3　煤中矿物质与液化特性的关系

煤中的矿物质包括两大类：

① 不与有机物直接结合，以松散的颗粒形态存在，如各种黏土矿物质、黄铁矿、石英、石膏和方解石等，其中黄铁矿在高硫烟煤中特别多。

② 与有机物结合的矿物质，包括存在于煤中的腐植酸盐以及 TiO_2 类耐热氧化物等。

煤中的矿物质组成复杂，种类繁多，它们对煤加氢液化催化作用具有两重性，即有的有促进催化作用，有的会减弱催化剂的催化作用。研究结果表明，煤中的富铁矿物具有催化活性，含有的 Fe、S、Cl 等元素尤其是黄铁矿对某些煤的液化具有催化作用，钛和高岭土也具有一定的催化活性。含有的如 V、Ca、Na、K 等碱金属和碱土金属元素却对某些催化剂起毒化作用[19,20]。矿物质含量高，会增加反应设备的非生产性负荷，形成的矿物质灰渣易磨损设备，且因分离困难而造成油产率的减少，因此加氢液化原料煤的灰分要低，一般要求小于10％。

4.3.3.4 煤中硫与液化特性的关系

金属硫化物是加氢过程中常用的催化剂，如铁系化合物中的一种非计量化学相 $Fe_{1-x}S$ 在煤直接液化中起催化作用，并且价廉易得、活性相对较高、环保、无毒。液化过程中 $Fe_{1-x}S$ 主要是铁与 S 或 H_2S 反应所得。因此，在煤的液化过程中，煤中硫非但对液化过程影响很小，而且在一定程度上对煤直接加氢液化反应起着重要的作用。有时甚至为了提高液化催化剂的活性，还要加入硫作为助剂。

煤中含有硫化铁硫和有机硫，在直接加氢液化反应时，煤中的有机硫，如硫醇 S 或硫醚 S 及部分硫化铁 S 在 400℃分解逸出，与氢发生反应生成 H_2S，这一过程可促进 $Fe_{1-x}S$ 的生成，并直接与煤分子中某些含氧官能团如醚键作用，起到催化加氢裂解的作用。同时，$Fe_{1-x}S$ 的金属空位又是 H_2S 的脱附中心，能与 H_2S 协同作用促进加氢，对 H_2S 的分解有诱导作用，可以弱化 H—S 键，促使 H_2S 分解，分解后产生的新 H_2 要比原料气的氢分子活泼得多，能够与煤裂解产生的自由基碎片相结合，防止自由基碎片间缩合反应的发生，促进液化反应的进行。此外，在高温、高压下，H_2S 电离产生活性氢原子所需能量仅为直接电离 H_2 所需能量的一半，更容易产生活性氢原子。

可见，煤中硫、矿物质及体系中 H_2 的共同作用，能催化煤液化反应。但是，催化剂对化学反应的催化作用有最佳量。低于该量，催化作用不明显，甚至显示不出催化作用；超过该量，催化作用效果不再增加，有时甚至还下降。当煤中硫质量分数为 1.15%～6.65%，油产率和总转化率随硫含量的增加而升高；当煤中硫质量分数为 7.50%时，油产率和总转化率反而降低。

4.3.3.5 适合直接液化的煤种

综上所述，选择适合直接液化的煤种一般应考虑尽可能全部或大部分满足下述条件：
①年轻烟煤和年老褐煤；②挥发分大于 35%（无水无灰基）；③氢含量大于 5%，碳含量 72%～85%，H/C 原子比高，氧含量低；④活性组分大于 80%；⑤灰分小于 10%（干燥基）；⑥矿物质中最好富含硫铁矿。

选择具有良好液化性能的煤种不仅可以得到高的转化率和油产率，还可以使反应在较温和的条件下进行，从而降低操作费用，减少生产成本。

4.3.4 液化过程中溶剂的作用

煤的直接液化必须有溶剂存在，这也是其与加氢热解的根本区别。直接液化的过程中，煤需要预先被粉碎到 0.1mm 以下的粒度，并与溶剂配成煤浆，溶剂可以采用煤液化自身产生的重质油或原油裂解的渣油等富氢有机液体[21]。

一般而言，有机溶剂和煤中的有机质发生强烈的作用，将导致煤中诸如氢键等非共价键断裂溶解在溶剂中，从而破坏煤中交联键形成的交联网络结构，使煤发生溶胀[22,23]。溶胀后的煤的结构较为疏松，自由能降低。因此，煤液化中的溶剂必须首先能够有效地使煤粒溶胀，并溶解小分子化合物。根据相似相溶的原理，溶剂结构与煤分子近似的多环芳烃对煤热解的自由基碎片有较强的溶解能力。

煤在溶剂中的溶解性能与其分子间氢键作用力是密切相关的，极性溶剂中的溶胀度远远大于非极性溶剂，这主要是因为溶剂的强极性易破坏煤大分子间的氢键，使得煤的溶胀度增大。因此，在常见的有机溶剂中，对煤的溶解能力排序为吡啶＞苯＞酚油＞萘＞四氢萘＞十氢萘＞烷烃油。溶胀能力排序为二甲基亚砜＞四氢呋喃＞异丙醇＞乙醇[24]。

溶剂对煤加氢液化过程，更为重要的作用则是对氢转移的影响。根据溶剂自身是否具有活性氢，加氢液化使用的溶剂分为供氢溶剂和非供氢溶剂。供氢溶剂的存在有助于减少所需的停留时间和降低获得高产率的小分子量产品所需的温度[25]。除了能够溶解煤、溶解气相氢外，供氢溶剂还提供活性氢，而且可以传递活性氢[26]。煤受热分解时，弱键断裂生成的自由基的自由度较小，需要活性氢移动到其活性位上与其结合生成含氢的稳定结构。而无催化剂时，70％转移氢来自供氢溶剂；有催化剂时，在过量四氢萘中15％～40％来自供氢溶剂，而60％～80％则来自气相氢。

综上所述，煤的直接液化过程中，溶剂能起到如下作用：

① 煤与溶剂制成浆液便于输送，有效地分散煤粒子、催化剂和液化反应生成的产物，使反应体系温度均匀，改善多相催化液化反应体系的动力学过程；

② 对煤起到溶胀和萃取作用，使有机质中的键发生断裂；

③ 溶解部分氢气，作为反应体系中活性氢的传递介质，或者通过供氢溶剂的脱氢反应提供煤液化需要的活性氢原子。

以四氢萘为例，溶剂的供氢过程可以表示如下：

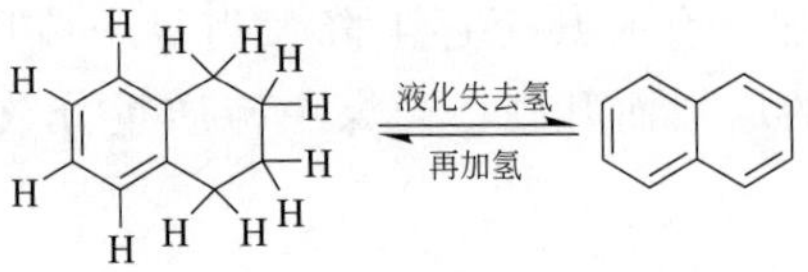

$$(4-17)$$

理论上来说，只要含有可移动氢键的溶剂都可用作供氢溶剂。但只具有芳香结构的溶剂供氢能力有限，如邻苯酚、联苯，而具有芳香结构同时具有氢化芳香结构的化合物是理想的供氢溶剂，如1,2,3,4-四氢-5-羟基萘。表4-2中的数据可以看出一些溶剂的供氢能力。测定条件：溶剂和煤比例为4∶1，常压，无催化剂，400℃反应30min。

表4-2　几种溶剂的供氢能力

溶剂	分子结构	产物的苯可溶物含量/%	溶剂	分子结构	产物的苯可溶物含量/%
邻环己烷酚	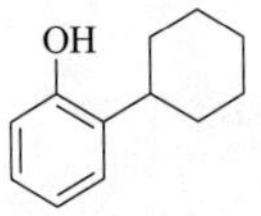	81.6	联环己烷	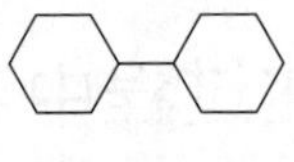	27.2
1,2,3,4-四氢-5-羟基萘	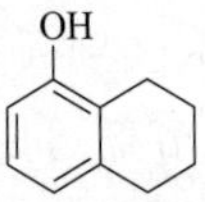	85.3	萘	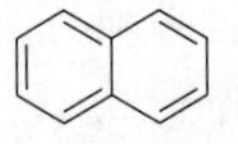	22.1
1,2,3,4-四氢萘	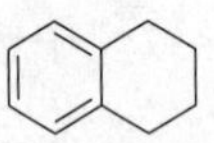	49.4	2-羟基联苯	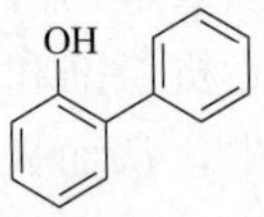	19.6
邻甲酚	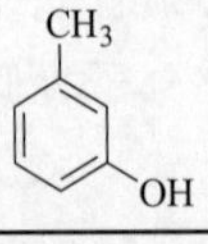	32.1	联苯	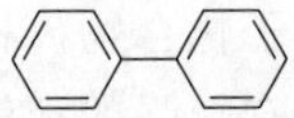	19.4

在煤的液化过程中，首先煤在不同溶剂中的溶解度是不同的，其次溶剂与溶解的煤中有机质或其衍生物之间存在着复杂的氢传递关系。受氢体可能是缩合芳环，也可能是游离的自由基团，而且氢转移反应的具体方式又因所用催化剂的类型而异。因此溶剂在加氢液化反应中的具体作用也十分复杂，一般认为好的溶剂应该既能有效溶解煤，又能促进氢转移，有利于催化加氢。在实际工业中，考虑到成本和煤转化的益处之间的平衡，煤直接液化工业应用中使用的溶剂通常来自煤液化后的重质油，在神华液化过程中，回收的供氢溶剂是来自煤液化过程的氢化重油产品[27]。煤液化油送入溶剂加氢处理反应器，在溶剂加氢处理反应器中通过 Ni-Mo 催化剂进行氢化，然后在蒸馏段中分为四个馏分，即沸点低于 145℃ 的液化轻石脑油，沸点为 145～220℃ 的液化重石脑油，沸点为 220～350℃ 的温热溶剂，沸点为 350～538℃ 的热溶剂。所有的热溶剂都用作循环溶剂，一部分温热溶剂与热溶剂混合（即为循环溶剂），并在神华煤液化过程中循环回到液化反应器中。

循环溶剂是芳香环化合物的混合物，包括供氢和非供氢溶剂，实际生产时在与煤混合之前，循环利用的溶剂将被气相氢加氢，与未氢化的液化重油相比，加氢后循环溶剂的供氢能力增强[28]，循环溶剂的供氢能力越高，油的产量就越高[29]。另外，在液化反应时，循环溶剂还可以得到再加氢作用，同时增加煤液化的产率。

4.3.5 液化产业发展

4.3.5.1 煤加氢液化的发展[30]

1913 年，德国学者 F. Bergius 发明了煤直接液化技术并于同年申请了专利，即 Bergius 法，并因此获得 1931 年诺贝尔化学奖。1927 年，德国在 Leuna 建成了世界上第一座年处理量达到 10 万吨煤粉的煤直接液化工厂。

到 1945 年，由于战争的需要，德国已经拥有 12 家煤直接液化工厂，生产规模达到 4.23Mt/a 成品油。第二次世界大战结束后，德国的煤直接液化工厂大部分遭到盟军拆除破坏而被迫停产。

20 世纪 50 年代，由于中东地区大量廉价石油的开采和出口，导致煤直接液化技术变得毫无经济性可言，关于煤直接液化的研究和生产在此后很长一段时间内处于停滞状态。

20 世纪 60 年代以后，美国逐渐取代德国成为了煤直接液化技术研究和工艺开发的主要国家，开展了大量的基础研究和工艺试验。

20 世纪 70 年代，世界发生了两次石油危机，国际油价暴涨，在此大背景下，人们重新认识到了世界能源结构的矛盾，关于煤直接液化的研究迎来了蓬勃发展的大好时机，一些发达国家在大量实验研究的基础上，相继开发了多种煤直接液化新工艺并投产，主要包括：美国的溶剂精炼煤工艺（solvent refining of coal，SRC）、埃克森单段溶剂供氢工艺（exxon donor solvent，EDS）、氢-煤法单段工艺（hydrogenation of coal，H-Coal）、催化两段液化工艺（catalytic two-stage liquefaction，CTSL）等，德国的液化油精炼集成工艺（integrated gross oil refining，IGOR）等，日本的烟煤直接液化工艺（new energy and industrial technology development organization liquefaction，NEDOL）、褐煤直接液化工艺（brown coal liquefaction process，BCL）等。这些新工艺的主要特点是反应条件明显温和，尤其是初始氢压从一开始的 70MPa 降到 30MPa 以下，煤转化率和油产率也明显提高，并且重视能源利用效率和环境保护。一系列煤液化新工艺的大量开发，对于各个国家应对石油危机、制约石油价格的持续上涨起到了重要作用。

我国对于煤直接液化的研究起步相对比较晚，从 20 世纪 80 年代开始，我国对煤直接液化技术进行了系统的研究，并与德国、美国、日本等发达国家合作，对发达国家提出的煤直接液化工艺在我国进行可行性研究。

经过多年实践和研究，我国发展建立了具有自主知识产权的神华煤直接液化工艺，并由神华集团投资建设，于 2008 年 12 月建成投产全球唯一的煤直接液化商业化示范项目——神华鄂尔多斯 108 万吨煤直接液化项目，该项目的投产标志着我国进入了世界煤制油行业的前沿。经历了 2009 年的技术改造和试运行，2010 年技术完善和商业化试运行，2011 年、2012 年和 2013 年进入商业化运营。截至 2023 年，该项目已经稳定运行了 10 多年，产生了丰富的技术成果和项目运行经验。

4.3.5.2 煤加氢液化的催化剂

目前，使用和研究过的铁基催化剂包括：黄铁矿等含铁矿物质、赤泥及含铁工业废渣、各种纯态的氧化物和氢氧化物（Fe_2O_3、$FeOOH$ 等）、硫化物（FeS、FeS_2、Fe_2S_3）及负载铁等[4]。

传统铁基催化剂裂解活性强但加氢活性弱，弱的加氢活性会导致氢气无法及时地为供氢溶剂提供活性氢，从而导致供氢溶剂的供氢能力降低，最终导致煤基自由基之间不断发生缩聚反应产生重质组分。工业上为了保证煤直接液化装置的长期稳定运行和经济性，需要保证足够高的油产率和转化率，为了弥补催化剂加氢活性的不足，工业上就必须使用更高的氢压或更大的循环溶剂用量，由此带来的巨大能耗是煤直接液化工艺所面临的主要问题之一。

解决此问题的最理想途径就是制备强加氢活性的铁基催化剂，早在 2003—2005 年，煤科总院为神华设计的 "863" 催化剂就具有较强的加氢活性，在保证神华煤直接液化工艺油产率和转化率基本不变的前提下，煤浆浓度从之前的 40% 提高到 45%～50%，从而实现了减少能耗、增大煤粉处理量的目的。但对强加氢活性的铁基催化剂的研究远不止于此，制备具有更强加氢活性的廉价可弃型铁基催化剂，进一步降低溶剂用量，降低能耗，是极具意义的[31]。

到目前为止，研究方向主要集中于制备高分散性铁基催化剂、高活性 $Fe_{1-x}S$ 的前驱体和复合催化剂三方面。

（1）高分散性催化剂

高分散性催化剂主要是通过增加催化剂活性位点、增大催化剂与煤/H_2 的接触表面积来提高催化剂的催化活性。高分散性催化剂可以更好地接触到煤颗粒表面，直接对煤颗粒表面的大分子物质进行催化裂解，同时和 H_2 更好地接触也有利于小分子量的煤基自由基碎片获得活性氢。催化剂分散性越好，催化活性越高，超细或纳米级铁基催化剂能够显著提高煤直接液化转化效率[32,33]。此外，小粒径的催化剂不易形成沉淀和堵塞管路，有利于液化工艺的长期稳定运行。因此，研究者们对高分散性铁基催化剂进行了大量的研究，一方面集中于通过气溶胶法、高温热分解法、反向微乳法等新工艺制备超细或者纳米级铁基催化剂；另一方面集中于表面改性，制备油溶性的铁基催化剂等。

（2）高活性 $Fe_{1-x}S$ 的前驱体

由于小粒径催化剂难以合成，研究者们转而研究高活性 $Fe_{1-x}S$ 的前驱体[34,35]。其中铁的氢氧化物是最常见的 $Fe_{1-x}S$ 的前驱体，前驱体经硫黄或者硫化物处理后即可得到高活性组分 $Fe_{1-x}S$[36]。不同 $Fe_{1-x}S$ 前驱体的催化活性不仅与其自身粒径密切相关，还与其转变为硫化态的温度（硫化温度）有很大关系，硫化温度越低，生成的 $Fe_{1-x}S$ 分散性越好，并且随着时间的延长 $Fe_{1-x}S$ 颗粒发生团聚的速率越慢，催化活性也就越高，最终得出 α-FeOOH 和 γ-FeOOH 是最佳的 $Fe_{1-x}S$ 前驱体[37]。

（3）复合催化剂

Ni、Mo、Co 和 W 等贵金属的催化活性一般远高于 Fe，所以部分贵金属添加在铁基催化剂中会提高催化剂的催化活性[38]。研究结果表明掺入 Si、Al、Ca、Zr、Ni 和 Co 都能提高 FeOOH 分散度，相同条件下能够使煤直接液化油产率提高 0.7%～2.7%，其中 Ni 和 Co 的影响最为明显；Mg 的掺杂没有促进作用，Cu 和 La 的掺入反而使油产率降低。究其原因，Al、Ca、Zr 的掺入是通过改善原有 FeOOH 物理结构支撑性能从而改善催化剂催化活性，有利于促进 FeOOH 生成小粒径的 γ-FeOOH，Ni、Co 的掺入主要起电子型助剂的作用，通过强化对氢气的活化，促进煤的转化，提高油产率。

4.3.5.3 煤炭加氢液化工艺

煤炭直接液化工艺一直在不断进步、发展，但不同的煤炭直接液化工艺基本化学反应非常接近，共同特征都是在高温、高压下使高浓度煤浆中的煤发生热解，在催化剂作用下进行加氢和进一步分解，最终成为稳定的液体分子。

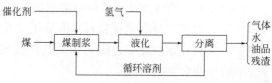

图 4-9　直接液化工艺流程单元

煤直接液化工艺过程可分成如图 4-9 所示的三个主要工艺单元。

① 煤浆制备单元　将煤破碎至 0.2mm 以下，与溶剂、催化剂一起制成煤浆。

② 液化反应单元　在反应器内的高温、高压下进行加氢反应，生成液体物。实际的液化工艺中，液化过程又分为一步转化或多步转化。液化过程中同时存在溶剂对煤小分子的抽提、煤的低温热解、煤中大分子的加氢分解过程。在这些不同的阶段（或过程）中，使用不同功能的反应器，对提高煤的总转化率有利。通常液化的第一个反应器用于煤的热解，在此段中不加催化剂或加入低活性可弃型催化剂。热解产物在随后串联的反应器中在高活性催化剂存在下加氢生产出液体产品。多步转化比用一个加氢主反应器处理获得的液化产品在提质和转化率方面更具优势。

③ 分离单元　分离出液化反应生成的气体、水、液化油和固体残渣，通常需要多个分离塔，对高沸点的液固分离，比如溶剂的回收等，可采用减压蒸馏。

经过多年的研究与开发，形成了以下煤炭直接液化的典型工艺：德国的液化油精炼集成工艺（IGOR），美国的两段催化液化改进工艺（HTI），日本的烟煤直接液化工艺（NEDOL），中国的神华煤直接液化技术等。

（1）IGOR 工艺

IGOR 工艺（图 4-10）是在早期开发的煤加氢裂解为液体燃料的工艺基础上改进而来的，操作压力降至 300MPa，反应温度 450～480℃，催化剂为可弃型铁基催化剂。

在该工艺中，煤与循环溶剂及"赤泥"催化剂配成煤浆，与氢气混合后预热；预热后的混合物一起进入液化反应器，典型操作温度 470℃，压力 300MPa，产物经过高温分离后，底部的液化粗油进入减压蒸馏塔，减压蒸馏塔底部产物为液化残渣，顶部闪蒸油与高温分离

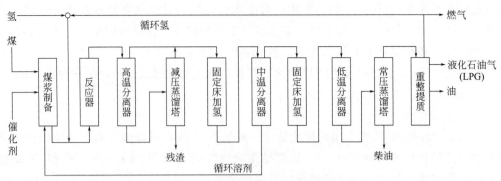

图 4-10　IGOR 直接液化工艺流程图

器的顶部产物一起进入第一个塔式加氢反应器，反应温度 350~420℃，压力 300MPa，催化剂采用 Mo-Ni 载体催化剂。反应器流出的产物进入中温分离器，底部流出重油作为循环溶剂用于煤浆制备，顶部流出产物再次进行加氢反应，两次加氢以后的产物进入低温分离器，顶部馏分水洗和油洗后分离氢气循环使用，底部产物进入常压蒸馏塔，分离得到汽油和柴油馏分。

IGOR 工艺的特点是：把循环溶剂加氢和液化油提质加工与煤的直接液化串联在一套高压系统中，避免了分立流程物料降温降压又升温升压带来的能量损失，并在催化剂上使二氧化碳和一氧化碳甲烷化，使碳的损失量降到最小。投资可节约 20％左右，并提高了能量效率。缺点是操作条件苛刻。

（2）HTI 工艺

HTI 工艺（图 4-11）是在 H-Coal 工艺基础上发展起来的多段催化液化法，采用了物料强制循环鼓泡的塔式反应器和铁基催化剂。

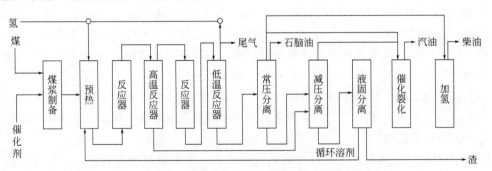

图 4-11　HTI 直接液化工艺流程图

在该工艺中，煤、催化剂与循环溶剂配成煤浆，预热后与氢气混合加入到反应器的底部。第一段反应操作压力 170MPa，温度 400~440℃。反应产物直接进入第二段反应器，操作压力 170MPa，温度 440~450℃。产物随后进行高温分离，从底部流出含固体的物料，减压后部分循环用于煤浆制备，其余物料进行减压蒸馏，回收重质馏分油。气相富氢气体作为循环氢使用。液相产品减压后进入常压蒸馏塔，蒸馏切割出产品油馏分，常压蒸馏塔塔底油作为溶剂循环至煤浆制备单元。

HTI 工艺的特点是：反应条件比较温和，采用特殊的液体循环塔式反应器可达到全返，催化剂是铁系胶状高活性催化剂，用量少；在高温分离器后面串联有在线加氢反应器，对液化油进行加氢精制；固液分离采用临界溶剂萃取的方法，从液化残渣中最大限度回收重质油，大幅度提高了液化油回收率。

（3）NEDOL 工艺

NEDOL 液化工艺（图 4-12）主要用于次烟煤和低阶烟煤的液化。煤、催化剂与循环溶剂配成煤浆，煤浆与氢气混合预热后进入到液化反应器；反应器操作温度 430～465℃，压力 170～190MPa，煤浆在反应器内平均停留时间约 90min。反应产物经冷却、减压后至常压蒸馏塔，蒸出轻质产品。

常压蒸馏塔底物进入减压蒸馏塔，脱除中质和重质组分。大部分中质油和全部重质油经加氢处理后作为循环溶剂。减压蒸馏塔底物含有未反应的煤、矿物质和催化剂，可作为制氢原料。从减压蒸馏塔来的中油和重油混合后，加入溶剂加氢反应器中。反应器为下流式催化加氢反应器，操作温度 320～400℃，压力 100MPa，使用的催化剂是在传统炼油工业中馏分油加氢脱硫催化剂的基础上改进而成，平均停留时间大约 1h。反应产物在一定温度下减压至闪蒸器，在此取出加氢后的石脑油产品。闪蒸得到的液体产品作为循环溶剂至煤浆制备单元。

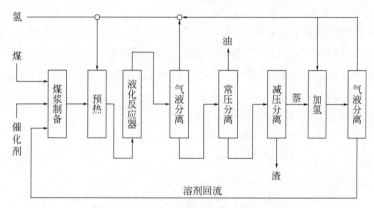

图 4-12　NEDOL 直接液化工艺流程图

（4）神华液化技术

神华液化技术为两个液化反应器，以液化循环油为溶剂，产品分离采用减压蒸馏，在高温分离器后面串联在线加氢反应器，对液化油进行加氢精制。其工艺流程如图 4-13 所示，与 HTI 工艺类似。

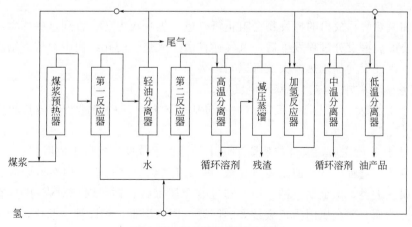

图 4-13　神华液化工艺流程图

各种煤直接液化工艺的基础源于高压催化加氢和非催化溶剂溶煤研究。根据不同的需求形成了后来种类繁多的各种工艺。

4.4 煤加氢热解反应

4.4.1 加氢热解原理

煤加氢热解一般认为是在一定氢压、一定温度下煤与氢气之间发生的反应，产品的分布极大地依赖于操作条件。煤在氢气或者富氢气氛下的热解可以改善焦油的品质，从而获得更多的轻质焦油[39]。煤热解生成的自由基会被煤中的氢及其他小分子自由基稳定下来，同时煤热解自由基之间也会相互结合发生缩聚反应，但煤自身相对缺氢，引入外部氢源可以使自由基片段与小分子氢自由基结合生成分子量较小的焦油片段，并且抑制自由基片段之间结合，从而提高焦油产率，并在一定程度上改善焦油品质。

与惰性气氛下热解相比，加氢热解可以获得更多的轻质芳烃类化合物，特别是 BTX（苯、甲苯及二甲苯）和 PCX（酚、甲酚及二甲酚）。BTX 的生成途径主要有三种，第一种是通过小分子化合物或小分子自由基合成得到，第二种是其自由基直接被氢稳定下来，第三种主要是通过挥发分加氢反应产生。

Anthony 等[40] 提出的加氢热解模型如下所示：

$$煤 \longrightarrow V^* + V + S^* \tag{4-18}$$

$$V^* + H_2 \longrightarrow V \tag{4-19}$$

$$V^* \longrightarrow S \tag{4-20}$$

$$S^* + H_2 \longrightarrow V + S^* \tag{4-21}$$

$$S^* \longrightarrow S \tag{4-22}$$

其中，V^*、V、S^* 及 S 分别表示为活性挥发物、惰性挥发物、活性固体物和惰性固体物。活性挥发物指煤热解生成的自由基片段；惰性挥发物主要是指小分子气体及分子量较小的焦油前驱体；活性固体物可以与氢气参与进一步反应；惰性固体物指的是不能与氢进一步反应的固体产物。氢气与活性挥发分的反应，将阻止活性挥发分的再聚合反应，从而增加挥发分的产量。

煤快速加氢热解释放出的挥发物会阻止氢气进入煤颗粒内部，直到这些挥发物释放完全为止。当主要的脱挥发分过程发生后，氢气逆扩散进入焦炭的孔结构中，从而增加氢气和碳之间的反应，因此煤的加氢热解大致可以归纳为[41]：

① 氢气渗入煤粒中，与自由基发生反应。

② 颗粒外部挥发分发生加氢反应，主要包括稠环向单环的降解及酚羟基和烷基取代基的脱除。

③ 待挥发分释放完后，氢气与残留半焦中的活性组分发生反应生成甲烷。

在煤加氢热解过程中，目前主要研究煤/焦加氢气化的催化剂集中在碱金属、碱土金属以及过渡金属三大类。碱金属（钠、钾）和过渡金属（铁、钴、镍）对煤/焦具有良好的催化气化能力。然而，碱金属因为负载量大的问题，回收困难，难以被工业化，而钴、镍价格昂贵，成本过高，存在相同问题。此外，过渡金属催化剂容易和煤中硫元素结合发生中毒失活和烧结失活，这是气化过程中常见的问题。因此，开发出价格低、性能好、稳定的催化剂也是煤加氢热解发展的重要内容。

4.4.2 加氢热解技术分类

煤加氢热解包括直接加氢热解、间接加氢热解、快速加氢热解等[42]。

① 直接加氢热解　直接加氢热解又分为单段加氢热解、两段加氢热解和多段加氢热解。单段加氢热解无任何停留过程。两段加氢热解包括炭化过程和裂解过程，主要目的是提高轻质芳香化合物。煤多段加氢热解是通过控制煤加氢热解热失重微分曲线上峰温处的停留时间，使煤热解过程中产生自由基速率与外来氢源的氢扩散速率相匹配，热解转化率和焦油产率得到提高，与传统的加氢热解过程相比，多段加氢热解易得到轻质焦油产物，焦油中BTX（苯、甲苯和二甲苯）和酚、甲酚、二甲酚及萘等组分比例明显增加，可以得到优质半焦产物。

② 间接加氢热解　间接加氢热解主要是添加外来富氢物质与煤共热解[40]，如煤与生物质共热解、煤与甲烷共热解、煤与焦炉煤气共热解等。

煤与生物质共热解是利用生物质先于煤热解，生物质热解产生的氢自由基转移到煤热解过程中。煤与甲烷共热解是利用甲烷作为热解反应过程的气氛，提高煤热解转化率。煤与焦炉煤气共热解是利用焦炉煤气作为热解反应气氛，代替昂贵的氢气，促进煤的热解。

③ 快速加氢热解　煤的快速加氢热解是在一定温度和压力下以100℃/s以上的升温速率使煤在氢气气氛中热解，其停留时间只有数秒，目的是最大限度地得到苯等液态烃和甲烷等气态烃类产物。与传统的煤热解相比，煤的快速热解可显著增加液体轻芳烃和CH_4的产率。主要轻质液体产物是BTX（$<C_9$，主要是苯）。

4.4.3 加氢热解的发展

煤加氢热解是褐煤热解提质过程中以提高煤焦油产率为目的的主要热解工艺之一，能明显提高焦油产率（达30%以上）及焦油质量（增加焦油中轻质组分的含量），更重要的是它具有十分显著的脱硫、脱氮的作用。但是煤加氢热解需要制氢和氢气循环，使得其成本和投资费用较高，很难与石油化工竞争，所以该工艺始终未能有较大规模的发展。

为解决煤加氢热解成本和投资费用的问题，人们开始寻找廉价的富氢气氛来代替纯氢进行煤加氢热解[43]，研究者先后提出了"煤快速甲烷共热解""煤焦炉煤气共热解""甲烷CO_2重整与煤热解耦合（CRMP）"等新工艺。"煤快速甲烷共热解工艺"操作压力低，焦油中乙烯、苯和轻质焦油产率高。"煤焦炉煤气共热解工艺"热解产品产率与相当氢压下加氢热解产品产率相当，产品分布取决于焦炉气中的氢分压。"甲烷CO_2重整与煤热解耦合（CRMP）工艺"过程焦油的产率达到27%，是相同条件下氮气氛中热解的2.8倍，是氢气氛中热解的1.7倍。

美国ACCT公司开发了高温加氢热解制备合成油技术并经过了小试验证，打通了工艺流程。中美新能源项目研发团队根据煤热解原理，研究了加氢闪式热解抑制重质组分聚合、轻质组分二次裂解等关键技术，初步解决了焦油产率低、品质差、含尘高、气固分离难等技术难题，并为粉焦利用提出了高温半焦气化或发电的技术途径，获取了大量的基础数据，为进一步中试研究的开发奠定了基础[44]。

2019 年 7 月，中美新能源技术研发（山西）有限公司省科技重大项目"粉煤快速热解提油技术"阶段性成果通过专家鉴定，该项目通过开发新型反应器和气固分离、焦油冷却等技术，建成 50t/d 中试试验装置并能稳定运行 80h，以高温富氢气体作为热载体成功实现煤粉快速热解，焦油产率超过葛金分析值，并获得多项发明专利授权，专家一致认为该工艺方案在煤炭热解领域具有一定新颖性，同时建议项目单位继续完善中试研究，加强物料衡算、能量衡算和经济效益分析，为进一步工业放大提供可靠依据。

2019 年 9 月，中国石油和化学工业联合会组织现场考核专家组对中国科学院山西煤炭化学研究所和中科合成油技术有限公司承担的"万吨级温和加氢热解（液化）中试"项目进行 72h 连续运行考核。万吨级温和加氢热解（液化）中试装置由中科合成油技术有限公司于 2009 年自筹资金建成。该项目得到"中国科学院战略性先导科技专项"和科技部"国家重点研发计划"的支持。与传统加氢液化技术相比，温和加氢热解（液化）的操作压力大幅降至 4～5MPa，仅为传统技术的 1/5～1/4。

无论是"粉煤快速热解提油"技术，还是"万吨级温和加氢热解（液化）"项目，在国家相关部门及资金的支持下，均取得了较大的进展，为我国煤加氢热解的工业化提供了进一步的实验和工业数据及项目运行经验。

4.4.4 加氢热解存在的问题

加氢热解工艺可以有效提高煤利用效率，产品附加值较高，环境污染较少。但开发中也存在一些问题，首先，目前的研究大多使用固定床实验装置考察纯 H_2 或外来富氢物质（生物质、甲烷、焦炉煤气）、加压条件下各因素对热解反应过程和产物分布的影响；对流化床加氢热解的研究较少，未引起足够的重视。其次，快速加氢热解能够提高煤热解转换率，增加液体轻芳烃和 CH_4 产率，是一种有效的煤热解工艺，但现有研究主要针对烟煤进行，对褐煤等低阶煤研究较少。因此需要进一步研究低阶煤的快速加氢热解过程特性。再次，现有关于煤加氢热解模型的研究，对于加氢热解作用机理未达成一致的结论。模型主要关注热解产物的变化，对于加氢热解过程中动力学参数的研究很少，因此对煤加氢热解动力学模型需进一步完善。

4.5 煤加氢气化反应

煤制天然气早在 20 世纪 60 年代就被许多学者研究，它的鼎盛时期是 20 世纪 70～90 年代。因为当时石油更容易被直接使用，导致天然气的价格低下，进而影响煤制备甲烷的发展并且在随后发展缓慢。随着石油的大量开采并逐渐减少，同时天然气价格上涨以及我国对天然气需求量快速增加，煤制甲烷技术又被我国乃至世界提到了新的日程上。

4.5.1 煤加氢气化原理

煤制天然气技术主要包含煤气化技术、煤加氢气化技术、煤催化气化技术[45]。

煤的催化气化技术是指煤在催化剂的作用下与水蒸气反应先生成甲烷、二氧化碳、一氧化碳和氢气，最后甲烷化的过程。常用的催化剂为碱金属化合物（碳酸钾）。煤催化气化技术的优点在于催化剂能催化碳与水蒸气反应和甲烷化反应，将以上两步法反应实现了一步法的过程；不需要氧气，解决了结渣问题，使设备费用也降低。但是该反应的缺点在于催化剂的负载量太大且价格比较昂贵，工业化中回收也较为困难，使该技术不是最适合工业化的技术。煤气化技术是煤与一定的 H_2O 或 O_2 反应生成富含一氧化碳、氢气、二氧化碳、水、甲烷等的气体。该过程合成气的浓度受到反应条件的影响，温度和压力越高，合成气的浓度就会越大，但是反应过程比较烦琐。煤加氢气化技术是指煤与氢气在一定反应条件下直接反应生成甲烷的过程。与其他煤制备甲烷技术相比，煤直接加氢制甲烷技术因为具有流程比较短并且热效率高、投资成本低和工艺设备简单等特点，因此被许多研究者广泛考察。而煤直接加氢气化制备天然气过程中添加催化剂更是能降低煤气化所需要的活化能，相同时间内碳的反应速率和转化率都得到了提高，因此煤催化加氢气化制天然气技术得到了发展。

到目前为止国内外研究人员比较认同的煤加氢气化机理是[46]：第一阶段是煤以极快的加热速率（104℃/s）快速热解，产生大量的挥发分、活性的碳、惰性的碳和 CO_x 含氧化合物；第二阶段是挥发分加氢反应产生大量的 CH_4、轻质液体焦油（BTX、PCXN）、H_2O、焦油和烃类气体（$C_2 \sim C_3$）；第三阶段是活性的碳加氢气化反应生成 CH_4；第四阶段是惰性的碳加氢气化反应生成 CH_4。即

煤热解——→自由基（Cv、C^+、C^-）、CH_4、CO_x

挥发分加氢——→CH_4、HCL、H_2O、焦油、$C_2 \sim C_3$

活性的碳加氢：$C^+ + H \longrightarrow CH_4$

惰性的碳加氢：$C^- + H \longrightarrow CH_4$

式中，Cv 为挥发分；C^+ 为活性的碳；C^- 为惰性的碳；HCL 为轻质芳烃。

煤在惰性气氛下热解，活性的氢仅是煤分子中所含的氢，自由基碎片生成速度与供氢能力不匹配，SNG 和轻质液体焦油（苯、甲苯、二甲苯、苯酚、甲酚、二甲酚、萘）产率受到限制。通过外界供氢，可为热解过程提供足够的活性氢，促使轻质液体焦油（BTX、PCXN）和 CH_4 等目标产物的产率增加。

煤加氢气化制取 CH_4 的反应式如下：

$$C + 2H_2 \longrightarrow CH_4 \qquad \Delta H = -84.3 \text{kJ/mol} \qquad (4\text{-}23)$$

从以上反应式可以看出，该反应是一个放热反应。我们从热力学角度出发，升高温度不利于此反应的正向进行，但是煤中复杂的碳结构和 H_2 在低温条件下不易克服能垒发生气化反应，高温有利于增加活化分子的数量，并且增大氢碳原子的有效碰撞概率，实际条件下反应温度要从热力学和动力学两方面去考虑，要同时有高的转化率和反应速率，根据化学平衡原理可知，煤直接加氢气化是体积减小的反应，增大压力有利反应向反应物方向进行。总之，煤加氢气化反应条件比较苛刻（高温、高压），但是碳转化率并不高。

为了降低反应区的温度和压力，在温和的反应条件下获得高的碳转化率、高的轻质液体焦油（BTX）和甲烷产率，需要添加催化剂[47]。目前煤/焦加氢气化的催化剂研究集中在碱金属、碱土金属以及过渡金属三大类。碱金属在煤催化加氢气化过程中表现出了良好的催化活性，但是，催化剂负载量高（质量分数为 10%～15%），催化剂损失严重，同时催化剂回收难度大，这些因素影响了碱金属在煤催化加氢气化过程中的工业应用。而过渡金属是在单质状态下具有催化活性，催化剂回收技术成熟，所以煤加氢气化过程中常采用过渡金属

（Fe、Co、Ni）作为催化剂进行催化加氢气化，其活性高低为 Co＞Ni＞Fe。

4.5.2　国内外加氢气化工艺[2]

20世纪初提出加氢气化反应，发展至20世纪70—90年代进入鼎盛时期，国外多个工艺过程先后进入中试阶段，但由于天然气价格下降或者缺乏研发资金支持，使得加氢气化技术仅仅停留在了中试阶段，并未实现工业化。国内加氢气化技术开发起步较晚，多数仅达到实验室规模，只有新奥科技发展有限公司基于国家"863"计划项目的支持，先后完成10t/d工艺开发以及50t/d中试装置设计、建设及长周期稳定运行，并以此为基础，开展了400t/d工业示范装置设计和建设工作。

（1）Hygas 多段流化床工艺

美国气体技术研究所（IGT）最早对煤加氢气化工艺进行放大研究，主要以提高总碳转化率和甲烷产率为研发目标，开发了 Hygas 工艺，先后完成实验室规模和 75t/d 中试规模试验。该工艺以加压多段流化床作为反应器，依照反应特点将反应器分为四段，分别为干燥段、快速热解段、加氢气化段以及半焦水蒸气气化段，在一个反应器内总碳转化率达到96％以上。但由于反应器为流化床，需要选择较大粒径的颗粒，降低了加氢反应速率，同时存在因高压、颗粒黏结而出现的失流态化和细颗粒带出等技术难题，使得该工艺经过概念设计后并未进一步放大。

（2）Rockwell 加氢气化工艺

美国洛克威尔（Rockwell）公司在美国能源部（DOE）的支持下开展了中试规模的试验，以气流床作为反应器，装置处理规模为 6t/d。在该装置中，Rockwell 利用其在火箭发动机领域的先进控制技术完成了加氢气化喷嘴的设计，解决了高温氢气与煤粉的快速混合升温问题，先后考察了泥煤、次烟煤和烟煤的加氢气化活性。随后该公司在快速加氢气化（FHP）的基础上开发了 AFHP 技术，主要目的依然是提高总碳转化率和甲烷产率，降低半焦产率。为此，在反应过程中添加了水蒸气，反应温度提高至 1000℃，以促进半焦/水蒸气/烃类物质之间的反应。虽然总碳转化率获得提高，但由于反应温度过高，造成甲烷产物与水蒸气在高温下反应而发生裂解，反而降低了甲烷产率。

（3）BG-OG 煤加氢气化工艺

1986—1993 年日本大阪煤气与英国煤气公司联合开发了 BG-OG 技术。该技术沿用了气流床作为加氢气化反应器，其最大特点是在气流床内增加了可实现部分合成气循环的中心内筒，称为夹带流反应器，充分利用了煤加氢气化反应放出的反应热，减少了氢气和氧气的消耗，提高了系统的热效率。该工艺小试实验由大阪煤气在日本建立的 10kg/h 的下落床中完成，考察了煤种、温度、压力等条件对反应过程的影响。基于该结果，英国煤气公司在英国建成了 5t/d 的中试装置，考察了喷嘴结构形式对气体循环量的影响，获得气体循环的控制方法。分别以强黏结性煤种、烟煤以及褐煤为原料，研究了温度、压力、停留时间、气体循环比等条件对产物分布的影响规律。1991 年，实现中试装置 231h 连续操作，1993 年完成50t/d 规模冷态试验，该工艺并未得到进一步工业放大。

（4）ARCH 加氢气化工艺

1996 年，日本燃气协会（JGA）在日本新能源产业技术综合开发机构（NEDO）的资助下完成了 ARCH 工艺开发。该工艺同 BG-OG 技术相同，在气流床中引入了气体循环结构。同时，增加了激冷气，以此来控制反应区内的温度分布，使气化炉可以在三种模式下运行——SNG 产率最高、热效率最高以及 BTX（苯、甲苯、二甲苯）产率最高，以此来调节产品组成，保证技术经济性。在 SNG 产率最高和热效率最高模式下，采用单段操作，依靠气体循环来高效利用反应热预热氢气，提高系统能效。在 BTX 产率最大模式中，采用两段操作，高温段通过提高反应温度来增加一次反应中挥发分的产率，通过加入激冷气来设置第二反应区，优化反应温度，以减少挥发分的深度裂解，增加 BTX 产率。通过对 10kg/h 热态试验装置所获得的试验数据进行经济评价发现，利用 ARCH 工艺联产 SNG 和 BTX 等化学品是最经济、高效和环保的工艺路线。但随着国际社会对 CO_2 排放问题的关注，没有对 ARCH 技术的研发持续资助，未进一步进行工业化开发。

（5）新奥煤加氢气化联产芳烃和甲烷技术（CHRAM 工艺）

新奥 CHRAM 工艺以 50t/d 中试装置试验数据为基础，进行 $2\times10^9\,m^3/a$ 天然气生产工艺设计，总工艺路线可以概括为两条主线：原煤加氢气化工段和半焦气化制氢工段。

原煤加氢气化工段：原料煤经干燥后进入备煤系统，加工成粒径小于 $75\mu m$ 的煤粉颗粒，煤粉通过高压氢气密相输送系统输送至加氢气化炉，经顶部的高温氢气喷嘴喷入气化炉，在气化炉内发生加氢气化反应，反应产生的含油合成气进入热回收、除尘和净化系统。油品经冷凝和油水分离工序获得轻质芳烃油品；合成气进入低温甲醇洗工序，脱除酸性气体，经深冷获得 LNG（液化天然气）产品；H_2 和 CO 则经 PSA（变压吸附）分离，获得纯度较高的氢气。氢气经压缩后重新回到加氢气化炉循环使用；加氢气化段的半焦由气化炉排出后送至半焦气化制氢工段。

半焦气化制氢工段以加氢气化半焦为原料，加入氧气和水蒸气对半焦进行气化处理，获得以 CO 为主的粗合成气。粗合成气进入变换工段，CO 完全变换生成氢气，经过脱硫、脱碳工段脱除 H_2S 和 CO_2，得到高纯度 H_2。氢气压缩后返回至加氢气化炉循环使用。对两段工序中的酸性气体及氨水进行处理回收，获得硫黄和液氨副产品。

目前国内仅新奥科技发展有限公司实现了加氢气化技术中试放大，完成了 50t/d 中试装置设计、建设和调试，并实现 150h 连续稳定运行。

4.5.3　煤加氢气化存在的问题

煤加氢气化工艺过程开发以气流床为主，存在的主要问题有氢气高压密相输送、高温喷嘴内氧气与空气混合、反应器换热、气体循环（供氢）、半焦冷却收集、油水分离回收等，要想实现全系统稳定运行，还需继续深入研究如何从工艺上解决存在的主要问题。气流床加氢气化工艺复杂、工程难度大，应加大对新型反应器、新工艺的研发力度，以组合式（多段式）反应器替代单筒式反应器以促进加氢气化工艺技术早日实现工业化应用。制氢和生成气体循环工艺设备成本太高，寻求替代氢源（如合成气）进行加氢气化将有利于减少氢耗和降低成本。

随着我国城镇化进程的加快和环境保护要求的提高，对天然气的需求逐年增加。天然气资源短缺不仅影响我国经济的可持续发展，而且造成我国天然气能源供给的安全隐患，煤制替代天然气（substituted natural gas，SNG）立足于我国能源结构特点，将一些低热值褐煤、高硫煤或地处偏远地区运输成本高的煤炭资源就地转化成天然气加以利用，将是一条化解煤炭过剩产能，实现煤炭资源高效、清洁利用的重要途径，但煤制天然气生产成本过高也是需要解决的一个问题。

参考文献

[1] 胡发亭，王学云，毛学锋，等. 煤直接液化制油技术研究现状及展望[J]. 洁净煤技术，2020，26(1)：99-109.

[2] 马志超，冯浩，闫云东，等. 煤加氢气化技术研究进展及经济性分析[J]. 煤炭加工与综合利用，2018，226(6)：21-24.

[3] 吴洁，狄佐星，罗明生，等. 煤热解技术现状及研究进展[J]. 煤化工，2019，47(6)：46-51.

[4] 李导，舒歌平，高山松，等. 煤直接液化铁基催化剂研究进展[J]. 神华科技，2019，17(7)：63-69.

[5] 翟灵瑞. 新型煤直接液化催化剂的制备及其作用机理[D]. 太原：太原理工大学，2019.

[6] Liu Z Q, Wei X Y, Liu F J, et al. Catalytic hydroconversion of Yiwu lignite over solid superacid and solid superbase[J]. Fuel, 2019, 238：473-482.

[7] Zhao M X, Wei X Y, Qu M, et al. Complete hydrocracking of dibenzyl ether over a solid acid under mild conditions[J]. Fuel, 2016, 183：531-536.

[8] Yue X M, Wei X Y, Sun B, et al. Solid superacid-catalyzed hydroconversion of an extraction residue from Lingwu bituminous coal[J]. International Journal of Mining Science and Technology, 2012, 22(2)：251-254.

[9] Yue X M, Wei X Y, Sun B, et al. A new solid acid for specifically cleaving the C_{ar}—C_{alk} bond in di (1-naphthyl) methane[J]. Applied Catalysis A：General, 2012, 425：79-84.

[10] Jin L, Han K, Wang J, et al. Direct liquefaction behaviors of Bulianta coal and its macerals[J]. Fuel Processing Technology, 2014, 128：232-237.

[11] Curran G P, Struck R T, Gorin E. Mechanism of hydrogen-transfer process to coal and coal Extract[J]. Industrial & Engineering Chemistry Process Design & Development, 1967, 6(2)：166-173.

[12] Neavel R C. Liquefaction of coal in hydrogen-donor and non-donor vehicles[J]. Fuel, 1976, 55(3)：237-242.

[13] Arif A, Chen Z. Direct liquefaction techniques on lignite coal：A review[J]. Chinese Journal of Catalysis. 2020, 41：375-389.

[14] Zhang F, Xu D, Wang Y, et al. The effects of cornstalk addition on the product distribution and yields and reaction kinetics of lignite liquefaction[J]. Applied Energy, 2014, 130：1-6.

[15] Boucher R J, Standen G, Eglinton G. Molecular characterization of kerogens by mild selective chemical degradation-ruthenium tetroxide oxidation[J]. Fuel, 1991, 70(6)：695-702.

[16] Yue X M, Wei X Y, et al. A new solid acid for specifically cleaving the C_{ar}—C_{alk} bond in di (1-naphthyl) methane[J]. Applied Catalysis A General, 2012, 425：79-84.

[17] Hu Z P, Yang D, Wang Z, et al. State-of-the-art catalysts for direct dehydrogenation of propane to propylene[J]. Chinese Journal of Catalysis, 2019, 40(9)：1233-1254.

[18] Lu H Y, Wei X Y, Yu R, et al. Sequential thermal dissolution of huolinguole lignite in methanol and ethanol[J]. Energy & Fuels, 2011, 25(6)：2741-2745.

[19] Li W, Bai Z Q, et al. Transformation and roles of inherent mineral matter in direct coal liquefaction：A mini-review [J]. Fuel, 2017, 197：209-216.

[20] Li X, Gao J P, Bai Z Q, et al. Chemical transformation of inherent sodium and calcium species during direct liquefaction of two typical lignites rich in alkali and alkaline earth metals[J]. Fuel, 2019, 210：227-235.

[21] 张德祥. 煤制油技术基础与应用研究[M]. 上海：上海科学技术出版社，2013.

[22] 贾风军. 煤质特性与煤直接液化关系分析[J]. 洁净煤技术，2008，14(6)：49-50.

[23] Lu L, Hu H, Fan H. Theoretical study on bond dissociation enthalpies of weak bridge bonds in coal[C]//中国化学会第二届全国燃烧化学学术会议论文集. 大连：中国化学会，2017.

[24] 秦云虎，王彦君，胡荣华，等. 直接液化用煤指标体系分级探讨及应用评价[J]. 中国煤炭地质，2017，29(9)：7-10.

[25] Hao P, Bai Z Q, etc. Role of hydrogen donor and non-donor binary solvents in product distribution and hydrogen consumption during direct coal liquefaction[J]. Fuel Processing Technology, 2018, 173：75-80.

[26] 史士东. 煤加氢液化工程学基础[M]. 北京：化学工业出版社，2012.

[27] 王洪学，舒歌平，杨葛灵，等. 神华煤直接液化工艺供氢溶剂研究[J]. 应用化工，2019，48(10)：2462-2464.

[28] Shan X G, Shu G P, Li K J, etc. Effect of hydrogenation of liquefied heavy oil on direct coal liquefaction[J]. Fuel, 2017, 194：291-296.

［29］Gao S S，Zhang D X，Li K J. Effect of recycle solvent hydrotreatment on oil yield of direct coal liquefaction［J］. Energies，2015，8：6795-6805.

［30］李会玲. 煤制油技术发展现状及分析［J］. 山东化工，2017，46(10)：59-61.

［31］李导，舒歌平，高山松，等. 煤直接液化铁基催化剂研究进展［J］. 神华科技，2019，17(7)：63-69.

［32］Yan Z W，Liu Y E，Ma F Y，et al. Preparation of pseudohomogeneous catalyst and its application in coal direct liquefaction［J］. Modern Chemical Industry，2015，35(4)：119-122.

［33］Li Y，Cao Y，Jia D. Direct coal liquefaction with Fe_3O_4 nanocatalysts prepared by a simple solid-state method［J］. Energies，2017，10(7)：886.

［34］Jing X，Lu H，Shu G，et al. The relationship between the microstructures and catalytic behaviors of iron-oxygen precursors during direct coal liquefaction［J］. Chinese Journal of Catalysis，2018，39(4)：857-866.

［35］Fang L，Zhou S W，Zhao H，et al. Research progress and prospect of new type pillared montmorillonite catalyst based on direct coal liquefaction［J］. Clean Coal Technology，2016，53(1)：43-47.

［36］刘华. 提高煤直接液化催化活性的研究进展及展望［J］. 洁净煤技术，2016，22(4)：105-111.

［37］周涛，张昕阳，方亮，等. 两类新型煤直接液化催化剂的合成研究进展［J］. 现代化工，2017，37(07)：63-67.

［38］王勇，张晓静，史士东. 煤直接液化复合催化剂研究现状和前景［J］. 煤质技术，2016(增刊1)：12-15.

［39］白宗庆，李文，尉迟唯，等. 褐煤在合成气气氛下的低温热解及半焦燃烧特性［J］. 中国矿业大学学报，2011，40(5)：726-732.

［40］Anthony D B，Howard J B，Hottel H C，et al. Rapid devolatilization and hydrogasification of bituminous coal［J］. Fuel，1976，55(2)：121-128.

［41］高晋生. 煤的热解、炼焦和煤焦油加工［M］. 北京：化学工业出版社，2010.

［42］唐遥，王跃，崔平. 煤加氢热解技术的研究进展［J］. 安徽化工，2018，44(5)：4-7.

［43］Zhang J，Zheng N，Wang J. Co-hydrogasification of lignocellulosic biomass and swelling coal［J］. IOP Conference Series：Earth and Environmental Science，2016，40(1)：012042.

［44］袁申富. 煤加氢气化制备可替代天然气的研究进展［J］. 当代化工研究，2020(3)：5-14.

［45］钱卫，黄于益，张庆伟，等. 煤制天然气(SNG)技术现状［J］. 洁净煤技术，2011，17(1)：27-32.

［46］Yuan S，Qu X，Zhang R，et al. Effect of calcium additive on product yields in hydrogasification of nickel-loaded Chinese sub-bituminous coal［J］. Fuel，2015，147：133-140.

［47］Zhang J，Wang X，Wang F，et al. Investigation of hydrogasification of low-rank coals to produce methane and light aromatics in a fixed-bed reactor［J］. Fuel Processing Technology，2014，127：124-132.

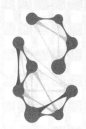

5

煤炭燃烧反应性

　　煤的燃烧是将煤的化学能变成热能的转化过程，煤炭燃烧反应性是评价这一性能的指标。我国煤炭消费量的绝大部分是通过燃烧转化为热能被利用的，煤炭燃烧反应性对燃煤发电以及热力生产具有重要意义。

5.1　化学基础

　　煤的燃烧是一个相当复杂的过程，是多种因素影响的复杂多相反应。煤质、气氛、温度、压力、燃烧设备等都对煤的燃烧产生重要影响。本章重点讨论煤表面在燃烧反应中的变化和煤燃烧反应的动力学规律。

　　煤的燃烧大体上经历加热干燥、挥发分析出、着火燃烧、剩余焦炭的着火和燃烧等一系列过程。焦炭燃烧在煤燃烧中占有相当重要的地位，它的燃烧时间约占煤炭燃烧时间的9/10。含碳量越高，煤燃尽时间越长，焦炭发热量所占的比例越大。焦炭的燃烧是发生在焦炭表面和氧化剂之间的气固两相反应。其反应机理相当复杂，一般分为一次反应和二次反应两种。

　　一次反应为：

$$C(s)+O_2(g)\longrightarrow CO_2(g) \qquad +409.15kJ/mol \qquad (5-1)$$

$$C(s)+\frac{1}{2}O_2(g)\longrightarrow CO(g) \qquad +110.52kJ/mol \qquad (5-2)$$

　　二次反应为：

$$C(s)+CO_2(g)\longrightarrow 2CO(g) \qquad -162.53kJ/mol \qquad (5-3)$$

$$2CO(g)+O_2(g)\longrightarrow 2CO_2(g) \qquad +571.68kJ/mol \qquad (5-4)$$

　　总反应为：

$$xC(s)+yO_2(g)\longrightarrow mCO_2(g)+nCO(g) \qquad (5-5)$$

　　其中式（5-4）是在焦炭表面附近进行的气相反应，式（5-1）、式（5-2）、式（5-3）都是在焦炭表面发生的气固两相反应。式（5-1）、式（5-2）和式（5-4）是放热的氧化反应，反应产物为一氧化碳和二氧化碳；式（5-3）为吸热的还原反应，反应产物为一氧化碳。可见，高温有利于式（5-3）还原反应的进行，即有利于在炭表面反应生成一氧化碳。一般当温度高于1200℃时，温度越高，炭表面反应生成的一氧化碳就越多。如果在炭表面附近的空间中有足够的氧气则 CO 就转化为 CO_2。

在燃烧前煤需要进行破碎，有时要破碎成块状，有时则要破碎成粉状。煤块或煤粉送入燃烧室（或炉膛）后，首先被加热，吸附在其表面和缝隙中的水分被逐渐蒸发出来；接着有机质开始热分解，析出挥发分。挥发分的析出是逐渐进行的，最先挥发出来的是容易断裂的链状烃或环状烃。在开始阶段，挥发分的析出速率较高，在不太长的时间内便析出总挥发分的 80%～90%，最后的 10%～20% 则要过较长的时间才能析完。析出挥发分的过程是着火前的准备阶段，与液体燃料一样，这一阶段需要吸收热量。

在燃烧室或炉膛中，对煤的加热是依靠高温烟气进行的。烟气对煤的加热强度以及煤的温度、性质和可燃质含量，决定了煤能否着火和着火感应期的长短。煤着火首先是挥发分着火，碳化程度浅的煤，其挥发分较多，且活性较强，因而容易着火。煤的挥发分着火与液体燃料蒸气着火的机理基本相同。

挥发分析出后的剩余物质称为焦炭，它是由固定碳和一些矿物杂质组成的。焦炭的燃烧比挥发分的燃烧困难得多。由于挥发分是气态的，容易与空气混合，燃烧时会优先消耗煤粉周围的氧，氧气就很难扩散到煤的表面，所以焦炭常常在煤的大部分挥发分烧完之后才开始燃烧。

焦炭的燃烧一般先从其表面的某一局部开始，再逐渐扩展到整个表面。煤颗粒表面常出现一层很薄的蓝色火焰，这是 CO 燃烧所形成的火焰。焦炭燃烧是煤燃烧的主要阶段，通常焦炭放出的热量占煤总发热量的大部分，如无烟煤约为 90%，烟煤一般为 60%～80%，而褐煤一般为 45%～55%。

在煤的燃烧过程中，从开始干燥到大部分挥发分烧完所需的时间约占煤总燃烧时间的 1/10，焦炭的燃烧时间则约占 9/10。挥发分和焦炭的燃烧在时间上有些交叉，或者说在一段时间内，它们是并行进行的，但这段时间不长。在工程燃烧的近似计算中，一般把煤燃烧的这两个阶段划分开并认为它们是前后连续的。

当焦炭燃烧时间过半后，灰分将成为影响燃料燃尽的重要因素。可燃组分碳的燃烧是从颗粒的外表面逐渐向其中心发展的，随着碳的消耗，焦炭中的灰分便留下来覆盖在颗粒外部，形成逐渐增厚的灰壳。这种灰壳会妨碍氧由颗粒外部向内部的扩散，从而影响焦炭的燃尽。

图 5-1 为煤粒燃烧历程的示意图，它大致说明了固体燃料燃烧的基本过程，即包括预热、干燥、挥发分的析出与燃烧、焦炭的形成与燃烧等阶段。随着燃料不同，上述各个阶段

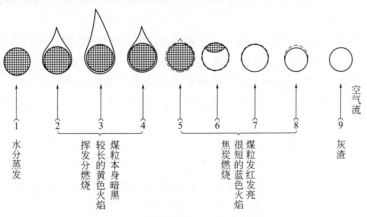

图 5-1 煤粒燃烧历程的示意图

所占的时间略有差别。木柴的燃烧也有类似的步骤，但是它的固定碳较少，挥发分燃烧占的时间比例相对较大，因而总的燃烧时间要比煤短得多。

固体燃料的燃烧速率同样取决于燃料和氧气的混合速率，燃料的颗粒越小，越有利于其与氧化剂的接触和混合。

5.1.1 物料燃烧过程的概述

燃烧反应实际上就是燃料中的可燃元素与氧发生化合反应并同时发生光和热的氧化过程。燃烧的发生与持续，必须同时具备可燃物料、氧化剂（如空气或氧）和将燃料加热到燃烧反应需要的最低着火温度（表 5-1）三个条件。燃烧反应的种类很多，按照燃烧产物是否完全氧化可分为完全燃烧与不完全燃烧；根据燃烧设备和控制条件可分为固定床燃烧、流化床燃烧和气流床燃烧；根据燃烧时的表观现象，可分为正常燃烧（有相对稳定的燃烧过程和燃烧空间）与非正常燃烧（如煤层爆炸、烟气爆炸等），又可分为有焰燃烧和无焰燃烧等。

表 5-1 部分固体燃料的着火温度

燃料种类	着火温度/℃	燃料种类	着火温度/℃
木材	295	无烟煤	700～800
泥炭	225	木炭	300～400
褐煤	250～450	冶金用焦	700～750
烟煤	400～500		

5.1.2 煤燃烧过程的反应和动力学

煤从进入炉膛到燃烧完毕，一般经历四个阶段。①水分蒸发阶段，当温度达到105℃左右时，水分全部被蒸发。②挥发物着火阶段，煤不断吸收热量后，温度继续上升，挥发物随之析出，当温度达到着火点，挥发物开始燃烧。挥发物燃烧速度快，一般只占煤整个燃烧时间的 1/10 左右。③焦炭燃烧阶段，煤中的挥发物着火燃烧后，余下的碳和灰组成的固体物便是焦炭，此时焦炭温度上升很快，固体碳剧烈燃烧，放出大量的热量，煤的燃烧速度和燃尽程度主要取决于这个阶段。④燃尽阶段，这个阶段使灰渣中的焦炭尽量烧完，以降低不完全燃烧热损失，提高效率。

这些阶段在燃烧空间充分的条件下可能顺序发生，在燃烧空间不充分或连续添加煤料时也可能各阶段相互交叉或者同步进行。挥发分析出过程可能在水分完全没有蒸发尽就开始，煤焦也可能在挥发物没有完全析出前就开始着火燃烧等。煤中可燃物的主体是固定碳，是释放热量的主要来源，燃尽时间也最长。煤焦的燃烧是煤燃烧过程中起决定性作用的阶段，它决定着燃烧反应的最主要特征。

以煤燃烧反应中的气体为主体描述煤的燃烧过程，首先是氧气通过气流边界层在灰层中扩散和在煤粒内部微孔中扩散，之后在煤表面上发生化学吸附与氧化反应，解吸后的反应产物通过内部微孔扩散到煤的外表面，再继续扩散通过灰层，进而通过气流边界层进入主气流进行扩散。燃烧过程整个时间由化学反应时间和扩散时间构成。化学反应时间主要取决于煤的本性（成煤物质和变质程度）和温度；扩散时间则主要取决于气流速率和灰层厚度。

煤的燃烧反应有两种典型的反应状态。在化学反应速率控制状态时，整个燃烧反应速率受煤表面的氧化反应速率控制，反应时间主要由化学反应时间决定。这种状态煤表面温度通常较低，要加快燃烧反应的速率，提高温度是最有效的手段。在扩散速率控制状态时，整个燃烧反应速率取决于氧气扩散到煤粒反应表面上的速率，而与温度无关。要加快燃烧反应的速率，减小煤颗粒粒径以减小灰层厚度、增大气流速率以减薄气膜厚度，使炭表面反应剂浓度增大是最有效的手段。需要说明的是，煤的燃烧状态也可能介乎上述二者之间。这时，提高温度和增强气流速率都可以加快煤的燃烧反应速率。

5.1.2.1 煤燃烧反应中的化学变化

煤中的燃烧反应主要涉及的元素是碳和氢，以下是一些主要的反应和标准状态下的反应热。

碳的完全燃烧：

$$C + O_2 \longrightarrow CO_2 \qquad \Delta_r H_m^{\ominus} = -393.5 \text{kJ/mol} \tag{5-6}$$

碳的不完全燃烧：

$$C + \frac{1}{2} O_2 \longrightarrow CO \qquad \Delta_r H_m^{\ominus} = -110.52 \text{kJ/mol} \tag{5-7}$$

一氧化碳的燃烧：

$$CO + \frac{1}{2} O_2 \longrightarrow CO_2 \qquad \Delta_r H_m^{\ominus} = -282.99 \text{kJ/mol} \tag{5-8}$$

氢的燃烧反应：

$$H_2 + \frac{1}{2} O_2 \longrightarrow H_2O \qquad \Delta_r H_m^{\ominus} = -241.83 \text{kJ/mol} \tag{5-9}$$

通过上述煤燃烧基本反应式可以求出燃烧时的理论耗氧量、理论烟气组成和理论烟气量。碳的不同同素异形体具有不同的生成热，上面反应式中的反应热是按照碳的石墨构型得到的，无定形碳的燃烧反应热大于石墨的燃烧反应热。

煤在实际燃烧过程中发生的化学反应，不全都是燃烧反应，也同时伴有碳的气化过程和CO的燃烧等其他一些反应。以下是一些主要的反应和标准状态下的反应热：

二氧化碳气化反应：

$$C + CO_2 \longrightarrow 2CO \qquad \Delta_r H_m^{\ominus} = -172.47 \text{kJ/mol} \tag{5-10}$$

水蒸气气化反应：

$$C + H_2O(g) \longrightarrow CO + H_2 \qquad \Delta_r H_m^{\ominus} = -131.31 \text{kJ/mol} \tag{5-11}$$

$$C + 2H_2O(g) \longrightarrow CO_2 + 2H_2 \qquad \Delta_r H_m^{\ominus} = 90.15 \text{kJ/mol} \tag{5-12}$$

水煤气变换反应：

$$CO + H_2O(g) \longrightarrow CO_2 + H_2 \qquad \Delta_r H_m^{\ominus} = -41.16 \text{kJ/mol} \tag{5-13}$$

甲烷化反应：

$$CO + 3H_2 \longrightarrow CH_4 + H_2O(g) \qquad \Delta_r H_m^{\ominus} = -206.16 \text{kJ/mol} \tag{5-14}$$

煤的燃烧可以认为是氧气先在煤表面上化学吸附生成中间络合物，而后解吸同时生成CO_2和CO两种燃烧产物的过程：

$$x C + \frac{1}{2} y O_2 \longrightarrow [C_x O_y] \longrightarrow m CO_2 + CO \tag{5-15}$$

煤颗粒表面的反应模式和气体浓度随燃烧温度的不同而变化,靠近煤粒表面 CO/CO_2 的比值随温度而变化。低于 1200℃时比值大于 1, CO_2 浓度大于 CO 浓度,氧化反应的趋势明显;高于 1200℃时, CO/CO_2 比值小于 1,表明还原反应的趋势更明显;当温度大约在 1200℃时, CO/CO_2 比值接近于 1。

煤燃烧时若气流中存在水蒸气,则可以在燃烧过程中生成 H_2。 H_2 分子反应速度比 CO 要快,而水蒸气的分子反应速度比 CO_2 要快,这样当 CO_2 气化掉 1 个 C 原子时氢已经气化掉多个 C 原子。因此在水蒸气存在时,煤的燃烧大大加快。所以煤的燃烧过程不能忽略煤的气化过程,燃烧与气化的结果之所以不同,是因为受氧气量的多少控制。

5.1.2.2 燃烧反应中表面形态的变化

(1) 热解过程中表面结构的变化

煤的热解在煤着火之前发生,热解过程中煤表面结构的变化直接影响着煤的燃烧状况。一般来说热解过程中随着挥发分的析出,煤中孔系不断发达,尤其是形成了大量的微孔结构。微孔的形成,使内表面和粗糙度都有所增加,其分形维数也因此而增大,这就为以后煤焦的着火提供了条件。

Wedler 等[1]对热解过程中煤焦气孔结构的演变进行了全面的分析。在 $T=273.15K$ 下进行了不同热解焦炭上 CO_2 的吸附实验,并使用 Dubinin-Astakhov 模型进行了分析。被研究的干煤和热解焦炭的多孔结构主要由微孔控制,观察到微孔的体积和表面积通常比中孔和大孔大,尤其是对于干煤和稍微热解的焦炭,差异是明显的。在热解过程中,微孔发展为中孔和大孔,但同时也形成了新的窄微孔,这些新的微孔具有更均匀且更窄的孔径分布。

Çakal 等[2]通过热重分析(TGA)在 750~1000℃的温度范围内研究了原始、热解和气化产物在不同温度下的 BET 和 DR 测试结果,结果显示,原始褐煤具有极低的介孔率和微孔隙度。然而,在热解之后,中空和微孔率随着热解温度升高而显著增加。

平传娟[3]采用低温氮气吸附方法研究混煤焦表面形态的变化规律。通过对吸附等温线的分析,观察到煤焦具有连续、完整的孔隙结构,无定形孔的存在使得吸附等温线存在不闭合的状态。随着热解终温的升高,混煤焦的比表面积先增加后减小,随着烟煤掺混比例的增加,混煤焦的微孔容积和表面积也先增加后减小,AlB_2 混煤焦具有最大微孔容积和表面积。对煤焦孔隙的分形研究发现煤焦孔隙分形维数与微孔结构关系密切,混煤焦表面形态的变化规律体现了混煤热解的独立性以及相互作用。

另外,Qi 等[4]的研究表明,煤的内在矿物质和主要的单种矿物质组分对煤在成焦过程中的孔扩散及新表面的生成均有促进作用。

(2) 煤焦燃烧反应中表面结构的变化

煤焦在燃烧过程中,其表面结构经历了剧烈的变化。Salatino 等[5]对煤焦燃烧过程中煤表面分形维数进行了测定,在不同燃烧转化率下测得的分形维数变化不大,都在 2.7~2.8 范围之内,没有增加或减少的趋势。研究认为煤焦开始燃烧后,其表面已经达到相当的粗糙程度,虽然在燃烧过程中由于孔的打开及崩溃作用,均无法对粗糙度造成进一步的加深,因而也就不会使分形维数发生太大的变化。Liu 等[6]对焦炭燃烧特性进行了研究,发现高加热速率褐煤炭具有比沥青炭更大的内表面积,但溶胀率和孔隙率较低。考虑到两种炭的燃烧特性,内表面积通过显示较高的燃烧温度和较短的燃尽时间发挥积极作用,而溶胀率和孔隙率则产生复杂的影响。对于两种煤焦而言,由于内部表面积的形成和破坏的综合作用,燃烧率开始时先上升，然后随着焦炭转化率的增大而下降。在内部表面积和溶胀行为共同作用下，褐煤炭比沥青炭具有更好的燃烧性能。此外，结构参数对炭燃烧的重要性遵循以下顺序：内表面积＞溶胀比＞孔隙率。高内表面积对燃烧特性具有有利影响。

Lee 等[7]结合 BC-x 和 SOC-x 样品的氮吸附结果和 TGA 结果，证明了煤焦的燃烧速度和温度受其表面积和孔体积的影响很大。也就是说，煤焦的表面积越大，燃烧速度越快，燃烧温度越低。

白素芳[8]通过对同一温度下，燃烧时间不同的五矿烟煤、神木烟煤和陶一无烟煤所得煤焦的表面中孔和大孔的平均孔径进行分析，得出燃烧时间对这三种煤焦表面孔径的变化有明显的影响。整个燃烧过程中，神木烟煤和陶一无烟煤所得煤焦的表面孔径总体呈现出先上升后下降然后又上升的趋势，而五矿烟煤所得焦的表面孔径则呈现先下降后上升然后又下降的趋势，这主要是由燃烧各阶段的基本反应所导致的，而且挥发分的析出及燃烧对煤焦表面结构的变化有很大影响。费华等[9]对云浮烟煤焦在不同温度下 O_2/CO_2 燃烧特性进行研究。研究结果表明热解终温对焦结构的影响是不可忽略的，这是由于孔隙结构的变化主要受挥发分析出和焦受热变形的影响。云浮烟煤 O_2/CO_2 燃烧过程中起始阶段比表面积（SBET）有增加趋势，这种现象的产生主要是由于煤焦燃烧过程中微孔的扩容和新孔的产生，并且比表面积与微孔孔容积的变化规律非常相似，而这由于 SBET 主要是由微孔来提供，但当转换率大于 80％时，由于孔坍塌造成 SBET 有减小的趋势。He 等[10]使用 N_2 吸附和 X 射线衍射分析来研究不同燃烧阶段的微观孔隙结构的变化和碳燃料的化学结构特征，以此来探究微观结构和活化能的关系。结果表明样品在燃烧期间活化能首先迅速下降，然后变得稳定。与煤粉相比，两种炭在反应过程中微观孔结构更发达，碳化学结构更有序，活化能更低。燃烧过程中，芳香层的堆积高度先减小后增大，比表面积先增大后减小，挥发分含量只在燃烧初期对活化能有显著影响。在中期，活化能更多地受到微观孔隙结构和碳化学结构的控制，而这些影响在后期消失。总的来说，微孔结构和碳化学结构对动力学参数的影响大于挥发分含量。

5.2 燃烧方法

煤是复杂的固体碳氢燃料，除了水分和矿物质等惰性杂质外，煤是由碳、氢、氧、氮和硫这些元素的有机聚合物组成的。这些有机聚合物构成了煤的可燃质。煤在受热时，颗粒表面上和渗在缝隙中的水分蒸发出来，就变成干燥的煤。同时逐渐使最易断裂的链状和环状烃挥发出来，也即析出挥发分。若外界温度较高，又有一定的氧，那么挥发出来的气态烃就会首先达到着火条件而燃烧起来。当温度继续升高而使煤中较难分解的烃也析出而挥发掉以后，剩下的就是焦炭。挥发分在燃烧时，一方面可以供给热量将焦炭加热到炽热状态，另一方面暂时将氧都夺去燃烧，所以焦炭要在大部分挥发分烧掉以后才开始燃烧。

由此可见，煤的燃烧可粗略地分为着火和燃尽两部分，其着火过程主要取决于挥发分的析出及燃烧。在挥发分大量析出的局部区域，通入富氧空气流，将有助于形成局部高温区，强化燃烧。这一过程可以通过分析一小团煤粉颗粒随一次风射流进入炉膛后的加热着火情况来说明。

5.2.1 燃烧过程的主要控制参数

5.2.1.1 燃烧的热强度

（1）炉排面可视热负荷

在层燃炉中，绝大部分燃料是在炉排上燃烧的，也就是说炉排面积是保证火床燃烧（层状燃烧）强度的基本条件。这一特征用所谓炉排面可视热负荷表示，它是单位时间内在单位面积炉排上燃烧所放出的热量（q_F，kW/m^2），即：

$$q_F = \frac{BQ_{net}}{F} \tag{5-16}$$

式中　B——每秒钟送入炉内的燃料量，kg/s；

　　　F——炉排有效燃烧面积，m^2；

　　　Q_{net}——燃料收到基低位热值，kJ/kg。

对于某一种炉型，当其燃用一定种类的燃料时，有一最佳值。一味追求很小的炉排面积，必然会使空气流经燃料层的速率过高，并使燃料的燃烧时间过短。前者可导致被吹走的未燃煤屑量增大，后者则会引起燃料层的燃烧不完全，这都会使燃料不完全燃烧损失达到不被允许的程度。

应当根据煤种、煤的粒度、煤层厚度、鼓风压力等因素确定炉膛容积热强度的大小。

（2）炉膛容积可视热负荷

在层燃炉中尽管大部分燃料在炉排上燃烧，但仍有部分可燃物是在炉膛容积中烧掉的，这种燃烧强度用炉膛容积可视热负荷 q_V 表示，其意义是单位时间内在炉膛的单位容积中燃烧放出的热量（q_V，kW/m^3）。

$$q_V = \frac{BQ_{net}}{V} \tag{5-17}$$

式中　V——炉膛的体积，m^3。

炉膛容积热负荷同样与炉型、煤质及操作方法有关。燃烧容积小些，可以提高炉膛的温度和燃烧效率，但容积过小，亦容易造成燃烧不完全，还会造成燃烧室的内压力过大、炉门向外冒烟等问题。而燃烧容积过大时，烟气不能充满炉膛，容易抽进冷风，致使炉膛温度降低。知道炉排面积和炉膛容积后，可求出炉膛的高度。

5.2.1.2 氧与燃料的比例

（1）燃料的燃烧计算

燃烧过程实质上是燃料中的可燃物分子与氧化剂分子之间的化学反应。燃烧计算根据化学反应过程中的质量平衡和热量平衡，计算化学反应开始和终结时的各有关参数，包括单位质量（或体积）燃料燃烧所需的氧化剂（空气或氧气）质量、燃烧产物（或烟气）的质量和成分、燃烧所能达到的温度等。这些数据对燃烧装置乃至整个热力系统的设计和运行操作都是不可缺少的。

对固（液）体燃料，以 1kg 燃料为基准进行燃烧计算；对气体燃料，以 $1m^3$ 燃料为基准进行燃烧计算。

实际的燃烧装置中，大多采用空气作为燃烧反应的氧化剂。少数情况下，也可选用富氧空气或氧气。在燃烧计算中一般只考虑空气中的 O_2、N_2 和水蒸气，略去空气中微量的稀有气体和 CO_2，并假定干空气中 O_2 的体积分数为 21%，N_2 为 79%。

在计算中，把空气和烟气的成分（包括水蒸气）都看作理想气体。由于 1kmol 气体在标准状态（0.1MPa，273.15K）下的体积为 $22.4m^3$，因此在计算中把所有气体的体积折算到标准状态，这时的体积计算单位为 m^3（标准状态）。

（2）燃料燃烧所需空气量计算

燃料的可燃成分由碳、氢、硫等元素组成。如果在燃烧过程中可燃成分中的碳、氢、硫都能氧化合成不能燃烧的产物（CO_2、H_2O 以及 SO_2），则称为完全燃烧。如燃烧产物中还存在可燃物质（CO、H_2、CH_4 等未燃尽气体及固态碳粒），则称为不完全燃烧。造成不完全燃烧的原因可能是空气供应不足、燃料与空气混合欠佳以及燃烧产物发生热分解等。燃料只有在完全燃烧时才能放出最大的热量，因此一般燃烧装置都要求尽量做到完全燃烧。

① 理论空气量　即 1kg（或 $1m^3$）收到基燃料完全燃烧而又没有剩余氧存在时所需要的空气量，这种理想情况下燃烧所需的空气量以符号 V_0 表示，其单位为 m^3/kg（对液体燃料和固体燃料）或 m^3/m^3（对气体燃料）。

固体和液体燃料的成分均以各元素在燃料中占有的质量分数表示，但对于气体燃料，各组分所占有的量以体积分数表示，因此它们的燃烧计算表达式有所不同。

使 1kg 燃料完全燃烧应配给的空气量是根据燃料中可燃元素与氧气之间的反应式求得的，单位质量燃料完全燃烧所需空气量就是根据燃料中所含 C、H、S 元素分别与氧气反应所需空气量相加而得，如式（5-18）所示。

$$V_0 = \frac{1}{0.21} \times \left(1.866 \times \frac{C_{ar}}{100} + 0.7 \times \frac{S_{ar}}{100} + 5.55 \times \frac{H_{ar}}{100} - 0.7 \times \frac{O_{ar}}{100}\right) \tag{5-18}$$

式中，C、S、H、O 分别表示 C、H、S、O 四种元素在煤中的质量分数；ar 表示收到基。

② 实际空气量　燃料的燃烧可能在下述工况下进行：贫氧燃烧工况、富氧燃烧工况、理论燃烧工况。实际空气供给量与理论空气需要量的比值称为燃料燃烧的空气系数：贫氧燃烧工况空气系数<1；富氧燃烧工况空气系数>1（此时空气系数也称为过量空气系数）；理论燃烧工况空气系数=1。大多数燃烧装置运行时，为了实现完全燃烧，实际空气供给量总是大于理论空气需要量。这是因为在实际燃烧装置中，燃料和空气往往是分别送入炉膛的。由于炉膛空间有限，燃料和空气很难达到绝对均匀混合，导致不完全燃烧。为避免这种情况，在实际运行时，往往人为地向燃烧装置供入过量空气，使燃料与空气在混合不均的条件下仍有充分的机会与空气接触，故炉膛出口处的空气系数一般大于1。

空气系数取决于燃烧方式、燃烧装置运行工况等因素，在设计燃烧装置时可根据有关资料选取，运转中的燃烧装置则可通过仪表测定。各种锅炉炉膛出口的过量空气系数推荐值列于表 5-2。

表 5-2　出口过量空气系数

燃烧设备型式及燃料	层燃炉		固态排渣炉		液态排渣炉		燃油、燃气炉	
	无烟煤、贫煤	烟煤、褐煤	无烟煤、贫煤、劣质烟煤	烟煤、褐煤	无烟煤、贫煤	烟煤、褐煤	平衡通风	微正压
过量空气系数	1.4~1.5	1.3~1.4	1.2~1.25	1.15~1.2	1.2~1.25	1.15~1.2	1.08~1.1	1.05~1.07

5.2.2 燃烧装置的性能

为了保证工程燃烧可靠安全运行，燃烧设备必须满足一定的质量性能要求。不同设备的指标体系有较大差别，这里仅就燃烧室和燃烧器提出一些原则性要求。

5.2.2.1 燃烧室

① 燃烧效率要高。燃烧效率是表示燃料燃烧完全程度的指标，其含义是实际燃烧过程释放出的可用于热工过程的能量与理论上燃料完全燃烧所释放的能量之比，是体现燃烧装置经济意义的重要指标。不同装置的燃烧效率差别很大，例如，有些老式工业窑炉的燃烧效率只有 30%左右，而先进的电站煤粉锅炉、燃气轮机燃烧室等则可达到 95%～99%。

② 燃烧强度要大。燃烧强度是表示单位时间在燃烧室内放出热量多少的指标。当燃烧强度按单位燃烧室容积计算时称为容积热强度；当燃烧强度按单位燃烧室横截面面积计算时称为面积热强度。它们分别用单位时间释放的可用燃烧热与燃烧室的体积或特定截面面积之比表示。

燃烧强度反映燃烧室结构的紧凑性，此指标越高，燃烧室的体积越小。对于某些燃烧设备（如航空与航天发动机）来说，这一指标具有极为重要的意义。对于地面使用的燃烧设备，此指标可以低些，但适当减小燃烧室的体积大多是有好处的。

③ 燃烧稳定性要好。这是表示燃烧过程合理性和可靠性的指标。当燃料和空气在规定的压力、温度下，以预定的流量送入燃烧室时，应当能正常着火，火焰分布合理，不发生过长或过短，火焰面稳定，不发生熄火或回火，不出现超温或降温等情况。

④ 安全性要好，使用寿命长。这是表示燃烧装置能否长期可靠运行的指标。如果装置运行被迫中途停止或发生事故，往往会造成严重后果。这一性质很大程度上取决于燃烧室的热强度、火焰或温度场分布及隔热保护条件，它们均需要根据燃烧装置的总体要求做出合理设计，以保证装置的正常、安全工作，并尽量延长装置的使用寿命。

⑤ 燃烧污染要小。

5.2.2.2 燃烧器

燃烧器主要包括燃料喷嘴、配风器和点火器三个部分。相对于燃烧室来说，燃烧器的体积要小得多，但它是组织合理燃烧的关键装置，是燃烧室性能好坏的关键因素。除了应具有与燃烧室相同的要求外，燃烧器还应满足以下几点：能够实现燃料与空气的良好混合；点火容易，火焰稳定；结构紧凑，重量轻；安装、检修和操作方便。

5.3 燃烧方式与设备

根据固体燃料在燃烧装置中的运动状态，煤的燃烧可分成层状燃烧、室式燃烧和沸腾燃烧三种基本方式[11,12]。

层状燃烧是将固体燃料放在炉排（或炉箅）上，形成有一定厚度的燃料层。大部分燃料在燃料层中进行燃烧，这种燃烧方式又称为火床燃烧。空气自下向上流过，将少量的细小煤颗粒吹到燃料层上方，与燃料热分解析出的挥发分及焦炭的不完全燃烧产物 CO 一起，在燃料层上方空间中进行燃烧，形成气相火焰。

室式燃烧则没有燃料层存在，全部燃料均在燃烧室内进行空间燃烧，这种方式又称为火室燃烧（悬浮燃烧）。以这种方式燃烧时，燃料与空气边混合边燃烧，并不断随同空气和燃烧产物在燃烧室内运动。为使固体燃料能够悬浮在空气中且与空气混合良好，必须将煤磨成细粉，再用空气吹入燃烧室内燃烧。依照煤粉吹入形式及颗粒度的不同，室式燃烧又分为煤粉火炬燃烧和旋风燃烧两种主要形式。煤粉火炬燃烧与气体燃料和液体燃料的火炬燃烧相似，煤粉和空气的混合物由燃烧器喷入燃烧室内燃烧。旋风燃烧主要使用粗煤粉，也可用小煤屑，它的特点是在圆柱形筒体炉膛内旋涡燃烧。采用旋风燃烧时，煤粉和空气之间的相对速率增加，煤粉在炉膛内的停留时间加长，因而可以大大提高容积热负荷。

沸腾燃烧是介于火床燃烧和火室燃烧之间的一种燃烧方式。中等大小的颗粒送入炉中后先落在炉箅上，当从炉箅下部流入的空气具有较高速率时，燃料颗粒被气流所"流化"，在流动状态下燃烧。

5.3.1　煤的层状燃烧

层燃炉有悠久的历史，目前在工业和采暖锅炉中仍占主要地位。按操作方式可分为手烧炉、半机械化炉和机械化炉；按炉排型式可分为链条炉、振动炉排炉和倾斜往复炉排炉；按加料方式又可分为上饲式和下饲式等。

固体燃料进行层状燃烧时，燃料将依靠自身的重量在炉箅上堆积成较致密的燃料层。最简单最基本的层状燃烧是固定床燃烧，其炉箅是固定的，由图 5-2 可以看出这种燃烧床的燃料层结构和燃烧过程。

新的燃料从上部加到炽热的火床上。一方面被火床直接加热，另一方面受到燃料层上方的高温火焰和炉墙的辐射加热，新燃料温度迅速升高，很快开始析出水分和发生热分解。热分解产生的挥发分上升离开燃料后先行着火，不久燃料层本身也开始着火。随着新的燃料不断加入，原先的燃料便边燃烧边由于自身重量或某些动作而逐渐下降，而后形成灰渣到达炉箅，最后排出。

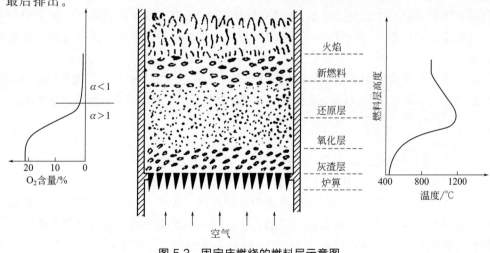

图 5-2　固定床燃烧的燃料层示意图
（α 为过量空气系数）

与燃料运动方向相反，空气是自下而上地流入炉膛的，在两者的逆向运动中，它们发生了复杂的热交换，进而对燃烧形式产生了重大影响。当空气通过炉排和灰渣时，自身受到预热，同时冷却了炉算和灰渣，这有利于保护炉算和灰渣的排出。预热后的空气上升进入固相反应层，空气中的氧与炽热的碳发生反应，由于氧气含量大，燃烧产物主要为 CO_2，但也会产生少量 CO，并放出大量的热，故该层从下而上温度逐渐升高。但随着燃烧反应的进行，空气中的氧大量消耗，二氧化碳的含量不断增加，该层的温度和二氧化碳含量都将上升到某一最大值。这种固相燃烧层一般称为氧化层。实验表明，氧化层的厚度一般为所用煤块尺寸的 3~4 倍。

当煤层总厚度大于氧化层的厚度时，则在氧化层上部还会出现一个还原层。在氧化层中生成的部分二氧化碳在这里可与碳反应而被还原成一氧化碳。还原反应是吸热的，所以随着一氧化碳浓度的增加，还原层温度有所下降，不过仍远高于新加入燃料的温度。可见，燃料层的厚度不同，燃烧反应的形式和得到的燃烧产物不同。这样便产生了两种层燃方法，即薄煤层燃烧法和厚煤层燃烧法。

在薄煤层燃烧法中，煤层厚度大致相当于所用煤块氧化层的厚度，这时在燃料层中不存在还原层，碳所进行的是完全燃烧。对于烟煤来说，煤层厚度常取 100~150mm。厚煤层燃烧法又称为半煤气化燃烧法，这时燃料层中存在一定厚度的还原层，其燃烧产物中会有一氧化碳和氢气等可燃气体。一般来说，当燃料颗粒确定时，氧化层的厚度变化不大，煤层加厚将主要使还原层增厚。且随着还原层的增厚，一氧化碳的含量增大。这就是说，在火床燃烧中，可以通过改变煤层的厚度来控制气相产物的组分。对于以产生热量为主要目的的燃烧炉来说，其煤层不宜过厚。

当采用薄煤层燃烧时，全部空气从煤层下面送入燃烧室。而采用厚煤层燃烧时，如果也希望实现完全燃烧，则除了从煤层下面将一部分空气（一次空气）送入燃烧室之外，还应将部分空气（二次空气）从煤层上方分成很多流股送入燃烧室，以燃尽可燃气体。采用这种燃烧方式时，由于气相火焰较长，炉内的温度分布比较均匀。一次空气和二次空气的比例应根据燃料的挥发分及还原反应所生成的可燃气体的量来确定。层燃法的煤层厚度与鼓风压力及煤种有关。

固定床燃烧法劳动强度大，热效率不高，污染严重，且由于燃烧状况的周期性，不适合要求稳定供热的场合。因此很多改型层燃炉相继出现。主要有抛煤式层燃炉、振动炉排式层燃炉、链条传动式层燃炉、抛煤机式链条炉、下饲加煤炉排炉、双层炉排火床炉、往复推饲炉排炉等。

大部分层燃炉燃烧所需的空气均由炉算下方送入。在较大的层燃炉中，空气的供应和烟气的排出都借助于风机。为了保持稳定的燃料层，穿过燃料层的空气流速必须保持以下关系：

$$\frac{\pi d^2}{6}(\rho_r - \rho_k) > c \times \frac{\pi d^2}{4} \times \frac{v_k^2}{2} \times \rho_k \tag{5-19}$$

式中，d 为燃料块的当量直径，m；ρ_r 和 ρ_k 分别为燃料和空气的密度，kg/m^3；v_k 为空气的流速，m/s；c 为燃料块的阻力系数。

当空气流速超过上述关系时，部分燃料会被吹起来，炉子不能稳定工作。当燃料块过小时，被吹起来的可能性更大，因而燃料块的大小，对层燃炉的燃烧状态也有重要影响。

各种层燃炉的主要特征汇总在表 5-3 中。炉排形式通常主要根据锅炉的容量、对负荷变化的适应性及燃料的性质来选择。而水分含量、煤中细粉的百分含量、煤的可磨性、煤的热值、灰熔点、煤中矿物质组成、挥发物质/固定碳之比、黏结性均将影响炉排运行性能。

表 5-3　各种层燃炉的主要特征汇总

类型	容量范围/(t/h)	最大燃烧速率/[MJ/(h·m²)]	特点
链条炉	9~45	5680	不适合于强黏结性煤
振动炉排炉	13~70	2540	飞灰少、能烧弱黏煤、费用低
下饲加煤			
单甑、双甑	9~13	4540	飞灰少、能烧弱黏煤、费用高
多甑	13~126	6810	飞灰少、能烧弱黏煤、费用高

5.3.2　煤粉燃烧

煤粉燃烧是指一定细度（一般小于 200 目的占 70％~80％）的煤粉，以悬浮状态在空气中着火燃烧。由于煤粉很细且与空气接触良好，混合充分，所以相应地降低化学不完全燃烧和机械不完全燃烧损失。

煤粉的燃烧有几种方式，这些方式均与燃烧器在煤粉燃烧炉炉膛里的位置和安装方式有关。燃烧器可安装成：a.与前墙、后墙或侧墙成水平燃烧；b.通过炉膛顶部垂直燃烧；c.前、后墙对置燃烧；d.在炉膛的角式切向燃烧。燃烧方式主要取决于锅炉容积的大小、炉型及燃用的煤种。不同煤种的着火温度：褐煤 250~400℃，烟煤 400~500℃，无烟煤 700℃。

煤粉燃烧炉的炉膛容积庞大，必须保证煤粉在炉内有足够的停留时间，以使煤粉能完全燃烧。因此煤粉炉除要求煤粉必须具有相当细度外，还需扩大炉膛尺寸，用以保证煤粉燃烧所需的火焰长度。

煤粉燃烧锅炉可以燃用的煤种较多，烟煤是其最常用的燃料。点火和火焰的稳定性以及煤灰性质会影响操作过程。

燃烧器作为煤粉燃烧技术的核心关键设备，主要作用是将燃料与空气合理混合，使燃料稳定着火并形成某种流场以利于后续完全燃烧。按出口气流的特征，可把煤粉燃烧器分为直流燃烧器和旋流燃烧器两大类。要做到组织煤粉气流连续稳定地着火、剧烈燃烧和充分燃尽，降低 NO_x 排放，实现安全节能环保燃烧，必须根据燃料的特性，选择合理的燃烧器类型及布置形式。低 NO_x 燃烧器主要分为浓淡分离燃烧型及阶段燃烧型。

5.3.2.1　浓淡分离燃烧型低 NO_x 燃烧器

浓淡分离技术采用各种类型的结构使一次风中的煤粉混合物分离成浓煤粉气流、淡煤粉气流。浓煤粉气流里空气量少，不但能够加强煤粉的着火和燃烧，且在含氧量不充足的弱氧化性气氛下抑制燃料型 NO_x 的生成，而淡煤粉气流空气量相对较多，但因燃烧时温度低，热力型 NO_x 的生成量少，因而总 NO_x 的生成量是降低的。以下介绍几种应用浓淡分离技术的典型燃烧器。

（1）WR 燃烧器

CE 公司自 20 世纪 70 年代末开始低 NO_x 燃烧器的研究，陆续研制了一系列低 NO_x 燃烧器，其中 WR（wide range）燃烧器率先得到广泛应用，该 WR 燃烧器经上海锅炉厂引入国内，曾成功应用于铁岭、妈湾、珠江等多家电

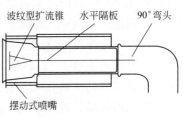

图 5-3　WR 燃烧器

厂。WR 燃烧器如图 5-3 所示。

WR 燃烧器利用 90°弯头使煤粉形成浓淡两股，并置水平隔板，浓淡侧煤粉比可达 7∶3，并一直保持到燃烧器出口。在燃烧器出口增加 1 个 "V" 形钝体以形成高温回流区，再加上波纹形扩流锥、周界风的调节，一级上下摆动调节再热气温，顶部风形成二级燃烧等，具有较好的低 NO_x 排放性能。哈尔滨锅炉厂曾在此基础上进行改进，在喷口四周加装波形板，形成了改进型的 WR 燃烧器。

（2）水平浓缩煤粉燃烧器

水平浓缩煤粉燃烧器由哈尔滨工业大学于 1987 年首次提出，其结构如图 5-4 所示。

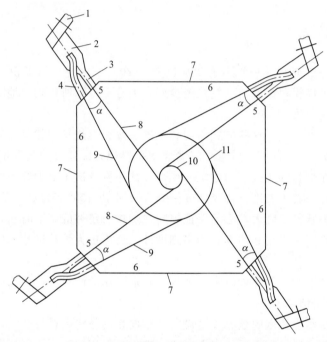

图 5-4　水平浓缩煤粉燃烧器结构原理图
1——次风管道；2—煤粉浓缩器；3—浓煤粉气流火嘴；4—淡煤粉气流火嘴；5—着火稳定区域；
6—氧化性气氛区域；7—（锅炉炉膛）水冷壁；8—浓煤粉气流火嘴轴线（或射流轴线）方向；
9—淡煤粉气流火嘴轴线（或射流轴线）方向；10—内切圆；11—外切圆

浓缩煤粉燃烧器（中国专利：CN1069560A）主要是针对现有技术不能同时满足煤粉燃烧的高效、稳燃、防结渣和低 NO_x 排放的问题而设计的。其包括锅炉炉膛、一次风管道、煤粉浓缩器，主要技术特征是在煤粉浓缩器出口设置浓煤粉气流火嘴和淡煤粉气流火嘴，二者在同一水平面上并形成夹角 α，这样煤粉浓缩器把一次风分成浓度差异很大的浓淡两股煤粉气流，然后在同一水平面上成 α 角四角切向射入炉膛，形成向火侧浓煤粉气流的内切圆和背火侧淡煤粉气流的外切圆燃烧。可同时解决煤粉燃烧的高效率、稳燃、防结渣和低污染四个主要问题，是新一代煤粉燃烧器。

（3）双分级低 NO_x 直流燃烧器

双分级低 NO_x 直流燃烧器由西安热工院研发，如图 5-5 所示，一次风通道中由分离钝体来实现煤粉的浓淡分离，浓相气流直接接入煤粉喷口，而淡相气流通过导引管路接入二次风，从二次风喷口进入炉膛，稀相风量还可通过分离调节挡板开度调节。该种独特的结构使燃烧器内部的一次风道、二次风道连通，可实现燃料分级和空气分级。同时布置方式灵活，在不改变锅炉原有燃烧器的基础上即可实现一次风煤粉浓度调节。双分级低 NO_x 直流燃烧器一次风速的调节不受煤粉管道最低风速的限制，调节范围可达 $0\%\sim30\%$。此外，一部分煤粉先分离出并与二次风预混，在一定程度上形成了燃料分级，起到迟滞一次风粉与二次风混合的作用，进一步降低了 NO_x 的生成。

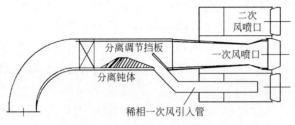

图 5-5 双分级低 NO_x 直流燃烧器

5.3.2.2 阶段燃烧型低 NO_x 燃烧器

阶段燃烧型低 NO_x 燃烧器是目前使用最广泛、技术最成熟的燃烧器，其基本原理是将二次风分成两股，分级送入燃烧区域。在煤粉着火的初级阶段，加入部分二次风，继续维持一段距离的富燃料燃烧，形成一级燃烧区域，另一部分二次风则送入下游，形成过量空气系数大于 1 的二级燃烧区。以下是几种典型的阶段燃烧型低 NO_x 燃烧器。

（1）LNCFS 燃烧器

ALSTOM 公司代表性低氮燃烧器为 LNCFS 燃烧器系统（低 NO_x 同轴燃烧系统），包括紧凑燃尽风（CCOFA）、可水平摆动的分离燃尽风（SOFA）、预置水平摆角的辅助风喷嘴（CFS）、强化着火煤粉喷嘴（EI）、火下风喷嘴（UFA）。LNCFS 燃烧系统通过布置配风将炉膛分为初始燃烧区、NO_x 还原区和燃料燃尽区 3 个区域，通过优化每个区域的过量空气系数以有效降低 NO_x 的排放。该公司研制的应用于 LNCFS 燃烧系统的强化着火（EI）煤粉喷嘴，优化了喷嘴出口处的一次风煤粉和燃料流的流场，可起到稳定火焰的作用，并能降低 NO_x 的生成，如图 5-6 所示。在分隔板前沿装有楔形分流器，该分流器可使燃料流流出喷嘴出口时扩散，导致燃料流射流的穿透能力降低、表面积增大。另外楔形分流器上的凹凸块使燃料流发生湍流混合并使着火发生在近燃烧器处。煤的挥发物迅速在靠近煤粉喷嘴的地方析出并迅速着火，火焰稳定性得到改善，降低了 NO_x 的生成。

（2）双锥燃烧器

双锥燃烧器由煤科总院开发，主要应用于工业锅炉领域，其示意图如图 5-7 所示。

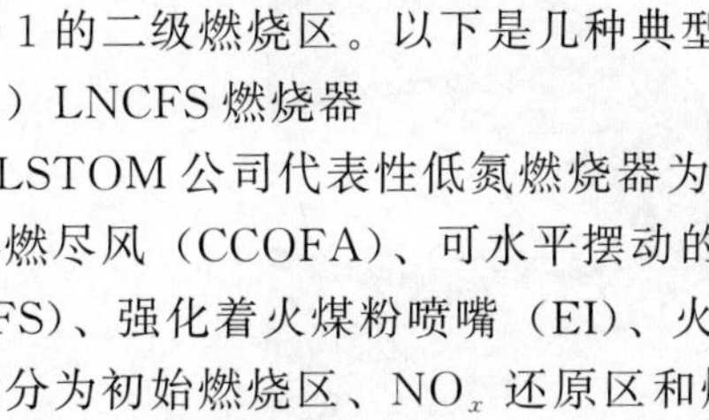

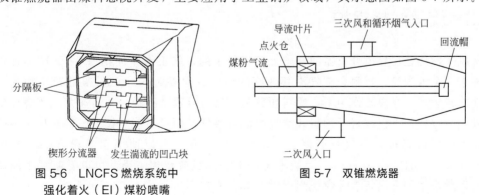

图 5-6 LNCFS 燃烧系统中
强化着火（EI）煤粉喷嘴

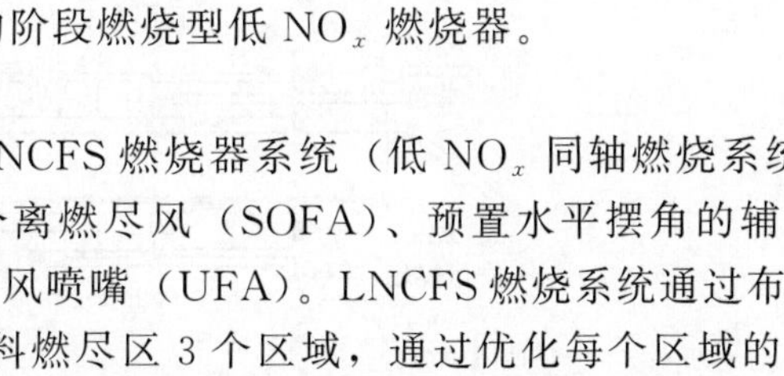

图 5-7 双锥燃烧器

该燃烧器采用分级配风技术和烟气再循环技术相结合，只占总过量空气系数 5% 的一次风携带煤粉从中心管进入燃烧室，在回流帽的作用下逆向喷射入燃烧室，保证高浓度煤粉和二次风接触之前充分预热，二次风在切向叶片的作用下旋转进入预燃室，在逆喷、旋流和锥形空间内形成回流区实现着火和稳燃。一次风、二次风风量不多于总助燃风量的 80%，使得燃烧先在缺氧的条件下进行，在弱氧化性气氛中降低 NO_x 生成率，在燃烧稳定后再将部分低温低氧循环烟气与三次风混合送入燃烧器的空冷夹套作为预燃室的冷却介质参与换热，并从喷管敞口喷出，与预燃室内产生的烟气在锅炉的炉膛内混合，提供完全燃烧所需的空气量，最终在过量空气系数大于 1 的条件下完全燃烧，氮氧化物的排放量小于 $300mg/m^3$。

（3）双调风旋流燃烧器

美国 B&W 公司从 20 世纪 80 年代开始研制低 NO_x 燃烧器，代表性的技术有 DRB-XCL 双调风旋流燃烧器。一次风入口设置有锥形扩散器，起到浓淡分离的作用。一次风出口装有齿状稳焰环，可推迟一次风与内二次风的混合，内外二次风轴向进入，通道内设置可调旋转叶片并采用滑动闸阀控制流量。该公司在 2000 年推出了新型的 DRB-4Z 低 NO_x 燃烧器，如图 5-8 所示。

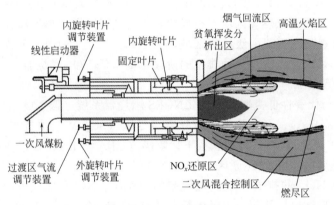

图 5-8　DRB-4Z 燃烧器

该燃烧器在原有基础上增加了过渡区直流风，利用过滤区的作用，相当于在煤粉喷嘴出口处增加同心的一个直流射流扰动。过渡区出口产生回流，形成一层可供氧略低的过渡区，延迟一次风主气流与内二次风的混合，进一步降低 NO_x 生成量。该燃烧器和燃尽风结合使用，可使 NO_x 排放量降至 $197\sim246mg/m^3$，过渡区的大小可通过调节装置进行调节。

5.3.3　旋风燃烧锅炉

旋风式燃烧是在旋风分离器的基础上发展起来的，其工作原理见图 5-9。这种燃烧装置的主体为一个大圆筒，燃料和空气沿其内壁的切线方向以 $100\sim200m/s$ 的速率喷入，开始强烈地旋转运动。在离心作用下，燃料颗粒和空气得以紧密接触，并迅速完成燃烧反应。使用这种燃烧方式，不仅改善了燃料和空气的混合条件，而且显著延长了燃料在炉膛内的停留时间，因此可以将过量空气系数降到 $1.0\sim1.05$，并且可以使用粗煤粉（$R90$ 的煤粉占 60%～70%）或直径小于 5mm（一般不超过 10%）的碎煤屑，因此可以省略复杂的制粉设备。旋风燃烧法的突出特点是燃烧强度大，其容积热容量可达 $1.2\times10^7\sim2.4\times10^7kW/m^3$，为一般煤粉炉的 10～30 倍。

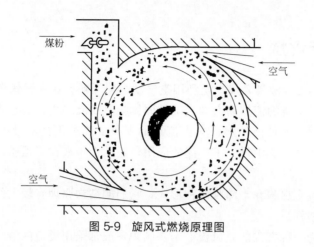

图 5-9 旋风式燃烧原理图

旋风燃烧炉有卧式和立式两种结构形式。图 5-10 给出了旋风炉炉内燃烧区域分布图。

在一般煤粉炉中，燃料和烟气在炉内停留的时间是相同的，而在旋风炉中，燃料在炉内停留时间大大延长了，而且扩散掺混和燃烧过程特别强烈。

立式旋风炉有前置式和下置式两种类型。图 5-11 为前置式立式旋风炉结构简图。

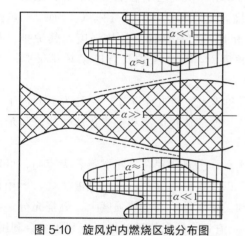

图 5-10 旋风炉内燃烧区域分布图
α—过量空气系数

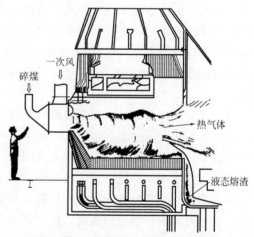

图 5-11 前置式立式旋风炉结构简图

旋风炉具有烧低灰熔点煤的优点。不仅可以燃用烟煤、褐煤和无烟煤，还可燃用灰分高达 50%、发热量仅有 12.6MJ/kg、挥发分为 12% 的劣质贫煤。旋风炉的炉温比煤粉炉高，燃料容易燃烧完全，因此，效率高，空气比也相当低。此外，旋风炉的燃烧负荷约为 62800MJ/(m² · h)，相当于煤粉炉的几十倍、沸腾炉的几倍，因此具有体积小、飞灰带出物少（仅 1g/m³）、积灰少以及颗粒收集器体积小等优点。

旋风炉目前存在的主要问题是它有比较高的放热速率，导致在高温下氮的氧化物生成量很高，限制了旋风炉的推广使用。

卧式和立式旋风炉各有所长。卧式旋风炉的燃烧强度比立式旋风炉高，这是由于其后部有喇叭口的存在，使空气动力场和燃烧过程具有独特的规律。在立式旋风炉中，气体的扰动不如卧式旋风炉强烈，因此立式炉只能烧煤粉而不能烧煤屑。但是卧式旋风炉的总体形状复杂，且二次风机的电耗特别大，对煤种的适应性不如立式炉广，不宜烧无烟煤或劣质烟煤，否则机械不完全燃烧损失较大。目前在我国前置式旋风炉发展较快。

5.3.4　流化床燃烧

流化床燃烧（FBC，沸腾燃烧）是利用空气动力使煤颗粒在沸腾状态下进行燃烧并完成传热和传质的。沸腾燃烧的流体动力学基础是固体物料的流态化。流态化指的是固体颗粒与流动着的流体混合后，能像液体那样自由流动的现象。流态化技术最先用于选矿及冶金工业，后来在石油和化学工业中得到了广泛的应用，近几十年来在工程燃烧方面也受到密切关注和应用。

流化床燃烧炉有全沸腾和半沸腾两种形式，它们的结构原理有较大的不同，因而在工作性能上也存在一些差别。

全沸腾炉炉算为一种特殊的布风板。全沸腾炉一般都采用溢流除渣，所以它又称溢流式沸腾炉。

半沸腾炉炉膛下部装有一副较窄的链条炉排，其结构与普通链条炉的炉排大致相同，起着进料、布风和出灰的作用。

半沸腾炉兼有沸腾炉和链条炉的某些特点。与全沸腾炉相比，其送风压力较低，与普通链条炉相近，因此不需要专门的高压风机。半沸腾炉对结渣问题不像全沸腾炉那样敏感，因为炉渣可通过转动炉排带出。因此允许使用的燃烧温度可高达 1200～1300℃，而全沸腾炉的沸腾层温度一般不允许超过 1050℃。与链条炉相比，它有高得多的热强度，其炉排面积热负荷可达普通链条炉的 10 倍左右。但从另一角度看，半沸腾炉具有链条炉排又是一个缺点。

减少飞灰损失是进一步提高沸腾燃烧技术的关键课题。近几十年来，在这方面开展了大量研究，并提出了不少新方案，其中旋风燃尽室法、循环流化床法和双流化床燃烧法显示出良好的前景，并已开始在一定范围内应用。

实际应用表明，沸腾燃烧法具有许多突出的优点，主要体现在：新燃料着火容易，可以燃用高灰质煤、低挥发分无烟煤、低碳含量煤渣，以及煤矸石等；可进行低温燃烧，燃用低灰熔点煤；有利于在燃烧中脱硫，减少环境污染和设备腐蚀；燃烧热强度大，燃烧充分，燃尽度高；炉内换热率高（带有埋管的全沸腾炉）；灰渣具有低温烧透特性，有利于综合利用。

沸腾燃烧存在的主要问题是：普通沸腾炉热效率低（54%～68%）、风机电耗大（比普通炉高 50%～80%）、埋管与炉墙的磨损严重等。

流化床燃烧的典型技术（图 5-12）有如下几种。

（1）常压流化床燃烧（AFBC）

目前，世界上已投入运转的流化床沸腾炉中，常压流化床沸腾炉占大多数。由于煤炭资源特点的不同，发展沸腾炉的出发点也有所不同。比如对高灰（60%～70%）低质煤，研制了两级燃烧沸腾炉，即高灰低质煤首先送入沸腾床进行气化反应的第一级，在床层上送入二次空气，使床层上逸出的可燃性气体与细粉进行充分燃烧的第二级。空间燃烧的温度一般为 1000～1200℃。这种燃烧方式的特点是碳损失较小，燃烧效率可达 95%。

（2）加压流化床燃烧（PFBC）

流化床燃烧炉在压力下操作，可应用于联合循环发电系统。加压与常压沸腾燃烧之间的主要区别是加压流化床燃烧的燃烧密度大，体积小。例如，对于相似的流化速率，常压流化床燃烧的面积将是 1MPa 下床层面积的 10 倍。

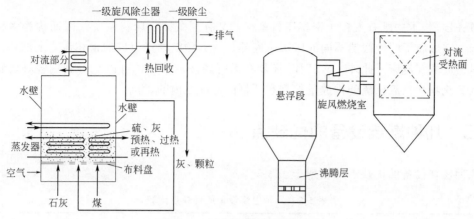

图 5-12　流化床燃烧炉示意图

增压流化床燃烧（PFBC）技术作为一种清洁燃煤发电技术，可实现燃气/蒸汽联合循环，具有较高的发电效率，同时在燃烧过程中能减少 SO_2、NO_x 等污染物的排放，且相对常压流化床燃烧设备，具有结构紧凑、投资相对较低等优势。

（3）循环流化床燃烧（CFBC）

循环流化床是指物料在炉膛内或飞出的物料又返回炉膛的流化燃烧方式。它和加压流化床一样属第二代流化床燃烧技术。循环流化床物料的流化速率（3.1～9.3m/s）比常规流化床物料的流化速率高，且可实现均匀稳定的燃烧。

采用循环流化床的锅炉对煤种的适应性强；燃烧效率（99％以上）和锅炉效率（90％以上）高；炉内脱硫效率高，氮氧化物排放少；操作灵活（负荷调节比可达 25％～30％）；燃料制备和给煤系统简单，结构紧凑；锅炉易实现大型化。

流化床燃烧又称沸腾床燃烧，流化床燃烧技术中的循环流化床燃烧技术是近三十年内得到快速发展的一种新型燃烧技术。它已经成为我国的一种高效益、低污染的清洁煤燃烧技术。清华大学岳光溪团队在这方面的研究处于领先水平。循环流化床锅炉技术有一个非常显著的优势特点，其可供于燃烧的燃料样品选择范围十分宽广，对燃料的适用性很高。其次，循环流化床锅炉的燃烧效率十分地可观。它能通过提高燃烧过程的速率，实现飞灰的再循环利用等，让煤炭燃烧的效益得到显著提升。循环流化床锅炉技术还有一个很具有优势的特点，氮氧化物的排放量较低。

（4）多物料流化床燃烧（MSFBC）

属于循环流化床燃烧方式的沸腾炉。由于能使扬析的物料循环回到燃烧室中去，所以它所采用的流化速率比常规沸腾床燃烧系统要高。对燃料粒度、吸附剂粒度的要求也不像常规沸腾床燃烧系统那么严格（见表 5-4）。

表 5-4　多物料流化床燃烧与常规流化床燃烧比较

项目	多物料流化床燃烧	常规流化床燃烧	项目		多物料流化床燃烧	常规流化床燃烧
运行温度/℃	900	834		脱硫率/%	95	76
流速/(m/s)	9.15	1.83		SO_2/(mL/m³)	95	365
燃料粒度/mm	<50	6.35	排放	NO_2/(mL/m³)	72	240
吸附剂粒度/mm	<10	1.6～8.35		CO/(mL/m³)	400	487
钙硫比	(2～3):1	(3～6):1		CO_2/%	14.5	11.4
碳转化率/%	98	93		O_2/%	3.8	6.5

MSFBC 技术中既有大粒子密相床料系统，又有细微扬析床料系统，因而称为多种物料沸腾床。它形成了两种截然不同的床层，底部是由大颗粒物料组成的密相床，上部是由细微粒物料组成的气流床。此外，MSFBC 还具有运行经济、可靠，可以充分利用各种燃料，并能将氮氧化物和二氧化硫的排放量控制在严格的标准之内的优点。

5.3.5　几种燃烧设备的优缺点

几种燃烧设备的优缺点比较列于表 5-5。

表 5-5　几种燃烧设备的优缺点比较

设备	燃烧效率/%	优点	缺点
链条炉排炉	70～80	操作强度小，运行稳定	不适合于黏结性煤和无烟煤
振动炉排炉	60～79	简单，运行容易	飞灰多，碳转化率低
抛煤机炉		对煤种适应性强	飞灰多，对煤颗粒度要求高，不适合于含水煤
煤粉燃烧炉	75～80	机械化程度高，对煤种适应性强	细灰多，对除尘要求高，耗电高，运行过程中设备磨损大
旋风燃烧炉		能适应高灰、低灰熔点煤，燃烧效率高	高温燃烧，氮氧化物生成量大，受灰黏度限制大
常压 FBC	60～90	对煤种适应性强，可烧低热值煤，氮氧化物和硫氧化物生成量小，碳转化率高	热损大，耗能大，飞灰多，设备磨损严重
PFBC		对煤种适应性强，可烧低热值煤，氮氧化物和硫氧化物生成量小，碳转化率高，适合 IGCC 技术要求	设备磨损严重，需配套高温高压净化技术
CHB	85～90	对煤种适应性强，可烧低热值煤，氮氧化物和硫氧化物生成量小，碳转化率高	

5.4　煤炭燃烧工程

5.4.1　煤炭燃烧反应性

煤炭燃烧过程包括两个基本步骤。首先是煤的快速热解，即脱挥发分过程，然后是热解半焦的燃烧过程。其中半焦的燃烧速率较低，该步骤控制着煤炭转化的整个过程。半焦的燃烧是指半焦中的可燃质与空气在一定温度下、一定时间内发生剧烈的氧化反应并伴随发光、发热现象的过程。其中煤的热解会极大地改变煤的脱挥发分和焦炭形成过程，从而影响焦炭的燃烧反应活性。焦炭燃烧反应活性是指焦炭与空气或氧气进行燃烧反应的能力。半焦燃烧过程中固定碳颗粒与氧的反应也可以分为 7 个过程，即氧气从气相扩散到固定碳颗粒表面的外扩散过程，氧气继续向内扩散至固定碳颗粒的空隙结构内表面，氧通过化学吸附于固定碳表面的活性位结合形成中间络合物，中间络合物之间发生氧化化学反应，反应后的产物

CO_2 或 CO 从固定碳颗粒表面脱附，气体产物通过固定碳颗粒内部的孔隙结构向外表面扩散，最后气体产物扩散至气相中等过程。

研究表明，煤焦的燃烧反应是一个复杂的化学反应过程，受煤种、热解条件、灰分中的矿物质和压力等因素的影响。

（1）煤种

不同变质程度的煤对燃烧反应性的影响不同，一般来说，变质程度越高，着火温度与燃尽温度相对越高，燃烧失重曲线位置处于高温段；反之，变质程度低的煤，燃烧失重曲线位于低温段。燃烧速率峰的相对位置由峰值温度决定，变质程度越高的煤的峰值温度越高，其燃烧速率峰相对位置向高温方向偏移。将不同煤种进行混合使用不仅可以提高煤炭资源的有效利用率和经济效益，也可以达到保护大气环境、减少污染物排放的目的，是实现煤粉高效清洁利用的重要途径，然而，若混煤配比不合理则会导致燃烧不稳定、结渣严重等问题，阻碍煤粉的高效利用。因此，许多研究者针对混煤燃烧这一研究内容进行了探索。

Wang 等[13]采用等温热重分析法和非等温热重分析法对 4 种煤热解半焦的燃烧行为进行了探索和分析。结果显示烟煤热解半焦的燃烧特性明显优于无烟煤热解半焦，而且提高升温速率和燃烧温度均可以提高两种煤焦的燃烧反应活性。甘萍香[14]在热天平上分别研究了多种煤及其混合煤的燃烧特性，通过分析得出如下结论：与烟煤和无烟煤相比，褐煤具有易着火和难燃尽的特点；通过对多种煤种进行混合可以降低煤开始燃烧的温度，但对燃尽阶段的影响不大。平传娟[3]以无烟煤和烟煤的混煤焦为例，采用微观分析方法研究混煤焦的理化特性和燃烧反应性。结果表明：混煤焦具有较高的缩合程度，其比表面积呈非线性变化；混煤焦的孔隙以微孔为主，煤焦分形维数的变化规律与微孔比例变化一致；混煤焦等温燃烧反应的剧烈程度与煤焦的物理结构密切相关，比表面积越大，燃烧反应速率越高；混煤焦的燃尽时间与煤焦的孔隙结构关系不大，主要取决于石墨化程度。

（2）矿物质

矿物质是煤中的无机显微组分，对煤或煤焦燃烧有重要影响。有学者认为矿物质的存在对煤焦的燃烧起阻碍作用，而也有学者认为矿物质的存在对煤焦的燃烧起促进作用。李梅等[15]将矿物的影响分为外在矿物的影响和内在矿物的影响，并且认为外在矿物对煤粉燃烧的影响主要是通过发热量的降低，并不直接影响煤粉燃烧，而内在矿物对煤粉燃烧有直接的影响。内在矿物质对煤焦燃烧特性的影响与煤的变质程度有关，内在矿物的存在阻碍了烟煤焦前期的着火，促进后期的燃尽。而存在于无烟煤焦中的内生矿物质对无烟煤焦的着火有一定的促进作用，对无烟煤的燃尽有阻碍作用。王萍[16]对脱矿物质煤样及外加矿石煤样进行燃烧动力学的分析表明，内在矿物质对煤热解过程具有促进作用。Yan 等[17]采用热重法和表面分析法对我国 4 种高灰分煤的燃烧特性进行了评价，采用 SiO_2、Al_2O_3、$CaCO_3$、MgO、Na_2CO_3、TiO_2、K_2CO_3、Fe_2O_3、FeS_2、$FeSO_4(NH_4)SO_4 \cdot 6H_2O$ 和 $NH_4Fe(SO_4)_2 \cdot 12H_2O$ 作为化学添加剂浸渍在脱灰煤中，考察其对煤燃烧的影响。这些矿物中的大多数抑制了煤的可燃性。钾对煤的着火有促进作用，铁、铝和钠对煤的着火和燃尽有抑制作用，适量的钙含量对煤的着火和燃尽有促进作用，较高或较低的钙含量对煤的着火和燃尽表现为抑制作用。其他灰分对煤着火和燃尽的影响随浓度和种类的变化而变化。魏砾宏等[18]研究碱金属盐（K_2CO_3、$NaCl$）对煤粉燃烧特性的影响表明，K_2CO_3、$NaCl$ 能够改善煤粉的燃烧性能，当 K_2CO_3、$NaCl$ 负载量（煤）低于 $52.0497mg/g$ 和 $8.9694mg/g$ 时，随着负载量的增加着火温度降低。K 对挥发分的析出、着火以及固定碳的燃烧都具有催化作用，Na 主要催化固定碳的燃烧。Na、K 均可降低煤样高温燃烧区的表观活化能，提高燃烧反应速度。

（3）热解条件

煤的热解脱挥发分过程是煤气化和燃烧过程的初始阶段，热解过程中随着温度等热处理条件的变化，煤焦的比表面积、孔隙结构以及微晶结构等都会相应地发生变化，从而引起煤焦气化和燃烧反应性的降低。

朱晓玲等[19]利用非等温热重法研究了不同温度下制得的褐煤煤焦的燃烧反应动力学，结果表明原煤煤焦和脱矿物质煤焦的燃烧反应的反应性指数和燃烧反应的活化能均随着热处理温度的升高而增大，即反应性随热解温度的升高而降低。罗秀朋[20]分别用管式沉降炉法和热重分析法研究了 5 种煤焦在高温阶段和低温阶段的燃烧反应特性，结果表明随着热解温度不断升高，煤焦燃烧的反应速率不断降低，其燃烧性能逐渐减弱，反应活性呈下降趋势。张庆伟等[21]模拟工业碳化条件对煤进行热解，并且探索了热解条件对半焦燃烧行为的影响。根据热解过程中温度提高和停留时间延长，半焦燃烧的反应活化能不断增大，与此相反，燃烧特性指数随之呈减小趋势。吴浩等[22]采用热重分析法研究了不同热解条件下半焦的燃烧性能和动力学特征，利用 Ozawa 法求取动力学参数。结果表明，热解温度越低、保温时间越短时，半焦的燃烧性能越好，热解温度对半焦燃烧性能影响较大。热解升温速率对半焦燃烧过程的反应程度影响不大。粒度越大，燃烧性能差异性越明显。

Senneca 等[23]发现随着热解温度升高、热解时间延长，焦炭逐渐发生石墨化，其燃烧反应性也越低，同时还观察到热失活发展过程与气氛中氧气含量有关。

（4）富氧气氛

从理论上说，助燃用空气中的氧气含量高于普通空气的氧气含量时，燃烧就可以叫作富氧燃烧。富氧燃烧显著提高燃烧效率和高温火焰的特点，具有明显的节能与环保效益。富氧燃烧具有提高火焰温度、加快燃烧速度、促进燃烧完全、降低燃烧的着火温度、增加热量利用率等优点，富氧燃烧用于助燃节能和环保，对所有燃料包括煤炭、天然气、煤气、重油等和绝大多数工业炉窑均适用，既能提高劣质燃料的应用范围，又能充分发挥优质燃料的性能。

韩亚芬[24]在 5 种不同氧浓度条件下研究了 4 种不同变质程度煤及其混煤的燃烧特性，结果表明煤粉的燃烧特性随氧浓度的增大而增强；对单一煤种进行燃烧动力学分析发现，氧浓度提高可以导致燃烧反应活化能降低。Molina 等[25]研究了一种美国东部烟煤的燃烧特性，分别考察了 O_2 浓度和 CO_2 载气量对其燃烧特性的影响。实验结果显示在反应开始阶段，O_2 浓度减小以及 CO_2 气体的增加均会导致着火反应的推后。Shen 等[26]研究了不同气氛（O_2/CO_2、O_2/N_2 和 O_2/Ar）和不同 O_2 浓度对燃烧特性的影响。结果表明，气氛和 O_2 浓度均显示出对焦炭燃烧的有效性。与 N_2 和 Ar 相比，CO_2 可以显著促进燃烧反应。当燃烧气氛从 O_2/CO_2 转变为 O_2/Ar 时，两种炭的燃尽温度分别升高 63.7℃ 和 68.8℃。同时，当燃烧气氛从 O_2/CO_2 变为 O_2/N_2 时，分别为 135.9℃ 和 129.6℃。O_2 浓度的增加还可以改善测试中炭的燃烧性能。Zhao 等[27]首先在 1200℃ 的高温降管式炉中由原煤和脱矿物质煤制备热解焦炭，然后研究了反应气氛（$O_2/$蒸汽和 O_2/N_2）和温度（1100～1400℃）对两个炭样品燃烧特性的影响。结果表明，与原煤热解焦炭相比，脱矿物质煤焦炭具有丰富的大孔，比表面积小。对于在 1200℃ 下由脱矿物质煤制得的热解炭，其蒸汽炭-气化反应速率明显低于 O_2-炭反应。高浓度蒸汽的存在会改变焦炭表面的热量、质量传递，从而间接降低 O_2-焦炭反应的速率。随着温度的升高，O_2/蒸汽气氛中不含矿物质的炭的燃烧显著加速，而含炭矿物质的燃烧速率随反应温度升高的增加非常有限。脱矿物质炭在 1300℃ 下的蒸汽-炭气化反应促进了炭的碳转化。脱盐的焦炭燃烧反应需要较高的 O_2 浓度（40% 以上）才能显示出较高的燃烧速率。

（5）压力

压力对半焦的燃烧速率有明显的影响，MacNeil 等[28]把在 850℃ 下热解煤得到的焦样做加压燃烧试验，半焦燃烧速率随系统压力升高而增大，当压力达到 0.5MPa 时达到了最大值，之后压力增加燃烧速率下降。氧气浓度高，反应速率也高，这时压力对燃烧速率的影响更为显著。半焦粒径增大，反应速率也增大，随压力升高存在极大值。显然，压力增高加强了氧到半焦反应表面的扩散速率，从而提高了反应速度，但过高的压力也会导致反应产物向外扩散的阻力增大。周毅[29]在小型加压试验台上，分别对原煤和半焦进行了系统的燃烧特性试验，研究结果表明系统压力对煤和半焦的燃烧有不同的影响。随系统压力的增大，炉膛温度逐渐升高，燃烧效率也相应增大。在压力接近于 0.5MPa 左右时，压力增加，煤的燃烧效率增加减缓，但半焦的燃烧效率仍然显著增加。

5.4.2 煤炭燃烧发电

5.4.2.1 燃煤

大型火电厂为提高燃煤效率都是燃烧煤粉，因此，煤从煤场运至煤斗前，煤斗中的原煤要先送至磨煤机内磨成煤粉。磨碎的煤粉由热空气携带经排粉风机送入锅炉的炉膛内燃烧。煤粉燃烧后形成的热烟气沿锅炉的水平烟道和尾部烟道流动，放出热量，最后进入除尘器，将燃烧后的煤灰分离出来。洁净的烟气在引风机的作用下通过烟囱排入大气。助燃用的空气由送风机送入装设在尾部烟道上的空气预热器内，利用热烟气加热空气。这样，一方面除使进入锅炉的空气温度提高，易于煤粉的着火和燃烧外，另一方面也可以降低排烟温度，提高热能的利用率。从空气预热器排出的热空气分为两股，一股去磨煤机干燥和输送煤粉，另一股直接送入炉膛助燃。燃煤燃尽的灰渣落入炉膛下面的渣斗内，与从除尘器分离出的细灰一起用水冲至灰浆泵房内，再由灰浆泵送至灰场。

5.4.2.2 热能转化为机械能

除氧器水箱内的水经给水泵升压后通过高压加热器送入省煤器。在省煤器内，水受到热烟气的加热，然后进入锅炉顶部的汽包内。在锅炉炉膛四周密布着水管，称为水冷壁。水冷壁水管的上下两端均通过联箱与汽包连通，汽包内的水经由水冷壁不断循环，吸收着煤在燃烧过程中放出的热量。部分水在水冷壁中被加热沸腾后汽化成水蒸气，这些饱和蒸汽由汽包上部流出进入过热器中（在直流锅炉中，由于压力超过临界压力，汽水不能通过汽包分离，需要汽水分离器分离）。饱和蒸汽在过热器中继续吸热，成为过热蒸汽。过热蒸汽有很高的压力和温度，因此有很大的热势能。具有热势能的过热蒸汽经管道引入汽轮机后，便将热势能转变成动能。高速流动的蒸汽推动汽轮机转子转动，形成机械能。

5.4.2.3 机械能转化为电能

汽轮机的转子与发电机的转子通过联轴器连在一起。当汽轮机转子转动时便带动发电机转子转动。在发电机转子的另一端带着一个小直流发电机，叫励磁机。励磁机发出的直流电送至发电机的转子线圈中，使转子成为电磁铁，周围产生磁场。当发电机转子旋转时，磁场也是旋转的，发电机定子内的导线就会切割磁力线感应产生电流。这样，发电机便把汽轮机的机械能转变为电能。电能经变压器将电压升压后，由输电线送至电用户。

5.4.2.4　水循环

释放出热势能的蒸汽从汽轮机下部的排汽口排出，称为乏汽。乏汽在凝汽器内被循环水泵送入凝汽器的冷却水冷却，重新凝结成水，此水称为凝结水。凝结水由凝结水泵送入低压加热器并最终回到除氧器内，完成一个循环。在循环过程中难免有汽水的泄漏，即汽水损失，因此要适量地向循环系统内补给一些水，以保证循环的正常进行。高、低压加热器是为提高循环的热效率所采用的装置，除氧器是为了除去水含的氧气以减弱对设备及管道的腐蚀。

5.4.2.5　燃煤发电

以上过程按照能量转换的方式，实现了燃料的化学能→蒸汽的热势能→机械能→电能的转换，就是燃煤发电的过程。在锅炉中，燃料的化学能转变为蒸汽的热能。在汽轮机中，蒸汽的热能转变为轮子旋转的机械能。在发电机中机械能转变为电能。炉、机、电是火电厂中的主要设备，亦称三大主机，构成了发电的主体设备。与三大主机相辅工作的设备称为辅助设备或辅机。主机与辅机及其相连的管道、线路等称为系统。火电厂的主要系统有燃烧系统、汽水系统、电气系统等。

5.4.2.6　辅助系统

除了上述的主要系统外，火电厂还有其他一些辅助系统，如燃煤的输送系统、水的化学处理系统、灰浆的排放系统等。这些系统与主系统协调工作，它们相互配合完成电能的生产任务。为保证大型火电厂这些设备的正常运转，火电厂装有大量的仪表，用来监视这些设备的运行状况，同时还设置有自动控制装置，以便及时地对主辅设备进行调节。现代化的火电厂，已采用了先进的计算机分散控制系统。这些控制系统可以对整个生产过程进行控制和自动调节，根据不同情况协调各设备的工作状况，使整个电厂的自动化水平达到了新的高度。自动控制装置及系统已成为火电厂中不可缺少的部分。

5.4.3　煤炭燃烧技术发展

5.4.3.1　提高煤的燃烧效率

①调整燃煤锅炉的排烟温度。如果能降低燃煤锅炉的排烟温度，就可以有效降低因排烟对锅炉造成的损耗，不仅能节省成本，还能有效提升锅炉热效率。对于消耗量很大的大容量锅炉，考虑到经济因素，一般都会选择较低的排烟温度。另外，企业为了保证产出蒸汽的合格率，就需增大传热面积与金属消耗和设备方面的投资力度。除此之外，低温受热面烟气侧的水蒸气和三氧化硫凝结形成硫酸也会造成较低的排烟温度，对金属的腐蚀力度也会加大，造成烟道上疏松灰水泥化，加大传热热阻和烟气的流动阻力，情况严重会导致引风机压

头不足而被迫减少锅炉动力，从而降低锅炉的经济指标。

② 减少受热面积灰。锅炉内的受热面是热能量的传输通道，但是通道内一般都会容易结灰，灰尘经过长期的积累会形成一道天然的隔热墙。灰尘粉末本身就属于一种能阻隔冷热的物质，受热面积和热能量被隔离开来，导致热量的传输不能有效进行，从而降低锅炉的燃烧效率，所以相关管理人员也要定期对锅炉的受热面进行清理，让热量更好地传输到受热面上。

③ 供给足够的空气量。空气是燃料燃烧的另一个必要条件，燃料燃烧过程对空气量有一定的要求。由于燃料在炉膛中的燃烧是分步骤的，因此不但需要满足空气总量要求，同时也应该注意到各阶段对空气的需求，以保障炉膛的燃烧效率最大。

④ 使空气与燃料接触、混合良好。除了需要保障燃料在燃烧过程中对空气量的需求外，还需要采取相应措施使燃料与空气充分接触，这对于实现燃料的完全燃烧具有决定性影响。其中涉及的因素有空气流与燃料的相对速度、燃料在炉内的分布、空气在炉膛内的分布、空气流与燃料的相对位置等。

⑤ 合理分配空气量（一次风和二次风）。室燃炉与循环流化床锅炉的燃料燃烧情况还会受到一次风、二次风的分配供给影响。如循环流化床锅炉运行过程中，一次风量、二次风量会产生不同的影响。一次风量促使燃料的正常流态化，保障密相区的温度符合标准；二次风量的作用是促使稀相区燃料可以完全燃烧。总的来说，在燃煤锅炉运行的过程中，需要充分地考虑以上因素，并根据实际问题制定具有针对性的对策，以提高燃煤锅炉的燃烧效率。

5.4.3.2 富氧燃烧

目前煤炭燃烧新技术研究最多和应用最广的有两种，一种是流化床燃烧技术，另一种是富氧燃烧技术。

富氧燃烧技术最早是由 Abraham 于 1982 年提出的。从 20 世纪 80 年代开始，富氧燃烧技术得到了广泛的研究。由于作为温室气体主要因素的 CO_2 排放问题越来越受到全球的关注，研究者们关注的热点便是富氧燃烧技术的有效减排。富氧燃烧技术具有燃烧效率高、相对成本低、易规模化、可改造存量机组等诸多优势。国内早在 20 世纪 90 年代中期就开始了关于富氧燃烧的基础研究。华中科技大学、东南大学、华北电力大学、浙江大学等在国内最早开始关注富氧燃烧的燃烧特性、污染物排放和脱除机制等。2010 年，由浙江大学和法国液化空气集团联合共建富氧燃烧实验室，也对富氧燃烧特性与控制以及其他污染物排放进行了一系列的基础及应用研究。

富氧燃烧被认为是一种具有发展潜力的碳减排技术，是目前国内外研究的主要碳减排技术之一。未来我国将加快富氧燃烧技术的研发步伐，围绕富氧燃烧锅炉本体和燃烧器技术、烟气净化技术、烟气冷凝技术及系统集成等方面展开研究，以逐步掌握该技术。

5.4.3.3 煤燃烧技术发展展望

从我国的基本国情出发，开发适合中国的工业领域煤炭清洁高效燃烧技术，真正解决我国由工业用煤造成的二次污染问题，实现污染物排放达到燃烧天然气的水平，使煤炭作为清洁能源实现高效利用，是煤炭燃烧技术的发展目标。煤炭燃烧技术在以下几个方面还要进一步发展。

（1）开发燃煤工业锅炉升级换代技术

以提高锅炉能效为前提，以污染物减排为目标，重点开发炉内高效清洁燃烧技术的升级换代技术，彻底淘汰落后的层燃锅炉技术。短期内，针对大量分散的在用小型工业燃煤设备的优化、改造和升级是非常必要的。提高工业锅炉容量和蒸汽参数，进一步提高循环流化床工业锅炉的节能环保性能，提高锅炉制造及运行的可靠性和稳定性。开发清洁高效煤粉燃烧技术，以大容量高参数煤粉锅炉代替淘汰的层燃锅炉，提高燃煤工业锅炉效率，并且集中进行烟气净化处理。优化锅炉岛辅机设备的配置，降低系统能耗，提高整体能效。

（2）研发先进的工业锅炉燃烧技术及燃烧器

针对煤种适应性和超低排放的要求，研发适用于工业锅炉的新型燃烧技术及燃烧器，通过理论和技术的原始创新，获得高效燃烧耦合超低氮排放的综合效果。重点研发 NO_x 排放直接达到超低排放水平从而无需进行烟气脱硝处理的工业锅炉。针对低挥发分煤，如无烟煤以及煤炭转化过程中的飞灰残炭等超低挥发分燃料，开发高效清洁燃烧的工业锅炉技术，突破已有工业锅炉无法清洁高效燃烧此类燃料的技术瓶颈，拓宽工业锅炉燃料的适应性，使工业锅炉可以因地制宜地选择燃料，从而降低使用成本。

（3）探索适用于燃煤工业锅炉的烟气净化工艺及最优系统

从工业锅炉容量和煤质出发，通过与电站锅炉烟气净化工艺的对比研究和应用实践，系统分析烟气净化工艺的技术经济性，获得最优的燃煤工业锅炉烟气净化工艺。评估循环流化床锅炉炉内脱硫、半干法脱硫、湿法脱硫和脱硫脱硝一体化工艺的适用范围，以及与炉内低氮燃烧和烟气脱硝的耦合匹配。重点开发煤粉工业锅炉脱硫、脱硝和除尘的优选工艺。开发低成本的烟气净化一体化工艺和设备，进一步降低燃煤工业锅炉烟气净化的成本。

（4）全面提升工业炉窑的煤炭燃烧技术及污染物控制水平

针对燃煤高耗能、高污染的工业炉窑，如水泥炉窑等，开发先进的低氮燃烧技术，改造和提升现有水泥炉窑的 NO_x 控制水平。进一步开发工业炉窑煤炭燃烧利用的升级换代技术和装备，改变单纯采用 SNCR 和 SCR 脱硝技术的粗犷模式，从根本上避免氨逃逸等二次污染问题。结合我国实际工业炉窑的节能特点，开发新型工业炉窑，结合成熟的互联网技术和工业自动化技术，提高在线监测、无人值守等自动化程度，全面提升我国工业炉窑的煤炭清洁高效燃烧技术和污染物控制水平。

（5）发展煤炭燃烧的变革性技术，经济地实现 NO_x 超低排放或近零排放水平

开发煤炭高效清洁燃烧的变革性技术，仅通过煤炭燃烧过程，无需烟气脱硝设备，就可以实现 NO_x 超低排放，这将大幅降低燃煤工业锅炉的投资和运行成本，使燃煤工业锅炉实现超低排放成为可能。以循环流化床工业锅炉燃烧技术为例，通过新型分级燃烧及后燃技术直接实现 NO_x 超低排放。以煤粉工业锅炉燃烧技术为例，研发煤粉预热 NO_x 超低排放燃烧技术，以期实现燃煤工业锅炉达到超低排放的目标。实现经济性好和不受规模限制的高效燃煤的近零排放技术突破，让煤炭成为清洁能源，而不再是大气污染的主要因素，是我国工业领域煤炭清洁高效燃烧利用技术研发和应用的终极目标。这项技术应用到燃煤电站锅炉，使得排放控制成本大幅度降低，以适应我国高速的经济发展和生态环境建设需要。

（6）与 CCS/CCUS 组合，减少 CO_2 排放

CCS/CCUS 是一项将 CO_2 资源化，实现化石能源的低碳利用、减缓碳排放的重要技术。从整个流程来看可分为碳排放源—捕集—压缩—运输—利用/封存这五个单元。碳捕集技术主要有以下四种：燃烧前捕集、燃烧后捕集、纯氧燃烧和化学链燃烧。燃烧前脱碳技术

是将煤进行气化得到合成气，在合成气净化后进行变换，最终变为 CO_2 和 H_2 的混合物，再对 CO_2 和 H_2 进行分离。IGCC 是最典型的可以进行燃烧前脱碳的系统。燃烧后捕集是采用吸收、吸附、膜分离、低温分离等方法在燃烧设备（锅炉或燃气轮机）后从烟气中脱除 CO_2 的过程。富氧燃烧技术是利用空分系统制取富氧或纯氧气体，然后将燃料与氧气一同输送到专门的纯氧燃烧炉进行燃烧，生成烟气的主要成分是 CO_2 和水蒸气。燃烧后的部分烟气重新回注燃烧炉，一方面降低燃烧温度；另一方面进一步提高尾气中 CO_2 的质量浓度。化学链燃烧的基本思路是：采用金属氧化物作为载氧体，同含碳燃料进行反应；金属氧化物在氧化反应器和还原反应器中进行循环。还原反应器中的反应相当于空气分离过程，空气中的氧气同金属反应生成氧化物，从而实现了氧气从空气中的分离。我国有 40 个试点项目已投运或在建设中，为建设大型 CCS/CCUS 示范和工业化项目做好了准备。我国能源消耗主要是煤炭，大量煤化工产业靠近煤矿和油田，这样有利于提高 CO_2-EOR（二氧化碳气驱强化采油）、CO_2-ECBM（二氧化碳驱替煤层气）等 CO_2 项目的发展，不仅将 CO_2 进行了封存，同时能够增加油田/煤矿的采油量/采气量，具有 CCUS 技术低成本运用的地域条件。新疆的塔里木盆地、准格尔盆地以及内蒙古的鄂尔多斯盆地等的盐碱含水层为大量封存 CO_2 提供了基础。

参考文献

[1] Wedler C，Span R，Richter M. Comparison of micro-and macropore evolution of coal char during pyrolysis[J]. Fuel，2020，275：117845.

[2] Çakal G Ö，Yücel H，Gürüz A G，Physical and chemical properties of selected Turkish lignites and their pyrolysis and gasification rates determined by thermogravimetric analysis[J]. Journal of Analytical & Applied Pyrolysis，2007，80 (1)：262-268.

[3] 平传娟，周俊虎，程军. 混煤热解过程中的表面形态[J]. 化工学报，2007，58(7)：1798-1804.

[4] Qi X J，Guo X，Xue L C. Effect of iron on Shenfu coal char structure and its influence on gasification reactivity[J]. Journal of Analytical and Applied Pyrolysis. 2014，110：401-407.

[5] Salatino P，Zimbardi F，Masi S. A fractal approach to the analysis of low temperature combustion rate of a coal char：I. Experimental results[J]. Carbon，1993，31(3)：501-508.

[6] Liu S Q，Niu Y Q，Wen L P，et al. Effects of physical structure of high heating-rate chars on combustion characteristics [J]，Fuel，2020，266：117059.

[7] Lee D W，Bae J S，Park S J. The pore structure variation of coal char during pyrolysis and its relationship with char combustion reactivity[J]. Industrial & Engineering Chemistry Research，2012，51(42)：13580-13588.

[8] 白素芳. 燃烧过程中煤焦表面孔隙结构变化规律的实验研究[D]. 河北：河北工程大学，2008.

[9] 费华，李元林，石发恩，等. O_2/CO_2 气氛下煤燃烧过程中孔隙结构演化特征[J]. 江西理工大学学报，2013，34(5)：6-10.

[10] He J Y，Zou C，Zhao J X，et al. Effects of microstructural evolutions of pyrolysis char and pulverized coal on kinetic parameters during combustion[J]. Journal of Iron and Steel Research，2019，26(12)：1273-1284.

[11] 霍然. 工程燃烧概论[M]. 合肥：中国科学技术大学出版社，2001：254.

[12] 李芳芹. 煤的燃烧与气化手册[M]. 北京：化学工业出版社，1997.

[13] Wang G，Zhang J，Shao J，et al. Therrnogravimetric analysis of coal char combustion kinetics[J]. Journal of Iron and Steel Research International，2014，21(10)：897-904.

[14] 甘萍香. 褐煤、烟煤、无烟煤及其混煤的燃烧特性研究[D]. 昆明：昆明理工大学，2013.

[15] 李梅，吕硕，焦向炜. 内在矿物质对煤焦燃烧特性影响的实验研究[J]. 煤炭转化，2009，32(2)：33-36.

[16] 王萍. 矿物质对神木煤热解及燃烧特性的影响[D]. 大连：大连理工大学，2013.

[17] Yan R，Zheng C G，Wang Y M，et al. Evaluation of combustion characteristics of Chinese high-ash coals[J]. Energy

and Fuels，2003，17(6)：1522-1527.

[18] 魏砾宏，齐弟，李润东. 碱金属对煤燃烧特性的影响及动力学分析[J]. 煤炭学报，2010，35(10)：1706-1711.

[19] 朱晓玲，盛昌栋. 热处理对煤焦气化和燃烧反应性的影响[J]. 工程热物理学报，2010，31(5)：875-878.

[20] 罗秀朋. 煤焦颗粒的燃烧反应动力学特性研究[D]. 哈尔滨：哈尔滨工业大学，2009.

[21] 张庆伟，申宝宏，曲思建，等. 内蒙古褐煤热解半焦燃烧特性研究[J]. 洁净煤技术，2014(6)：46-51.

[22] 吴浩，邹冲，何江永，等. 低阶煤热解条件对高炉喷吹半焦燃烧性能及动力特性的影响[J]. 过程工程学报，2020，20(4)：449-457.

[23] Senneca O，Salatino P，Masi S. The influence of char surface oxidation on thermal annealing and loss of combustion reactivity[J]. Proceedings of the Combustion Institute，2005，30(2)：2223-2230.

[24] 韩亚芬. 富氧条件下煤燃烧特性的热重法实验研究[D]. 黑龙江：哈尔滨工业大学，2007.

[25] Molina A，Shaddix C R. Ignition and devolatilization of pulverized bituminous coal particles during oxygen/carbon dioxide coal combustion[J]. Proceedings of the Combustion Institute，2007，31(2)：1905-1912.

[26] Shen G D，Wang Z Q，Wu J L. Combustion characteristics of low-rank coal chars in O_2/CO_2，O_2/N_2 and O_2/Ar by TGA[J]. Journal of Fuel Chemistry and Technology，2016，44(9)：1066-1073.

[27] Zhao Y J，Feng D D，Li B W，et al. Combustion characteristics of char from pyrolysis of Zhundong subbituminous coal under O_2/steam atmosphere：Effects of mineral matter[J]. International Journal of Greenhouse Gas Control，2019，80：54-60.

[28] MacNeil S，Basu P. Effect of pressure on char combustion in a pressurized circulating fluidized bed boiler[J]. Fuel，1998，77(4)：269-275.

[29] 周毅. 半焦孔隙结构和加压燃烧特性的试验研究[D]. 南京：东南大学，2005.

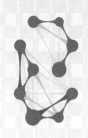

6 煤炭气化反应性

煤气化是将煤与气化剂（空气、氧气或水蒸气）在一定的温度和压力下进行反应，使煤中碳、氢组分转化成气体，而煤中灰分以废渣形式排出的过程。所生成的煤气再经过净化，就可作为燃气或合成气来合成一系列化学化工产品。

煤的气化过程能显著提高煤炭利用率，且可以较容易地将煤中的硫化物和氮化物脱除，是实现煤的洁净转化、提供优质高效能源及低碳化学产品的必经之路。不同用途的煤气如图 6-1 所示。

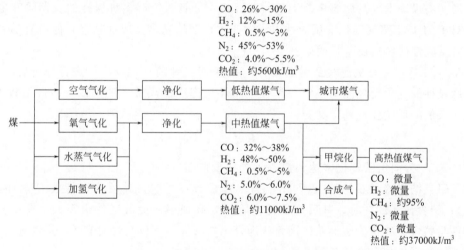

图 6-1 煤转化为不同用途煤气的路径

煤的气化分为两个阶段：最初阶段热解并成焦，同时生成气态烃，这一阶段的反应性很高，但持续的时间极短；第二阶段为成焦后的气化阶段，其反应性要比前一阶段低。

6.1 煤炭气化的化学基础

6.1.1 气化反应性

煤的气化反应性通常指在一定温度下，煤与不同气化介质（如 H_2O 和 CO_2 等）相互作用的反应能力。一般用CO_2被煤焦渣的还原率表示煤的气化反应性。测定方法是：先将煤样干馏，除去挥发物，然后将其筛分并选取一定粒度的焦渣装入反应管中加热；加热到一定温度后，以一定的流速通入CO_2与试样反应，测定反应后气体中CO_2的含量，将被还原成CO的CO_2量占原通入量的百分比（CO_2还原率）α作为化学反应性指标[1]。

$$\alpha = (转化为CO的CO_2的量/参加反应的CO_2的量) \times 100\%$$

或

$$\alpha = [100(a - V_{CO_2})/a(100 + V_{CO_2})] \times 100\%$$

式中　　V_{CO_2}——未被还原的CO_2的含量，%；

　　　　a——通入的CO_2的纯度，%。

6.1.2　煤气化反应的影响因素

煤气化是一个复杂的化学反应过程，影响反应速率的因素众多，不仅与样品自身的性质有关，还与反应气氛、温度、压力等气化条件有关。

（1）煤阶

煤焦的反应性一般随原煤煤化度的加深而降低，这一结果已被多数学者接受[2,3]。一些学者[4,5]对不同煤焦与水蒸气、空气、CO_2和H_2的气化反应性进行的研究表明，气化反应性顺序为：褐煤＞烟煤及烟煤焦＞半焦、沥青焦。笔者[6]针对多种煤样的长期研究也表明，无论是CO_2还是水蒸气气化的反应性，煤的变质程度越高，反应性越差。但也有学者[7,8]认为煤阶对反应性的影响还不很明确。

Takarada等[9]在对从泥炭到无烟煤的34种不同煤种的气化反应性进行分析后，认为低煤化程度煤种的气化反应性不一定总是强于高煤化程度的煤种。他们以反应性指数R的概念来表征煤焦的反应性，其定义为：

$$R = \frac{2}{\tau_{0.5}}$$

式中，$\tau_{0.5}$为固定碳转化率达到50%时所需要的时间，h。

从其研究结果（图6-2）可以看出，当碳含量＞78%时，其反应性指数R较小（小于$0.1h^{-1}$）；碳含量＜78%时，其反应性比高阶煤要高很多，但波动性也很大。在这一阶段，其反应性与碳含量的相关性很差。因此认为煤焦的反应性不仅与煤阶有关，同时还与煤焦中含氧官能团和无机化合物的含量有关。

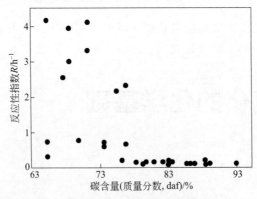

图6-2　反应性指数随原煤碳含量的变化

另外，煤样的氧化程度也会影响半焦的反应性。有研究者[10]的研究表明氧化过程可以提高气化反应性，氧化的温度越高，时间越长，对气化反应性的提高越有利。认为这是由于氧化过程使其具有了更多的可被接近的比表面，提高了反应比表面比例（ASA/TSA）的缘故。

（2）显微组分

在热解时，三种显微组分的热解行为显著不同，挥发分总产率通常是按壳质组＞镜质组＞惰质组的顺序排列。因为煤中的各种岩相组分来源于具有不同结构的植物组织，因此煤焦的气化反应性必然与岩相组成具有一定的关系。由于不同煤岩显微组分的煤焦具有不同的内比表面积和活性中心密度，因此具有不同显微组分的焦样之间的反应性差异也很大。笔者[11]对平朔烟煤的显微组分进行系统研究后得出以下结论：三种显微组分的气化速率均随压力的增加而变大，在水蒸气气氛中的气化反应速率顺序为惰质组＞镜质组＞壳质组，在CO_2气氛中的气化反应速率顺序为壳质组＞镜质组＞惰质组。有研究者[12]的研究结果表明，在其实验条件下，镜质组的反应性最好，且气化中的空隙发展也是最好的，他们认为显微组分的水蒸气和CO_2反应性是一致的，排列次序为：镜质组＞原煤＞壳质组＞惰质组。显然，许多结果彼此是不一致的。由此可见，显微组分的含量对半焦的反应性的确有影响，但其影响的形式和过程是复杂的。显微组分还因煤种和煤焦结构的不同而产生对气化反应性的不同影响。

（3）灰分

在早期的气化反应研究中人们就已观察到矿物质（灰分）对气化反应的催化效应。Taylor[6]在1921年的工作被认为是最早的对催化效应的研究。他发现碳酸钾和碳酸钠是有效的煤气化催化剂。众多学者[13,14]的研究也表明，煤中的灰分具有一定的催化作用，煤中的金属氧化物含量与反应性存在线性关系，起催化作用的主要是碱金属和碱土金属。作者的研究工作进一步表明[6]，煤中的灰分在气化过程中的确具有催化作用，会降低气化反应的活化能，酸洗脱灰的过程会减少煤中的碱金属和碱土金属含量，从而使气化反应性下降。

一般而言，煤中的碱金属、碱土金属和过渡金属都具有催化作用。但煤中所含的硫对气化反应最为不利，它可与过渡金属（如Fe）形成稳定的Fe-S态化合物，从而抑制催化反应的进行。有研究者[15]的研究表明，即使气相中含有1/2000的H_2S，也会对催化作用有明显的抑制，特别是Fe催化的水蒸气气化反应，并且中毒的催化剂所需的再生时间也很长。通常，硫的抑制作用可以通过提高反应温度和压力来加以补偿。另外，煤中矿物质内含有大量的硅铝酸盐，在高温下这些硅铝酸盐与碱金属生成无催化作用的非水溶性化合物，从而降低碱金属的催化作用。一般认为，K的催化效果最好，其次是Na。

（4）煤焦结构

在气化阶段煤焦孔隙结构会影响发生反应表面的性质，进而会改变气化反应的特性，煤焦微观理化结构对煤焦气化以及整个煤气化过程都具有重要意义，因此备受学者关注。许修强等[16]在两段反应器上研究了水蒸气对褐煤半焦气化活性和微观结构的影响，发现600℃时水蒸气对煤焦反应性和微观结构影响较小，当反应温度升高到700～900℃时，反应前2min小芳香环结构与大芳香环结构之比以及气化反应性急剧降低，反应2min后小芳香环与大芳香环之比以及气化反应性缓慢降低，而半焦孔隙结构在整个反应过程中都具有一致的变化趋势。张林仙等[17]在测定了1000℃下不同煤化程度无烟煤焦与H_2O和CO_2气化反应性以及煤焦孔结构分布，发现煤焦反应中气化剂 H_2O 和 CO_2 对微孔的产生和扩展有重要作用，比表面积越大煤焦与 H_2O 气化活性越高，但比表面积大小对煤焦与 CO_2 气化活性几乎无影响。Kajitani 等[18]基于加压滴管炉装置开展了烟煤焦与水蒸气和 CO_2 的气化实验，结果表明在反应初始阶段 NL 烟煤焦比表面积随碳转化率增大而增大，并在碳转化率为 40% 时达到最大值，而煤焦的微晶结构在气化过程中几乎不变。

林善俊等[19]利用高频电阻炉考察了褐煤焦与 CO_2 气化反应活性以及煤焦结构演变过程，实验结果表明在气化反应过程中煤焦石墨化程度逐渐增加，煤焦的比表面积呈现先增大再减小趋势，而平均孔径则呈现先减小再增大趋势。吴磊等[20]研究了水煤浆和煤粉热解焦的微晶结构以及 CO_2 气化反应活性，实验表明随着煤焦制备温度升高煤焦产率逐渐降低，在高温热解条件下煤粉焦结构有序度低于水煤浆焦有序度，煤粉焦比表面积低于水煤浆焦比表面积，煤粉焦气化活性低于水煤浆焦。陈路[21]在滴管炉上开展了烟煤焦与 CO_2 的气化实验，发现随着碳转化率的增加，烟煤焦微晶结构中碳衍射峰强度呈现逐渐减弱趋势，而矿物质衍射峰强度则呈现逐渐增强的趋势，对于处于气化反应后期的烟煤焦来说其孔结构仍保持较发达状态。

对于低阶煤气化反应过程或煤催化气化反应来说，煤焦本身含有的矿物质或者负载的催化剂会对气化过程产生重要影响，所以在研究煤焦结构与气化反应活性之间关系时应先排除自身所含矿物质的催化影响，再建立煤焦结构参数与反应活性之间的关系。Gong 等[22]分析了 Fe_2O_3 对无烟煤焦结构特性的影响，发现添加 Fe_2O_3 降低了煤焦石墨化和有序化程度，原因在于 Fe_2O_3 抑制了聚合反应发生，促进了自由基的形成。许慎启等[23]通过研究原煤焦、酸洗煤焦和添加 NaOH 煤焦的结构特征，发现灰分和碱金属使碳的微晶结构变化减小，同时抑制煤焦的石墨化进程。经过上述分析可知，不同种类的催化剂对煤焦结构的影响存在差异，作为催化剂载体的煤焦结构的改变会影响催化剂的作用。

（5）反应气氛

煤气化反应中采用不同种类的气化剂会对气化过程造成影响。水蒸气是煤气化反应中常用气化剂，Crnomarkovic 等[24]以褐煤为研究对象探究了影响水蒸气气化过程的因素，发现在加入水蒸气实验中，随着过量氧系数增大，H_2 和 CO_2 浓度升高而 CO 浓度降低；在无水蒸气添加的实验中 H_2 和 CO_2 浓度随过量氧系数增大而降低，CO 浓度随过量氧系数增大而升高。Lee 等[25]在滴管炉中研究了反应温度、氧煤比、水蒸气煤比和停留时间对煤炭气化反应的影响，发现随着反应温度的升高 H_2/CO 的摩尔比在逐渐减小，气体产物中 H_2+CO 含量在灰熔融温度附近具有最大值；随着 O_2 含量的增加碳转化率增大，H_2 和 CO 的产量逐渐增加至最大值。针对气流床反应器的水蒸气、O_2 及其混合气氛对褐煤气化过程的影响，王永刚等[26]发现 O_2 的加入提高了 H_2 体积分数，降低了反应活性指数。

（6）气化温度

煤焦发生气化反应温度越高，样品气化速率越快并且气化活性也越高。Liu 等[27]在自制的热天平上开展了在气化温度为 $1000\sim1300℃$ 条件下煤焦与 CO_2 气化反应实验，结果表明气化温度与煤焦的气化反应速率密切相关，气化温度越高反应速率越大，但随着碳转化率的增加气化速率逐渐减小；此外气化过程中慢速热解焦的活化能在 160kJ/mol 和 180kJ/mol 之间，当碳转化率小于 40% 时，快速热解焦活化能呈线性增加趋势，之后缓慢下降。Liu 等[28]发现不同煤种在低温和高温范围内反应速率相差两个数量级以上，当气化温度从 1000℃ 升高到 1400℃ 时，所有煤焦样品的气化反应速率均逐渐升高，然而在 $1500\sim1600℃$

高温范围内，不同煤种对温度的依赖性具有差异。Luo[29]对烟煤与CO_2气化反应速率进行了研究，发现在1000～1400℃气化温度范围内样品气化速率随反应温度升高而增加；在1400～1600℃温度段气化反应速率基本保持不变，可能是由于高温时样品的灰分熔融导致气体内扩散阻力增大，反应速率倾向于受内扩散控制。

（7）气化压力

气化压力可以通过影响气化剂分压和传质速率来改变气化反应过程。当气化压力升高时，气化剂浓度增加，气化反应速率随之增加。Fermoso等[30]研究了常压和高压条件下不同煤阶样品的气化反应，发现高压时$H_2 + CO$产量小于低压时的产量，提高压力使碳转化率降低而与煤阶无关。刘皓等[31]在高温高压装置上进行了煤与CO_2气化实验，结果表明在气化剂体积分数相同的条件下，当气化压力升高时CO产量增加，并且气化压力越高煤焦气化反应速度越快。Gouws等[32]研究了不同压力范围内高原煤焦的CO_2气化反应以及孔隙结构的发展，结果表明随着CO_2分压的增大，煤焦的表面积显著增大，可能是由于高压更利于小孔的形成从而导致颇高的表面积。

煤的气化反应受众多条件的影响，不同煤种的气化反应性不同；同一煤种，不同显微组分的气化反应性也不相同；煤的孔隙结构、气化过程中的升温速率等对气化反应都有着重要影响。笔者早期工作[33]已提供了众多的实证。

6.1.3 煤气化反应和反应动力学

煤气化是指通过气化剂（H_2O、CO_2或O_2等）将煤中所含的C、H等元素转换成CO、CH_4、H_2等合成气的复杂反应过程，对于不同的气化剂，气化反应的共同点均是从形成碳氧复合物开始的。不同气化剂的煤气化反应可以表述如下：

$$C + O_2 \longrightarrow CO_2$$
$$C + CO_2 \longrightarrow 2CO$$
$$C + H_2O \longrightarrow CO + H_2$$

式中，C表示一个可以吸附含氧气体的反应活性位。

对于不同的气化反应性而言，首先发生炭表面上的吸附，然后是反应过程。煤气化具体反应过程描述如下[34]：

① 气化剂分子首先从气相向煤焦颗粒表面进行扩散；

② 气化剂分子进一步在煤焦颗粒孔隙间进行扩散；

③ 气化剂分子与煤焦颗粒内表面的碳基质发生相互作用形成活性中间体；

④ 中间体之间相互作用或与气体反应，生成CO等物质；

⑤ 气体产物从颗粒孔隙间扩散至表面和周围环境气体中。

煤气化反应的总体反应速率取决于反应速率最慢的步骤。对于细煤粉/焦样品来说，当气化反应温度较低时，化学反应速率要远小于气体的扩散速率，所以煤焦颗粒气化过程的总体反应速率由煤焦的化学反应过程决定，由化学反应过程控制的温度区域又称为反应Ⅰ区。此区域气化反应中煤焦样品的颗粒足够小并且气化温度相对较低，反应速率为煤焦气化反应的本征反应速率，计算得到的反应级数、活化能等为本征动力学参数。当反应条件发生变化时，反应温度升高或者固体颗粒的粒径增大时，气化反应的总体反应速率将由化学反应控制转变为气体扩散和化学反应共同控制阶段，此反应区域称为反应Ⅱ区，该区内计算获得的表观活化能要小于本征活化能。当气化反应温度继续升高时，煤焦颗粒的气化速率将单独由气体扩散速率控制，此时的反应区域称为反应Ⅲ区。

动力学模型对于煤气化反应器的开发和运行优化具有重要意义。通过动力学分析可以深入了解煤气化过程中碳转化率随气化参数的变化过程，进而预测气化反应进行的难易程度。但是煤炭资源种类繁多，结构复杂多变，导致气化反应条件各异，在不同气化反应过程中的气化动力学参数差异较大，因此利用各动力学模型获得的参数也就有所不同。

煤焦固体孔隙结构、比表面积、含氧结构等在气化过程中会不断发生变化，因此为了更好地描述反应动力学过程，建立反应速率与气化条件和样品结构改变相结合的动力学方程非常重要。下式为考虑反应温度、反应物浓度和固体样品结构的动力学速率表达式：

$$\frac{\mathrm{d}X}{\mathrm{d}t}=f(T)f(C)f(X) \tag{6-1}$$

式中，$f(T)$ 为气化温度对反应速率的影响；$f(C)$ 为反应物浓度对气化速率的影响；$f(X)$ 为气化反应进程中随着碳转化率变化，样品颗粒物理结构改变对气化速率的影响，一般与样品颗粒孔结构特征和比表面积等相关。

式（6-1）可以进一步简化为式（6-2）：

$$\frac{\mathrm{d}X}{\mathrm{d}t}=R_{\mathrm{int}}(T,P_{\mathrm{a}})f(X) \tag{6-2}$$

由式（6-2）可知，气化速率表达式可由两部分组成，其中 $R_{\mathrm{int}}(T,P_{\mathrm{a}})$ 表示与气化温度和反应物浓度相关的本征反应速率；$f(X)$ 表示样品颗粒自身物理结构的影响因素。因此，气化反应速率主要取决于样品的结构特征和反应条件。下面就常见的煤气化动力学模型进行简要总结与归纳，主要为均相反应模型（VRM）、未反应收缩核模型（SCM）、混合模型、随机孔模型（RPM）和分布活化能模型（DAEM）等，各自特点如下所述。

（1）均相反应模型

均相反应模型[35]又称体积反应模型，是一种最基础的反应模型。此模型忽略煤焦颗粒形状和尺寸的变化，假设气化剂能扩散至颗粒内部且分布均匀。该模型主要适用于孔隙结构发达且在化学反应控制区内发生的反应，其反应速率表达式如下：

$$\frac{\mathrm{d}X}{\mathrm{d}t}=k_{\mathrm{VRM}}(1-X) \tag{6-3}$$

式中，t 为气化反应时间；X 为煤焦样品的碳转化率；k_{VRM} 是反应速率常数，主要与反应温度和反应物浓度有关。

（2）未反应收缩核模型

未反应收缩核模型[36]假设反应过程中反应速率处于化学反应控制区，并且反应发生在煤焦颗粒的外表面。颗粒外表面发生反应的区域为灰膜，颗粒内部为没有反应的核芯；灰层逐渐扩大而未反应的核芯在逐渐减小，该模型的表达式如下所示：

$$\frac{\mathrm{d}X}{\mathrm{d}t}=k_{\mathrm{SCM}}(1-X)^{\frac{2}{3}} \tag{6-4}$$

式中，t 为气化反应时间；X 为煤焦样品的碳转化率；k_{SCM} 是反应速率常数，主要与煤焦样品的孔隙率和初始表面积有关。

（3）混合模型

煤样品种类繁多、结构复杂，不同煤种和气化条件下适用的动力学模型也存在差异，如果只考虑均相反应模型、未反应收缩核模型则难以准确表达煤气化反应过程。为了更加符合实际气化反应过程，混合模型[37]被引入，通常采用的反应速率表达式如下：

$$\frac{dX}{dt} = k(1-X)^m \tag{6-5}$$

式中，t 为气化反应时间；X 为煤焦样品的碳转化率；k 为反应速率常数，是一个经验值，没有明确物理意义，但与固体样品的种类有关。

混合模型中反应速率与温度关系符合 Arrhenius 公式，该模型综合考虑了某些参数的物理意义和理论联系，同时也加入了经验因素的影响。

（4）随机孔模型

随机孔模型[38]是通过气化反应中煤焦颗粒内部孔结构的变化来反映气化行为。此模型假设煤焦固体颗粒是由许多直径不均匀的圆柱孔组成，并且这些孔呈随机分布的状态。孔的内表面为化学反应发生面，随着反应的进行，不同大小圆柱孔间会发生交联反应使表面积改变，并且在反应过程中没有生成固体产物。随机孔模型主要用于考虑固体样品颗粒孔隙结构随碳转化率变化的过程，比较适用于描述气化过程中反应速率出现最大值的情况。该模型的反应速率表达式如下：

$$\frac{dX}{dt} = k_{RPM}(1-X)\sqrt{1-\psi\ln(1-X)} \tag{6-6}$$

式中，t 为气化反应时间；X 为煤焦样品的碳转化率；k_{RPM} 为随机孔模型反应速率常数；ψ 为结构参数，其值可按照公式（6-7）进行估算[39]：

$$\Psi = \frac{2}{2\ln(1-X_{max})+1} \tag{6-7}$$

式中，X_{max} 为反应速率最大值所对应的碳转化率。

（5）分布活化能模型

除以上介绍的气化动力学模型外，还有许多其他已发展起来的计算模型，分布活化能模型就是其中之一。分布活化能模型[40]假设复杂化学反应过程是多个平行的一级不可逆反应，并且每个一级反应具有不同的活化能。由于该模型数学描述复杂，并且在反应初始阶段得到的活化能与理论计算值不相符，因此目前尚未得到广泛应用。分布活化能模型的具体表达式为：

$$1-X = \int_0^\infty \exp\left[-A\int_0^t \exp\left(-\frac{E_A}{RT}\right)dt\right]f(E_A)dE_A \tag{6-8}$$

式中，t 为气化反应时间；X 为碳转化率；A 为指前因子；E_A 为反应活化能；R 为摩尔气体常数，8.3145J/(mol·K)；T 为气化温度（K）；$f(E_A)$ 为活化能分布函数。

6.2 煤炭气化反应机理

针对 C-CO_2 和 C-H_2O 等气化反应机理，许多学者做了大量的研究工作，并提出许多可能的气化机理，包括电子转移机理和氧传递机理，其中氧传递机理能较好地解释煤焦-H_2O 和煤焦-CO_2 气化反应路径，被多数研究者所接受。氧传递机理认为煤焦表面存在大量活性位点，气化剂分子（CO_2、H_2O、O_2）中的氧原子解离并与煤焦表面的活性位结合成碳氧络合物 C(O)，碳氧络合物比较复杂且不稳定，容易在固体炭表面发生分解使碳原子脱离炭表面生成 CO，进入气相主体中，但目前没有直接的证据证明碳氧复合物的存在。基于氧转移理论的煤焦与 CO_2 或 H_2O 的气化反应机理表达如下：

煤焦与 CO_2 气化机理：

$$C_f + CO \Longrightarrow C(O) + CO$$
$$C(O) + nC_i \longrightarrow CO + nC_f$$

煤焦与 H_2O 气化机理：

$$C_f + H_2O \Longrightarrow C(O) + H_2$$
$$C(O) + nC_i \longrightarrow CO + nC_f$$

式中，C_i 与 C_f 分别代表非活性位与活性位点。

对于煤焦-H_2O 气化反应，Long 和 Sykes[41] 认为 H_2O 在高温下解离形成 H 自由基和 OH 自由基，并分别吸附于煤焦表面活性位上，最终脱附生成 H_2 和 CO，其机理表达式如下：

$$C_f + H_2O \Longrightarrow C(OH) + C(H)$$
$$C(OH) + C(H) \longrightarrow C(O) + C(H_2)$$
$$C(O) + nC_i \longrightarrow CO + nC_f$$

上述的煤焦气化机理仅适用于常压下的煤焦气化，更高压力下，煤焦的气化机理更为复杂，主要考虑气化产物在高压下的反应，Blackwood[42] 等和 Kajitani[43] 等综合考虑加压条件下气化产物 CO 在活性位点上的吸附，提出高压（<5MPa）下煤焦与 CO_2 反应的机理：

$$C_f + CO \Longrightarrow C_f(CO)$$
$$CO_2 + C_f(CO) \longrightarrow 2CO + C_f(O)$$
$$CO + C_f(CO) \longrightarrow CO_2 + 2C_f$$

此外，Roberts[44] 提出在高压下煤焦与水蒸气的反应需要考虑水汽变换反应，CH_4 的生成以及 H_2 及 CO 等产物对煤焦气化反应的抑制，当氢气浓度较高时，H_2 与 H_2O 竞争活性位，使得煤焦反应速率降低。此外还有学者研究发现[45,46]，随着 H_2 及 CO 浓度的增加，气化反应速率将较大程度地降低，当 H_2 浓度超过 50% 时，气化反应几乎停止。

$$C_f + H_2 \Longrightarrow C(H_2)$$

6.3 工业化煤气化

我国资源禀赋是"富煤缺油少气"，从这一基本国情出发，经过多年的发展与创新，形成了今天的现代煤化工产业，在很多技术方面取得了突破，积累了非常宝贵的经验，促进了我国能源革命、能源安全以及煤化工和石油化工的互补与协同发展。

气化始终是煤化工的技术龙头和核心，煤气化的先进性直接影响煤化工的先进性。多年前，我国的煤气化技术还主要是以常压间隙固定床技术为主，能耗高、污染重。目前我国煤气化的技术有了质的提升，先进的气流床气化技术得到了开发与应用，为我国现代煤化工产业的发展贡献了力量。

6.3.1 气化炉分类

煤气化技术是高效洁净利用煤炭的重要技术之一，它是多种洁净煤利用技术的先导性和核心技术，也是低阶煤有效利用的关键技术。煤气化技术是一项高效且通用的技术，如图 6-3 所示，首先气化技术产生的煤气可用作燃气再利用，用于陶瓷、玻璃、轧钢和氧化铝等行业，也可通过 IGCC 技术进行发电。另外气化技术也可用于生产合成气，作为合成液态燃料或者化学品的原料，如合成氨、合成甲醇和费-托合成等。煤气化技术的应用不仅可提高煤炭资源的利用效率，还可大幅度降低污染物的排放。

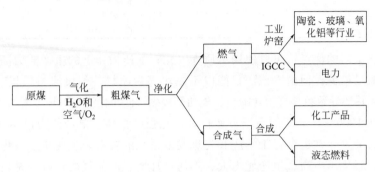

图 6-3　以煤气化技术为核心的洁净煤技术路线

世界上煤气化炉有几百种，但目前真正应用的有几十种。我国是拥有煤气化炉数量和种类最多的国家，也是实际操作经验最丰富的国家。国内目前正在应用的气化炉型涵盖了世界主要的煤气化炉型。近年来，我国对煤气化技术的发展非常重视，许多科研机构、高等院校投入到煤气化的研究当中，据不完全统计，截至 2022 年底，我国大概有 40 余种煤气化技术，包含固定床、流化床和气流床等炉型，在众多的现代煤化工装置中得到了应用。

此外，气化炉的投煤量也在不断扩大，从早期的 $500 \sim 1000 t/d$，发展到现在的 $3000 \sim 4000 t/d$，为超大型的现代煤化工装置建设奠定了基础。"十三五"以来，煤气化产业化稳步前进，先进的气流床气化技术广泛应用，按照炉型分类分别介绍我国现有的煤气化工艺。

煤气化方法分类繁多，以入炉煤粒度大小分类可分成块煤气化（$6 \sim 100 mm$）、小粒煤气化（$0.5 \sim 6 mm$）、粉煤气化（$<0.1 mm$）、油煤浆气化和水煤浆气化；以气化压力分类可分为常压或低压（$<0.35 MPa$）、中压（$0.7 \sim 3.5 MPa$）及高压（$>7.0 MPa$）气化；按气化介质分为空气气化、空气蒸汽气化、氧蒸汽气化及加氢气化；以排渣方式分为干式/湿式、固态/液态、连续/间歇排渣等气化；按供热方式可分成外热式、内热式和热载体气化；按入炉煤在炉中过程动态分为固定床、沸腾床（或称流化床）、气流床及熔渣池气化，这也是目前广为使用的煤气化方法分类。不同床型和工艺对煤种的适用性见表 6-1。

表 6-1　各种气化工艺的煤种适应性

项目		气流床		流化床	固定床
适用煤种		水煤浆	褐煤、烟煤、无烟煤、石油焦	褐煤、烟煤、无烟煤、石油焦	褐煤、弱黏结烟煤
煤质	灰分/%		$<13 \sim 15$		
	灰熔点/℃		<1350	不限制	>1250
	灰黏度/(Pa·s)		$15 \sim 25$	不限制	不限制
	硫/%		<1.5	不限制	不限制
煤粒度/mm		<0.1		<8	$5 \sim 75$

项目	气流床		流化床	固定床
成浆性/%	60～65			
代表工艺	Texaco（GE）多喷嘴气化	Shell 干粉煤气化法	温克勒（Winkler）法 HTW（高温 Winkler） 恩德粉煤气化法 U-GAS 法 循环流化床（CFB）法	鲁奇（Lurgi）干灰法 UGI 法

固定床气化工艺的优点：可以使用劣质煤气化；加压操作下的生产能力高；与其他气化方法相比，耗氧量最低。但由于该法只能以不黏块煤为原料，不仅原料昂贵，气化强度低，而且气-固逆流换热还导致粗煤气中含酚类、焦油等较多，使净化流程加长，增加了投资和成本。

气流床需在 1300～1500℃ 的高温下运行，气化强度很高，单炉能力已达 4000t/d，气体中不含焦油、酚类，非常适合化工生产和先进发电系统的要求。主要优点：煤种适应范围较宽、工艺灵活、气化压力高、生产能力大、不污染环境、产品气质量好，是目前煤气化的主要炉型。该炉型要求所用煤灰熔点低（<1300℃）、含灰量低（<10％～15％），必要时需加入助熔剂（CaO 或 Fe_2O_3）。此外，气化炉耐火材料和喷嘴寿命也偏短。

使用碎煤为原料的流化床技术以空气或氧气或富氧和蒸汽为气化剂，在部分燃烧产生的高温下进行煤的气化，其工艺流程包括备煤、进料、供气、气化、除尘、废热回收等系统。该气化技术可以使气固两相充分混合，强化反应条件。

6.3.1.1 固定床气化炉

煤从固定床气化炉炉顶加入，并向下移动，与从炉底进入的气化剂（氧气和水蒸气）逆流相遇。加入的煤通常为常温。水蒸气和空气可以预热，煤下移的速率由炉底排灰的速率来控制。水（水蒸气）气（空气或氧气）比不仅是影响沿床层高度温度分布的最重要因素，而且是排渣方式（干法或湿法）的决定因素。

当煤料沿气化炉下移时，温度的变化引起了各断面上的煤原料发生相应的变化，从而显示出层次。如图 6-4 所示，在实际过程中，层次界限往往不分明。

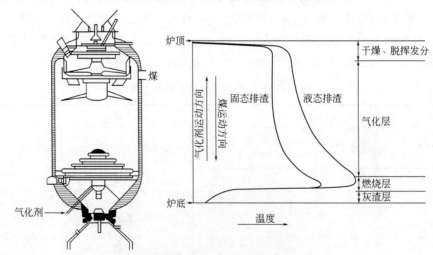

图 6-4 固定床气化炉炉内分层和温度分布

温度高于316℃时，煤中可挥发的气体、油和焦油开始析出，形成脱挥发分层或干馏层，再往下的区域是脱挥发分后的半焦与燃烧层上升的气体和水蒸气发生气化的反应层。在燃烧层中，气化后的残余半焦燃烧，并与供入的水蒸气发生反应。最下面，是灰渣冷却，即进入的空气和水蒸气与赤热的灰渣相遇，进行热交换，使灰渣冷却。

针对不同的加煤方法、排灰方法、气化剂、操作条件和原料，在设计和选择气化炉时会有不同的考虑。表6-2列出了目前一些典型固定床气化炉的主要特点。

表6-2　典型固定床气化炉的特点

名称	操作压力/MPa	气化剂	排灰方式	特点
GE Gas	2.42	空气	干法排灰、单段炉	美国通用电气公司开发，制得煤气 CO+H_2 有效组分含量为 40%～42%，可作燃料气或用于燃气透平发电
Lurgi	3.1	空气或氧气	干法排灰、单段炉	2.5～3.2MPa 下用蒸汽与氧使 3～50mm 次烟煤或褐煤气化，1936 年由德国 Lurgi 公司工业化
MERC	0.724	空气	干法排灰、单段炉	美国摩根城能源研究中心开发，为干灰搅拌床气化炉，用空气及蒸汽气化强黏结煤或弱黏结煤制取低热值煤气
Reiley		空气	干法排灰、单段炉	
Wilputta		空气	干法排灰、单段炉	美国威尔普特公司开发的一段干灰炉，在常压下用空气（或氧）与蒸汽气化烟煤制取低热值或中热值燃料气，用旋转臂防止炉渣黏结
Wellman	常压	空气	干法排灰、两段炉	美国韦尔曼公司在 19 世纪末开发的常压单段及两段干灰炉
Stole 法	常压	空气	干法排灰、两段炉	美国福斯特·惠勒能源公司开发，在常压下用空气及蒸汽气化次烟煤制取低热值煤气
Ruhr100	10.34	氧气	干法排灰、两段炉	德国鲁尔煤气、鲁尔煤及斯梯各三家公司联合开发，在≤10MPa 下用氧及蒸汽气化 2～40mm 块状无烟煤，可用于城市煤气或代用天然气生产
BG/Lurgi 熔渣法	2.76	氧气	液态排渣	由英国煤气公司开发，煤处理量 550～730t/d，3～50mm 块状烟煤在 2.5MPa 及≤1700℃下用氧和蒸汽气化，碳转化率＞99%，冷煤气效率 88.3%，吨煤氧耗 0.579t，汽耗 0.407t
GFETC 熔渣法	2.76	氧气	液态排渣	美国大福克斯能源研究中心开发，将鲁奇干灰炉改为熔融排渣，操作压力可达 2.8MPa，蒸汽用量仅为鲁奇炉的 1/4，气化能力大 2～3 倍。该炉设有燃烧器以降低炉渣黏度，但有破渣机

固定床气化炉分干法排灰和液态排渣两种。干法排灰典型炉型为：

① GE 气化炉　这种固定床气化炉是为了处理高黏结性、高膨胀性煤种设计的单段炉型。炉内装有三个搅拌耙，可从炉顶垂直向下移动。在 1.55MPa 的压力下操作，消耗及产率等数据如表 6-3 所示。

表6-3　GE 气化炉运行结果

项目		指标	合计
原料/(kg/h)	煤	598.45	2444.45
	空气	1573.99	
	水蒸气	269.44	
	冷淬灰渣用水	2.27	

项目		指标	合计
产品/(kg/h)	干煤气	2172.74	2415.42
	水	122.93	
	煤尘	7.26	
	灰渣	86.18	
	焦油和油	26.31	
粗煤气组成/%	CO	22.1	100
	H_2	15.8	
	CH_4	3.0	
	CO_2	6.2	
	N_2	45.5	
	O_2	0.2	
	H_2O	7.2	

② 鲁奇（Lurgi） 鲁奇气化炉也是单段的，设计的操作压力为 3.103MPa，加煤是通过炉顶煤锁加入。转动布料器使煤沿床层横断面均匀分布。粗煤气的组成取决于煤种。该炉的生产指标如表 6-4 所示。

表 6-4 鲁奇气化炉的生产指标

项目	褐煤	次烟煤	低挥发分煤
煤质分析（质量分数）			
灰/%	3	27	22
水分/%	18	8	3
挥发分（干燥无灰基）/%	59	39	9.7
焦油（干燥无灰基）/%	12	15	2.5
发热量/(MJ/kg)	27.059	31.069	35.126
煤气分析（体积分数）			
CO_2/%	31.9	28.2	26.5
C_mH_n/%	0.5	0.3	0.1
CO/%	17.4	20.6	21.4
H_2/%	36.4	39.6	43.5
CH_4/%	13.5	10.5	8.0
N_2/%	0.3	0.8	0.5
消耗指标			
无水无灰基煤/kg	657	465	350
氧气/m^3	107	140	150
水蒸气/kg	600	660	697
给水/kg	80	160	200
炉出口温度/℃	290	490	550
煤气水/kg	539	540	525
焦油、油、石脑油/kg	59	44	4
NH_3/kg	6	5	0.4
H_2S 及有机硫	取决于煤中硫含量		

③ 威尔曼（Wellman）气化炉　威尔曼气化炉是两段气化炉，由鼓形给料器给料，可使用坩埚膨胀序数为1～3、灰熔点为1200℃的次烟煤。上段是含焦油的粗煤气，下段是含尘煤气。

液态排渣典型气化炉型为 BG/Lurgi 液态排渣气化炉。该炉型设计操作压力为24～27.6MPa。通过煤锁加煤，炉上部装有搅拌耙和布煤器。熔渣在1482℃下通过炉下部的排渣口排出，可以用加石灰和高炉渣的办法控制熔渣的黏度。

液态排渣炉所需氧气和水蒸气都显著低于干法排灰鲁奇炉，而且处理能力约较干法排灰鲁奇炉高6倍。

液态排渣炉是低蒸汽、高炉温操作，所以与干法排灰比较，它的 CO_2 和 H_2 与 CO 比都很低，如表6-5所示。

表 6-5　鲁奇气化炉干法和液态排渣煤气组成比较（体积分数）

粗煤气组成	干法排渣	液态排渣	粗煤气组成	干法排渣	液态排渣
CO_2/%	24	2.6	H_2/%	39	27.8
C_mH_n/%	1	0.4	CH_4/%	9	7.6
CO/%	24	60.6	N_2/%	1	1.0

6.3.1.2　流化床气化炉

（1）干法排灰

① 温克勒（Winkler）气化炉　温克勒流化床气化炉使用煤的粒度为9.5mm以下。根据煤灰熔点和煤的反应活性，气化温度范围在815～1100℃。使用反应活性好的煤，例如褐煤、不黏结的次烟煤，温克勒炉可获得最佳的性能数据。目前，用温克勒气化炉在常压下生产低、中热值煤气已经完全工业化。

以褐煤为原料的常压操作温克勒炉的煤气组成见表6-6。

表 6-6　温克勒气化炉的煤气组成（体积分数）

煤气组成(干基)	氧气	空气	煤气组成(干基)	氧气	空气
H_2/%	35.1	12.6	CH_4/%	1.8	0.7
CO/%	48.2	22.5	N_2/%	0.9	55.7
CO_2/%	13.8	7.7	H_2S+COS/%	0.2	0.8

② 高温温克勒（HTW）气化法　在一般的常压温克勒气化工艺的基础上，进一步提高气化操作压力和温度，称为高温温克勒气化法，可提高单炉气化强度和改善煤气质量，并节省一部分压缩功。

（2）液态排渣（灰团聚或灰熔聚）流化床气化炉

① U-Gas　U-Gas 方法是为了使用多煤种而开发设计的。粉碎后的原料煤，通过一般煤锁系统达到规定的压力，加入炉内，煤在流化床内与氧、水蒸气作用，生成 CO 和 H_2。区域温度控制在煤灰初始软化点。

② 西屋（Westinghouse）流化床气化法　西屋流化床气化法的原理与 U-Gas 气化法类似，两者都在流化床内建立相对高温（以煤灰初始软化点为限）区域，使煤灰团聚，以降低

灰渣碳含量，提高碳利用率。它们的差别，主要表现在排灰的结构上。

根据使用目的和要求的不同，西屋流化床气化法可采用热解、气化两段流程，或单段流程。

③ 中国科学院山西煤炭化学研究所灰熔聚流化床粉煤气化工艺 该工艺流程见图6-5，包括备煤、进料、供气、气化、除尘、废热回收等系统。

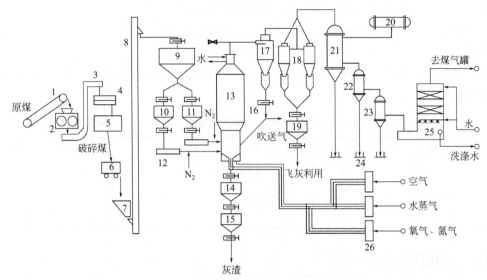

图6-5 灰熔聚流化床粉煤气化工艺流程

1—皮带输送机；2—破碎机；3—埋刮板输送机；4—筛分机；5—烘干机；6—输送；
7—受煤斗；8—斗式升机；9—进煤斗；10—进煤平衡斗A；11—进煤平衡斗B；
12—螺旋给料机A/B；13—气化炉；14—上排灰斗；15—下排灰斗；16—高温返料阀；
17——级旋风分离器；18—二级旋风分离器；19—二旋排灰斗；20—汽包；21—废热锅炉；
22—蒸汽过热器；23—脱氧水预热器；24—水封；25—粗煤气水洗塔；26—气体分气缸

灰熔聚流化床气化炉所适应的煤种范围广，但其气化强度随着煤阶程度增加而降低，随气化压力增大而增加；产气率则随着煤阶程度增加而增加。以空气为气化介质，CO含量在11％左右，H_2含量为14％左右，其煤气热值在4.18MJ/m³左右，可用作燃料气；以富氧为气化介质，CO含量20％～30％，H_2含量30％～40％，煤气热值6.27～8.36MJ/m³。所有煤种的操作温度均在1000℃以上。

6.3.1.3 气流床气化炉

所谓气流床气化，一般是将气化剂（氧气和水蒸气）夹带着煤粉或煤浆，通过特殊喷嘴送入炉膛内，进行高温气化反应。气流床气化的主要特点是：a.气化温度高、气化强度大，煤粒和气流并流运动，煤料与气流接触时间很短，反应温度很高；b.煤种适应性强，基本上可适用所有煤种；c.由于反应温度很高，炉床温度均一，煤气中不含焦油。

气流床气化主要分为干煤粉气化和水煤浆气化。Shell炉是干粉煤气化的代表，由于采用干法粉煤进料及气流床气化，因而对煤种适应范围广，可使任何煤种完全转化。也能处理高灰分、高水分和高硫煤种。由于采用高温加压气化，因此其热效率很高。此外，由于是加压操作，设备单位产气能力高。Shell煤气化炉采用膜式水冷壁形式，主要由内桶和外桶两部分构成。

GE气化技术是水煤浆进料气流床气化的代表。它是在德士古重油气化工业装置的基础上发展起来的煤气化装置。由于 GE 公司收购了德士古,所以,德士古(Texaco)气化技术现在称为 GE 气化技术。德士古水煤浆加压气化过程属于气流床并流反应过程,德士古气化炉为一直立圆筒形钢制耐压容器,炉膛内壁衬以高质量的耐火材料,以防热渣和粗煤气的侵蚀。气化炉近似绝热容器,故热损失很少。气化炉由喷嘴、气化室、激冷室(或废热锅炉)组成。水煤浆通过喷嘴在高速氧气流作用下破碎、雾化喷入气化炉。水煤浆气化由于气化温度高,碳转化率也较高。我国华东理工大学开发的多喷嘴水煤浆气化技术,研究和工业化都取得了很大进展,已有多套工业化装置应用的实例。

6.3.2 煤质适用性

由于我国煤质种类繁多、煤化工产品路线庞大、项目建厂条件复杂等因素影响,国内煤气化技术正在呈现出多元化,以适应各种煤炭煤质资源条件的发展趋势。作为全球最大的煤气化技术应用市场,中国煤气化技术基本代表了国际煤气化技术的发展趋势。在众多煤气化工艺中,煤质适应性条件、气化工艺性能和反应器结构设计等成为选择特定煤质气化工艺的重要因素。其中煤质分析因素对煤气化工艺的选择影响是非常大的,目前还很难找到一种既能够适应各种煤质条件,又能够实现气化效率高、利用效率好、工程投资省、生产各种煤化工产品的"万能气化炉",将来也很难找到这种理想气化炉。但相对而言,始终追求和创新一种相对先进的煤气化工艺和关键设备则是煤气化研发者始终追求的奋斗目标。

固定床气化工艺以块煤为原料,要求原料煤无黏结性或弱黏结性。煤种包括褐煤、长焰煤、不黏煤、弱黏煤、部分气煤、贫瘦煤、贫煤、无烟煤等。煤种选择主要考虑黏结性、煤灰熔融性和块煤的热稳定性及抗碎强度[47]。

① 常压固定床。GB/T 9143—2021《商品煤质量 固定床气化用煤》规定了原料煤的类别、品种、灰分、全硫、块煤的热稳定性及抗碎强度、煤灰熔融性、胶质层最大厚度和发热量等。常压固定床为固态排渣,原料煤的煤灰熔融性高,可以提高气化炉的反应温度、气化效率和煤气中的有效成分含量。

② 加压固态排渣固定床。由于气化强度大,需要较好的块煤机械强度和热稳定性,由于是固态排渣,煤灰熔融温度越高越好,软化温度最好在 1250℃ 以上。

③ 加压液态排渣固定床。液态排渣可提高气化温度,从而提高气化强度,还可以减少水蒸气的用量,从而减少气化废水的产生量。液态排渣的煤灰熔融性软化温度越低越好,软化温度最好在 1350℃ 以下。

流化床气化炉一般以空气或氧气作气化剂,固态排渣,气化温度较低,一般在 1000℃ 以下,对原料煤的要求是活性越大越好(一般在 950℃ 时 CO_2 分解率大于 60% 的煤即可);可以用褐煤,也可用长焰煤或不黏煤;要求粒度小于 8mm;煤的灰熔融性软化温度应大于 1200℃,全硫应小于 2.00%。

各种气流床气化炉型均为液态排渣,所以对原料煤的第一要求是煤的灰熔融性温度,对煤种没有具体的要求。干煤粉气流床气化工艺以干煤粉为原料,以氧气作气化剂,气化温度较高,在 1600~1800℃,液态排渣。对原料煤的基本要求为煤的灰熔融性温度低于 1450℃。水煤浆气流床气化工艺以水煤浆为原料,氧气作气化剂,气化温度在 1400℃ 左右,液态排渣,对原料煤的基本要求为原料煤的成浆性要好,水煤浆的浓度越高越好,经济性水煤浆浓度的临界点在 60%,煤的灰熔融性温度要求低于 1250℃。

6.3.3 煤气化发展趋势

按照减少环境污染，满足能源需求的目标，煤气化技术不断改进，也在不断开发新的气化技术，现代煤气化技术发展方向主要有以下几个方面。

① 加压气化：增大气化剂浓度，气化剂与煤焦接触的可能性增大，提高气化效率，进而减小反应器体积；此外，加压条件下，细粉颗粒带出量减小，污染物排放较少，降低后续处理设备的投资；后续化学品的合成工段通常需要在一定压力下进行，加压气化减少气体压缩环节，节约能耗，降低投资。

② 高温气化：较高的气化反应温度可以促使煤中碳和可燃组分转化完全，提高碳转化率，且较高的温度能够使其他组分钝化，上述两方面的作用使得气化炉出口煤气纯度较高。

③ 粉煤气化：煤颗粒粒径较小，使得煤颗粒与气化介质接触充分，从而提高气化反应速率以及单炉生产能力，使得碳转化率有较大程度的提高。

④ 气化炉大型化：由于能源的巨大需求，加上亟待解决的环境问题，促使现代气化技术转向大型化、规模化、集约化发展，从而在满足需求的情况下达到利益最大化。

⑤ 发展气化岛：在煤化工园区内采用专业化煤气化岛为园区的大型煤化工企业提供大量合格且低价的合成气、氢气、一氧化碳等工业气体已经成为煤化工专业分工的一大趋势，专业化经营的煤气化岛是应对煤质变化、实现工业气体大量稳定供应、集中解决煤炭利用与环境影响问题的最佳选择[48]。

6.4 合成气制烃类化学品

基于煤气化制备的合成气，可以合成烃类化学品（图 6-6），作为非石油路线合成化学品技术的一条重要途径，具有重要的应用价值和巨大的市场前景。目前，合成气转化制烃类化学品技术主要包括：合成气制汽油/柴油（FTTG/FTTD）、合成气制低碳烯烃（FTTO）、合成气制 α-烯烃（FTTOα）、合成气制芳烃（FTTA）等[49]。

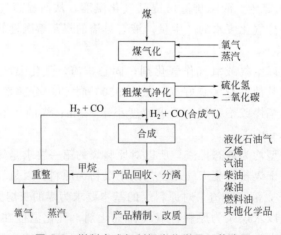

图 6-6 煤制合成气制烃类化学品工艺流程

6.4.1　合成气制汽油/柴油

汽油和柴油是应用最广及用量最大的烃类燃料。随着煤化工技术的蓬勃发展，煤基合成气通过费-托合成生产烃类燃料受到广泛关注。特别地，费-托合成技术是以合成气（CO＋H₂）为原料，在催化剂和适当反应条件下合成高碳烃的工艺过程，该技术对于具有丰富廉价煤炭资源而石油资源贫缺的国家和地区是可行的。

费-托合成（Fischer-Tropsch synthesis）工艺是通过催化剂将煤、天然气和生物质制得的一氧化碳和氢气转化为液态烃类的一种方法，所合成的产物具有低硫、低芳烃等优点，是清洁、环保的燃料油和化学品，可以实现石油的替代。

6.4.2　合成气制低碳烯烃

低碳烯烃（$C_2^=$～$C_4^=$）是重要的基础有机化工原料，同时也是一种重要的化工中间体，可用于合成聚合物、表面活性剂等化学品。随着国民生活水平的提高，对其需求量也日渐增长，目前主要是通过石脑油的裂解和天然气的转化制备。煤基合成气制烯烃技术作为一种有潜力的技术正日益受到重视。由合成气制低碳烯烃技术可分为两段法和一段法，两段法即将甲醇合成和甲醇制烯烃（MTO）两段工艺相串联，反应通常在两个反应器中独立进行；而一段法指在单一反应器中在催化剂的作用下实现合成气一步高选择性制备低碳烯烃[50,51]。两段法技术产物选择性高但过程复杂，涉及的成本高以及能量消耗大，而一段法技术高效节能且更具经济性。因此，采用合成气通过费-托合成一步制备烯烃受到广大研究者的青睐。国内最早研究合成气制低碳烯烃技术的是中国科学院大连化学物理研究所，完成了中试实验。

6.4.3　合成气转化制 α-烯烃

长链 α-烯烃是重要的化工中间体，主要用于合成聚合物、燃料、表面活性剂、添加剂及专用化学品等。工业上 α-烯烃泛指 C₅ 以上的 α-烯烃，其中，C₅～C₈ 烯烃用作聚乙烯工业中的共聚单体，长链 α-烯烃则用于合成高品质润滑油[52]。合成气制 α-烯烃技术从廉价易得的原材料即合成气出发，在催化剂的作用下即可实现一步高选择性制备 α-烯烃，该技术可以解决原材料价格高的问题，弥补我国 α-烯烃缺口。

6.5　合成气制含氧化合物

6.5.1　合成气制甲醇

（1）甲醇的用途

如今我国既是全球甲醇第一大生产国又是第一大消费国。甲醇用途甚广，可直接作为溶剂、防冻剂、清洗剂、分析试剂及酒精变性剂等。此外，甲醇还有两个重要用途，即作为燃料和有机化工基础原料。应用范围广使得全球对甲醇的需求量持续稳步上涨,位列乙烯、丙烯和苯之后。

甲醇本身是一种高密度液态优质燃料,被看作是新型绿色燃料和清洁能源,可直接用作汽车燃料,也可与汽油或柴油以不同比例掺混制备新型燃油(如 M3、M5 和 M85 等),以缓解燃油短缺问题。除了作为汽油掺混剂,甲醇也能够作为燃料制备燃料电池。

(2)合成气制甲醇基本原理

煤气化制备含 CO 和 H_2 为主的粗合成气(煤气),粗合成气经过一氧化碳变换反应调节达到合成甲醇所需的 CO/H_2 比例,再经低温甲醇洗脱除 H_2S、CO_2 等杂质,然后经压缩、甲醇合成、甲醇精馏得到精甲醇产品。主要反应:

煤气化反应 $\qquad\qquad$ $C + H_2O \longrightarrow CO + H_2$

一氧化碳变换反应 $\qquad$ $CO + H_2O \rightleftharpoons CO_2 + H_2$

甲醇合成反应 $\qquad\qquad$ $CO + 2H_2 \longrightarrow CH_3OH$

(3)合成气制甲醇技术现状

早期工业生产甲醇是基于德国 BASF 集团开发的甲醇高压制备法,该工艺是将合成气(CO 和 H_2)在 30~35MPa、300~400℃条件下通过 Zr-Cr 催化剂制备甲醇的方法,具有高能耗、高成本及条件苛刻的缺点。而后英国 ICI 公司与德国 Lurgi 公司分别提出了采用 Cu 基催化剂的低压制备法,是现今使用较多的甲醇制备方法,另有部分亚洲国家(如日本)使用中压法,而我国独创了合成氨联产甲醇工艺。以上方法均是以合成气为碳源制甲醇,这也是甲醇生产的主要方法,全球 75% 的甲醇均来自合成气。目前,原料气一般为含 CO_2 体积分数为 2%~8% 的合成气,反应通常在 5~10MPa 和 200~300℃条件下进行,所用催化剂的主要组成是 $Cu/ZnO/Al_2O_3$。为了满足绿色发展需求和构建资源节约型社会,国内外也开发了多种基于可再生资源的甲醇制备工艺,包括二氧化碳加氢、CH_4 直接氧化以及生物质制甲醇等。

6.5.2 甲醇制烯烃

甲醇制烯烃打通了煤、天然气以及生物质等非石油原料生产低碳烯烃的技术路线,已经成为我国乙烯、丙烯等大宗化学品的重要生产方式。

(1)甲醇制烯烃技术现状

甲醇制烯烃技术是以煤为原料转化为合成气,合成气生成粗甲醇,再经甲醇制备乙烯、丙烯的工艺。代表性工艺有 UOP/Hydro 的甲醇制烯烃(MTO)工艺、Lurgi 的甲醇制丙烯(MTP)工艺、中国科学院大连化学物理研究所的 DMTO 技术和中国石化上海石油化工研究院的 S-MTO 技术,都已实现工业化应用[53]。

UOP/Hydro 的 MTO 工艺采用类似于流化催化裂化流程的工艺,乙烯和丙烯选择性可达 80.0%,低碳烯烃选择性超过 90.0%,可灵活调节丙烯和乙烯的产出比在 0.7~1.3 范围内。中国科学院大连化学物理研究所针对 DMTO-Ⅰ技术在应用中存在 C_4 以上烯烃副产物的利用问题,开发了甲醇转化与烃类裂解结合的 DMTO-Ⅱ技术,甲醇转化率达到 99.9%,乙烯+丙烯选择性 85.7%,1t 乙烯+丙烯消耗甲醇 2.7t;专用催化剂流化性能良好,磨损率低[54]。

截至 2019 年末,我国煤(甲醇)制烯烃总产能约 1463 万吨/年,占烯烃总产能的近 21%。从烯烃产能配置来看,乙烯总产能要比丙烯产能偏少。

（2）甲醇制烯烃基本原理

以煤为原料经甲醇制烯烃主要由煤气化制合成气、气体变换、合成气制甲醇、甲醇制烯烃四个部分组成。煤经气化过程制取合成气，合成气在一定条件下经过变换使 H_2/CO 比在 2.0 左右，符合工艺要求的合成气在一定条件下合成甲醇，再借助催化裂化装置的流化床反应形式，生产低碳烯烃。

甲醇制烯烃反应可分为[55]：

① 脱水阶段

$$2CH_3OH \longrightarrow CH_3OCH_3 + H_2O$$

② 裂解反应阶段　该反应阶段主要是脱水反应产物二甲醚和少量未转化的原料甲醇进行的催化裂解反应，包括

a. 主反应

$$nCH_3OH \longrightarrow C_nH_{2n} + nH_2O$$

$$nCH_3OCH_3 \longrightarrow 2C_nH_{2n} + nH_2O$$

方程式中 n 的取值以 2 和 3 为主，4～6 为次要。

b. 副反应：主要生成烷烃、芳烃、碳氧化物和焦炭，其反应式为：

$$CH_3OH \longrightarrow CO + 2H_2$$

$$CH_3OH \longrightarrow CH_2O + H_2$$

$$CH_3OCH_3 \longrightarrow CH_4 + CO + H_2$$

$$CO + H_2O \longrightarrow CO_2 + H_2$$

$$2CO \longrightarrow CO_2 + C$$

目前，世界上具备商业技术转让条件的甲醇制烯烃技术有美国环球石油公司（UOP）和挪威海德鲁公司（Hydro）共同开发的甲醇制低碳烯烃（MTO）工艺、德国公司开发的甲醇制丙烯（MTP）工艺和中国科学院大连化物所的甲醇制低碳烯烃（DMTO）工艺。

6.5.3　合成气制乙二醇

（1）乙二醇的发展现状

乙二醇（EG）是一种应用领域十分广泛的有机化工原料，主要用于生产聚酯树脂和防冻液等。其中在聚酯行业，乙二醇主要用于生产聚酯纤维（PET）、树脂等；作为防冻液最早用于飞机，同时也大量应用于汽车，是当前防冻液应用最为广泛的两大市场。除此之外，乙二醇也可用于生产不饱和聚酯树脂、醇酸树脂、瓶类、电器等众多领域。

乙二醇从其因特殊结构而具有独特且较为活泼的性质，到作为一种原料或者中间体在众多领域的广泛应用，再到当前国内外企业对其生产的大力支持和合成工艺的不断改进，都为乙二醇未来良好的发展奠定了基础。

2010 年我国第一套煤制乙二醇项目投产，截至 2022 年底，煤（合成气）制乙二醇产能合计 1045 万吨。

（2）合成气制乙二醇基本原理

在我国实现工业化的合成气制乙二醇是间接合成工艺[56,57]。煤制合成气经分离提纯制 CO，CO 在温度 100℃ 和催化剂作用下与亚硝酸甲酯反应生成草酸二甲酯和 NO，草酸二甲酯催化加氢制得乙二醇，其反应式如下。

草酸二甲酯的合成：

$$2CO+2CH_3ONO \longrightarrow (COOCH_3)_2+2NO$$
$$2NO+2CH_3OH+1/2O_2 \longrightarrow 2CH_3ONO+H_2O$$

草酸二甲酯加氢制取乙二醇：

$$(COOCH_3)_2+4H_2 \longrightarrow (CH_2OH)_2+2CH_3OH$$

该方法的工艺特点为：反应条件温和，能耗低，技术经济性较好，符合当前煤炭清洁利用的基本要求。

6.6　合成气制化学品

煤基合成化学品是以合成气（$CO+H_2$）、甲醇、甲醛为原料合成的一系列有机化工产品。煤基合成化学品包括醇类化学品、醛类化学品、胺类化学品、有机酸类化学品、酯类化学品、醚类化学品、甲醇卤化化学品和烯烃化学品。

（1）合成气制二甲醚

合成气进入反应器内，在催化剂（甲醇合成催化剂与甲醇脱水催化剂）作用下，同时完成合成甲醇与甲醇脱水两个反应过程（另有部分变换反应），产物为甲醇与二甲醚的混合物，混合物经蒸馏装置分离得二甲醚产品，其反应式如下：

$$CO+2H_2 \longrightarrow CH_3OH \qquad \Delta H=-90.8kJ/mol$$
$$2CH_3OH \longrightarrow CH_3OCH_3+H_2O \qquad \Delta H=-23.4kJ/mol$$
$$CO+H_2O \longrightarrow CO_2+H_2 \qquad \Delta H=-40.9kJ/mol$$

二甲醚的主要用途是用作有机合成的原料，也用作溶剂、气雾剂、制冷剂和麻醉剂等，也用作车用燃料。

（2）合成气制醋酸

用等体积的 CO 与 H_2 的合成气为原料，在温度 200～300℃、压力 3.0～5.0MPa 和双功能催化剂存在的条件下，制得甲醇/二甲醚混合物，甲醇/二甲醚混合物在温度 50～200℃、压力 3.3～6.6MPa 和催化剂作用的条件下，进行醋酸合成反应，制得产品醋酸，其反应式如下[58]：

$$2H_2+CO \longrightarrow CH_3OH$$
$$3H_2+CO_2 \longrightarrow CH_3OH+H_2O$$
$$2CH_3OH \longrightarrow CH_3OCH_3+H_2O$$
$$CH_3OH+CO \longrightarrow CH_3COOH$$

醋酸是重要的有机化工原料之一，主要用于生产醋酐、醋酸乙酯/丁酯、醋酸纤维素、醋酸/醋酸乙烯共聚物，也可应用于制药、染料、农药和橡胶等行业。

（3）合成气制甲胺

合成气先制甲醇，甲醇再经氨化制得甲胺。以甲醇与氨（摩尔比 1∶2.5）在 420℃、4.9MPa 和催化剂存在的条件下，进行气相合成反应，制得一甲胺、二甲胺、三甲胺的混合粗品，再经分馏得一甲胺、二甲胺、三甲胺成品，其反应式如下：

$$CH_3OH+NH_3 \longrightarrow CH_3NH_2+H_2O$$
$$2CH_3OH+NH_3 \longrightarrow (CH_3)_2NH+2H_2O$$

$$3CH_3OH + NH_3 \longrightarrow (CH_3)_3N + 3H_2O$$

一甲胺主要用于医药、农药、橡胶、炸药、溶剂及纺织助剂等；二甲胺主要用于天然橡胶促进剂、皮革去毛剂、纺织工业溶剂、催化剂等；三甲胺主要用于生产胆碱、有机中间体、医药、农药、炸药、化纤溶剂等。

近年来，我国煤气化及净化技术、合成气的分离提纯技术、煤制合成气的下游产品开发利用技术等得到了空前快速的发展，这对解决部分产品供需矛盾问题将会起到愈来愈重要的作用，以合成气为原料的下游产品的开发利用技术也将会层出不穷。

6.7　合成气制氢气

氢气被认为是21世纪最有发展潜力的清洁能源。氢气燃烧时除生成水和少量氮化氢外，不会产生诸如一氧化碳、二氧化碳、碳氢化合物、铅化物和粉尘颗粒等对环境有害的污染物质，基本上不污染环境。氢气用途十分广泛，主要用于石油化工行业，也在化工领域作为原料气生产合成氨、二甲醚等。目前，国内外工业化制氢路线主要有水电解制氢、天然气转化重整/部分氧化制氢、轻（重）油催化转化制氢、煤炭气化制氢、氨裂解制氢、甲醇转化制氢、多种化工尾气制氢、生物质气化制氢等。从能源角度和能源可持续发展角度讲，煤炭在我国化石能源中占有绝对优势，煤炭气化经合成气制氢依然是我国制氢产业的主要途径[59,60]。

6.7.1　基本原理

合成气制氢主要是煤炭经气化生成合成气，再经分离提纯得到一定纯度的氢气。理论上有外供热和自供热两种工艺[61]。

① 外供热工艺。外供热工艺是靠外部提供热量实现煤的气化反应，反应不需要氧气参与，主要是煤与水蒸气进行反应，产生 H_2 和 CO 两种气体，CO 通过变换反应转化成氢气。由于不需要燃烧掉一部分煤来供热，该气化方法提高了煤炭向目的气体的转化率；另外，反应过程不需要氧气，因此复杂的工艺变得简单，单位时间和空间的氢气产量得到提高。外供热工艺的关键是如何有效地供给反应体系需要的热量，使反应能够顺利进行。由于很多工程问题没有得到解决，目前还未实现大规模的工业化。

② 自供热工艺。自供热工艺是通过燃烧一部分煤放出热量，供给反应体系来实现煤的气化反应，这种气化方法的不足之处是要燃烧掉一部分煤，这部分煤约占总煤量的1/4，从而降低了目的产品的转化率；同时还要通入大量的氧气，不但使工艺变得复杂，而且产生了大量 CO_2 气体，增大了气体处理量，其优点是工艺条件成熟，易于生产控制，目前的大多数气化方式都是采用这种方法。

煤炭气化制氢气主要化学反应如下：

$$C + 2H_2O \longrightarrow CO_2 + 2H_2 - Q \tag{6-9}$$

$$C + H_2O \longrightarrow CO + H_2 - Q \tag{6-10}$$

$$CO + H_2O \longrightarrow CO_2 + H_2 + Q \tag{6-11}$$

$$C + O_2 \longrightarrow CO_2 + Q \tag{6-12}$$

$$2CO + O_2 \longrightarrow 2CO_2 + Q \tag{6-13}$$

$$2C + O_2 \longrightarrow 2CO + Q \tag{6-14}$$

$$C + CO_2 \longrightarrow 2CO - Q \tag{6-15}$$

$$C + 2H_2 \longrightarrow CH_4 + Q \tag{6-16}$$

在式（6-9）式中，1个C原子直接生成了2个氢气分子，是生产中最想要的反应；反应式（6-10）中，1个C原子直接生成了1个氢气分子，然后经过（6-11）式又生成了1个氢气分子，是仅次于（6-9）式的反应，式（6-9）和式（6-10）2个反应都发生在气化过程中，都是吸热反应。反应式（6-11）发生在变换过程，理论上1个CO分子经过变换生成1个氢气分子，这个反应是变换的最主要反应，也是变换的目的反应。式（6-9）～式（6-11）所示是煤制氢的3个目的反应。反应式（6-12）是碳完全燃烧的反应，消耗的碳全都用于产生热量，对生成氢气无任何贡献。反应式（6-14）是碳不完全燃烧的反应，与反应（6-9）消耗的碳全部用于转化成氢相比，反应（6-14）消耗的碳只有一半用于最终转化成氢气，另一半最终单独变成了CO_2而用于产生热量。式（6-12）和式（6-14）是2个需要严格控制的反应，从经济角度来讲，煤制氢生产中既要保证造气过程需要的热量，又要保证适当地降低煤耗。反应（6-16）由于消耗碳而没能够产生氢，属于间接消耗氢的反应，是不希望发生的反应，在生产工况下要尽可能降低（6-16）反应发生的强度。

反应过程希望进行更多生产大量氢气的反应，同时控制好反应过程中碳完全燃烧和不完全燃烧的反应，这样可以便于掌握燃烧需要的热量，同时又不引起污染，还要降低消耗氢气的反应发生概率，以达到生产更多氢气的目的。

6.7.2　工艺流程

煤气化制氢是煤炭在高温下与水蒸气发生反应，生成主要含有H_2、CO和CO_2的煤气，煤气经过降温、除尘和脱硫等净化过程后，与水蒸气混合进行变换反应，大部分CO转化为H_2和CO_2，成为变换气，变换气通过变压吸附（PSA）提纯氢气过程，得到高纯度的H_2。主要包括以下几个工艺单元：煤炭气化、煤气净化、CO变换、H_2提纯等。工艺流程如图6-7所示[62]。

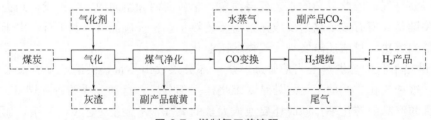

图 6-7　煤制氢工艺流程

（1）煤炭气化

煤制氢技术的关键在于煤气化工艺。我国煤炭气化工艺多种多样，早期的老式UGI固定床间歇气化技术，用于甲醇、合成氨等传统煤化工行业。近年来，随着国内自主创新的新型煤气化技术的快速发展，一批先进的干粉煤气化和水煤浆气化技术在煤制氢行业中得到了广泛应用，煤气化工艺的自主化率已超过55%[63]。

（2）煤气净化

煤气净化是脱除煤气中飞灰、焦油、萘、氨、硫化氢等杂质的过程，特别是对 SO_2 等酸性气体脱除。我国煤制氢行业所采用的酸性气体脱除工艺主要有低温甲醇洗工艺和聚乙二醇二甲醚法，取代了先前的栲胶脱硫、碳丙脱碳技术。目前，德国林德公司和鲁奇公司开发的低温甲醇洗工艺较为先进，应用广泛。国内大连理工大学成功开发了低温甲醇洗工艺软件包，成为此项技术国内首例。

（3）CO 变换

CO 变换是 CO 和水蒸气反应生成 H_2 和 CO_2 的过程。由于粗合成气中一般硫含量均比较高，一般采用耐硫变换。近几年，湖南安淳、河北石家庄正元、江苏南京敦先化工等企业先后开展了等温变换炉及相应工艺技术的研发制造，解决了现有变换工艺多段反应、多次换热调温、流程长、蒸汽多等问题。同时，Co-Mo 催化剂对有机硫转化成硫化氢有催化作用，可以降低脱碳气中的有机硫含量，提高合成气的净化度。

（4）H_2 提纯

对于含氢气体的分离提纯，工业上可以采用的分离方法有吸收法、深冷法、吸附法、膜分离法以及金属氢化物分离法等。由于化学溶剂对含氢气源中杂质组分的选择性较低，所得氢气的纯度不高（一般不大于 85%），而且设备的维护费用较高，因而吸收法在氢气的分离提纯中很少被采用。深冷分离法是利用原料气中各组分临界温度的差异，将原料气部分液化或在低温下进行精馏来实现氢气分离的目的。深冷分离工艺成熟，有回收率高、处理量大、对原料气中氢含量要求不高等优点，但投资较大，装置启动时间长，而且膜分离是一项新兴的高效分离技术，它以膜两侧气体的分压差为推动力，通过溶解、扩散、脱附等步骤产生组分间传递速率的差异来实现氢和其他杂质分离的目的。

膜分离法具有工艺简单、操作方便、投资少等优点，但制膜技术（如膜的均匀性、稳定性、抗老化性、耐热性等）有待改进，膜的使用寿命也不长，而且要求原料气不含有固体微粒和油滴以防止损坏膜组件。产品的纯度一般不高（<99%），但所需原料气的压力较高，采用两级膜分离器产品氢纯度可达 99%。金属氢化物分离法是利用储氢材料在低温下吸氢，高温下释放氢的特点来实现氢气的纯化，产品氢气的纯度很高，但它对原料气中氢纯度要求较高（>99.99%），而且储氢金属材料多次循环使用会产生脆裂粉化现象，生产规模也不大，因而不适合粗氢及含氢尾气的大规模分离提纯。

吸附分离是利用吸附剂对气体混合物中不同组分的选择性吸附来实现混合物分离的目的。含氢气源中的杂质组分在很多常用吸附剂上的吸附选择性远超过氢，因此可以利用吸附分离法对其中的氢气进行分离提纯。与上述的各种氢气分离提纯方法相比，吸附法具有以下优点：a. 产品气的纯度高，可以得到纯度为 99.999% 的氢气；b. 工艺流程简单，操作方便，无需复杂的预处理，可以处理多种复杂的气源；c. 吸附剂的使用寿命长，对原料气的质量要求不高，当进料气体的组成和处理量波动时装置的适应性好。变压吸附技术（PSA）是以吸附剂（多孔固体物质）内部表面对气体分子的物理吸附为基础，利用吸附剂在相同压力下易吸附高沸点组分、不易吸附低沸点组分（如 H_2）和高压下被吸附组分吸附量增加、低压下吸附量减小的特性来实现气体杂质的分离。

目前，我国常用变压吸附工艺及膜分离这两种气体分离技术提纯氢气。由于煤制氢对产品氢气纯度高的质量要求，为实现氢气的高回收率，采用变压吸附分离技术。我国拥有世界上最大的 PSA 制氢装置，其处理量为 $3.4 \times 10^5 \, m^3/h$，该装置由西南化工研究设计院提供工艺、核心硬件、自控技术。

6.7.3　未来发展

鉴于我国富煤的能源结构特性，大力发展煤气化制氢技术可以满足国家能源战略安全需求。一方面，虽然一些煤制氢技术在我们国家已实现商业化应用，但仍存在水耗大、成本高、环境污染和碳排放严重等一些制约行业发展的瓶颈问题。迫切需要开发灵活可靠、大容量、煤种适应性好、高效、节水、智能化的煤制氢技术。

另一方面，需要突破可再生能源制氢系统与煤化工过程耦合过程中系统集成、安全、稳定、长周期、弹性运行策略问题；实现生物质制氢与煤转化过程耦合；开发低能耗电极材料，对电解制氢设备的结构进行优化设计以适应大规模制氢的需要；开发太阳能光催化制氢与煤转化过程耦合技术，这些耦合过程也可以显著减少煤制氢的碳排放。

未来一段时期内，煤制氢技术需要逐步推进新型煤气化等关键技术开发、3500t/d 级大规模高效宽煤种适应性的煤气化技术工业应用、生物制氢和煤转化过程耦合中试试验、低能耗可再生能源电解制氢设备样机制造、太阳能光催化与煤转化过程耦合工艺路线。在此基础上，建成大容量、高效、宽煤种适应性的煤气化装置以及 $10m^3/h$ 可再生能源制氢与煤化工耦合全流程装置，开发高可靠性的适合高灰分高灰熔点煤的气化等关键技术和装备；针对氢、甲烷不同目标产品，开发新型煤气化技术；研究新型高效氢分离技术、水煤气变换与氢气分离一体化技术。努力实现煤气化单位投资降低 30%，系统能效提高 20%，水耗降低 30%；实现高效、低成本的煤气化制高纯氢技术应用。

参考文献

[1] 杨泆，钱芬芬，潘多伟. 煤的气化及其影响因素综述[J]. 煤炭加工与综合利用，2005(5)：41-43.

[2] van Heek H K，Muhlen H J. Aspects of coal properties and constitution important for gasification[J]. Fuel，1985，64(10)：1405-1414.

[3] Radovic L R，Walker P L，Jenkins R G. Importance of carbon active sites in the gasification of coal chars[J]. Fuel，1983，62(7)：849-856.

[4] 朱孔彬，张成芳，吉泽健彦. 活性点数对煤焦气化速率的评价[J]. 化工学报，1992，43(4)：401-408.

[5] van Heek H K，Karl H，Hein-Juerqen M，et al. Progress in the kinetics of coal and char gasification[J]. Chemical Engeering Technoogyl，1987，10(6)：411-419.

[6] 谢克昌. 煤的结构与反应性[M]. 北京：科学出版社，2002.

[7] Russell N V，Gibbins J R，Man C K，et al. Coal char thermal deactivation under pulyerized fuel combustion conditions[J]. Energy & Fuels，2000，14(4)：883-888.

[8] Miura K，Hashimoto K，Silveston P L. Factors affecting the reactivity of coal chars during gasification and indices representing reactivity[J]. Fuel，1989，68(11)：1461-1475.

[9] Takarada T，Tamai Y，Tomita A. Reactivities of 34 coals under steam gasification[J]. Fuel，1985，64(10)：1438-1442.

[10] Walker J P L，Taylor R L，Ranish J M. An update on the carbon-oxygen reaction[J]. Carbon，1991，29(3)：411-421.

[11] 谢克昌，李文英，朱素渝. 用差热分析技术研究煤岩显微组分的加压气化动力学[J]. 燃烧化学学报，1994，22(3)：276-280.

[12] Czechowski F，Kidawa H. Reactivity and susceptibility to porosity development of coal maceral chars on steam and carbon dioxide gasification[J]. Fuel Processing Technology，1991，29(1-2)：57-73.

[13] Hippo E J，Jenkins R G，Walker P L. Enhancement of lignite char reactivity to steam by cation addition[J]. Fuel，

1979，58(5)：338-344.

[14] Hengel D，Walker P L. Catalysis of lignite char gasification by exchangeable calcium and magnesium[J]. Fuel，1984，63(9)：1214-1220.

[15] Matsumoto S，Wakler P L. Char gasification in steam at 1123K catalyzed by K，Na，Ca and Fe-effect of H_2，H_2S and COS [J]. Carbon，1986，24(3)：277-285.

[16] 许修强，王永刚，陈国鹏，等. 水蒸气对褐煤原位气化半焦反应性能及微观结构的影响[J]. 燃料化学学报，2015，43(5)：546-553.

[17] 张林仙，吴晋沪，王洋. 无烟煤焦气化过程中孔结构的变化及对气化反应性影响的研究[J]. 燃料化学学报，2008(5)：530-533.

[18] Kajitani S，Hara S，Matsuda H. Gasification rate analysis of coal char with a pressurized drop tube furnace[J]. Fuel，2002，81(5)：539-546.

[19] 林善俊，李献宇，丁路，等. 内蒙古煤焦 CO_2 气化过程的结构演变特性[J]. 燃料化学学报，2016，44(12)：1409-1415.

[20] 吴磊，周志杰，王兴军，等. 神府烟煤水煤浆快速热解焦结构演化及其反应性的研究[J]. 燃料化学学报，2013，41(4)：422-429.

[21] 陈路. 滴管炉内煤和石油焦的快速热解及气化反应性研究[D]. 上海：华东理工大学，2012.

[22] Gong X，Guo Z，Wang Z. Variation of char structure during anthracite pyrolysis catalyzed by Fe_2O_3 and its influence on char combustion reactivity[J]. Energy & Fuels，2009，23(9)：4547-4552.

[23] 许慎启，周志杰，代正华，等. 碱金属及灰分对煤焦碳微晶结构及气化反应特性的影响[J]. 高校化学工程学报，2010，24(1)：64-70.

[24] Crnomarkovic N，Repic B，Mladenovic R. Experimental investigation of role of steam in entrained flow coal gasification [J]. Fuel，2007，86(1-2)：194-202.

[25] Lee J G，Kim J H，Lee H J，et al. Characteristics of entrained flow coal gasification in a drop tube reactor[J]. Fuel，1996，75 (9)：1035-1042.

[26] 王永刚，孙加亮，张书. 反应气氛对褐煤气化反应性及半焦结构的影响[J]. 煤炭学报，2014，39(8)：1765-1771.

[27] Liu T，Fang Y，Wang Y. An experimental investigation into the gasification reactivity of chars prepared at high temperatures[J]. Fuel，2008，87(4-5)：460-466.

[28] Liu H，Luo C，Toyota M，et al. Kinetics of CO_2/char gasification at elevated temperatures—Part Ⅰ：Experimental results[J]. Fuel Processing Technology，2006，87(9)：775-781.

[29] Luo C H，Watanabe T，Nakamura M，et al. Gasification kinetics of coal chars carbonized under rapid and slow heating conditions at elevated temperatures[J]. Journal of Energy Resources Technology，2001，123(1)：21-26.

[30] Fermoso J，Arias B，Gil M V，et al. Co-gasification of different rank coals with biomass and petroleum coke in a high-pressure reactor for H_2-rich gas production[J]. Bioresource Technology，2010，101(9)：3230-3235.

[31] 刘皓，黄永俊，杨落恢，等. 高温快速加热条件下压力对煤气化反应特性的影响[J]. 燃烧科学与技术，2012，18(1)：15-19.

[32] Gouws S M，Neomagus H W J P，Roberts D G，et al. The effect of carbon dioxide partial pressure on the gasification rate and pore development of Highveld coal chars at elevated pressures[J]. Fuel Processing Technology，2018，179：1-9.

[33] 谢克昌，凌大琦. 煤的气化动力学和矿物质的作用[M]. 太原：山西科学教育出版社，1990.

[34] Lahijani P，Zainal A Z，Mohammadi M，et al. Conversion of the greenhouse gas CO_2 to the fuel gas CO via the Boudouard reaction：A review[J]. Renewable & sustainable energy reviews，2015，41：615-632.

[35] Silbermann R，Gomez A，Gates I，et al. Kinetic Studies of a novel CO_2 gasification method using coal from deep unmineable seams[J]. Industrial & Engineering Chemistry Research，2013，52(42)：14787-14797.

[36] Giri C C，Sharma D K. Kinetic studies and shrinking core model on solvytic extraction of coal[J]. Fuel Processing Technology，2000，68(2)：97-109.

[37] Zou，J H，Zhou Z J，Wang W，et al. Modeling reaction kinetics of petroleum coke gasification with CO_2[J]. Chemical Engineering & Processing Process Intensification，2007，46(7)：630-636.

[38] Fei H，Hu S，Xiang J，et al. Study on coal chars combustion under O_2/CO_2 atmosphere with fractal random pore model[J]. Fuel，2011，90(2)：441-448.

[39] Ochoa J，Cassanello M C，Bonelli P R，et al. CO_2 gasification of Argentinean coal chars：a kinetic characterization[J]. Fuel Processing Technology，2001，74(3)：161-176.

[40] Burnham A K. An nth-order Gaussian energy distribution model for sintering[J]. Chemical Engineering Journal，2005，108(1-2)：47-50.

[41] Long F J，Sykes K W. The Mechanism of the Steam-Carbon Reaction[C]. Proceedings of the Royal Society of London，1948.

[42] Blackwood J D，Ingeme A J. The reaction of carbon with carbon dioxide at high pressure[J]. Australian Journal of Chemistry，1960，13(2)：194-209.

[43] Kajitani S，Suzuki N，Ashizawa M，et al. CO_2 gasification rate analysis of coal char in entrained flow coal gasifier[J]. Fuel，2006，85(2)：163-169.

[44] Roberts D G. Intrinsic reaction kinetic of coal chars with oxygen, carbon dioxide and steam at elevanted pressures[D]. Newcastle：Newcastle University，2000.

[45] Roberts D G，Harris D J. High-pressure char gasification kinetics：CO inhibition of the C-CO_2 reaction[J]. Energy & Fuels，2012，26(1)：176-184.

[46] Zhang R，Wang Q H，Luo Z Y，et al. Coal char gasification in the mixture of H_2O，CO_2，H_2，and CO under pressured conditions[J]. Energy & Fuels，2014，28(2)：832-839.

[47] 陈亚飞. 煤化工项目应重视煤质适应性研究[J]. 煤质技术，2016，206(增刊1)：5-8.

[48] 华宇闻. 煤化工工业园区实现气化岛成为趋势[J]. 上海化工，2016，41(10)：12.

[49] 贾艳明，张四方，王俊文，等. 合成气转化制烃类化学品催化剂研究进展[J]. 天然气化工，2020，45(1)：91-96.

[50] Olsbye U，Svelle S，Bjørgen M，et al. Conversion of methanol to hydrocarbons：how zeolite cavity and pore size controls product selectivity[J]. Angewandte Chemie International Edition，2012，51(24)：5810-5831.

[51] Tian P，Wei Y X，Ye M，et al. Methanol to olefins（MTO）：from fundamentals to commercialization[J]. ACS catalysis，2015，5(3)：1922-1938.

[52] Linghu W，Liu X，Li X，et al. Selective synthesis of higher linear α-olefins over cobalt Fischer-Tropsch catalyst[J]. Catalysis Letters，2006，108(1-2)：11-13.

[53] 李建新，孙宝文，陈伟. 甲醇制烯烃技术进展及产业化动态[J]. 石油化工技术与经济，2013，29(4)：57-62.

[54] 李振宇，王红秋，黄格省，等. 我国乙烯生产工艺现状与发展趋势分析[J]. 化工进展，2017，36(3)：767-773.

[55] Zhu Q，Kondo J N，Ohnuma R，et al. The study of methanol-to-olefin over proton type aluminosilicate CHA zeolites [J]. Microporous and Mesoporous Materials，2008，112(1-3)：153-161.

[56] 吴良泉. 非石油路线乙二醇生产技术的研究开发现状及其探讨[J]. 上海化工，2008(5)：18-22.

[57] 柏基业，李涛. CO 氧化偶联法制乙二醇技术开发现状及思考[J]. 化工进展，2012，31(增刊1)：129-133.

[58] 徐继春. 以煤制合成气为原料制取几个化工产品简介[J]. 氮肥技术，2012，33(4)：47-48.

[59] 王东军，姜伟，赵仲阳，等. 国内外工业化制氢技术的研究进展[J]. 工业催化，2018，26(5)：26-30.

[60] 杨薇. 煤制氢技术的现状与发展[J]. 中国化工贸易，2015，7(33)：332.

[61] 赵岩，张智，田德文. 煤制氢工艺分析与控制措施[J]. 炼油与化工，2015，26(3)：8-11.

[62] 徐振刚，王东飞，宇黎亮. 煤气化制氢技术在我国的发展[J]. 煤，2001(4)：3-6.

[63] 汪寿建. 现代煤气化技术发展趋势及应用综述[J]. 化工进展，2016，35(3)：653-664.

7

煤转化过程中的催化

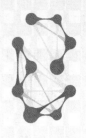

　　化学反应在工业上的实现要求反应具有一定的反应速率，即在单位时间内有尽可能多的产品数量。从反应动力学可知，提高反应速率可有多种手段，如加热、加压、催化等。应用催化方法，既能提高反应速率，又能对反应方向进行控制。因此，应用催化剂是提高反应速率和控制反应方向的有效方法。催化在充分利用资源、减少污染、提高工业化装置生产效率等方面有着广泛的应用，是近代化学工业的支柱，是化学工业进步的基础。

　　催化过程无处不在，既存在于生物体内发生的复杂生化过程（酶的催化）中，也存在于非生命的物质转化过程（化学催化）中。在化学催化中，以催化剂与反应物所处状态不同，可分为均相催化和非均相催化两大类。均相催化反应在同一均匀相（气相或液相）内进行；如果催化剂和反应物被相界面分开，催化反应在不同物相的界面上进行，则为非均相催化。

　　均相催化剂是可溶性过渡金属配合物和盐类，包括路易斯酸和路易斯碱在内的酸、碱催化剂。其特点是以分子或离子状态独立起作用，比较单一，易于研究和改进，但使用范围有限。非均相催化反应所采用的催化剂多为固体催化剂，固体催化剂包括金属，过渡金属配合物，金属盐类的负载催化剂，半导体型金属氧化物、硫化物、固体酸、固体碱以及绝缘性氧化物等。固体催化剂的特点是能耐受较苛刻的反应条件，回收利用较容易。两类催化剂性能对比见表 7-1。

表 7-1　均相和非均相催化剂的对比[1]

项目	均相催化剂	非均相催化剂
组成	单分子或离子	载体＋主催化剂＋助剂
活性中心	一个金属原子或离子,酸碱中心	催化表面活性位
溶解性	溶	不溶
热稳定性	差	耐高温
反应选择性	高	一般
反应条件	温和	苛刻
改性	容易	难
机理研究	易	难
分离	难	易

非均相固体催化剂在煤转化过程中使用的比例很高，涉及气-固相和液-固相的反应体系。从化学成分上看大部分固体催化剂都是由多种单质或化合物组成的混合物。这些组分，可根据其各自在催化剂中的作用，分别定义如下。

① 主催化剂：起催化作用的根本性物质，也称之为活性组分。主催化剂有时是单一物质，有时是多种物质组成。

② 共催化剂：与主催化剂同时起作用的组分。

③ 助催化剂：具有提高主催化剂的活性、选择性，改善催化剂的耐热性、抗毒性、机械强度和寿命等性能的组分，虽然助催化剂本身并无活性，但只要在催化剂中添加少量的助催化剂，即可明显达到改进催化剂性能的目的。

④ 载体：催化活性组分的分散剂、黏合物或支撑体，是负载活性组分的骨架。

煤转化中，各个转化过程选择的催化剂各不相同，这里将对催化过程的各自特点和共性问题进行论述。

7.1 煤转化中的催化

煤的转化如干馏、气化、液化，均包含有许多反应，如分解、缩合、氧化、氢化、氢解、氧解等。煤转化正是通过这些过程，获得所需的固态、液态和气态产物或热能。煤在转化过程中，存在着许多需要催化剂的转化过程，如在氧化剂存在下，经轻度氧化生成腐植酸，深度氧化生成低分子有机酸，剧烈氧化（即燃烧）条件下完全转化生成二氧化碳、一氧化碳和水；煤在一定氢气压力下加热，会发生氢化反应，使煤增加黏结性和结焦性；在有机溶剂和催化剂存在下加氢，可以得到液化油；与氯、溴等卤素可以发生取代反应和加成反应；在碱性介质中水解，获得酚类、碱性含氮化合物；与浓硫酸作用可得磺化煤等。表7-2中列出了一些主要煤转化催化过程，以及使用的催化剂和反应类型。

表 7-2　工业中的煤转化催化过程

	反应	催化剂	反应类型
气-固反应	煤的水蒸气催化气化	碱金属、碱土金属的氧化物、氢氧化物、碳酸盐	氧化还原
	粉煤催化燃烧	氧化铁	氧化
液-固反应	煤炭液化	氧化铁、钴、钼	裂解、加氢
气体反应	焦炉煤气重整制合成气	过渡金属	氧化
	甲烷化	过渡金属	加氢
	水煤气变换	过渡金属氧化物	氧化
液体反应	煤焦油加氢提质	过渡金属	裂解、加氢
	粗苯加氢	过渡金属	裂解、加氢、烷基化

从化学反应的类型区分，煤转化过程中涉及的催化过程主要是加氢、氧化、气体变换以及碳碳键的断裂等。在实际的煤转化工程中，涉及催化研究和催化剂的选择时，既遵循通常的催化化学原理，同时在实际使用中又有其各自的特殊性。

7.2 煤燃烧中的催化

催化与燃烧一直是紧密相连的，甚至有研究认为催化科学也是源于对燃烧的催化研究。在燃烧过程中，催化在提高能源转化效率、减少污染（比如炭黑和热 NO_x 的产生）方面有着重要的作用，比如在 CST（catalytically stabilized thermal combustor）燃烧器中，用非均相催化剂来促进燃烧，提高燃烧效率，降低带火焰燃烧器的温度，使温度低于热力 NO_x 形成的条件而又同时具有高的接近火焰燃烧器的存积热负荷。

催化燃烧研究在气体燃料、液体燃料的燃烧中开展广泛，对复杂多元结构的煤也有研究和应用。例如，在冶金行业中采用的高炉喷煤技术，它是现代高炉炼铁技术发展史上的一项重大技术革命，它从高炉风口向炉内直接喷吹磨细了的无烟煤粉或烟煤粉或者两者的混合煤粉，以替代焦炭提供热量和作为还原剂，从而降低焦比，降低生铁成本。实际操作中，如何提高高炉煤粉喷吹量是许多钢铁企业生产实践和研究工作中的重点。因为，煤比的进一步提高，会使高炉风口前未燃尽煤粉的数量增多，容易导致高炉料层透气性和透液性的降低。因此必须采取强化燃烧的措施，促使煤粉在高炉风口区快速燃烧。降低煤粉的着火点、提高燃烧速率及燃烧效率都有利于煤粉在短时间内完全燃烧。为了提高煤粉自身燃烧性能，在煤粉中掺入适量的催化剂，可降低煤粉入炉的着火温度，提高燃烧速率和燃烧效率。

7.2.1 煤粉燃烧中的催化原理

根据其作用原理，燃烧中使用的催化剂的作用可分为催化着火助燃、催化燃烧转化、催化低 NO_x 燃烧、催化脱硫等。

燃烧催化所涉及的催化剂一般为非均相固体催化剂，普遍被接受的催化理论认为，催化剂表面存在活性中心，反应物分子和活性中心的作用可使反应物分子的价键发生松弛，有利于新键的形成。

7.2.1.1 氧传递理论

氧传递理论认为在加热条件下催化剂首先被还原成金属（或低价金属氧化物），然后依靠金属（或低价金属氧化物）吸附氧气，使金属（或低价金属氧化物）氧化得到金属氧化物（或高价金属氧化物），紧接着碳再次还原金属氧化物（或高价金属氧化物），就这样金属（或低价金属氧化物）一直处于氧化-还原循环中，在金属（或低价金属氧化物）和氧化物（或高价金属氧化物）两种状态来回变动。从宏观上，氧原子不断从金属（或低价金属氧化物）向碳原子传递，加快氧气扩散速率，使煤燃烧反应易于进行。

试验表明，碱金属、碱土金属的盐及氧化物的催化作用可以用氧传递理论来阐明。以碳酸钾为例，K^+ 能与煤表面含氧基团形成表面络合盐 $CO_2^- K^+$，它可以与芳性碳和脂肪碳相连，由于钾的供电子效应，可通过氧传递到碳环或碳链上，迫使它不稳定而破裂，生成 CO、CO_2 逸出，在水分子的作用下，再重新形成表面络合盐，表面络合盐担负着活性中心的作用，催化反应方程式为：

$$K_2CO_3 + C + O_2 \longrightarrow K_2O + 2CO_2$$

催化剂在反应过程中产生中间化合物，如金属氧化物，充当氧的载体，促进氧从气相向炭表面的扩散。

$$K_2O + \frac{n}{2}O_2 \longrightarrow K_2O_{1+n}$$

$$K_2O_{1+n} + nC \longrightarrow K_2O + nCO$$

碱金属氧化物还可以通过下面两个反应方程进行反应：

$$K_2CO_3 \longrightarrow K_2O + CO_2$$

$$K_2CO_3 + \frac{1}{2}O_2 \longrightarrow K_2O_2 + CO_2$$

催化氧化反应过程为：

$$K_2CO_3 + \frac{1}{2}O_2 \longrightarrow K_2O_2 + CO_2$$

$$2K_2O_2 + C \longrightarrow 2K_2O + CO_2$$

$$K_2O + \frac{1}{2}O_2 \longrightarrow K_2O_2$$

$$K_2O + CO_2 \longrightarrow K_2CO_3$$

用 X 射线衍射仪分析 K_2CO_3 催化燃烧产物，结果显示化合物中含有 $KHCO_3$、$K_2CO_3 \cdot nH_2O$、KOH、K_2O、K_2O_2 等衍生物，可见上述催化反应机理推断有一定的事实依据。

7.2.1.2 电子转移理论

电子转移理论从电子催化理论入手，认为金属离子嵌入碳晶格的内部使碳的微观结构发生变化，并作为电子供体，通过电子转移加速部分反应步骤。电子转移理论认为，催化剂中的金属离子在加热过程中能够被活化，从而其自身的电子发生转移，成为电子供体。结果，金属离子将形成空穴，而碳表面的电子构型也将发生变化，这种电荷的迁移将加速某些反应，从而提高整个反应的速率，使碳燃烧得更完全。试验表明碱金属、碱土金属的盐及氧化物的催化作用也可以用电子转移理论来阐明。

7.2.2 煤粉催化燃烧用催化剂

催化剂的种类对催化效果有很大影响，探索高效的催化剂也一直是学者的研究热点。目前燃煤催化剂主要有以下几类：

① 碱金属、碱土金属及卤族化合物类　碱金属是公认的助燃催化效果最好的一类催化剂，其缺点是较易对燃烧设备造成腐蚀；碱土金属能够促进碳氧的界面反应，且具有较高的催化活性[2]。

② 过渡金属和稀土金属类　过渡金属类催化剂主要为锰、铁、铜等金属的氧化物或盐类，MnO_2 是常用的煤粉助燃剂。目前煤粉催化燃烧用催化剂的热点是 Fe 基催化剂，这是由于其具有低廉的价格且不会对燃烧设备造成不利影响。稀土金属类催化剂主要包括镧系、铈系的金属氧化物或盐类，稀土金属由于自身的晶体结构特点，具有较好的储存/释放氧的能力，能在燃烧过程中加快氧传递速度。稀土金属类催化剂因其优良的助燃催化效果受到了研究者的重视，但是随着其储量的日益降低和价格的不断提高，作为燃煤催化剂投资成本已

明显偏高，限制了其工业化应用[3]。

③ 复合型催化剂　将两种或两种以上的催化剂或者助燃剂经过化学或物理方法混合后制得的具有一定强化燃烧效果的催化剂。由于不同催化剂的作用机理不同，目前对于它们之间的协同和抑制机制还没有充分认识，且大多数研究是在实验室低温和慢速升温的条件下开展的，高温和快速升温条件下复合型添加剂的开发有待进一步研究。

④ 天然矿物、工业副产品或废弃物　包括天然矿物、城市污泥、工业除尘灰等，它们的助燃催化原因是自身具有较好的燃烧性能，或者其中包含具有催化作用的化合物，将其与煤粉混合不但可以强化煤粉燃烧，还可以实现资源的二次利用[4]。但是由于工业副产品或废弃物的化学组成复杂且波动大、分类困难等特点造成了在燃烧中利用这些物质很困难。另外，这些物质可能含有较高的挥发性有害气体和重金属，因此，应谨慎筛选并分类对待。

7.3　煤气化中的催化

煤的催化气化是在煤的固体状态下进行的，催化剂与煤的粉粒按照一定的比例均匀地混合在一起，煤表面分布的催化剂通过侵蚀开槽作用，使煤与气化剂更好地接触并加快气化反应。与传统的煤气化相比，煤的催化气化可以明显降低反应温度，提高反应速率，改善煤气组成，增加煤气产率。生成气可进行许多合成过程，例如，在催化剂作用下，可合成甲醇、甲烷、氨等化工原料，缩短工艺流程，提高工业生产的经济性。

7.3.1　煤气化中的催化原理

从 1867 年英国专利中首次提出煤的催化气化到今天的一百多年间，国内外研究学者们在煤的催化气化领域进行了广泛的研究，提出了许多催化气化机理，如氧传递机理、电化学机理以及反应中间体机理等[5]，一般认为不同金属化合物对煤气化的催化作用机理也不同。

7.3.1.1　碱金属催化气化机理

（1）氧传递机理

在煤气化反应过程中，碱金属及碱金属盐通过氧化物或过氧化物形式进行氧的传递，碱金属及碱金属盐首先在煤焦碳晶体表面与碳结合发生还原反应，然后在氧化性气氛下发生氧化反应，使得活性氧原子与碳发生反应，其氧化物中间体是整个催化气化过程中的氧载体，形成了一个氧化还原的循环过程，该过程可由下列反应式表示（以碳酸盐为例）[6,7]：

$$M_2CO_3 + 2C \longrightarrow 2M + 3CO$$

$$2M + CO_2 \longrightarrow M_2O + CO$$

$$M_2O + CO_2 \longrightarrow M_2CO_3$$

三式合在一起的总反应为：

$$CO_2 + C \longrightarrow 2CO$$

M 代表碱金属，在煤气化反应过程中，碱金属及碱金属盐通过氧化物或过氧化物形式进行氧的传递，这个碱金属碳酸盐首先在煤焦碳晶体表面与碳结合发生还原反应生成碱金属 M，然后 M 在 CO_2 气氛下发生氧化反应，生成 M_2O 这种氧化物中间体，也称为氧载体；

氧载体可以继续与 CO_2 反应生成碳酸盐，这样形成一个氧化还原的循环过程。氧迁移理论是目前容易被人们接受的一个理论，认为碱金属催化剂能使氧集中，催化气化反应主要发生在与催化剂接触的活性点上。

（2）电子转移机理

电子转移机理也称为电化学机理，该机理认为在气化温度下，催化剂在碳表面能形成连续的液态膜，这为离子扩散提供了通道，电子通过电极之间的固体导体传递，而离子在液膜中的电解质中进行扩散传递，这样就构成了一个完整的电池。

有研究者[8]认为金属碳酸盐催化炭黑的气化反应机理可由下式表示：

阳极上，碳酸根离子失去电子生成 CO：

$$CO_3^{2-} + 2C \longrightarrow 3CO(g) + 2e^-$$

阴极上，碱金属离子接受电子和 CO_2 上的氧原子，生成氧化物和 CO：

$$2M^+ + CO_2(g) + 2e^- \longrightarrow [2M^+ + O^{2-}] + CO(g)$$

碳酸根和金属离子还原再生：

$$CO_2(g) + M_2O(g) \longrightarrow 2M^+ + CO_3^{2-}$$

需要注意的是，通常只有高温下才会在碳表面形成连续的液膜，而催化气化反应温度一般比较低，因此电子转移机理并不太适合用来解释低温的催化气化反应[9]。

（3）反应中间体机理

有学者[10]在研究钾和其碳酸盐对煤焦催化气化时发现，反应物焦炭的 X 射线衍射图中出现有碳酸盐的峰，同时也发现了反应中间体的峰，由此提出了碱金属碳酸盐的催化气化机理：在煤焦表面被还原成金属元素，然后金属元素与碳晶表面形成中间体（电子供体-受体络合物），该络合物是具有很强催化活性的碱金属嵌入化合物。

$$M_2CO_3 + 2C \longrightarrow 2M + 3CO$$
$$2M + 2nC \longrightarrow 2C_nM$$
$$2C_nM + CO_2 \longrightarrow (2C_nM) \cdot OCO \longrightarrow (2nC) \cdot M_2O + CO$$
$$(2nC) \cdot M_2O + CO_2 \longrightarrow (2nC) \cdot M_2CO_3 \longrightarrow 2nC + M_2CO_3$$

催化剂的熔点和中间体络合物的催化活性是影响催化剂活性的两个主要因素，液体 M_2CO_3 更易与固体碳接触，并且以此推断碱金属碳酸盐的催化活性强弱次序：$Li_2CO_3 > Cs_2CO_3 > Rb_2CO_3 > K_2CO_3 > Na_2CO_3$。

7.3.1.2　过渡金属催化机理

目前，过渡金属中关于铁、钴、镍的研究较多，并且证实只有当它们以元素状态存在时才具有催化活性。通常过渡金属被还原的难易程度反映出其催化活性的强弱，一般用氧转移机理解释过渡金属对煤焦气化过程的催化作用[11]。

$$Fe_nO_m + H_2O \longrightarrow Fe_nO_{m+1} + H_2$$
$$2Fe_nO_{m+1} + C \longrightarrow 2Fe_nO_m + CO_2$$
$$Fe_nO_{m+1} + CO \longrightarrow Fe_nO_m + CO_2$$

上面的机理描述实质是水煤气反应和变换反应：

$$C + 2H_2O \longrightarrow 2H_2 + CO_2$$
$$H_2O + CO \longrightarrow CO_2 + H_2$$

有学者[12]提出 Ni 的循环作用的催化过程：

$$NiO+C \longrightarrow Ni+CO$$
$$Ni+H_2O \longrightarrow NiO+H_2$$

而 Jiang 等[13]研究了铁系催化剂对褐煤水蒸气气化反应的影响,发现在反应初期,铁系催化剂的主要催化组分为单质铁,随着气化反应的进行,Fe_3O_4 量逐渐增加,反应后期,单质铁完全转变成 Fe_3O_4。因此,作者推断在煤的催化气化过程中 Fe 和 Fe_3O_4 为催化反应的活性组分,并且提出了铁系催化剂催化煤-水蒸气气化机理。

$$Fe_nO_m+H_2O \longrightarrow Fe_nO_m(O)+H_2$$
$$Fe_nO_m(O)+C_f \longrightarrow Fe_nO_m+C(O)$$
$$C(O) \longrightarrow C_f+CO$$

另外,有学者研究了铁系催化剂对先锋褐煤 CO_2 气化反应的影响,认为与还原态铁氧化合物相比,Fe_3C 可能拥有更高的催化活性,铁催化剂可能遵循的催化机理如下:

$$Fe_3C+CO_2 \longrightarrow Fe_3C(O)+CO$$
$$Fe_3C(O)+C \longrightarrow Fe_3C+CO$$

7.3.1.3　复合催化剂作用机理

关于复合催化剂的作用机理,国内外的研究人员也进行了大量研究。Wang 等[14]研究了 $Ca(OH)_2$ 和 K_2CO_3 复合催化剂对煤焦气化的影响,并认为在气化过程中,$Ca(OH)_2$ 可以抑制 K_2CO_3 与煤中酸性矿物的相互作用,从而抑制钾的失活,还可能在碳表面上形成更具活性的含氧中间体。Jiang 等[15]研究表明,通过向 K_2CO_3 中分别添加 $Ca(OH)_2$、$Ca(CH_3COO)_2$ 和 $CaCO_3$,每种钙添加剂都有利于抑制钾失活,从而促进催化气化作用,且钾和钙在煤焦气化过程中表现出与矿物质无关的协同作用,在反应过程中形成的双金属碳酸盐 $K_2Ca(CO_3)_2$ 有助于气化过程的进行。

7.3.2　气化催化剂的有效组分

煤催化气化的重点其实在于催化剂,因此国内外学者对煤气化催化剂进行了大量研究。可以对煤气化起催化作用的化合物包括元素周期表中绝大多数金属元素,从活性组分及来源分,催化气化用催化剂主要分为以下几类:

① 碱金属盐　主要有 Na_2CO_3、K_2CO_3 等,现在人们多选择碳酸钾和碳酸钠作为催化剂,这两种催化剂价格便宜,来源广泛,催化活性也较好。

② 碱土金属盐　主要有 $CaCO_3$、CaO 等,由于价格便宜,来源广泛,也有诸多研究。

③ 过渡金属　主要有 Fe、Ni 等,通常过渡金属在单质状态下才能发挥其催化能力,所以过渡金属被还原的难易程度决定了它的催化能力。

④ 复合催化剂　如碱土金属-钼酸钴、各种碱金属盐复合催化剂。复合催化剂的熔点比其中的单一组分催化剂的熔点更低,因此复合催化剂的流动性更好,可以增加其与煤焦表面的接触面积并形成更多的催化活性中心位点,所以能表现出比单一催化剂更好的活性,但其存在回收率低、难重复利用等难题。

⑤ 可弃催化剂　指一种经工业催化应用后无须回收而直接废弃的催化剂,主要包括生物质灰、工业废碱液、工业废固碱、硫铁矿渣、转炉赤泥等[16]。

性价比是煤催化气化的研究热点,其中碱金属的碳酸盐最有实用化前景,可弃催化剂可以省去回收环节，大大节省成本，因此可弃催化剂是今后的发展方向。

7.4　煤直接液化中的催化

7.4.1　煤直接液化催化原理

对煤直接液化中大分子结构发生加氢和裂解反应解聚成小分子液体和气体产物的过程进行分析可知，煤直接液化中形成了分子量较大的沥青烯、前沥青烯及液化残渣[17]。煤受热后其大分子结构间的共价键首先发生热断裂，形成自由基碎片；而产生的自由基碎片与催化剂所吸附的活性氢或供氢溶剂提供的氢原子相结合而形成稳定的小分子产物；煤热解产生的芳烃碎片进行加氢和加氢热解生成轻质油馏分。为保证煤热解产生的自由基碎片能有效地得到活性氢，要求催化剂与煤要有良好的接触，以增加煤热解产生的自由基碎片和活性氢分子相互结合的机会。同时，为保证煤大分子结构中化学键有效地断裂，所用催化剂的活性和选择性对煤的液化反应过程具有重要的作用。

过渡金属催化剂具有较高的催化活性，由于其含有未成对的 d 电子或空余的杂化轨道，当反应物分子靠近过渡金属表面时，二者之间就会产生强度适中的化学吸附键，这种键容易导致反应物分子外围电子分布状态或者几何结构发生改变，从而降低反应活化能，促进催化反应的发生。金属卤化物催化剂即酸性催化剂，其酸性强，裂解能力较强，故在较低温度和较低氢压下会促进 C—C 键断裂，从而促进液化反应的发生。

另外，由于国内外研究者对铁系催化剂研究较早，在工艺中使用悬浮床、沸腾床等一次性通过床层，催化剂在使用后混杂于粉煤的固体残渣中，回收困难，因此廉价可弃型的铁基催化剂一直是研究的热点。其主要有三种来源：第一类是工业废渣，如赤泥、冶金飞灰和其他类炼锌铁残渣等；第二类是天然矿石，如黄铁矿、磁铁矿等，日本的 NEDOL 工艺曾采用黄铁矿做催化剂，但是此类催化剂的添加量相对较大，通常为干基无灰煤的 3%～4%，一般需要研磨到 $1\mu m$ 左右才具有较高的催化活性，并且催化剂只能通过物理混合的方式加入煤样，限制了催化性能的提高；第三类是合成催化剂，如利用 $FeCl_3$ 或者 $Fe_2(SO_4)_3$ 和 Na_2S 反应，生成 Fe_2S_3 沉淀。

$$2FeCl_3 + 3Na_2S \longrightarrow Fe_2S_3 \downarrow + 6NaCl$$
$$Fe_2(SO_4)_3 + 3Na_2S \longrightarrow Fe_2S_3 \downarrow + 3Na_2SO_4$$

实验证明，在高温下，Fe_2S_3 分解产生催化活性组分 $Fe_{1-x}S$：

$$Fe_2S_3 \longrightarrow \frac{2}{1-x}Fe_{1-x}S + (3 - \frac{2}{1-x})S \qquad (x = 0 \sim 0.333)$$

该制备方法的优点是可利用多种途径提高催化剂的性能，例如改变催化剂的前驱体、减小粒径、改变担载方式、修饰催化剂的表面等。$Fe_{1-x}S$ 是混合物相，包括 Fe_2S_3、Fe_3S_4、Fe_7S_8、Fe_9S_{10}、Fe_9S_{11} 等，究竟是哪一种或者是哪几种具有较强的催化活性，以及它们催化活性的强弱关系到目前为止尚未有相关报道。其中，Fe_3S_4 的晶体结构如图 7-1 所示，

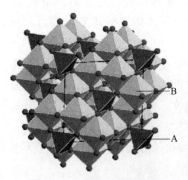

图 7-1　Fe_3S_4 的晶体结构

Fe_3S_4 为反尖晶石结构[18,19]，每个 Fe_3S_4 晶胞包括 56 个原子，其中 24 个铁原子和 32 个硫原子。24 个铁原子中 8 个 Fe^{3+} 为正四面体构型，如图 7-1 中的 A 位所示，配位数为 4；另外 16 个铁原子（8 个 Fe^{3+} 和 8 个 Fe^{2+}）为正八面体构型，如图 7-1 中的 B 位所示，配位数为 6。磁黄铁矿 $Fe_{1-x}S$ 表面的空穴有利于吸附并活化 H_2S 产生活性氢，从而有利于液化过程中煤大分子裂解产生自由基的稳定。

图 7-2 为纳米 FeS_2 催化剂在煤直接液化自由基反应中催化作用示意图，由于其颗粒尺寸小，可以与反应体系中游离的自由基碎片充分接触，提供更多的活性位点使氢分子吸附并解离成活性氢原子，将其及时供给自由基碎片，从而缩短自由基碎片加氢稳定过程所需的时间，提高煤加氢液化反应效率和产率[20]。

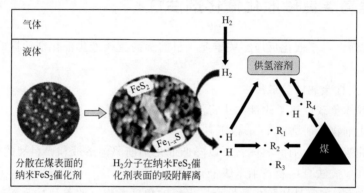

图 7-2　纳米 FeS_2 催化剂在煤直接液化自由基反应中催化作用示意图

R_1、R_2、R_3 和 R_4 分别表示不同的自由基碎片

关于其在直接液化中的催化作用机理经历了大量的实验研究，可以推断出，磁黄铁矿 $Fe_{1-x}S$ 是铁系催化剂在煤直接液化过程中的催化活性相，其主要作用体现在以下几个方面：a. 降低煤结构单元与甲基之间的 C—C 键断裂所需活化能，从而促进其断裂；b. 对煤结构中的醚氧键或者羰基氧具有较强的亲和力，从而促进其断裂。c. $Fe_{1-x}S$ 表面的 S 处于和 H_2 反应生成 H_2S 及遇到 H_2S 又恢复到 $Fe_{1-x}S$ 物相的动态平衡中，此动态平衡可以使 H_2S 产生活性氢，也是多年来研究者们把硫黄作为催化助剂的原因[20-23]。

7.4.2　煤直接液化催化剂

煤直接液化反应中，催化剂的作用是产生活性氢原子，并以溶剂为媒介实现了氢的间接转移，使液化反应得以顺利进行。目前用于煤直接液化工艺的催化剂主要分为以下三种类型：

① 铁基催化剂。以含铁矿物、铁盐为代表的廉价可弃型铁系催化剂。氧化铁（Fe_2O_3）、FeS_2、硫酸亚铁（$FeSO_4$）等铁系催化剂活性稍差，用量较多，但来源广且便宜，可不用再生。铁系催化剂的活性物质是磁黄铁矿、氧化铁，黄铁矿或硫酸亚铁等只是催化剂的前驱体，在反应条件下它们与系统中的氢气和硫化氢反应生成具有催化活性的黄铁矿，才具有吸附氢和传递氢的作用。

② 非铁系的过渡金属基催化剂。以加氢活性高的 Ni、Mo、Co、W 等为代表的金属/金属氧化物催化剂，包括它们的硫化物、卤化物均可作为煤直接加氢液化的催化剂，但卤化物

催化剂因对设备有腐蚀性，在工业上很少应用；$Co\text{-}Mo/Al_2O_3$、$Ni\text{-}Mo/Al_2O_3$ 以及 $(NH_4)_2MoO_4$ 等催化剂活性高，用量少，但是这种催化剂因价格高，必须再生反复使用。

③ 酸性催化剂。以 $ZnCl_2$、$SnCl_2$ 等为代表的强酸性金属卤化物催化剂。此类催化剂催化活性较好，但是由于强酸性对设备腐蚀严重，限制了其工业化应用。

煤直接液化中使用的催化剂一般选用铁系催化剂或镍、钼、钴类催化剂，其活性和选择性影响煤液化的反应速率、转化率、油产率、气体产率和氢耗[24,25]。且目前的研究多集中在改善铁基催化剂的性能、开发新型高效的催化剂、催化剂制备工艺改进和催化剂的预处理等方面。

7.4.3　提高煤直接液化催化剂活性

催化剂的活性对于催化反应至关重要，目前提高直接液化催化剂活性的方法主要从以下几个方面考虑：

（1）提高活性金属的分散度

① 采用载体负载或离子改性方法将活性金属进行分散，防止聚集；

② 将催化剂物理研磨至 $1\mu m$ 以下；

③ 采用油溶性催化剂前驱体，可以降低催化剂前驱体溶液和原料液的界面张力；

④ 利用其他方法直接制备纳米级催化剂。

以上这些措施主要是从防止活性金属聚集的角度考虑，改善活性金属的分散情况相当于提高了催化剂的活性位点。

（2）活性组分复合

① 多元金属复合；

② 金属/非金属元素复合。

它们之间往往表现出协同效应，比如说降低活性组分金属的电子云密度，从而防止催化剂的中毒且促进催化反应的进行。

7.5　煤热解中的催化

煤的热解机理非常复杂，包括氢键、化合键的断裂，自由基的生成、挥发，氢气的运输及对自由基的惰化，芳香团簇的缩聚及官能团的分解等。煤的催化热解主要是指煤在热解过程中加入催化剂以达到提高煤热解转化率、调控热解产物的分布、实现热解产物定向转化的目的。低阶煤的催化热解是利用催化剂对煤热解过程的某个阶段进行促进或抑制，达到改变、控制产物产率和组成的目的。目前催化热解研究主要有 2 个方向：一是低阶煤热解进行一次催化，以生产更多的自由基碎片，达到提高热解效率，增加气、液相产品产率的目的；二是对气、液相产物进行二次催化，达到定向调控气液相产品组成的目的。

7.5.1　催化原理及反应性

在煤的热解反应中，催化剂的作用机制与其类型有关，热解时碱金属和碱土金属与煤表面的羧基和羟基结合，作为煤中大分子之间的交联点，羧基裂解放出 CO_2 的同时，原来与—COO⁻官能团结合的碱金属或碱土金属阳离子可能与半焦的基体（—CM）键合，这种键合的方式如下[26]：

$$(—COO—Ca—OOC—)+(—CM)\longrightarrow(—COO—Ca—CM)+CO_2$$
$$(—COO—Ca—CM)+(—CM)\longrightarrow(CM—Ca—CM)+CO_2$$
$$(—COO—Na)+(—CM)\longrightarrow(CM—Na)+CO_2$$

这种与—CM 的键合甚至可以通过氯化物的分解产生，如下式：

$$NaCl+(CM—H)\longrightarrow(CM—Na)+HCl$$

同时，在更高的温度下，如果离子所在基团与煤间的键先断裂，煤外表面的金属离子将离开煤粒，而有氧存在时，离子可以对氧产生化学吸附，形成复合体，减弱金属离子的挥发：

$$(CM—Ca—)\longrightarrow(—CM)+Ca$$
$$(CM—Na)\longrightarrow(—CM)+Na$$
$$(—CM)\longrightarrow(—CM^*)+气体$$

存留在煤粒中的碱金属离子、碱土金属离子将继续与自由基形成更稳定的联结：

$$(—CM^*)+(—Ca—CM)\longrightarrow(—CM^*—Ca—CM)+气体$$
$$(—CM^*)+Na\longrightarrow(CM^*—Na)$$

因此，碱金属或碱土金属不断作为交联点，使自由基碎片（作为焦油的前驱体）的形成与释放更加困难。从而抑制焦油的生成，强化了焦油大分子生成半焦的反应。并通过加快热解速率，有效促进含氧官能团的裂解，大幅提高气体产率，而且还可降低液体产品中氧与硫的含量。

过渡金属化合物中金属阳离子与煤中的羧基和羟基结合，从而影响煤热解过程。煤的热解过程主要有加氢和缩聚反应，当氢含量较低时缩聚反应占据主导作用，提高加热速率相当于提高氢的利用率，快速加热有利于加氢反应进行。故过渡金属化合物可以提高慢速热解中半焦产率而降低焦油产率，同时也可以提高快速热解过程中焦油产率。过渡金属是一种催化加氢热解的优良催化剂，由于具有未成对的 d 电子或杂化轨道，使其具有非常强的解离氢的能力。在活性组分表面不仅可吸附大量氢分子，而且使氢分子解离成具有强还原性的原子氢，氢扩散到煤粒子内部，使更多的键断裂并使自由基加氢饱和，或与烯烃结合生成稳定的低分子油品。

比如，铁氧化物一方面可以促进 H_2 解离为氢自由基，氢自由基用于稳定煤热解碎片，从而提高热解转化率；另一方面，铁氧化物可以促进煤中碳碳键的断裂和加氢反应能力。同时，氧化物表面的活性氧能够通过吸收烃中 H 引发烃类的裂解反应。铁系催化剂催化神府煤加氢热解反应机理为[27]：

① 煤大分子在催化剂作用下的热裂解：

② 分子量较大自由基在催化剂作用下的裂解作用：

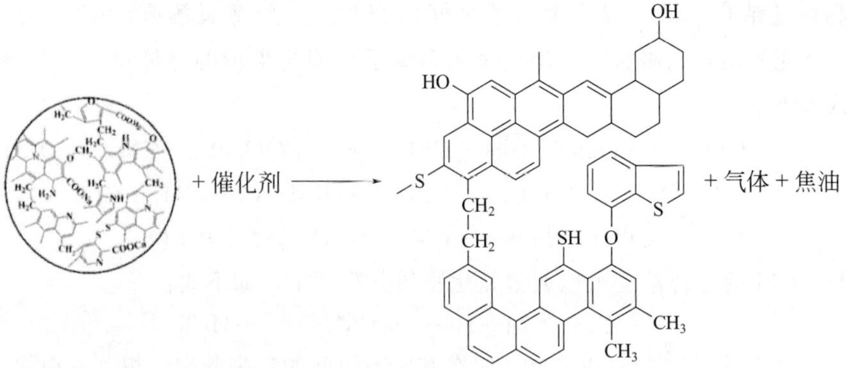

③ 分子量较小的自由基在催化剂作用下的裂解：

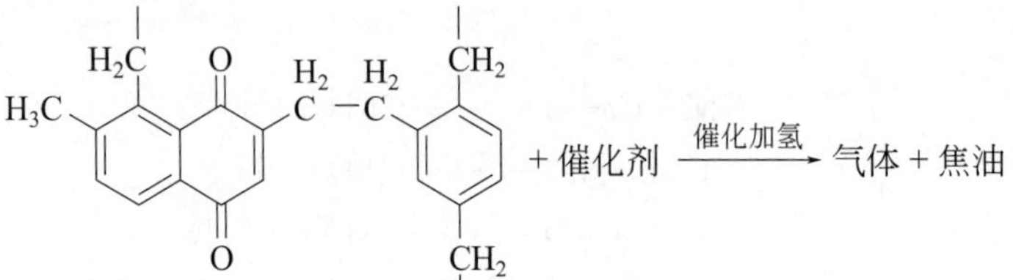

④ 小分子量的自由基的加氢作用：

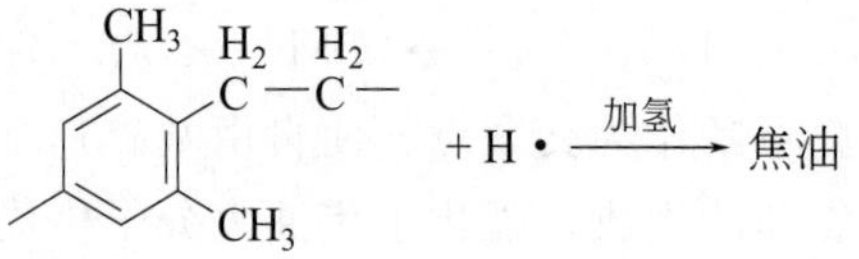

⑤ 气体分子的聚合反应

$$气体＋气体\xrightarrow{聚合}焦油$$

　　热解开始阶段，煤的大分子受到热作用开始慢慢断裂，而吸附在煤表面的铁系催化剂作用于大分子片段，促进了煤的热解，生成更多的自由基；随着热解过程的进行，Fe_2O_3 催化剂吸附 H_2，H_2 解离出 H·，去稳定更多的热解自由基，促进挥发分的生成；同时裂解生成的气态挥发分可以吸附在 Fe_2O_3 催化剂上发生催化裂化反应，生成焦油以及煤气；同时煤气中的组分可能会在催化剂的作用下发生聚合反应，生成焦油。因此，在铁系催化剂的催化作用下，煤热解的转化率较高。

7.5.2　煤热解用催化剂

　　催化剂是煤定向热解的关键所在，而催化剂的化学组成、活性组分、分子结构、载体、助剂、离子价态、酸碱性、制备方法等因素都会极大影响到其在热解时起的作用，因此对催化剂的研究和选择十分必要[28]。从活性组分划分，煤热解用催化剂主要分为以下几类：

　　① 碱金属和碱土金属氧化物及碱金属碳酸盐：Na_2O、MgO、CaO、$Ca(OH)_2$、K_2CO_3、Na_2CO_3 等。

　　② 过渡金属化合物：Fe、Co、Ni、Cu、Zn 等的氯化物和硝酸盐，以及它们的双组分作为活性物质，负载在氧化铝或分子筛载体上。

　　③ 沸石和分子筛：5A、HZSM-5、USY、HY 等分子筛，还可以作为催化剂载体负载

活性金属组分。

④ 天然矿石类：催化成分主要为矿石中的 Ca、Fe、Mg 等具有催化功能的金属元素，同时还可以作为催化剂的载体。

⑤ 煤基催化剂：中低温煤热解产生的半焦可以作为催化剂的载体，通常负载过渡金属具有较好的催化热解效果。

在热解反应过程中，一些催化剂起到的作用不仅仅局限于对热解过程的影响，还会对热解气氛、焦油产物等产生一些作用。对于热解气氛，关键是对 CH_4 气氛的活化，其中，Ni、Mo 基的催化剂对甲烷活化芳构化的催化作用尤其明显。

煤催化热解催化剂种类繁多，在催化剂的选择上应根据所需的产物分布选择合适的催化剂。以裂解焦油、增加气体产量为目的可选择碱金属、碱土金属、铁矿石、金属氧化物、镍基催化剂；以提高热解焦油中轻油含量为目的应选择含有 Mo、Co 的铁基、镍基和分子筛催化剂。此外，过渡金属催化剂可提高煤的总转化率。而针对煤炭热解产生的副产品焦油，以及产生的气体产物一氧化碳、甲烷、不饱和烃等，可以进一步发生催化反应，从而有选择性地生成所需目标产物。

7.5.3　焦油催化加氢

焦油深加工的加氢反应系统包括加氢精制和加氢裂化两部分。加氢精制目的是油品轻质化及脱出硫、氮、氧等杂质；加氢裂化目的是将未转化的高沸点油进一步裂化，以实现加氢油品完全转化的要求。

焦油加氢过程在高压氢气、催化剂或添加物的存在下进行，加氢过程的反应包括加氢脱硫、加氢脱氮、烯烃和芳烃加氢饱和，以及各种烃类的加氢裂化等。由于焦油化学组成的复杂性，它在加氢过程中进行的反应极其复杂，既有一次反应，又有二次反应，导致其反应产物的分析及分离均十分困难。因此，目前对焦油及其各组分的加氢反应研究，通常只是从简单模型化合物入手研究各类加氢反应的一般规律，并依此来探讨加氢反应机理。

7.5.3.1　催化原理及反应性

针对不同类型的催化剂以及不同的反应物，其催化反应机理不同且具有不同的反应网络，主要发生的加氢反应有加氢饱和、加氢裂解、加氢脱硫、加氢脱氧、加氢脱氮等反应。

（1）加氢饱和

加氢条件下，芳香烃除发生侧链断裂外，还会发生芳香环的加氢饱和反应。芳香烃的加氢是可逆放热反应，研究表明其平衡转化率随温度升高而降低。因此，必须在较高的氢压下才能使其具有较高的平衡转化率。动力学研究发现，稠环芳烃加氢饱和反应是连串反应，其中第一个芳香环的加氢比较容易，其反应速率常数比苯加氢饱和要大一个数量级；而最后剩下的一个芳香环的加氢饱和较难，其反应速率常数与苯接近。其被加氢饱和的环易于开裂成为芳环的侧链，然后侧链再断裂，直至成为较小分子的单环芳烃。

不饱和烃在加氢条件下主要发生加氢饱和反应，而芳烃加氢饱和反应遵从自由基或正碳离子反应机理，通过金属催化加氢或者是酸位诱导催化加氢。

（2）加氢裂解

催化加氢裂解主要是用于加工高沸点馏分及残渣油等。此反应的机理包括催化裂化和催化加氢，两反应相互补充。催化裂化是吸热反应，生成烯烃类，烯烃随即加氢。加氢反应所放出的热量提供裂解所需的热量。催化加氢裂解所得出的产物主要是饱和化合物，具有高浓度的异构链烷烃和氢化芳香烃。

金属氧化物具有加氢活性，硅铝载体具有裂解活性。加氢裂解化学变化如下式所示：

$$n\text{-}C_7H_{16} \xrightarrow{\triangle} n\text{-}C_3H_8 + CH_2{=}CH{-}CH_2{-}CH_3$$

$$CH_2{=}CH{-}CH_2{-}CH_3 + H_2 \longrightarrow n\text{-}C_4H_{10}$$

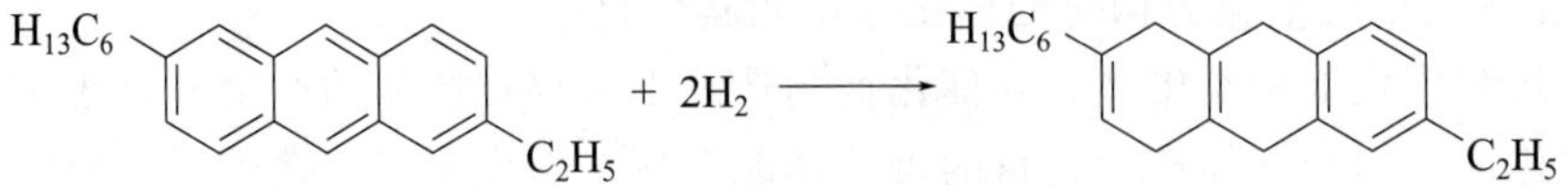

（3）加氢脱硫

焦油中的含硫结构大部分属于具有芳香性的噻吩结构和硫醚结构。其中的噻吩环一般均与一个或多个芳香环并合，而硫醚结构则多数为芳香硫醚。从热力学的角度来看，加氢脱硫是强的放热反应，反应平衡常数随温度的升高而降低。在较高温度下，噻吩的脱硫反应受到化学平衡的限制，只有提高反应压力，才能达到深度转化。所以焦油脱硫反应需要在较苛刻的反应条件下进行，才能取得较高的脱硫率。加氢脱硫有两种路径，一是直接脱硫，二是先加氢再脱硫，具有代表性的化合物二苯并噻吩在催化剂 $Zn_xMg_{1-x}Ni\text{-}P/Al_2O_3$ 作用下的加氢脱硫反应路径，如图 7-3 所示。

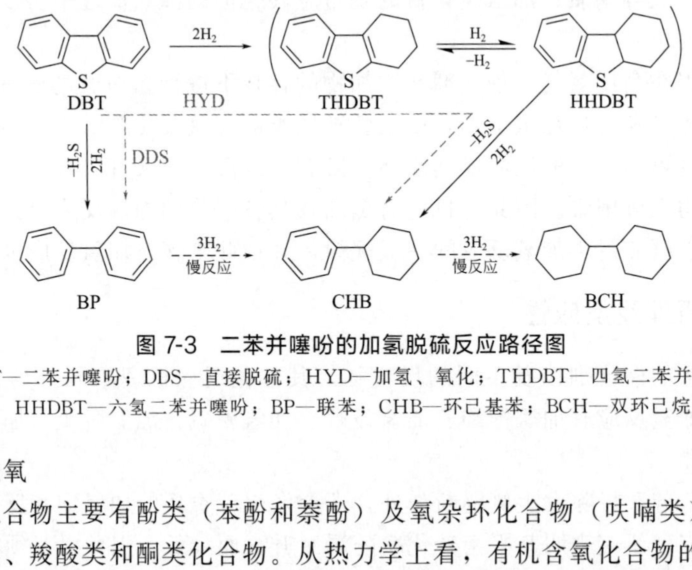

图 7-3　二苯并噻吩的加氢脱硫反应路径图

DBT—二苯并噻吩；DDS—直接脱硫；HYD—加氢、氧化；THDBT—四氢二苯并噻吩；
HHDBT—六氢二苯并噻吩；BP—联苯；CHB—环己基苯；BCH—双环己烷

（4）加氢脱氧

有机含氧化合物主要有酚类（苯酚和萘酚）及氧杂环化合物（呋喃类）两大类。此外，还含有少量醇类、羧酸类和酮类化合物。从热力学上看，有机含氧化合物的加氢脱氧基本上是不可逆的放热反应。醇类、羧酸类和酮类化合物比较容易加氢脱氧，醇类和酮类化合物加氢脱氧生成相应的烃和水，羧酸类化合物在加氢条件下进行脱羧基或羧基转化为甲基的反应。酚和呋喃类化合物的加氢脱氧比较困难，呋喃的加氢脱氧路径如下式所示：

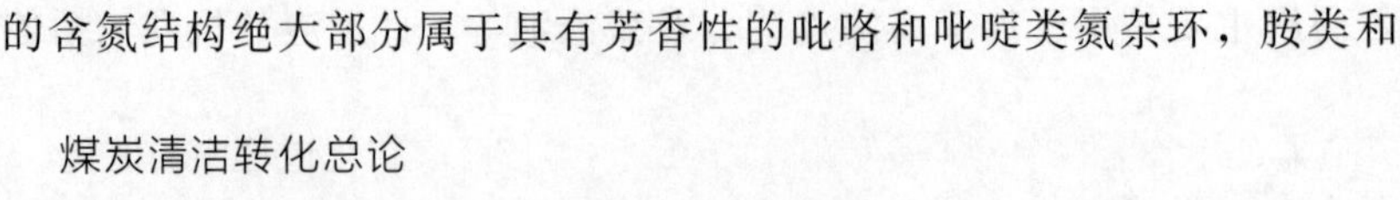

（5）加氢脱氮

焦油中的含氮结构绝大部分属于具有芳香性的吡咯和吡啶类氮杂环，胺类和腈类结构很少。此外，重质油中的胶质和沥青质结构中往往同时含有多个杂原子（硫、氮、氧等），氮杂环则大多还与芳环合并，如吲哚、咔唑、苯并喹啉和苯并萘并喹啉等。由于吡咯和吡啶环具有较强的芳香性，其结构十分稳定，所以重质油的加氢脱氮比加氢脱硫要难得多。

吡咯环和吡啶环首先都要加氢饱和，然后发生 N—N 键的氢解反应。氮杂环的加氢反应均为放热反应，所以其平衡常数随反应温度的升高而减小。从动力学上看，各类含氮化合物中胺类是最容易加氢脱氮的，而吡咯和吡啶环上的氮较难脱除。在较低的温度下氮杂环的脱氮率很低，只有在较高的温度下脱氮才比较完全。吡啶加氢脱除氮元素过程如下式所示：

$$\text{吡啶} \xrightarrow{+H_2} \text{哌啶} \xrightarrow{+H_2} C_5H_{11}NH_2 \xrightarrow{+H_2} C_5H_{12} + NH_3$$

7.5.3.2　焦油加氢用催化剂

焦油加氢所用催化剂主要有两大类型，本体型和负载型。本体型催化剂只有活性组分而没有载体，从催化效果和成本的角度考虑其不如负载型催化剂，故油品加氢常使用负载型催化剂。对于负载型催化剂其载体材料主要有：氧化铝、酸性分子筛（ZSM-5、MCM-41、SAPO-34、beta 等）、SiO_2、TiO_2、碳材料（石墨烯、碳纳米管、活性炭）等。氧化铝材料来源广泛、价格便宜、性质稳定，是工业上较常用的载体材料，但是其酸性较差致使其抗毒能力不如分子筛材料，而多级孔分子筛广受研究者的青睐，一方面其作为载体材料具有酸性位可以产生碳正离子，从而有利于加氢反应的进行；另一方面多级孔材料具有发达的孔结构更有利于物质的扩散，有利于催化反应的进行。

活性组分材料主要有两大类型，过渡金属（Ni、Mo、W、Co 等）和贵金属（Pt、Pd、Au 等）。贵金属催化剂虽然具有较高的解离氢的能力，但是它对杂原子化合物比较敏感，非常容易中毒，因此限制了其工业化应用；过渡金属主要包括金属硫化物、金属碳/氮化物、金属磷化物等，最早使用也比较传统的是金属硫化物催化剂，随后出现了金属碳/氮化物，因具有类似于贵金属的性质，所以其氢解和异构化活性高于金属硫化物，且耐杂原子能力高于贵金属催化剂；金属磷化物催化剂是继金属碳/氮化物之后，出现的一种新型催化材料，但其更偏向于光电催化制氢方向，很少有报道将其用于芳烃的催化加氢。对于焦油加氢催化剂的活性金属组分，目前金属硫化物以及金属碳化物是该领域的研究热点，且多选择二元金属组分作催化剂活性组分。

7.6　煤转化过程中催化的共性问题

7.6.1　催化活性组分

本质上催化的过程和化学反应的原理一致，而所有形式的化学键及化学反应也都可能在催化反应中出现。表 7-3 根据化学键类型对催化反应和催化剂进行了分类，因此煤炭转化过程中催化剂可按照表 7-3 列出的选择。

表 7-3　各类催化反应单元中所用催化剂的主要活性组分

反应单元	反应举例	可选催化活性组分
加氢	① $C_6H_6 + 3H_2 \xrightarrow{Ni} C_6H_{12}$ ② 煤直接液化 ③ 焦油加氢提质 ④ 发 F-T 合成	过渡金属、金属氧化物、金属硫化物 （如 Ni、Pd、Cu、NiO、MoS_2、WS_2）
脱氢	① $C_4H_8 \xrightarrow{Cr_2O_3/Al_2O_3} C_4H_6 + H_2$ ② 甲烷偶联	金属和金属氧化物的复合体 （如 Cr_2O_3、ZnO、Fe_2O_3、Pd、Ni）
氧化	① $C_3H_6 + O_2 \xrightarrow[Bi_2O_3/MoO_3]{Cu_2O} CH_2{=\!\!=}CHCHO$ ② 煤粉的催化燃烧 ③ 粉煤气化	金属和金属氧化物 （如 V_2O_5、MoO_3、CuO、Co_2O_3、Ag、Pd、Pt）
羰基化	甲醇羰基化制乙酸（催化剂：镍或铑的配合物）	金属配合物,固体酸碱催化剂 ［如 $Co_2(CO)_3$、$Ni(CO)_4$、$Fe(CO)_5$、$PdCl$］
卤化	芳香烃卤代（催化体系：$SnCl_4$、$Pb(OAc)_4$、CH_2Cl_2）	Lewis 酸 （如 $AlCl_3$、$FeCl_3$、$CuCl_2$、Hg_2Cl_2、$SnCl_4$）
裂解	① 高级烃 $\xrightarrow[SiO_2/Al_2O_3]{分子筛}$ 低级烃 ② （苯环）$R \xrightarrow{[H^+]}$ （苯环）$+ R$	$SiO_2\text{-}Al_2O_3$、$SiO_2\text{-}MgO$、活性白土
烷基化和异构化	$C_3H_6 + H_2O \xrightarrow[(H_2SO_4)]{H_3PO_4} \begin{array}{c}H_3C\\H_3C\end{array}CHOH$	Lewis 酸 （如 $AlCl_3$、BF_3、$SiO_2\text{-}Al_2O_3$）

　　煤转化过程中涉及的催化和催化剂以金属和金属化合物的固体多相催化为主，均相催化、金属配合物酸碱催化以及酶催化的类型涉及较少。从反应单元看，也主要为氧化还原类和加氢反应，而有机化工中常常存在的水合或聚合等反应类型很少。

　　由此可知，对煤转化过程中所需催化剂而言，应用较多的是碱金属、碱土金属和过渡金属，需要着重研究和关注的是过渡金属以及金属氧化物、硫化物类催化剂，其中廉价型或可弃型催化剂是未来发展研究的方向。另外，对于负载型催化剂而言，其载体的选择也尤为重要，其中氧化铝、沸石和分子筛材料应用较多。

7.6.2　非均相催化过程中的传质和扩散

　　如前所述，煤的催化转化过程多为非均相催化过程，如煤直接液化、气化，以及焦油加氢。在非均相催化反应中，反应物要达到固体催化剂表面，再深入微孔内部，进行表面反应；或产物自催化剂微孔内表面到达外表面及气相空间，均需经历相间扩散（外扩散）及催化剂颗粒内部的孔扩散（内扩散），如图 7-4 所示。

　　一般情况下，外扩散过程的速率小于表面反应的速率，扩散过程将成为整个反应的控制步骤。因此，在煤催化转化的研究和生产中，传质及传热过程使研究中的动力学解析和生产转化变得更为困难。对于化学反应工程而言，需要把整个催化反应过程分解为相间传递（外扩散）过程、颗粒内传递（内扩散）过程及传热过程（亦有相间与粒内之分），分别从非均相催化反应体系的物理和化学性质求得各过程的参数，再逐一纳入反应器模型中，就有可能

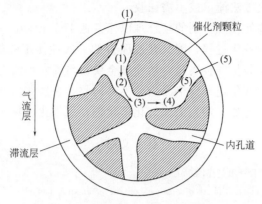

图 7-4 非均相催化过程中多步骤过程

解出反应器内的浓度与温度分布。以煤液化为例，从煤转化催化角度来看，通过解析，可以看清催化剂的薄弱环节是内扩散。

7.6.3 煤转化对催化剂的要求

金属和金属氧化物固体催化剂广泛用于煤炭转化过程，由于煤转化过程是复杂的多相转化（如液化），其中涉及的反应种类和数量非常多，还常常伴随着含硫、含焦油等成分的生成，对于催化剂使用要求也很苛刻，具体的要求如下。

（1）良好的催化活性和良好的选择性

活性是指在给定的温度、压力和反应物流速（或空间速度）下反应物的转化率，或是催化剂对反应物的转化能力。高活性表示在给定时间内得到大量产品。这是人们所追求的，尤其是大型生产过程。选择性是指某一反应体系存在多种可能的反应时，反应物转化为目的产物的转化率，即催化剂有选择地加速该目的反应，抑制其他不需要的反应。高选择性可以提高反应物的利用率，获得更多高纯度产品，并可简化后处理工艺。事实上，一个催化剂很难同时兼有高活性和高选择性，常常是活性高、选择性差或选择性好、活性低，因此需要全面综合考虑对活性和选择性的要求。具体到煤转化过程中，不同场合对活性和选择性的要求也不相同。

例如对于液化过程，液化催化剂的催化活性很重要，液化的最主要目的是实现燃料从固态向液态的转变，生产的液态产品往往需要进一步加工，因此在液化转化过程中对液化转化率的关注程度比对液化产品的组成高。

（2）较长的使用寿命

催化剂应具有足够的使用期限，即较长的寿命。为此催化剂在使用过程中应能在相当长的时间内保持良好的物理状态与化学组成。同时不因受热或一定范围的温度变化而破坏其物理-化学状态，即具有良好的热稳定性。

根据催化剂的定义，催化剂在化学反应的前后其化学性质不变，但实际上催化剂使用中常常会存在中毒、积炭、坍塌、流失等现象，从而造成使用寿命的缩短。催化剂中毒和积炭多是因为煤转化过程中含硫组分和焦油成分较高，生产中在做好原料脱硫和焦油精制的前提下，也对催化剂的耐硫和抗积炭性能有特殊要求。

（3）价格低廉，回收方法简单或不需回收

煤转化过程中的一些使用催化剂的场合难以像其他工业工程中一样做到催化剂的循环使用，比如煤的气化和煤的液化过程，因此开发廉价的一次性使用的催化剂就显得十分必要，气化过程中高活性催化组分是碱金属盐，然而碱金属盐热挥发和流失严重，难以高效回收利用，液化过程中的高活性催化组分价格昂贵，不易回收，在这些场合中使用较低活性但容易获得的催化剂十分必要。比如，用赤泥作气化催化剂，用铁化合物作液化催化剂。

参考文献

[1] 吴越. 催化化学[M]. 北京：科学出版社，2000.

[2] Zou C，Wen L，Zhang S，et al. Effects of catalysts on the conbustion behavior of pulverized coal injection（PCI）anthracite and its mechanism[J]. Metalurgia International，2011，16(6)：53-60.

[3] Gong X，Guo Z，Wang Z. Anthracite combustion catalyzed by Ca-Fe-Ce series catalyst[J]. Journal of Fuel Chemistry and Technology，2009，37(4)：421-426.

[4] Fan Y，Zhang F，Zhu J，et al. Effective utilization of waste ash from MSW and coal co-combusiton power plant-Zeolite synthesis[J]. Journal of Hazardous Materials，2008，253(112)：382-388.

[5] Wood B J，Sancier K M. The mechanism of the catalytic gasification of coal char：a critical review[J]. Catalysis Reviews，1984，26(2)：233-279.

[6] Tang J，Wang J. catalytic steam gasification of coal char with alkali carbonates：a study on their synergic effect with calcium hydroxide[J]. Fuel Processing Technology，2016，142：34-41.

[7] Kopyscinski J，Rahman M，Gupta R，et al. K_2CO_3 catalyzed CO_2 gasification of ash-free coal. Interactions of the catalyst with carbon in N_2 and CO_2 atmosphere[J]. Fuel，2014，117：1181-1189.

[8] 卢磊，徐浩，赵东风. 阴、阳离子对石油焦气化反应的影响[J]. 化工进展，2017，36(6)：2298-2303.

[9] 韩亮. 大同烟煤煤焦氧化钙催化气化特性研究[D]. 北京：华北电力大学，2011.

[10] Irfan M F，Usman M R，Kusakabe K. Coal gasification in CO_2 atmosphere and its kinetics since 1948：a brief review[J]. Energy，2011，36(1)：12-40.

[11] 潘宗林. 煤焦-CO_2气化过程中煤灰的催化作用及机理研究[D]. 淮南：安徽理工大学，2015.

[12] 殷宏彦，碱金属碳酸盐对煤 CO_2 气化反应性影响的研究[D]. 太原：太原理工大学，2010.

[13] Jiang L Y，Fu J T，Chow M C，et al. Effect of iron on the gasification of Victorian brown coal with steam：enhancement of hydrogen production[J]. Fuel，2006，85(2)：127-133.

[14] Wang J，Yao Y，Cao J，et al. Enhanced catalysis of K_2CO_3 for steam gasification of coal char by using $Ca(OH)_2$ in char preparation[J]. Fuel，2010，89(2)：310-317.

[15] Jiang M Q，Zhou R，Hu J，et al. Calcium-promoted catalytic activity of potassium carbonate for steam gasification of coal char：Influences of calcium species[J]. Fuel，2012，99：64-71.

[16] 方梦祥，厉文榜，岑建孟，等. 煤催化气化技术的研究现状与展望[J]. 化工进展，2015，34(10)：3656-3664.

[17] 高晋生，张德祥. 煤液化技术[M]. 北京：化学工业出版社，2005.

[18] Blanchet C L，Thouveny N，Vidal L. Formation and preservation of greigite（Fe_3S_4）in sediments from the Santa Barbara Basin：Implications for paleoenvironmental changes during the past 35 ka[J]. Paleoceanography，2009，24(2)：341-349.

[19] Chang L，Winklhofer M，Roberts A P，et al. Ferromagnetic resonance characterization of greigite（Fe_3S_4），monoclinic pyrrhotite（Fe_7S_8），and non-interacting titanomagnetite（$Fe_{3-x}Ti_xO_4$）[J]. Geochemistry Geophysics Geosystems，2012，13(5)：1-19.

[20] 周涛，张昕阳，方亮，等. 两类新型煤直接液化催化剂的合成研究进展[J]. 现代化工，2017，37(7)：63-67.

[21] 徐雪战，孟祥瑞，赵光明. 铁基催化剂对煤炭直接液化的影响[J]. 洁净煤技术，2013，19(6)：67-70.

[22] 谢晶，卢晗锋，舒歌平，等. 铁氧化物前驱体结构与其催化煤液化性能的关系[J]. 催化学报，2018，39(4)：312-321.

[23] 翟灵瑞. 新型煤直接液化催化剂的制备及其作用机理[D]. 太原：太原理工大学，2019.

[24] 李慧慧，黄传峰，王明峰，等. 煤直接液化催化剂的制备、优化及应用研究进展[J]. 应用化工，2015，（增刊1）：

211-214.

[25] Shan X G，Shu G P，Li K J，et al. Effect of hydrogenation of liquefied heavy oil on direct coal liquefaction[J]. Fuel，2017，194：291-296.

[26] 李春柱. 维多利亚褐煤科学进展[M]. 北京：化学工业出版社，2007：85-88.

[27] 郑小峰. 负载型铁基催化剂的制备及其在神府煤催化加氢热解中的应用[D]. 西安：西安科技大学，2013.

[28] 荣令坤. 低阶煤负压干燥和稀土催化热解及机理研究[D]. 沈阳：东北大学，2016.

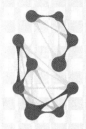

8
煤的综合利用

8.1　煤炭分选

煤炭分选简称选煤（coal preparation），是利用煤与其他矿物成分间物理或化学性质的差异分选出符合用户质量要求的精煤的加工过程。其主要目的是提高煤炭质量、满足用户需求和减少环境污染。选煤是洁净煤技术的基础，是最经济有效的煤炭利用前的洁净技术。从选煤效果上看，选煤可降低 $60\%\sim80\%$ 的灰分和 $50\%\sim70\%$ 的黄铁矿硫[1]。按照分选介质不同，可以分为湿法选煤和干法选煤。

8.1.1　湿法选煤

湿法选煤指的是分选介质是水或重介悬浮液，是煤炭分选的最常见方法，包括重力分选（简称重选）和浮选两大类。

重选是根据矿粒间密度的差异，在运动介质中所受重力、流体动力和其他机械力的不同，从而实现按密度分选矿粒群的过程，一般适用于分选粒径 >0.25 mm 的煤炭。原煤密度组成是影响重选效果乃至选煤工艺流程选择的关键因素。煤炭密度组成可通过浮沉实验确定，并依此可绘制一组原煤的可选性曲线。煤炭分选的难易程度与分选密度 ±0.1 含量（可通过煤炭浮沉资料获得，也可在可选性曲线上查到）密切相关。由于重选是煤炭分选的主要方法，所以，分选密度 ±0.1 含量也被用来作为划分煤炭可选性的标准。

浮选法是利用矿物间表面疏水性的不同来分选的选矿方法。在浮选药剂作用下，有用矿物选择性地附着在矿浆中的气泡上，并随之上浮到矿浆表面，达到有用矿物与脉石的分离。浮选的难易程度一般要通过可浮性试验来判断。

典型选煤的工艺流程如图 8-1 所示。

作为世界煤炭开采利用大国，我国选煤厂数量及生产能力位列世界首位。目前，我国选煤厂中采用最广泛的选煤方法是重介质选（适用于粒径 >0.25 mm 的煤炭），跳汰选（适用于粒径 >0.5 mm 的煤炭）在新建厂中已很少采用。动力煤选煤厂煤泥采用螺旋分选机（一

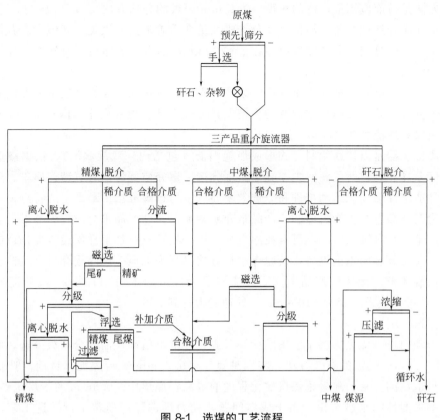

图 8-1　选煤的工艺流程

＋—筛上物；——筛下物；⊗—破碎

般粒径 1～0.25mm）等设备分选或不分选；炼焦煤选煤厂煤泥主要采用浮选工艺分选（一般粒径＜0.5mm 或＜0.25mm），也有选煤工艺将粗煤泥（一般粒径 1～0.25mm）采用干扰床、煤泥重介等分选工艺处理。其中，跳汰选、重介质选、浮选详细介绍如下。

（1）跳汰选

利用物料密度差异，在跳汰机变速介质流中垂直升降速度不同，实现分选的过程。跳汰选煤分选粒级宽，范围可达 0.5～100mm，工艺流程简单，生产能力大，维护管理方便，生产成本低，适合于分选中等可选以上煤质。跳汰选煤曾经是我国选煤厂应用最为普遍的重力分选方法，但由于其在煤质适应性、分选精度和自动化程度等方面不如重介质法，所以在新建选煤厂已较少采用。

跳汰机可分为定筛和动筛两类。定筛跳汰机中 SKT 系列和 X 系列最为常见；动筛跳汰机由之前的传统工艺逐渐转变为新型机械驱动方式，具有结构及操作简单、耗水量小等优势，主要应用于块煤排矸。

（2）重介质选

利用阿基米德原理，使不同密度的矿物在重悬浮液介质中实现分选的一种重力选煤方法。分选密度一般为 1.3～2.0g/cm³，且容易调节。重介质选煤的工艺参数（悬浮液的密度、黏度、磁性物含量、液位）和操作参数（入料量、入料压力）都能实现有效的自动控制，生产过程易于实现自动化，对煤种适应性强，分选效率高。另外，重介质选煤的循环水耗量比跳汰选煤小得多，煤泥水系统负荷也小，可相应减少投资和运营成本。正因为有这些优势，该方法是目前应用最广泛的粒度＞0.25mm原煤的分选方法。

常见重介质分选设备包括浅槽重介分选机及重介质旋流器两大类。其中，前者依靠重力分选，适用于块煤分选，分选粒度范围在6～200mm；后者主要靠离心力分离，分选粒度范围在0.5～80mm（或0.25～80mm）。

浅槽重介分选机具有操作简单、投资维护成本低、分选效率高、处理量大等优势，广泛应用于块煤分选工艺。我国自主制造的浅槽重介分选机已实现系列化，槽宽7.9m的浅槽重介分选机块煤处理能力达到700～800t/h。

重介质旋流器是以切线给料方式形成强旋涡流（包括内外双旋涡流），依据被选矿物及重介质密度差异和物料所受离心力差异而实现分选。重介质旋流器具有结构简单、单位处理量大、煤种适应性强、无运动部件和分选效率高（重力选煤方法中最高）的特点。重介质旋流器可分为两产品重介质旋流器和三产品重介质旋流器。两产品重介质旋流器最大直径达到1.50m，处理能力达到700t/h。具有我国自主知识产权的三产品重介质旋流器是目前我国炼焦煤选煤厂应用最多的重选设备，按原煤给料方式又分为无压三产品重介质旋流器和有压三产品重介质旋流器。无压三产品重介质旋流器最大规格为1500/1100（一段旋流器直径为1500mm；二段旋流器直径为1100mm），处理能力达到550t/h。

（3）浮选

不同于动力煤，炼焦煤属于宝贵的稀缺资源，经济价值高，需要全粒级分选，而浮选是分选粒径＜0.5mm煤泥的有效方法，特别是对于＜0.25mm细粒煤泥，目前浮选仍然是选煤生产中最适用的方法。随着采煤机械化程度的提高，原煤中＜0.5mm的粉煤量越来越多，所以浮选的重要性越来越突出。由于成本问题，动力煤选煤厂通常不设浮选工艺，但近年来，随着利用途径的拓展，动力煤浮选成为新的研究热点，并已实现工业化生产。

大多数浮选工艺采用的浮选设备都是机械搅拌式浮选机，其他还有浮选柱和喷射式浮选机。浮选法具有适应性强、分选效率高等优势，但也存在浮选药剂损耗、浮选工艺控制复杂等问题。建国初期，我国选煤厂在相当长的时期内，生产所用浮选机主要来自进口，直到20世纪70年代我国先后研制成功XJM-4型和XPM-4型浮选机，才逐步取代了进口设备。目前，除个别选煤厂外，绝大多数选煤厂都采用的是国产浮选设备。进入21世纪以来，浮选机大型化步伐明显加快，如XJM-S型浮选机已形成系列化产品，XJM-S20、XJM-S28型已广泛应用，单槽容积达到90m³的国内最大规格煤用浮选机XJM-S90型也已应用于工业生产，处理能力达到2400m³/h。

8.1.2　干法选煤

常规煤炭分选采用的是以水为介质的湿法选煤方法，我国2/3以上的煤炭资源分布在山西、陕西和内蒙古等中西北部缺水地区，部分变质程度低的煤种遇水易泥化，加之严寒地区冬季容易冻车冻仓等，这些煤炭的分选更适宜采用干法分选方法。干法选煤不用水，减少对水资源的浪费及污染，也省去庞杂的脱水和煤泥水处理系统。同时，基建投资和运行费用比湿法选煤厂低，选煤系统的占地面积大大缩小，有效缓解了工厂的场地紧张问题。此外，干法分选不增加煤炭产品水分，对提高煤炭发热量有利。

干法选煤利用煤与矸石的密度、粒度、形状、光泽度、导磁性、导电性、辐射性、摩擦系数等物理性质差异实现分离，已工业应用的有风力选煤（风力摇床、风力跳汰）、空气重介质流化床选煤和射线选煤等。人工拣选是根据块煤与矸石在颜色、光泽及外形上的差别，由人工在煤炭生产线上筛选煤矸石的最为传统的作业方式，生产效率低下，人力成本高，生产安全性低。美国于 1916 年最先使用风力摇床分选烟煤，苏联在 20 世纪 30—50 年代也曾广泛使用风力干法选煤设备。中国的风力选煤研发始于 1967 年，由北京煤炭设计院开发的风力排矸工艺曾应用于鸡西矿务局、本溪矿务局等。复合式干法选煤是我国在俄罗斯风力摇床的基础上改进的一种新型选煤方法，物料在振动力和风力双重作用下做螺旋翻转运动，造成床层松散和矿粒按密度分层，分选精度、处理量均高于传统风选。复合式干法选煤分选工艺简单，可能偏差 E_p 值 $0.15\sim0.20g/cm^3$，适用于易选煤的排矸。风力分选采用空气作为分选介质，由于空气的密度极低，所以颗粒在风力分选机中沉降末速受粒度影响较大，物料难以完全按密度分层。

空气重介质流化床干法选煤技术，采用空气与加重质混合的气固两相悬浮体作为分选介质，空气重介质流化床分选的床层密度与实际分选密度基本相同，属干式重介质分选，介质密度的提高保证了干法分选的精度。苏联在 20 世纪 80 年代初研制出 CBC-25 及 C-100 型半工业性空气重介质分选样机，用于分选 $25\sim150mm$ 的物料。中国矿业大学在 20 世纪 80 年代初进行了空气重介质流化床干法选煤技术的研究与开发，于 1994 年在黑龙江省七台河市建成了世界上第一座空气重介质流化床干法选煤厂。

射线识别多是基于 X 射线或 γ 射线照射分选原料。X 射线是利用矿石在受到 X 射线照射后，受到激发而产生的特征 X 射线来分选矿石的方法。首先使用 X 射线照射待分选煤炭，结合摄像头采集煤矸石图像，通过图像处理算法得到煤矸石灰度和纹理信息，利用计算机比对完成识别，最后人工或自动化机械臂完成分选动作。20 世纪 60 年代，英国便开始以 X 射线衰弱法分选煤和矸石的研究，詹金斯等在 1973 年第十届国际选矿大会上发表了《X 射线选煤机》一文，介绍了由英国国家煤业局和冈生公司合作研制的 X 射线选煤机。近年来煤炭射线干选技术发展飞速，随着人工智能和大数据技术引入，射线识别干选技术已经趋于成熟，适用于块煤排矸，具有投资少、运行成本低、智能化程度高、操作简单、识别速度快、效率高、环保节能等优势，但射线辐射强度大，需要采取特殊防护措施防止辐射泄漏。例如，一种双能 X 射线矸石分选系统能有效识别煤和矸石，对煤的识别正确率达 93％以上，对矸石的识别正确率达 97％以上。

目前工业应用干法分选方法均难以实现<6mm 粉煤的高效分选，由于煤炭综合机械化开采技术的广泛使用，使得原煤细粒含量增多，<6mm 粉煤占原煤量可达 40％。考虑到加重质回收等问题，细粒粉煤的干法分选宜采用以空气为介质的气流分选方式。传统气流分选在恒定气流场中进行，颗粒的粒度效应可能超过密度效应，导致分选效率低、适应性差等缺陷。中国矿业大学（北京）研究开发的变径脉动气流粉煤分选技术，脉动气流与锥形结构相结合，流场同时具有迁移加速度和当地加速度；颗粒在变径脉动气流场中不只是依赖沉降速度差异，而是更多依赖颗粒密度差异而形成的加速度效应进行分离。变径结构和脉动气流的协同变速效应促进了粉煤按密度分选，目前已建立年处理能力 10 万吨的粉煤干法分选工业性示范工程。

8.1.3　煤炭分选的发展

炼焦煤灰分每降低 1％，可使炼出焦炭的灰分降低 1.33％[2]。在炼铁过程中，焦炭灰分每降低 1%，高炉的焦炭消耗量可减少 2.66%，同时节省 4% 的石灰石，生铁产量还可提高 2.6%~3.9%；1% 硫分一般相当于 10% 灰分的危害程度。分选 1 亿吨原煤，一般可减少 100 万~150 万吨燃煤 SO_2 排放。

无机硫含量越高、黄铁矿的嵌布粒度越粗、硫分与煤密度的相关性越强，物理途径脱硫的难度越小，分选降硫幅度越大。反之，当有机硫的相对含量较高、无机硫的浸染粒度很细时，硫分与密度的相关性越小，物理降硫的难度越大，分选降硫幅度越小，且分选密度越低，精煤硫分越高。黄铁矿嵌布粒度较粗的高硫煤，通过适当的破碎可以促使黄铁矿较好地解离，然后利用常规的洗选脱硫或先进高效物理方法脱硫。

高硫煤经过洗选可脱除大部分黄铁矿和灰分，有利于提高、稳定煤质，但细粒分散状黄铁矿和有机硫无法通过物理方法脱除。在燃烧过程中，可以在燃中脱（固）硫或烟气脱除才能达到减少 SO_2 排放的目的。

目前我国特大型现代化选煤厂，主要采用多种分选工艺相耦合的方式，以达到较好的分选目的，实现高效清洁生产。例如，平朔安家岭露天煤矿 25.00Mt/a 选煤厂，采用重介浅槽分选机、重介旋流器相结合实现生产；3.00Mt/a 太西选煤厂，采用跳汰主选、重介旋流器再选、<0.5mm 煤浮选、尾煤浓缩后压滤回收的联合工艺，实现煤炭高效分选，为煤炭分级分质利用及清洁转化奠定坚实基础。煤炭分选工艺将随着智控设备更新、算法优化、识别及分选设备升级，朝着高效节能、绿色环保、智能化、大型化的方向不断发展。

8.2　煤矸石

煤矸石（coal gangue，CG）是煤炭形成过程中与煤层伴生的一种固体废弃物，常常与开采后的煤混在一起，呈黑灰色岩石状，热值低于原煤。煤矸石一般来源于煤炭开采和洗选过程，占原煤产量的 10%~15%，是世界上最主要的工业固体废弃物之一。由于我国煤炭资源丰富，目前中国已成为世界上最大的煤炭生产国和消费国，而煤矸石（约占固体废弃物总量的 40%）也成为工业社会中储存量最大的固体废物之一。煤矸石由于含有一部分有机质，本身也蕴含着一定的能量。

8.2.1　煤矸石的组成

煤矸石是少量煤与大量杂质（如石英、伊利石和高岭石等）的固体复杂混合物。煤矸石组成复杂多变，不同时空、不同成煤条件下伴生的煤矸石，组成差异较大。煤矸石矿物组成一般为伊利石、高岭土、绿泥石、石英、铁矿石和有机物等，不同国家煤矸石矿物组成有较大差异，如表 8-1 所示[3]。

表 8-1　不同国家煤矸石的矿物组成（质量分数）

矿物质	中国	比利时	德国	西班牙	英国
伊利石/%	10~30	80	41~66	20~60	10~31
高岭土/%	10~67	12	4~25	3~30	10~40
绿泥石/%	2~11	5	1~3	0~7	2~7

矿物质	中国	比利时	德国	西班牙	英国
石英/%	15～35	8	13～27	5～57	15～25
铁矿石/%	2～10	0.5	0.5～5	—	2～10
有机物/%	5～25	10	5～10	4～30	5～25

煤矸石化学成分主要为 SiO_2、Al_2O_3，另外含有数量不等的 Fe_2O_3、CaO、MgO、K_2O、TiO_2、Na_2O 和 P_2O_5 等，其中 SiO_2 占整体的 50%～70%，Al_2O_3 占整体的 15%～40%，如表 8-2 所示[4]，不同煤矸石化学成分不尽相同。

表 8-2　不同煤矸石的化学组成（质量分数）

样品	SiO_2/%	Al_2O_3/%	Fe_2O_3/%	CaO/%	MgO/%	TiO_2/%	Na_2O/%	K_2O/%	SO_3/%	P_2O_5/%	MnO/%
1	55.57	21.00	6.57	3.65	2.50	0.84	1.90	4.10	0.82	0.24	2.50
2	50.28	26.31	6.11	7.74	2.00	1.13	1.10	3.28	0.93	0.15	0.07
3	46.72	20.13	5.43	3.77	0.72	0.97	0.44	2.04	1.20	—	0.10

煤矸石主要由 Si 和 Al 元素组成（如表 8-3 所示），还含有 Fe、Ca、Mg、K、Hg、Cr、Cu、Mn、Pb 等微量元素和 Ti、V、Co、Ga 等稀有金属元素，而 Se、Ni、As、Cd、Zn、Sb、Cr、Cu 和 Hg 等微量元素会给环境带来潜在风险。

表 8-3　西山煤田古交矿区煤矸石样品的元素组成

主要元素质量分数/%								微量元素/($\mu g/g$)										
Si	Al	Fe	Ca	Mg	K	Na	Ti	Mn	P	Zr	Sn	B	Ta	W	Tl	Pb	Bi	Th	U
17.45	15.81	0.86	0.34	0.05	0.19	0.09	0.63	127	1795	234	4.52	30.3	3.41	1.15	0.45	38.3	0.31	11.03	3.38

总体来说，煤矸石具有低热值、低含碳量、高灰分的特点。热值与其碳及灰分含量密切相关，热值随着含碳量及挥发分的增加而增大，随着灰分的增加而减少。一般煤矸石热值在 4.18～$12.56MJ/kg$，含碳量在 10%～30%，灰分在 60%～85%。

我国有煤矸石分类的国家标准（GB/T 29162—2012），按照全硫含量、灰分产率、灰分成分及铝硅比对煤矸石进行了分类。按全硫含量分为低硫煤矸石（$S_{t,d}\leqslant1.00\%$）、中硫煤矸石（$1.00\%<S_{t,d}\leqslant3.00\%$）、中高硫煤矸石（$3.00\%<S_{t,d}\leqslant6.00\%$）及高硫煤矸石（$S_{t,d}>6.00\%$）；按灰分产率分为低灰煤矸石（$A_d\leqslant70.00\%$）、中灰煤矸石（$70.00\%<A_d\leqslant85.00\%$）及高灰煤矸石（$A_d>85.00\%$）；按灰分成分分为钙镁型煤矸石（$w_{CaO+MgO}>10\%$）和硅铝型煤矸石（$w_{CaO+MgO}\leqslant10\%$）；按铝硅比分为低级铝硅比煤矸石（$m_{Al_2O_3}/m_{SiO_2}\leqslant0.30\%$）、中级铝硅比煤矸石（$0.30\%<m_{Al_2O_3}/m_{SiO_2}\leqslant0.50\%$）和高级铝硅比煤矸石（$m_{Al_2O_3}/m_{SiO_2}>0.50\%$）。

目前，我国煤矸石的清洁利用主要根据其含碳量与热值高低、铝硅比来确定煤矸石的利用途径。对煤矸石进行科学合理分类，对于煤矸石分级分质利用及高附加值转化具有重要的指导意义。

除以上国标分类方法外，按照煤矸石产出方式分为煤巷矸、岩巷矸、自燃矸、洗矸、手选矸和剥离矸六大类；根据颜色分为黑矸、灰矸、白矸及红矸等；按照有机碳含量可分为少碳煤矸石（固定碳含量 FC$\leqslant$4%）、低碳煤矸石（4%$<$FC$\leqslant$6%）、中碳煤矸石（6%$<$FC$\leqslant$

20%）和高碳煤矸石（FC＞20%），高碳煤矸石可以直接作为燃料，中碳煤矸石可与煤炭混燃；根据灰熔点可将其分为低灰熔点煤矸石（灰熔点 ST≤1100℃）、中灰熔点煤矸石（1100℃＜ST≤1250℃）、高灰熔点煤矸石（1250℃＜ST≤1500℃）、特高灰熔点煤矸石（ST＞1500℃），灰熔点高低可以初步判断煤矸石是否适合作为耐火材料使用。

8.2.2 煤矸石的应用

有机质含量较高的煤矸石易在堆积过程中发生自燃，大量煤矸石露天堆放会导致扬尘、占用土地资源、微量重金属元素污染水土等环境问题的产生。目前，对煤矸石的利用主要集中在发电与热力、建筑材料、矿区回填、元素提取、化工产品、功能材料、陶瓷及农业生产等方面。煤矸石这种特殊工业固体废物的资源化、综合化利用，对于我国煤炭资源合理利用及环境保护具有重要意义。

近年来对煤矸石利用的研发和工业化进程一直没有停止，仍在不断拓展煤矸石资源化利用的新途径，煤矸石的应用主要体现在以下几个方面。

（1）建筑材料

由于煤矸石化学成分比较特殊，其中 SiO_2、Al_2O_3 含量较高，一般占煤矸石总量的 40%～50%。在建筑材料方面一般有三种用途，水泥（包括普通硅酸盐水泥、特种水泥和无熟料水泥等）、耐火材料及微晶玻璃。

例如，临澧冀东水泥有限公司 5000t/d 水泥生产线，利用煤矸石代替部分燃料煅烧熟料，煤矸石燃烧后的灰分作为水泥生料配料。此方法既利用了煤矸石内蕴含的能量，也将燃烧后的灰分完全转化为较高附加值的水泥，实现了煤矸石"变废为宝"；西水创业股份有限公司的 2500t/d 生产线利用黑矸石煅烧水泥熟料，节能降耗作用显著；内蒙古佳汇新材料科技有限公司利用煤矸石、高岭土资源，年产 6 万吨耐火材料；一名微晶科技股份有限公司以花岗石废弃物、煤矸石等为原料，采用全电熔压延法年产微晶玻璃约 700 万平方米。近年来由于建筑材料消耗量巨大，人们对建筑材料性能及品质要求不断提高，许多专家学者也将目光聚焦在新型水泥、耐火材料、微晶玻璃等建材方面。

① 新型水泥。将煤矸石粉碎后，部分或全部代替黏土，生产普通硅酸盐水泥。低碳绿色、耐酸耐氯是煤矸石水泥研究的热点方向。例如，采用大掺量粉煤灰和煤矸石骨料的新型绿色混凝土；掺杂炭化煤矸石的新型水泥对 CO_2 温室气体具有较强封存能力，掺杂量达到材料总质量的 10% 左右；以高铝粉煤灰（FA）和煤矸石（CG）为凝胶材料，制备能降低孔隙溶液中游离氯离子浓度的特种水泥[5]，尤其适用于海洋高氯环境，腐蚀风险降低。

② 耐火材料。煤矸石中 SiO_2 和 Al_2O_3 含量较高，其灰熔点较高（一般在 1050～1800℃之间），可作耐火材料。以煤矸石粉和铁矿尾矿为原料，污泥和页岩作黏结剂，可制成经济环保的复合耐火砖。

③ 微晶玻璃。因其具有机械强度高、绝缘性优良、热膨胀系数低、耐化学腐蚀、硬度高、密度低、耐磨性及热稳定性好等优势，在高性能支撑剂材料、烹饪陶瓷和建筑材料等领域具有巨大潜力。以煤矸石（75%，质量分数）、黏土（25%，质量分数）为原料，TiO_2、ZnO 和 MnO_2 等为添加剂，制备出的高强度低密度微晶玻璃[6]，其密度仅为 1.83g/cm³，强度高达 187.67MPa。

（2）吸附材料

煤矸石具有孔隙率高、比表面积大等特性，在有机物及重金属元素吸附方面具有较大优势及潜力。比如，绿色低成本的空心煤矸石微球/地聚物（地质聚合物）吸附剂，比表面积为 $26.41m^2/g$，可有效去除水溶液中的重金属离子 Cu^{2+}、Ca^{2+}、Zn^{2+}、Pb^{2+} 等；生物炭和水热处理煤矸石（BC-HTCG）吸附材料对铜矿尾矿中重金属（如 Cu、Cd、Cr、Ni、Pb 和 Zn 等）的吸附能力较强；褐藻酸-燃烧煤矸石复合吸附材料，对 Zn^{2+} 和 Mn^{2+} 的最大吸收量分别为 77.68mg/g 和 64.29mg/g；焙烧处理的煤矸石/坡缕石复合微球，具有良好的循环再生性，对亚甲蓝（MB）染料的吸附容量可达 51.9mg/g；高效、低成本煤矸石空心微球吸附剂，对 Cu^{2+} 和 Pb^{2+} 的理论最大吸附容量分别为 6.57mg/g 和 18.90mg/g；以煤矸石中提取的二氧化硅为原料，通过水热法制备的高比表面积、高热稳定性的新型硅基纳米材料（SBNM），对 CO_2 的吸附能力最高可达 $17.93cm^3/g$；以煤矸石为原料，合成的沸石-活性炭复合材料[7]，比表面积高达 $669.4m^2/g$，对 Cu^{2+} 和染料罗丹明 B（Rh-B）的吸附率可达 92.8% 和 94.2%。

（3）化工产品

煤矸石中 SiO_2 和 Al_2O_3 含量高、孔隙率高、比表面积大，在直接催化或者催化载体方面非常有潜力。例如，直接利用煤矸石、粉煤灰等固体废弃物作为热解催化剂，能解决工业固体废弃物的处置与利用问题，同时降低催化热解成本，提高整体经济性；一种新型煤矸石微球/地聚合物复合泡沫塑料，具有开孔率高［总孔隙率（体积分数）可达 88.3% 和开放孔隙率（体积分数）可达 80.5%）、抗压强度大（可达 5.70MPa±0.88MPa）的特点，可作为催化剂载体、膜载体使用；以煤矸石为原料，制备出 Cu 改性 ZSM-5 催化剂，通过非均相类芬顿反应脱除苯酚，总有机碳（TOC）去除率最高可达 63%；无金属绿色可持续复合催化剂（CN-CGs）[8]，以固体矸石（CG）和类石墨相氮化碳（g-C_3N_4，CN）制得，30min 内可消除 90% 以上的双酚 A（BPA），该种催化剂的发现为类似化合物降解提供了新思路；以粉煤灰（CFA）和煤矸石（CG）为增强剂的聚氯乙烯（PVC）高效低温亚临界水（SubCW）脱氯方法，可将有效脱氯温度降至 220℃，对 PVC 的氯去除效率在 SubCW-CFA 和 SubCW-CG 过程达到 96% 和 97%，该方法对 PVC 的回收与无害化处理具有现实意义。

煤矸石制备沸石材料完成高附加值转化，常用制备方法包括：水热一步合成、碱熔水热法、煅烧水热法、超声水热法等。例如，以煤矸石为原料，水热合成的高硅态耐水抗硫 SSZ-13[9]，相比传统的高温焙烧和碱溶预处理方法更节能高效，合成时间仅需 7h；高硅煤矸石水热反应制备的新型介孔 SiO_2 材料（MCM-41 结构），比表面积为 $156m^2/g$，可有效吸附 CO_2；煅烧煤矸石后，水热法合成出表面积为 $172m^2/g$ 的介孔材料；采用碱熔水热法制备的钠-X 沸石，对 Pb^{2+} 的最大吸附能力为 457mg/g。

（4）陶瓷

我国是陶瓷大国，使用煤矸石等工业固体废物代替黏土制备陶瓷，能有效保护我国黏土资源。例如，以煤矸石和镁渣为原料，在<1300℃的烧结温度下，制备低密度铝矾土基陶瓷支撑剂；以煤矸石和高铝耐火固体废弃物为原料，常规固相反应法在 1300℃条件下合成出平均直径约为 $1\mu m$ 的针状莫来石粉（长径比高达 6），在 1500℃温度下烧结 3h 制备的高强度莫来石陶瓷[10]，最大断裂韧性达 $1.82MPa \cdot m^{1/2}$，弯曲强度达 71.76MPa。

（5）矿区回填

唐口煤业有限公司，利用煤矸石填充砖厂采土坑、水泥厂采料坑及煤炭旧矿井坑，共完成煤矸石填充 60 多万立方米。研究发现，煤矸石-粉煤灰回填料浆雷诺数远小于临界雷诺数，表明输送管道内流动为层流状态[11]。将回填浆体质量浓度控制在 77％～78％，浆体中煤矸石、粉煤灰和胶凝剂的质量比为 8：3：1 较为合适。采用浆状料浆可以有效地减少地表沉陷，也可减少危险固废处理成本，保证矿产资源持续性开发。

（6）农业生产

与传统采掘异地土壤复垦煤矿矿区常用技术不同，Du 等以煤矸石作为一种新型的种植基质成分替代土壤[12]。研究发现，煤矸石与土壤比为 1：1（500g：500g），玉米秸秆含量 50g/kg，粉煤灰含量 37g/kg，保水剂含量 1g/kg 时对植物生长的促进作用最为明显。煤矸石中富含的化学成分能显著提高土壤肥力（包括有机质、全 N、全 P、有效 N、有效 P 和有效 K 等），该研究结果将为矿区生态恢复和煤矸石资源利用提供理论和技术依据。

8.2.3　煤矸石的产业化

煤矸石资源的综合利用，对我国煤矸石山去库存、煤炭开采工作有序进行、固废处理技术发展及矿山环境治理具有重大意义，但目前在煤矸石等工业固废利用过程中仍存在不少问题亟待解决。

国家能源局统计年鉴数据显示，随着煤炭、煤电、煤化工产业不断壮大，我国工业固体废物年生产量超 33 亿吨，累计堆积量超过 600 亿吨。其中山西、内蒙古、河北、山东、辽宁煤炭工业省份，一般工业固体废物约占全国总量的 42.2％。

① 固废转化技术及设备水平低，规模较小，产品附加值低。目前我国对煤矸石等固废利用主要集中在回填铺路、水泥、混凝土及制砖等方面，因为运输成本等问题制约，多数产品仅为当地区域使用，无法形成良好的经济循环态势。

② 固废资源分布不均匀，区域发展不平衡。沿海发达地区固废总量小，容易实现转化利用，总体利用率高，而中西部富煤地区，固废资源总量大，市场需求较小，利用转化率低。多数现代化、世界级煤炭转化大型项目所产生的大量固废，无法得到合理转化利用，绝大多数固废通过填埋堆积方式处理。例如，中天合创能源有限公司化工分公司煤炭化工一体化项目，约 90％的灰渣通过填埋方式处理，灰渣利用率仅为 10％。

③ 煤矸石等固废堆积还会对环境产生潜在威胁。例如，易自燃煤矸石在堆积过程中非常容易产生火灾，会释放出 CO、NO_x 及 SO_x 等有毒有害气体；煤矸石在堆积过程中会释放出多种有害元素（如 Se、Ni、As、Cd、Zn、Sb、Cr、Cu 和 Hg 等），污染矿山及周边环境。

我国在煤矸石利用方面的研究起步较晚，目前产业化应用主要集中于发电、建材、矿井回填及铺路等领域。近年来煤炭综合利用率不断提升，煤矸石综合利用正朝着多样化、高附加值、清洁绿色方向发展，并且取得了不错的进展。例如，将煤矸石分层铺设为 35cm 厚度路基，压实后密度可达 $1.8t/m^3$，具有良好的防透水性，在符合技术指标和公路工程设计规范要求的前提下，完全可以作为路基填料使用；徐丰公路庞庄矿区段塌陷区 1.2 公里长路段，全部采用煤矸石填筑路基，使用性能良好；在全长约 28.8 公里的山西阳泉市 307 国道复线工程中，全线采用煤矸石作为路床填料，节能经济环保。

为妥善解决煤矸石堆积及利用问题，近年来国内新建了许多煤矸石发电厂。例如，2010 年京能集团内蒙古准格尔矿区酸刺沟矸石电厂（2×300MW）工程建成投产，该矸石发电厂紧邻矿井，可将矿区年产的 477 万吨煤矸石及 240 万吨煤泥，直接通过皮带输送至锅炉燃烧发电，发电效益显著；2012 年广东宝丽华新能源股份有限公司梅县荷树园电厂三期工程建成投产，总装机容量 1470MW，主要燃用劣质无烟煤和煤矸石，是全国规模最大的煤矸石资源综合利用电厂；2015 年陕煤集团黄陵矿业煤矸石发电有限公司三期工程建成投产，总装机量达 730MW，燃用煤矸石、中煤、煤泥等低热值煤，井下疏干水作生产用水，每年消耗生产废弃物 280 万吨，消耗井下疏干水 151 万立方米；2016 年山西昱光二期（2×350MW 超临界循环流化床）建成投产，配合一期（2×300MW）机组，总装机容量可达 1300MW，每年消耗低热值煤可达 510 万吨，可向华北地区输送清洁能源约 71.5 亿千瓦时。

8.3 粉煤灰

粉煤灰（coal fly ash，CFA）是固体燃煤火电厂燃烧煤粉或城市集中供暖锅炉产生的一种从废气中捕获的粉状铝硅酸盐固体废弃物，也是目前我国排量较大的固体废弃物之一。CFA 中细小粉末易在空气中悬浮，极易随风飘动，尤其是 CFA 中残留的重金属会对空气、水和土壤造成严重污染。

8.3.1 粉煤灰的组成

粉煤灰的化学成分非常复杂，它含有 11 种常见元素 O、C、S、Si、Al、Mg、Fe、Ca、K、Na、Ti，微量元素包括 Hg、Pb、As、Cr、Cd、Cu、Zn、Mo、Ba、B 和 Ni 等。粉煤灰主要化学成分为 Al_2O_3 和 SiO_2，一般占总量的 $70\% \sim 80\%$ 以上，另外含有少量 Fe_2O_3、TiO_2、CaO、MgO 等，如表 8-4 所示[13]。因煤粉成分差异及燃烧工艺差异，不同粉煤灰化学组成占比有一定变化。

表 8-4 粉煤灰化学组成（质量分数）

样品	Al_2O_3/%	CaO/%	Fe_2O_3/%	MgO/%	P_2O_5/%	K_2O/%	SiO_2/%	Na_2O/%	TiO_2/%	MnO/%	SO_3/%
1	22.5	2.97	5.39	1.49	0.40	2.52	49.55	0.42	1.09	0.07	0.69
2	25.55	3.87	7.28	1.99	0.38	2.05	47.95	0.41	1.14	0.09	1.23

用于水泥和混凝土中的粉煤灰国家标准（GB/T 1596—2017）对其进行了分类，根据燃煤品种分为 F 类粉煤灰（由无烟煤、烟煤煅烧）和 C 类粉煤灰（由褐煤或次烟煤煅烧，氧化钙含量一般 ≥10%）；根据用途分为拌制砂浆和混凝土用粉煤灰（细分为Ⅰ级、Ⅱ级、Ⅲ级）、水泥活性混合材料用粉煤灰两类。粉煤灰主要用于建筑材料（如水泥、混凝土、微晶玻璃等）、化工产品、功能材料及陶瓷等。

8.3.2 粉煤灰的应用

最早对粉煤灰做研究的是美国人 Anon，他在 1914 年发表的《煤灰火山特性的研究》一文，首先提出粉煤灰中的氧化物具有火山灰特性。1933 年美国伯克利加州理工学院 R.E. 维斯对粉煤灰在混凝土中的应用进行比较系统的研究。此后，世界各国开始对粉煤灰进行显微镜分析、岩相分析及化学分析，对粉煤灰作为混凝土混合材料进行了探索研究。苏联布拉茨克水坝、美国饿马水坝、日本小河内水坝等大型工程，均采用粉煤灰作为混凝土混合材料，并取得了不错的经济效果及实用效果。

我国粉煤灰综合利用始于 20 世纪 50 年代，在三门峡大坝工程建设中，混凝土中掺用粉煤灰 3.3 万吨，节约水泥 2.13 万吨。在物质资源匮乏的年代，节约水泥、降低成本，也为我国粉煤灰综合利用开创先例。20 世纪 70 年代，我国将粉煤灰用于农业的科学试验，研究发现粉煤灰在水稻育秧、水田土壤改良、蔬菜栽培、盐碱地改良和堆肥等方面，具有显著作用。天津市红卫化学厂成功利用粉煤灰制成分子筛，以粉煤灰、纯碱、氢氧化铝为原料在 850℃下煅烧，粉碎，于 98℃完成合成，再经水洗、成型、活化等工序制成分子筛，具有节约原料、工艺简单及性能优异等特点。粉煤灰主要可用于以下方面：

① 建筑材料。粉煤灰化学成分主要为 Al_2O_3 和 SiO_2，化学成分与火山灰类似。在建筑材料中可作为水泥、细骨料、粗骨料替代物，也可作为微晶玻璃的原材料。例如，粉煤灰可替代细骨料在混凝土混合料中应用；以粉煤灰和石棉尾矿为原料，采用高温粉末烧结法制备的多孔微晶玻璃[14]，孔隙率为 51%，容重为 1.42g/cm³，抗弯强度高达 19MPa，有望成为具有承重功能的多孔建筑材料；使用粉煤灰（30%，质量分数）和矿渣（20%，质量分数）替代水泥和粗骨料，满足混凝土最低强度要求，具有一定可行性。用粉煤灰代替氯氧镁水泥的硅砂，水泥孔隙率和孔径大幅降低，抗压强度增加，显著减少水分的输送和储存，提高了复合材料的抗湿损伤能力。

② 化工产品。粉煤灰孔隙率高、比表面积大，在催化及吸附领域具有很大的应用潜力。粉煤灰在催化方面的应用主要有三个方面：a.作为负载活性相的催化剂载体；b.作为催化剂直接应用于催化反应；c.合成具有催化性能的沸石。例如，以粉煤灰为原料合成的低成本 ZSM-5 沸石[15]，可作为降低汽油发动机 NO_x 排放的催化转化器，制备的 Cu/ZSM-5 和 Co/ZSM-5 能达到商业催化转化器 59% 的性能；一种以褐煤、粉煤灰和蛋壳为原料的新型、高效、稳定、环保的甲醇分解催化剂（CaO/FA-ZM），在 60℃、甲醇/油摩尔比为 6∶1、催化剂浓度为 6%（质量分数）条件下，30min 甲醇分解率高达 97.8%；采用浓硫酸化学活化循环流化床飞灰，合成高效、经济的二氧化硅硫酸催化剂，比表面积大，具有一定的路易斯酸，对 SO_2 和 NO_x 的去除效率分别可达 99% 和 92%。用硫酸铵烧结粉煤灰合成高比表面积中孔氧化铝，硅改性中孔氧化铝的比表面积为 149m²/g，孔容为 0.52cm³/g，孔径为 8.9nm，在高温吸附剂、催化剂、催化剂载体等工业领域具有很大的应用潜力；对含铁粉煤灰进行氢氧化钠水热活化制备的钙霞石沸石具有铁磁性，非常适于水介质环境回收再生；以 CFA 为原料碱熔水热法合成的单相亚微米沸石 Y（FAZY3），平均粒径约为 250nm，其对丙酮的吸附能力约为工业沸石 Y（czy-Y）的 82%，具有良好的热稳定性和再生性；以南非燃煤粉煤灰为原料合成的两种沸石（NaXpA 和 NaApA），NaXpA 具有很高的 CO_2 物理吸附性能，适用于低温和变压吸附；NaApA 适合作为 CO_2 化学吸附材料。西班牙国家冶金研究中心在温和水热操作条件下，在中试规模（200L 高压釜反应器）上实现一步法将铝废料全部转化为沸石，1t 铝废料可制得 3.2t 沸石、76.4m³ 氨和 105.9m³ 氢气，过程中不会产生其他废物，所得的 Linde-a 型沸石在结构和形态特征上与用工业试剂制备的沸石相似。

③ 环境修复。利用壳聚糖包覆制备的粉煤灰漂珠（CFACs）[16] 可高效去除淡水中的有害藻华（HABs），5min 内对三种藻类的去除率均超过 90%；一种低温氢氧化钠改性的多孔、大比表面积粉煤灰（SHM-FA）吸附剂，对 Cd^{2+} 的去除率为 95.76%，吸附量为 31.79mg/g。

④ 陶瓷制备。以碳化硅、粉煤灰为原料，MoO 为催化剂，制备的一种新型经济高效多孔碳化硅陶瓷膜[17]，抗弯强度为 38.4MPa，孔隙率为 36.4%（体积分数），对含油废水的去除率高达 92%；以粉煤灰为主要原料（80.74%，质量分数），利用其高硅、高氧化铝特性生产的堇青石基陶瓷，最大抗压强度高达 128MPa，热导率仅为 1.12W/（m·K），可作耐压绝热材料。

⑤ 纤维材料。以某火电厂生产的高硅酸铝粉煤灰为主要原料，玄武岩、钙长石、长石、白云石、方解石作为辅料调节熔体流动性，制备出一种新型粉煤灰纤维材料[18]。根据威布尔分布计算，粉煤灰纤维比其他天然纤维具有更小的分散性，平均强度高于 e-玻璃纤维。

8.3.3　粉煤灰的产业化

燃煤热电厂是粉煤灰最主要的来源，目前我国大型燃煤热电厂所用锅炉通常为两种，煤粉炉和循环流化床锅炉（circulating fluidized bed boiler，FCB）。煤粉炉对动力煤热值要求高（一般需＞4000kcal/kg，1kcal＝4.1868kJ），灰分＜30%，因脱硫设备成本高，所用煤种一般为低硫煤；循环流化床锅炉兼容性较好，对煤种的热值要求不高，一般可用低热值煤（如煤矸石、煤泥、洗中煤等）与高热值煤混燃。对煤炭含硫量无严苛要求，炉膛内放置石灰石，可实现低成本、高效脱硫。两种燃煤锅炉虽有差异，但主要原理基本相同（图 8-2），将磨碎的煤粉（一般颗粒直径为 0.05~0.1mm）吹入炉膛，煤粉与空气充分混合后，煤粉与空气发生剧烈氧化还原反应，释放出大量的热，产生熔融状固态残渣。随后锅炉管道吸收热量，烟道气被冷却，熔融状的矿物残渣变硬形成粉状。粗煤灰颗粒成为底灰或炉渣，掉落至燃烧室的底部。轻细的煤灰颗粒（即粉煤灰）悬浮在烟气中，被静电除尘器、布袋收尘器或旋风分离器等收集下来。三种除尘装置的原理如下。

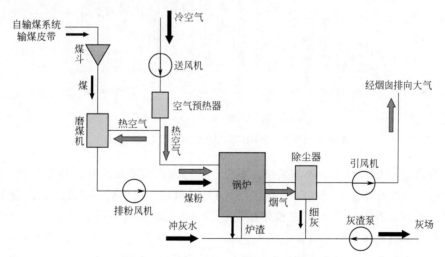

图 8-2　经典火电厂煤粉炉系统流程图

① 静电除尘器。利用高压电场使烟气发生电离，烟道气中的粉煤灰等微粒荷电在电场作用下与气流分离，吸附在集尘电极，烟道气正常通过，从而实现气固分离的一种手段。其适用于烟气中 0.01~50μm 的粉尘，耐高温、高压，除尘效率高（一般可达 99% 以上），能耗小；但设备较复杂，对烟尘比电阻有一定要求。

② 布袋除尘器。利用多孔袋状过滤元件的过滤作用进行除尘，其具有除尘效率高（对于 0.1μm 的粉尘，效率高达 99%）、结构简单、工作稳定、便于回收粉尘且维护简单的特点。由于其原理类似过滤过程，新布袋除尘器"滤饼"形成之前除尘效率较低，"滤饼"形成之后又会增加压降，对其处理量有一定影响。

③ 旋风分离器。切向引入的气流，导致烟气进行旋转运动，使得较大惯性离心力的固体颗粒甩向外壁面实现分离。其适用于捕集直径 5～10μm 以上的粉尘，具有结构简单、操作弹性大、效率较高（工况点可达 99%）等优点；但制造工艺相对复杂，成本较高。

在粉煤灰分离的实际生产中，一般常用两种或多种分离耦合的方式进行分离，或采用两个及两个以上分离装置进行串联，以达到实际想要的特定粉煤灰及环保要求。

全世界每年产生约 8 亿吨粉煤灰。2015 年，中国产生了约 6.2 亿吨粉煤灰；2018 年中国粉煤灰年产量超过 5.5 亿吨，由于利用率不足，粉煤灰累计总产量超过 30 亿吨。随着近年来我国电能需求的不断提升，热电厂产量及粉煤灰产量也与日俱增。2020 年，我国粉煤灰综合利用量约 5.07 亿吨，综合利用率为 78%，虽然相较之前有很大提升，但与美国、日本、德国等发达国家高达 90% 的粉煤灰利用率来讲，还存在很大差距。如图 8-3 所示[19]，我国粉煤灰总堆积量仍然在不断上升，一方面浪费土地资源，另一方面也对周围环境造成很大的危害。虽然目前国内科研院校、企业对粉煤灰清洁转化利用关注度很高，对于其应用也有较多的研究与探索，但实际工业化应用中还存在较多问题。

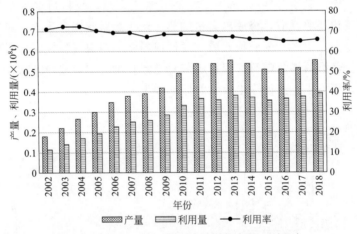

图 8-3　2002～2018 年我国粉煤灰产量及利用率

2018 年我国粉煤灰利用主要涉及建筑材料、铺路及回填方面。年产粉煤灰约 571 万吨，其中未利用约 200 万吨，生产水泥利用约 143 万吨，低端建材消耗 103 万吨，混凝土消耗 57 万吨，铺路及回填消耗 17 万吨，其他用途约 51 万吨，如图 8-4 所示。

近年来，我国粉煤灰利用取得了很大进展，并逐渐向综合化、高附加值利用方向发展。随着我国大宗固废综合利用产业技术的发展，粉煤灰综合利用成熟技术已有百余项，主要应用于水泥混合材料和混凝土掺合料方面、建材深加工产品方面。2022 年我国粉煤灰市场规模 192.89 亿元，其中，水泥制造领域销售占 38.5%；混凝土领域销售占 14.12%；建筑深加工领域销售占 27.46%；其他领域销售占 20.06%。随着国家去产能政策实施和煤炭清洁利用的推进，粉煤灰的资源属性更加突出，在建材、化工、筑路、农业、环境和绿色灰基等领域的发展将更加多元化，资源化利用愈加高值化和产业化。

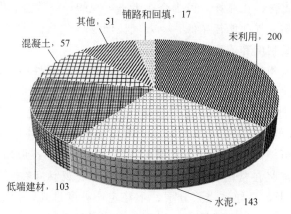

图 8-4 2018 年我国 CFA 利用情况

(单位：万吨)

8.4 水煤浆

水煤浆（CWM）是由 60%～70%不同粒度分布的煤、30%～35%的水和约 1%的添加剂，经过一定的加工工艺制成的混合物，是 20 世纪 70 年代石油危机中发展起来的一种新型低污染燃料，也称为液态煤炭产品。水煤浆具有燃烧效率高、污染物排放低的特点，可用于电站锅炉、工业锅炉和工业窑炉，代油、代气、代煤燃烧；亦可作为气化原料，用于生产合成氨、合成甲醇等。发展水煤浆技术不仅可以取得可观的代油经济效益和节能效益，还可以取得很好的环境效益。

8.4.1 水煤浆的性质

8.4.1.1 水煤浆的基本特征

水煤浆是煤与水的非均相固液悬浮液，属于典型的非牛顿流体，既保持了煤炭原有的物理性质，如发热量、灰熔融温度、水分、灰分、挥发分、硫分等，又具有像流体一样的性能特征，如浓度、黏度、粒度及磨蚀性、稳定性等。工业上常用的水煤浆性能特征指标主要有水煤浆的浓度、表观黏度和流变性、稳定性、流态和流动度[20]。

（1）水煤浆浓度

水煤浆浓度即水煤浆中固体煤含量，通常用质量分数表示。在一定范围内，浓度越大，水煤浆热值越大，对燃烧和气化越有利。但是浓度升高使浆体黏度升高，通常浓度每升高 1%，黏度提高数百毫帕秒，黏度过大，不利于水煤浆雾化、充分燃烧、泵送和运输[21]。浓度是水煤浆性能的主要考察指标，也是实际生产中水煤浆的主要控制指标。

水煤浆在气化炉中先发生水的汽化，产生的水蒸气中很小部分参与反应，大部分都随产生的粗煤气一起进入下一工段。水分蒸发所需的汽化潜热和显热完全由煤部分或完全燃烧提供，同时产生了对合成无效的 CO_2，增大了比煤耗和比氧耗[22]。工业实践证明，水煤浆浓度的提高可显著提高气化效率，减少因煤浆自身水分蒸发引起的能源消耗，扩大原料煤的选择范围，降低气化比煤耗、比氧耗，可为企业带来可观的经济效益。因此在满足气化正常运行的条件下，浓度越高，气化能耗越低，有效气比例越高[23,24]。

（2）水煤浆的表观黏度和流变性

水煤浆属于固液两相流体，是一种包括宾汉塑性体、胀塑性体等多重性的非牛顿流体，具有"剪切变稀"性质，即具备了一定的流变性。水煤浆的流变性受煤粉粒度分布、煤表面性质及所使用的添加剂等因素影响。水煤浆黏度与温度、剪切速率有关，一般要求在常温（25℃）下，水煤浆在低剪切速率下具有较高的黏度，以保证浆体的稳定性，在较高的剪切速率下浆体黏度应尽可能低，以便于煤浆泵送和雾化。工业上一般用表观黏度 η_a 来评定煤浆黏度，一般要求水煤浆在常温及 $100s^{-1}$ 剪切速率下表观黏度在 $[(1000\sim1200)\pm200]$ mPa•s。水煤浆黏度过低，易导致煤浆分层、不稳定；黏度过高，会引起磨机跑浆，煤浆管道阻力大，煤浆泵打量受限，造成跳车，影响生产的正常运行[25]。

（3）水煤浆稳定性

水煤浆属于粗分散体系，在静置和外界扰动情况下易产生固液分离。水煤浆的稳定性指维持不产生"硬沉淀"所持续的时间，"硬沉淀"是指无法经过机械搅拌使浆体恢复均匀性的沉淀。水煤浆稳定性是煤颗粒抵抗沉降作用的量度，煤浆浓度低时，煤颗粒间间距较大，颗粒间的作用力较弱，在重力作用下，煤粉颗粒自由沉降速度加快。随着煤浆浓度的提高，煤粉颗粒在沉降过程因为相互作用形成类似"力链"的结构，保持体系的相对稳定，从而减缓沉降速度。因此，水煤浆浓度越高，稳定性越好。在大规模工业生产中，稳定性至关重要，不仅决定了煤浆是否能够存放、输送，而且直接关系到用户的生产。

水煤浆稳定性目前还没有统一的评价方法，常用的方法有冰冻分析法、静置观察法、插棒法、残留物百分比法等[26]。由于静置观察法和插棒法不需要专门的设备，且简单有效，因此得到了广泛应用。静置观察法是煤浆放置在玻璃烧杯中静置若干小时，以煤浆的析水率作为评价标准，析水率越高，煤浆稳定性越差，一般气化浆的8h析水率要低于5%。插棒法是将煤浆静置一定时间后，将玻璃棒插入水煤浆的深度或玻璃棒穿过整个浆体的时间来评价其稳定性。

煤浆稳定性可分为4个等级。①A级：煤浆静置后无析水，无沉淀，静置后煤浆状态如初。②B级：煤浆静置后有少量析水，略有分层，流动性良好。③C级：煤浆析水量大，底部有软沉淀，搅拌后流动如初。④D级：煤浆经沉淀后产生了硬性沉淀。

（4）流动状态（流态）和流动度

在实际生产和使用中发现，水煤浆的表观黏度无法充分表征煤浆的雾化和泵送性能，因此引入流动状态（以下简称流态）和流动度。水煤浆的流态和流动度与水煤浆的雾化性能密切相关。水煤浆燃烧或气化前，必须经过雾化，以降低液滴粒度，增大比表面积，保证水煤浆与环境气体充分接触，提高燃烧或气化效率。水煤浆流态好时，经过喷嘴雾化后可形成均匀的小液滴，煤浆着火快，燃烧效率高，碳转化率高，气化残碳低[27]。

水煤浆流动性的检测方法有以下两种。①观察法，可直观描述浆体的流态，受主观影响较大；根据其流动特性，分为 A、B、C、D 四个等级。A 级：流动连续，平滑不间断；B 级：流动较连续，流体表面不光滑；C 级：借助外力才能流动；D 级：泥状不成浆，不能流动。为了表示属于某一等级范围流动性的较小差别，分别用"＋"和"－"加以区分，"＋"表示某一等级中流动性较好者；"－"表示某一等级中流动性较差者。②数值法，测量结果准确、易比对，但直观性较差；将水煤浆注满标准截锥圆模（上口径 36mm，下口径

60mm，高 60mm），提起截锥圆模，在流动 30s 后测定水煤浆在玻璃平面上自由流淌的最大直径，以此判断水煤浆的流动性。一般 2 种测量方法配合使用。

8.4.1.2 水煤浆的种类

水煤浆可以分为以下几类：

① 按照水煤浆用途，可以分为燃料水煤浆和气化水煤浆。燃料水煤浆用于工业锅炉、工业窑炉等作为燃料用；气化水煤浆则用于工业造气，再进行下游产品的合成。

② 按照水煤浆制造原料，可以分为褐煤水煤浆、烟煤水煤浆、无烟煤水煤浆、煤泥水煤浆、水焦浆、生物质煤浆等。

褐煤水煤浆以褐煤为主要原料，由于成浆性差，成浆浓度不高，一般用于褐煤水煤浆气化；由于烟煤成浆性较好，烟煤是目前水煤浆市场上主要的制浆煤种之一；无烟煤由于挥发分低，难于点燃，工业化生产很少，仅作为配煤加入其他煤种中制浆；煤泥水煤浆主要以洗选过程中产生的煤泥为主要原料，采用搅拌直接成浆泵送燃烧，就地消化，多用于工业锅炉和电站锅炉掺烧使用；水焦浆是以炼油厂生产的石油残渣——石油焦为主要原料，具有高热值、低挥发分、低灰、高硫高氮的特点，主要作为配煤加入；生物质煤浆主要是以煤为主原料，掺入部分生物质制备成煤浆，其中生物质主要是指城市污泥、造纸黑液、工业废水等，主要用于工业锅炉燃烧。

③ 按照水煤浆品质，可以分为常规水煤浆、精煤水煤浆、超精煤水煤浆、经济型水煤浆、速溶干煤粉（袋装浆）、环保型水煤浆等。

8.4.2 水煤浆制备技术

水煤浆是由一定粒度分布的煤和少量添加剂共同分散在水中的混合物，一般煤的质量占 60%～70%，质量好的水煤浆需要具备如下几项要求：

① 具有较高的浓度，煤浆浓度越高、水分越低，热值越高，可以减少热损失；

② 煤浆的剪切黏度在 $100s^{-1}$ 下不超过 $1000mPa \cdot s$，同时具有较好的流动性，并满足泵送和雾化需要；

③ 满足存储和运输要求的稳定性，对于燃烧水煤浆一般要求一个月内不产生硬沉淀，而气化水煤浆都是现磨现用，要求 1～2 天没有硬沉淀；

④ 煤粉粒度分布要满足气化炉或锅炉要求，大颗粒多容易引起燃烧不充分，残碳升高，导致锅炉或气化炉的效率低。

水煤浆性能受多种因素的影响，煤种的性质、粒度分布、制浆工艺和添加剂是影响水煤浆性能的主要因素。

8.4.2.1 煤质的影响

成浆浓度是判断水煤浆成浆性能的主要指标，一般通过水煤浆定黏浓度来判断，即在 $100s^{-1}$ 的剪切速率下、表观黏度为 $1000mPa \cdot s$ 时的浓度,定黏浓度越高，说明成浆性能越好[28]。通过对大量煤质和成浆性之间关系的分析得知，影响成浆性的主要煤质因素有内在水分、干燥无灰基氧含量、干基灰分（A_d）和哈氏可磨性指数（HGI）[29,30]；煤化程度是影响煤质的主要因素，煤化程度越低，煤中氧碳比（O/C）越高，具有更多的亲水基团，内在水分就会升高，煤的成浆性也越差。水煤浆中的水分包括煤的内在水分和起流动介质的自由水，水煤浆的内在水分越多，必然减少自由水含量，导致煤浆表观黏度的升高，成浆浓度就很难达到目标浓度，无法获得高浓度的优质水煤浆。然而，由于低阶煤具有较强的亲水性，所以制成的水煤浆具有较好的稳定性。在实际应用中，为了兼顾水煤浆的成浆性和稳定性，常将高阶煤和低阶煤进行配煤制浆。

煤化程度影响煤的表面孔隙特征。煤化程度越低，煤的比表面积和孔隙率越大。水煤浆中煤粒的高比表面积和高孔隙率是导致煤浆内在水分含量较高的主要原因，同时也增加了添加剂的消耗量。

煤中灰分来源于自身的矿物质，主要是黏土矿物、硫化物、氧化物、碳酸盐和硫酸盐等。煤中的黏土矿物可以水化而形成蓬松的静态三维结构，使得煤粒由于静电排斥和空间位阻作用而得以稳定，因此高灰分一般具有较好的成浆性。灰分越高，意味着制浆用煤的密度越大，在煤质量浓度一定时，煤浆中固体所占的体积越小，自由水含量越高，从而使得浆的黏度越低。但高灰分使得水煤浆对泵、管道和喷嘴等造成磨损，也会降低煤浆的燃烧效率。煤中的可溶性矿物所解离出的高价金属离子（Ca^{2+} 和 Mg^{2+}）也对水煤浆的成浆性和稳定性有一定影响。因煤粒表面所吸附的高价金属离子会中和煤粒表面的部分阴离子，从而减小了煤粒间的静电斥力，导致煤浆黏度升高且稳定性变差。

煤的哈氏可磨性指数（HGI）反映了磨矿的难易程度。由于硬度大的煤难以破碎，HGI值就越小，那么细颗粒所占比例就会少，导致水煤浆中煤粒的堆积效率降低，无法制备高浓度水煤浆。一般情况下，高阶煤和低阶煤 HGI 值均较小，而中等变质程度烟煤的 HGI 值较高，成浆性最好。此外，HGI 值的高低也决定了磨矿过程中的能耗，对制浆成本影响很大。煤的镜质组中含有大量的亲水基团，使得镜质组分高的煤较难成浆，因此煤岩组成对成浆性的影响也较为显著。

8.4.2.2 粒度分布的影响

为了制得高浓度的水煤浆，不仅需要将煤炭磨成一定的粒度，而且煤粒要有合理的粒度分布。良好的粒度分布可使水煤浆中大小不一的煤粒相互充填，尽可能充分地减少颗粒间的空隙，从而使煤炭占有率（堆积效率）较高，容易制得高固含量的优质水煤浆。

如图 8-5 所示，从左至右堆积效率依次增大。高浓度水煤浆普遍具有较高的颗粒堆积效率，但是，过高的堆积效率反而会造成浆体黏度的快速上升，因此，需要通过不同粒度分布的煤颗粒进行级配，才能获得合适的堆积效率，这就需要认识粒度分布与堆积效率之间的关系。

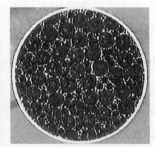

图 8-5　煤浆中颗粒充填效率示意图

研究堆积效率的方法有很多，从等径球体颗粒堆积、连续颗粒分布堆积到分形级配理论[31]。等径球体颗粒堆积是指用直径相同的球体等效替代颗粒而进行的堆积，以正四面体进行的堆积最紧密，自然堆积和正六面体堆积时最松散。然而现实中常是连续颗粒分布堆积，较为经典的模型是 Rosin-Rammler 和 Gaudin-Schuhmann 粒度分布模型。

Rosin-Rammler 粒度分布模型：

$$R = e^{(-\frac{d}{d_m})^n} \tag{8-1}$$

式中，d 为某个粒径；R 为大于粒度 d 的粒度含量；d_{m-} 与 $R=0.368$ 相对应的粒度；n 为模型参数。

Gaudin-Schuhmann 粒度分布模型：

$$y = \left(\frac{d}{d_L}\right)^n \tag{8-2}$$

式中，d 为某个粒径；y 为小于粒度 d 的粒级含量；d_L 为粒度体系中最大粒度；n 为模型参数。

在研究水煤浆的堆积理论中，我国学者提出的隔层堆积理论更适用于水煤浆体系[32]，该理论假设自然堆积过程中，颗粒大小与空隙大小的比值为 B，将物料依 B 划分为不同的等级，不同等级的颗粒粒径都会小于其上一隔层的空隙，当颗粒大小恰好等于上一隔层空隙体积，即达到了最紧密堆积，该理论同时适用于离散型和连续型粒度分布。

分形理论可以定量描述颗粒的空间特性[33]，特别适合复杂的几何体，利用分形理论对水煤浆的粒度级配进行描述，并借助计算机算法预测堆积效率。由于粒度级配是水煤浆制备技术中的关键技术，决定了水煤浆浓度、黏度和流变特性，而粒度级配的控制与制浆工艺和设备密切相关[34]。

8.4.2.3　水煤浆添加剂

水煤浆添加剂对煤浆的浓度、流变性、稳定性、雾化性能、燃烧性能及成本等均具有极其重要的影响，特别是在高浓度、高稳定性和良好流变性煤浆的制备中，添加剂的作用尤为关键。添加剂按功能可分为分散剂、稳定剂和辅助添加剂，其中以分散剂和稳定剂最为重要。辅助添加剂主要包括消泡剂、pH 值调整剂、乳化剂和杀菌剂。

煤是疏水性物质，不易被水润湿，水煤浆中的煤粒具有较小的粒径和较大的比表面积，容易自发聚集而不易在水中均匀分散。水煤浆分散剂的主要作用是改变煤浆中煤粒表面的润湿性质，促使煤粒均匀分散于水中，并提高浆体流动性。分散剂一般都是具有两亲结构的表面活性剂，其一端为碳氢链所构成的非极性亲油基，而另一端则为极性亲水基。分散剂的亲油基可以通过疏水作用与煤粒表面形成稳定吸附，而其亲水基舒展于水中，使煤粒的疏水表面转化为亲水表面，并在亲水基部分形成稳定的水化膜，从而使得浆中的煤粒转化为具有一定空间立体结构的"复合煤粒"[35]。水化膜中的水由于表面电场的作用而呈定向排列，因此不同于煤浆中的"自由水"。当煤粒相互靠近时，水化膜会因受到挤压而变形，应力的作用则趋向于恢复到原来的定向结构，因此水化膜表现出一定的弹性。复合煤粒特殊的结构不仅有利于煤浆中煤粒的分散，而且也对煤浆的稳定性能具有重要的作用。

稳定剂主要有水溶性高分子聚合物和无机电解质两大类，如高分子表面活性剂、聚丙烯酸盐、羧甲基纤维素和各种可溶性盐类等。稳定剂可以使煤浆获得"剪切变稀"的流变学特性，煤浆在静置存放时具有较高的黏度，而在管道运输和雾化燃烧时具有较低的黏度。稳定剂在煤粒表面形成一种松软的三维立体空间结构，从而有效防止浆中煤粒的团聚和沉淀，提高水煤浆的稳定性，即使发生了沉淀也是形成可恢复的软沉淀，一旦受到外力剪切作用，复合煤粒又会重新形成均匀分散。

对阴离子型分散剂，当具有明显的气泡现象时，为了改善煤浆性能，需要添加消泡剂。消泡剂主要包括醇类和磷酸酯类等。

添加剂在煤浆中的解离度以及添加剂与煤粒之间的相互作用均与溶液的酸碱性有关。一般来说，为了获得良好的成浆效果，煤浆以弱碱性环境为佳，这就要通过 pH 值调整剂来实现。

在制浆实践中，为了改善煤粒的表面亲油性、减少分散剂用量、消除分散剂的起泡现象及提高成浆性等，对难成浆煤有时会采用乳化制浆，这就要用到乳化剂。乳化制浆存在一个转相过程，煤浆黏度明显增大，制浆动力消耗增加，这也是该制浆方法的不利之处。

8.4.2.4 制浆工艺

制浆工艺是水煤浆制备技术的核心，合理的制浆工艺对于提高水煤浆质量、降低制浆成本起着至关重要的作用。我国水煤浆技术的研究始于 20 世纪 80 年代，经过近 40 年的发展，为了适应工业发展的需要，现在水煤浆制备工艺除了湿法制浆、干法制浆工艺外，还有干湿法联合制浆的系列工艺技术，而在实际生产应用中，湿法磨矿制浆工艺技术最为常见。典型的湿法磨矿制浆工艺技术有单磨机（第一代）常规制浆工艺，双峰级配（第二代）水煤浆制备工艺，三峰级配（第三代）水煤浆制备工艺[36]，国内外最常用的为单磨机制浆工艺（单棒/球磨机制浆工艺）。

（1）单磨机常规制浆工艺

该工艺是将煤、水和添加剂一起加入磨机研磨，磨矿产品经缓冲搅拌后即为成品水煤浆，其工艺流程如图 8-6 所示。

单磨机常规制浆工艺流程简单，设备投资较小，因此得到广泛的推广应用。该工艺是针对早期以炼焦煤、气煤和肥煤等为制浆原料开发的，此类煤种变质程度高、可磨性好、内水含量低、制浆浓度高。但是随着我国煤炭资源的开发，制浆煤源逐渐向低阶煤过渡，单磨机常规制浆工艺对磨矿产品粒度分布的调整存在一定的局限性，无法实现粒度分布的控制与优化，出现制浆浓度低、粒度分布不合理以及粒度偏粗等问题，说明单磨机常规制浆工艺不适用于低阶煤种制浆。

（2）双峰级配水煤浆制备工艺

针对单磨机常规制浆工艺出现的问题，结合低阶煤的煤质特性，开发了双峰级配水煤浆制备工艺。该工艺突破常规单磨机制浆工艺粒度分布相对集中的局限，将选择性粗磨和超细研磨进行有机结合，大颗粒采取棒磨机粗磨，细颗粒选用立式磨进行超细研磨，充分发挥不同研磨方式及设备的研磨特点，实现工业生产中水煤浆粒度分布的控制及优化，解决低阶煤制备水煤浆时存在可磨性差、研磨能耗高、粒度级配差等技术难题，其工艺流程如图 8-7 所示。

双峰级配水煤浆制备工艺相比于单磨机常规制浆工艺可将煤浆浓度提高 2 个百分点，该技术制备出的细颗粒集中在 $30\sim45\mu m$ 区间内，未完全实现有效填充，因此提浓幅度有限。随着现代煤化工发展以及节能降耗理念的深入，煤浆浓度提高 2 个百分点已不能满足气化水煤浆用户的需求。

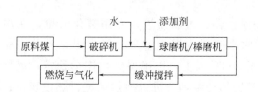

图 8-6 单磨机制浆工艺（单棒/球磨机制浆工艺）流程

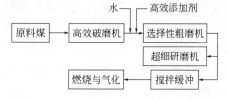

图 8-7 双峰级配煤浆提浓工艺流程

（3）三峰级配水煤浆制备工艺

随着水煤浆级配理论的丰富和技术水平的提高，中煤科工清洁能源股份有限公司开发了三峰级配水煤浆制备工艺技术及设备，工艺流程如图 8-8 所示。该技术可将煤浆浓度提高 4～6 个百分点，目前已在中煤榆林、阳煤丰喜、中石化长城、奎屯锦疆化工等多家大型煤化工企业得到应用。

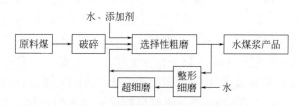

图 8-8 三峰级配煤浆提浓工艺流程

中煤榆林应用结果表明：全年煤浆浓度提高 2～6 个百分点；有效合成气含量提高 3.02 个百分点，比煤耗降低 $30.79kg/1000m^3$，比氧耗降低 $35.30m^3/1000m^3$；同时可处理化工污泥 12 万吨/年、减少 CO 排放量 14.09 万吨，具有显著的经济与社会效益。

水煤浆湿法制浆过程中磨粉对粒度分布影响最重要，且能耗最高，因为水煤浆只有煤粒有一定的细度填充在大颗粒之间，才能使煤的粒度分布达到合理的堆积效率[37]。因此，磨机是制浆工艺中的关键设备，目前我国水煤浆专用破碎机和磨机（球磨机、棒磨机及振动磨机等）都已完全自主国产化，可以满足水煤浆生产的需要。由于磨机出来的颗粒呈现连续分布，单台磨机制出的颗粒呈单峰连续分布，而分级研磨就会以多峰连续分布，通过对单磨机和分级研磨的研究，发现分级研磨的堆积效率要高于单磨机，原因是分级研磨可以将部分颗粒磨得更细，多峰分布会使更多的细粉充填到粗粉中。

8.4.3 水煤浆燃烧与气化

目前我国已经形成了较为成熟的制浆、运输、水煤浆气化、水煤浆燃烧技术和产业链。现在，我国的水煤浆正朝着高浓度、宽领域、大规模、大型化方向发展。

8.4.3.1 水煤浆燃烧

水煤浆燃烧是利用雾化喷嘴将水煤浆喷入锅炉、工业炉窑或沸腾炉中进行燃烧的过程。水煤浆燃烧大致与煤粉燃烧相类似，基本上可分为 3 个互相略有重叠的阶段，即：①预热和水分蒸发；②挥发物析出和着火燃烧；③剩余焦炭的燃烧。因其含有大量水分，需要一定的蒸发时间，导致着火延迟；水分的蒸发需吸收大量热量，从而会使炉温明显降低。

按燃烧方式的不同，水煤浆的燃烧方式主要可以分为喷雾-悬浮燃烧（简称悬浮燃烧）

和流化-悬浮燃烧（简称流化燃烧）两种。

① 水煤浆悬浮燃烧　水煤浆由供浆泵经搅拌器、过滤器进入专用雾化喷枪，在高送浆压力和高压风作用下以 $150 \sim 200 m/s$ 的速度水平喷射入燃烧室，并将水煤浆充分雾化，完成瞬间燃烧。燃烧室设有未燃带保持炉膛温度 $800℃$ 以上，以确保火焰连续稳定；燃烧室需有足够长度使水煤浆有燃尽的时间。燃烧后产生的高温烟气进入换热区进行热量转换；燃烧产生的炉渣落入下部除渣机，排出炉外。

② 水煤浆流化燃烧　水煤浆流化燃烧技术是水煤浆经粒化播撒器投放到燃烧室下部由石英砂做床料的炽热流化床上，水煤浆颗粒团在炽热流化床料加热下迅速析出挥发分、水分，并完成着火燃烧、焦炭燃烧的过程。在流化状态下颗粒状水煤浆团会解体为细颗粒，并被热烟气带出密相区进入悬浮室继续燃烧。燃烧室出口处的分离回输装置可将烟气带出的煤体物料和较大的水煤浆颗粒团分离、捕捉，使其通过分离器下部的回输通道返回燃烧室下部密相区，以减少煤体物料的损失，实现水煤浆颗粒团的循环燃烧，进而提高燃烧效率。此外，低温燃烧过程（$850 \sim 950℃$）可有效控制热力型 NO_x 的生成，并为石灰石煅烧后形成的 CaO 与 SO_2 创造最佳反应条件，从而有效降低 SO_2 的排放。

对比煤粉燃烧，水煤浆燃烧主要有以下特点。①由于水煤浆中含有 $30\% \sim 35\%$ 的水分，水煤浆着火前需要多余的热量蒸发水分，同时由于水煤浆雾炬的入口速度相当高，一般为 $200 \sim 300 m/s$，是普通煤粉炉的近 10 倍，所以尽管水分蒸发得很快，但仍存在 $0.5 \sim 1m$ 的脱火距离，这也是水煤浆燃烧的关键。②虽然水分蒸发会浪费部分热值（$3\% \sim 4\%$），但水煤浆的燃烧特性要优于普通煤粉燃烧。这是因为水分蒸发时，煤粒之间发生团聚形成了多孔性结构，其表面积和微孔容积都要比煤粉颗粒大，从而有利于挥发分的析出，提高焦炭的燃烧速度。③水煤浆的燃烧火焰稳定，但燃烧火焰温度低。水煤浆的雾化燃烧可以使其流动组织更加稳定，而能达到良好的稳定着火与燃烧。同时由于水分的存在，使得其火焰温度平均比煤粉火焰低 $100 \sim 200℃$。④水煤浆具有与煤粉一样的燃尽水平和燃烧效率。水煤浆的燃烧效率除了受煤质自身因素影响外还与雾化质量、水煤浆水分、受热条件等因素有关。根据前面讲的水分蒸发的影响，即使在较低的火焰温度下，水煤浆的燃烧速度也要比煤粉高，其燃烧效率与煤粉燃烧相当，对于大型水煤浆锅炉可以稳定达到 99% 以上。

在影响水煤浆燃烧过程的各个因素中，影响最大的是雾化特性和特殊的配风要求。水煤浆的雾化效果越好，其浆滴粒径越小，越容易着火，还能提高燃烧效率。

8.4.3.2　水煤浆气化

水煤浆气化反应是一个复杂的物理和化学反应过程，水煤浆和氧气喷入气化炉后瞬间经历煤浆升温及水分蒸发、煤热解挥发、残炭气化和气体间的化学反应等过程，最终生成以 CO、H_2 为主要组分的粗合成气，灰渣采用液态排渣。在气化炉内进行的反应相当复杂，一般认为分三步进行：

① 煤的裂解和挥发分的燃烧　水煤浆和纯氧进入高温气化炉后，水分迅速蒸发为水蒸气。煤粉发生热裂解并释放出挥发分，裂解产物及易挥发分在高温、高氧浓度的条件下迅速完全燃烧，同时煤粉变成煤焦，放出大量的反应热。

② 燃烧和气化反应　煤裂解后生成的煤焦一方面和剩余的氧气发生燃烧反应，生成 CO、CO_2 等气体，放出反应热；另一方面，煤焦又和水蒸气、CO_2 等发生气化反应，生成 CO、H_2。

③ 其他反应　经过前两步反应后，气化炉中的氧气已基本消耗殆尽，这时主要进行的

是煤焦、甲烷等与水蒸气、CO_2 的气化反应，生成 CO、H_2。

水煤浆通过喷嘴对喷，进入气化炉燃烧室，在对喷撞击后形成 6 个特征各异的流动区，即射流区、撞击区、撞击流股、回流区、折返流区和管流区。

① 射流区 流体从喷嘴以较高速度喷出后，由于湍流脉动，射流将逐渐减弱，直至与相邻射流边界相交。同时受撞击区较高压力的作用，射流速度衰减加快，射流扩张角也随之加大，此后为撞击区。

② 撞击区 当射流边界交汇后，在中心部位形成相向射流的剧烈碰撞运动，该区域静压较高，且在撞击区中心达到最高。此点即为驻点，射流轴线速度为零，由于相向流股的撞击作用，射流速度沿径向发生偏转，径向速度（即沿设备轴向速度）逐渐增大。撞击区内速度脉动剧烈，湍流强度大、混合作用好。

③ 撞击流股 四股流体撞击后，流体沿反应器轴向运动，分别在撞击区外的上方和下方形成了流动方向相反、特征相同的两个流股。在这个区域中，撞击流股具有与射流相同的性质，即流股对周边流体也有卷吸作用，使该区域宽度沿轴向逐渐增大，轴向速度沿径向衰减，直至轴向速度沿径向分布平缓。

④ 回流区 由于射流和撞击流股都具有卷吸周边流体的作用，故在射流区边界和撞击流股边界出现回流区。

⑤ 折返流区 沿反应器轴线向上运动的流股对拱顶形成撞击流，近炉壁沿着轴线折返朝下运动。

⑥ 管流区 在炉膛下部，射流、射流撞击、撞击流股、射流撞击壁面等特征消失，轴向速度沿径向分布保持不变，形成管流区。

水煤浆、氧气进入气化室后，相继进行雾化、传热、蒸发、脱挥发分、燃烧、气化等六个物理和化学过程，前五个过程速度较快，已基本完成，而气化反应除在上述五区中进行外，还主要在管流区中进行。

对比干粉煤气化，水煤浆气化技术具有以下特点。a.原料适应性广：对原料的性状要求不敏感，烟煤、次烟煤、加氢半焦等能制成高浓度可输送浆料的含碳固体均适用，有利于就近选煤，节约成本。b.气化效率高：含碳气化原料进入气化炉后在高温高压下瞬间转化为合成气，有效气含量最高可达 80%，气化效率高达 96% 以上。c.污水少，易于处理：气化反应温度高，无焦油、酚等副产物，污水易于处理，且生产过程可回收部分灰水作为制浆原料水，减少一次水的消耗量。d.氧耗高：因气化过程需要蒸发煤浆中多余的水分因此所需的氧耗较高，一般为 $370 \sim 420 m^3 O_2 /1000 m^3$（$CO+H_2$）。e.单炉生产连续性差，需热备炉：气化炉耐火砖的寿命短、价格高、更换时间长，煤浆泵和喷嘴易磨损，更换频次高，影响气化炉的运行周期；除故障检修外气化炉还需定期检修，备用炉温度需在 1000℃ 以上才能投料，为保证生产连续稳定，备用炉需随时处于热备用状态，能耗较大。

8.4.4 水煤浆技术发展

8.4.4.1 国外水煤浆技术

20 世纪 70 年代爆发的石油危机激发了人们对代油燃料的兴趣，水煤浆技术也应运而生。美国、日本、苏联、瑞典、法国、意大利和加拿大等世界主要工业国家竞相对水煤浆的制备、存储和燃烧等技术进行了理论研究、实验室试验和工业推广。目前，水煤浆技术在主要工业国家已趋于成熟，建成了一批水煤浆厂，实现了工业应用。

美国是最早研究水煤浆技术的国家，早在 1979 年，Alfred 大学就以所研制的有机离子表面活化剂为分散剂制成了煤浓度为 75% 的水煤浆。美国也是最早利用中浓度煤浆运输煤炭的国家。目前，美国的水煤浆生产能力达到 3 亿吨，其水煤浆输送量超过 1 亿吨，约占美国用煤量的 10%。美国建造的黑迈萨水煤浆管道工程，运输距离 439km，年运煤量达 4.5Mt，几十年来为姆哈弗电场提供了上亿吨燃料。美国结合煤气化联合循环发电（IGCC）和德士古气化工艺，对超低灰分煤浆在燃气轮机上直接燃烧技术进行了系统研究。

日本是最早将水煤浆技术进行商品化的国家。日本矿产资源贫乏，石油储量贫瘠，石油需求主要依靠进口，受石油危机影响最大。日本从 1981 年开始组建 COM 水煤浆公司，1984 年对制浆、输运及燃烧等进行了研究，于 1985 年实现了工业化生产应用。COM 公司在小名斌建成的年产 50 万吨的水煤浆厂，为世界规模最大的东京勿来电站 4 号机组 269t/h 锅炉和 8 号机组 1940t/h 锅炉提供燃料。到目前为止，日本已建成了日产 50 万吨的制浆厂及管道运输工程的工业示范项目。日本还对水煤浆专用锅炉的制造进行了研究，与中国合作研发制造的 220t/h 水煤浆专用锅炉是中日合作的绿色援助计划之一。

苏联的水煤浆技术起步较晚，但发展较快，1988 年采用意大利技术建成了世界上规模最大的水煤浆制备-管输-发电工程，水煤浆年产量 5Mt，通过 260km 的管道为新西伯利亚电厂 6×670t/a 锅炉提供燃料。

瑞典也是较早研发水煤浆技术的国家，1984 年建成了全球第一个大型工业化制浆厂，制浆能力 2.5Mt/a。瑞典还将其制浆技术向国外进行输出，在美国、加拿大、日本等国成立了联合公司，中国京西制浆厂采用的也是瑞典 Carbogel 公司的工艺。

8.4.4.2 国内水煤浆技术

我国水煤浆技术的研发始于 1982 年。1983 年 1 月，国家科委将"水煤浆制备与燃烧技术"列为国家"六五"重大科技攻关项目。水煤浆制备技术的开发由中国矿业大学北京研究生部承担，锅炉燃烧技术由浙江大学承担，炉窑燃烧技术由北京科技大学承担。同年 5 月，中国矿业大学选用大同煤制备的水煤浆在浙江大学 200kg/h 试验台架上完成了试烧。在"六五"实验室研究的基础上，"七五""八五"期间的水煤浆技术研发重点转移到了对水煤浆制备、燃烧和气化等的工业应用示范工程体系上，并开始进入工业化试用阶段。"八五"期间，成立了"国家水煤浆工程技术研究中心"，重点是工业化示范。在此期间，八一煤矿和门头沟煤矿等先后建成了一定规模的制浆厂。

1998 年以来，我国水煤浆技术进入快速发展期。山东八一洗煤厂建成的年产 25 万吨水煤浆生产线使我国拥有了自主知识产权的制浆技术。此后，我国自主设计建成的河北邢台东庞矿水煤浆厂、山西大同汇海水煤浆厂、湖南株洲洗煤厂和胜利油田水煤浆厂等的相继投产，标志着我国在水煤浆制浆、燃烧和运输等方面已达国际领先水平。

广东南海发电一厂采用浙江大学开发的燃烧技术，建造了世界最大的超高压电站锅炉，并于 2005 年正式投入工业运行。运行结果表明，锅炉燃烧效率超过 99%，热效率达 91%，SO_2 和 NO_x 排放量低于国家标准，标志着我国在水煤浆燃烧技术方面已居世界前列。

国内煤化工产业的快速发展，尤其是煤炭间接液化、煤制烯烃、煤制乙二醇等技术的成功示范，推动了煤炭气化技术的发展。水煤浆气化是一种高效的气流床气化技术，其典型代表炉型是德士古气化炉，后来改称为 GE 气化炉。华东理工大学和兖矿集团开发的多喷嘴对置式水煤浆气化炉采用水煤浆进料，该技术已成功实现了产业化[38]。清华大学与阳煤集团合作开发的晋华炉也是采用水煤浆进料。因此，水煤浆气化的产业化使水煤浆成为气化的原料，扩大了水煤浆的应用范围。

水煤浆是实现煤炭高效清洁转化与利用的重要方向之一，但是，水煤浆气化技术面临着一些突出的问题，比如水煤浆气化炉的利用规模越来越大，但优质的成浆煤种资源越来越少，利用成浆性差的低阶煤（主要指长焰煤、不黏煤和褐煤）作为气化炉原料的比例越来越大，由于低阶煤内部毛细孔丰富，含氧官能团较多，内水多、可磨性差，因此，用低阶煤制成的水煤浆浓度低且稳定性较差。进一步使气化效率、比氧耗等关键气化指标偏低，从而大幅影响煤化工项目的经济性[39,40]。

近年来，水煤浆制浆工艺技术呈现多样化，随着制浆原料煤种的扩大，我国科研人员在研究各种煤炭资源性质基础上，通过理论计算、实验室研究和工业规模试验等，研发了多种水煤浆制备工艺技术，满足水煤浆产业发展需求。目前国内外改善水煤浆质量的措施主要有配煤成浆、改善煤浆粒度级配、利用压力或热力对煤炭进行预处理、新型添加剂的研究及应用等[41]。水煤浆作为一种成熟的煤基洁净燃料，具有高效、节能、环保等优势，可供锅炉燃烧或气化炉气化，且随着水煤浆技术的发展创新，水煤浆产业规模也不断扩大，水煤浆发展过程中呈现的各种问题也将得到妥当的解决。基于燃料水煤浆在节能减排方面的重要意义和气化水煤浆在化工行业不可替代的重要作用，其作为燃料代煤、代油、代气在锅炉中燃烧以及作为气化原料在水煤浆气化等领域具有极为广阔的发展和应用前景。

8.5　型煤

以适当的工艺和设备，可以将具有一定粒度组成的粉煤加工成一定形状、尺寸、强度及理化特性的人工"块煤"，这种人工块煤统称为型煤，这样的加工过程称为粉煤成型工艺。粉煤成型的目的是根据型煤不同用途的需要，克服煤炭天然存在的缺陷，赋予原煤所没有的优良特性，使之符合用户的最佳需求，实现煤的清洁、高效利用。

8.5.1　型煤技术

型煤技术作为一项重要的洁净煤技术，工艺简单，投资少，成本低，能提升燃煤品质、提高燃烧效率、降低燃煤污染等，具有综合效益，因此，型煤技术是一项非常适合我国国情的实用技术，必将继续受到高度重视，发展前景十分可观。纵观型煤技术的发展历程，大致经历了三个阶段：a.简单地"粉煤"压块；b.粉煤成型并改性；c.型煤的扩大应用与高效清洁燃烧。尽管型煤技术已经发展得比较成熟，但随着世界节能、环保行动实施力度的不断加大，型煤的市场需求将更为旺盛，新的需求也会应运而生。

粉煤成型后与原煤及天然块煤相比，具有下列一些特点：

① 粒度均匀：型煤的形状规整，性质均化，粒度均匀，这是天然块煤无法比拟的。

② 孔隙率大：型煤是由粉煤粒子挤压而成，因此型煤的孔隙率比同一煤种的天然块煤明显增大。

③ 反应活性高：型煤与同一煤种的天然块煤相比，反应活性明显提高。

④ 改质优化：型煤可以通过原料煤混配、掺入添加剂、快速加热以及热焖等成型工艺，对原煤起到明显的降黏、阻熔、增加反应活性、改善热稳定性、提高机械强度以及固硫等改质优化效果。

煤是由不同的高分子化合物和无机物组成的复杂混合物，主要由缩合芳香环构成，并包含非芳香碳（氢化芳环、环烷烃、含氧官能团及 N、S 杂原子）和矿物质。煤的结构单元之间由桥键和交联键形成空间大分子。根据煤的组成和结构，煤表面包含了以下特性：a. 表面具有一定的粗糙度和孔隙；b. 润湿性差，疏水性较强；c. 以非极性表面为主；d. 具有可塑性、弹性和脆性。

8.5.1.1　煤的成型机理

（1）型煤无黏结剂成型原理

煤炭的无黏结剂成型是指原料煤破碎后，不加黏结剂直接在高压下成型。这种成型方法，实际上是靠煤炭本身的性质和其所具有的黏结剂成分如沥青质、腐酸质、胶体物质或黏土等，在压力下成型[42]。使用这种成型方法的大多是褐煤及烟煤，但也有其他煤种采用这种成型方法。根据成型过程中发生的现象，以及煤本身的性质和结构，提出了各种学说来解释成型原因。其中具有代表性的有沥青质假说、毛细管假说、腐殖质假说、胶体假说和分子黏合假说等[43,44]。

① 沥青假说　沥青假说是早期的假说。沥青假说认为，煤中沥青质是煤粒间黏结成型的主要物质。沥青的软化点为 $70 \sim 80^\circ C$，在加压成型过程中，由于煤粒间相对位移，彼此相互推挤、摩擦产生的热量，使沥青质软化成为具有黏结性的塑性物质，将煤粒黏结在一起成为型煤。

② 腐植酸假说　褐煤中含有游离腐植酸，游离腐植酸是一种胶体，具有强极性。在成型过程中，外力作用使煤粒间紧密接触，具有强极性的腐植酸分子，使煤粒间相结合的分子间力得以加强而成型。

③ 毛细孔假说　毛细孔假说认为，褐煤中有大量含水的毛细孔。成型时毛细孔被压溃，其中的水被挤出，覆盖于煤粒表面形成水膜，进而充填煤粒间的空隙，呈现出相互作用的分子间力，加强了煤粒的接触而成型。

④ 胶体假说　胶体假说认为，褐煤由固相和液相两部分物质组成，固相物质是由许多极小的胶质腐植酸颗粒构成，其粒度为 $1\mu m \sim 10 nm$。在成型过程中使胶粒密集而产生聚集力，形成具有一定强度的型煤。

⑤ 分子黏合假说　分子黏合假说由那乌莫维奇提出，认为粒子间的结合是在压力作用下，由于粒子间接触紧密而出现分子黏合的结果。

上述假说都只从某一个方面解释了成型过程中的一些现象，都不能全面解释煤料成型时的全部问题。其实煤的无黏结剂成型是一个与成型原煤的物理化学性质相联系的复杂过程。影响成型过程的大量因素难以逐个分析清楚，这就难以建立一个公认的成型理论。

成型压力的大小、压力的作用时间和速度，会影响煤料的塑性变形、弹性变形和脆性变形之间的比例。成型压力越大，塑性变形的程度越大。但是在高压下压力作用的速度越大，则煤料的脆性变形和弹性变形比例越大。因而在采用较高的成型压力时，必须延长压力的作用时间，使大部分的弹性变形转变为塑性变形，从而提高型煤的质量。型煤的机械强度就是由分子的凝聚力、毛细管凝聚力以及由摩擦引起的聚集力同时作用的结果。

因此，无黏结剂成型除与它本身的黏结性物质有关外，还与煤料的表面物理化学性质（硬度、脆性、塑性、弹性、被水润湿性、吸附水的能力和粗糙程度）及成型条件（成型压力、压力作用的时间和速度、成型水分、成型温度、煤料粒度、型煤性状和大小）有关。

（2）型煤有黏结剂成型原理[45]

煤炭的黏结剂成型是历史最久、目前应用较广的成型方法。这种方法主要可用于烟煤、无烟煤及年老的褐煤，因为这几种煤如果不添加黏结剂，压制型煤比较困难，而加入黏结剂后，能大大改善原料煤的黏结性和塑性，且黏结剂干燥固化后可以使型煤具有很高的强度。

煤的表面极为复杂，当两个表面相互接触时，分子、原子之间不会发生相互作用。黏结剂的使用可以使固体表面之间结合得更为紧密，在两个接触的固体表面之间，加入具有良好流动性的黏结剂，黏结剂均匀填充于表面的多孔中，由于黏结剂良好的流动性和渗透性，使得黏结剂与两固体表面的接触更加紧密，分子间的距离也大为缩小，一旦经过某种物理与化学变化，黏结剂固化成为坚实的固体，此时分子排列已经确定。短距离接触产生的分子间吸引力发挥作用，即产生了黏结力。黏结剂均匀填充在两固体颗粒表面的空间，固化后实现两表面之间的紧密接触。

目前，人们对黏结的研究已经做了大量的工作，提出了多种黏结理论[46]。①机械理论：这种理论认为黏结剂渗入固体凹凸不平的多孔表面内，固化产生锚合、钩合和契合等作用，使黏结剂与固体表面结合在一起。②吸附理论：该理论是以分子间作用力为基础的。黏结剂分子逐渐向被黏固体表面迁移，黏结剂与表面的极性基团相互靠近，当距离小于 0.5nm 时，分子、原子之间发生相互作用，产生分子间作用力。③静电理论：该理论认为由于在黏结过程中，黏结界面形成双电层，从而产生静电作用力。④化学键理论：黏结剂分子与固体表面的极性基团之间发生化学反应形成化学键作用力。⑤配位键理论：黏结剂提供电子对而与被黏物之间形成配位键。也有其他学者研究认为黏结剂遍布于煤粒之间，并且黏结剂的固化物对型煤发挥了"桥梁"的作用，将煤粒黏结成整体最终成型[47]。

8.5.1.2　型煤的成型方法

型煤成型工艺主要有三种，即无黏结剂冷压成型工艺、有黏结剂冷压成型工艺和热压成型工艺。粉煤成型技术的构成见图 8-9[48]。

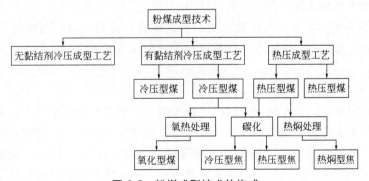

图 8-9　粉煤成型技术的构成

无黏结剂冷压成型即不添加黏结剂而仅依靠外力的作用将粉煤压制成型。该方法不但节约原材料，相应地保持了型煤的碳含量，而且成型工艺简单，但型煤成品的机械强度较低。

该方法主要适用于泥煤、褐煤等低煤化度的煤，一般采用 100MPa 以上的高成型压力，因而成型机构造复杂、动力消耗大、材质要求高、成型部件磨损快，其推广应用受到很大的限制。

有黏结剂冷压成型即在粉煤中添加适量的黏结剂，均匀混合后再压制成型。该方法适用于无烟煤、烟煤等煤化程度高的煤，借助黏结剂的作用，以 15~50MPa 较低的压力成型，经固结后可获得具有一定机械强度的成品型煤。该方法工艺也较为简单，成型压力低，成型设备简单，应用面较广。

热压成型即通过快速加热非炼焦煤（如气煤、弱黏结性煤等）使其黏结性大为提高，在其热塑性温度范围内趁热中压压制成型。该方法可不需要外加黏结剂，只依靠煤本身的黏结性成型，但成型后的型煤需要较复杂的后处理。该方法制得的成品型煤机械强度高，适合于中、小型高炉使用，以代替冶金焦炭作燃料，但是其生产工艺较为复杂，所需的生产设备较多，能耗也相对较大。

我国主要的型煤企业中，普遍采用有黏结剂冷压成型工艺，因为借助黏结剂的作用可大大降低成型压力，这对动力和设备的要求比较低。对于我国普遍采用的有黏结剂冷压成型工艺，型煤的制作过程可分为原料煤制备、成型和生球固结三个阶段[49]。

(1) 原料煤制备

① 烘干。烘干的目的在于控制型煤水分含量，使得黏结剂能够达到更好的黏结效果。原料煤的烘干程度需要和型煤的成型水分综合考虑，一般来说，若黏结剂含水量较少，则原料煤水分含量宜多些；若黏结剂含水量较多时，则原料煤水分宜适当减少，从而保证总量维持在一个特定的范围。

② 破碎。破碎是指用破碎机把较大煤粒子加工成较小煤粒子的过程，破碎工序可分为先配料后破碎和先破碎后配料两种。破碎是为了使煤的粒度大小均匀，从而促使黏结剂均匀地覆盖在型煤粒子表面，然后形成骨架，这有利于提高型煤的强度。

③ 筛分。筛分是用筛分机将物料按粒度大小进行分级。筛分工序一般和破碎工艺一起使用，有时筛分在破碎前，有时筛分在破碎后，达到控制粉煤粒度大小和分配的目的。破碎筛分工序影响着煤粒子的粒度大小及分配，是型煤生产中的一个重要环节。

④ 配料。配料就是按预先计算好的数据，把原料煤、配煤、干态黏结剂、湿态黏结剂和水等按照一定的质量比进行加料的过程。一般情况下，为了达到更好的配料效果，黏结剂分开加入，先加干态黏结剂，再加湿态黏结剂。

⑤ 混合。混合的作用是使黏结剂在煤粒子之间良好分布，以达到相互润湿和覆盖的目的。它是型煤制造的一个关键环节，原料煤与黏结剂如果不能均匀混合，则型煤制品基本没有强度可言。

(2) 成型

原料煤制备完毕后，则开始用成型机压制成型，成型机是型煤生产中最关键的设备，主要有冲压式成型机、环式成型机、对辊式成型机及螺旋挤压机等，在我国对辊式成型机比较常用。粉煤在成型机压力作用下的成型过程可分为下料、施压、成型、压溃和反弹五个阶段，当然，实际生产中，这五个阶段并不截然分开，不一定有分明的时间顺序，它们可能同时发生，相互关联和渗透。

① 下料。原料煤经筛分、破碎、加料、搅拌等工序后进入成型机的模具内，这样的过程称为下料。颗粒受到自身重力、颗粒间作用力及颗粒与模具之间的摩擦力等作用而保持受

力平衡，此时颗粒间的空隙较大，颗粒接触面积很小，系统很不稳定，在外力作用下极易变形。

② 施压。当有外力作用于系统时，颗粒会发生运动，慢慢变得致密，这时候外力所做的功用于克服颗粒的移动、颗粒间的摩擦和颗粒与模具间的摩擦力。这一过程中压力慢慢地由小变大，原料煤在模具中所占的体积则越来越小，煤粒之间的距离也越来越小，然而，此时的外力并不改变煤粒自身的状态。

③ 成型。在成型过程中，煤粒之间依旧有相对运动，但与此同时，煤粒也发生一定的弹塑性变形，煤粒之间的相对运动使煤粒更加致密，煤粒的弹塑性变形使系统更加趋于稳定。一般在型煤企业的工业生产中，这一阶段就是型煤成型的最后一个工序，粉煤已基本达到块煤的强度等性能。

④ 压溃和反弹。压溃和反弹是两个相互关联的阶段，型煤在更大的外力作用下，进入压溃阶段，必然会反弹，以回到之前的状态。压溃阶段是过度的成型，不仅因提高成型机动力而耗费更多的财力与物力，而且会恶化型煤的强度等性能，不利于工艺生产。一般不会进入这一阶段，也很少有煤粒的反弹。

（3）生球固结

一般说来，刚压制出来的型煤强度很低，不能够直接应用，这样的型煤叫作型煤生球。为了保证型煤生球中的黏结剂能成为坚强的骨架，使煤粒间牢固地黏结，生球固结就成为必不可少的一个环节。

生球固结方法因黏结剂的种类不同而不同。一般来说，以石灰为黏结剂的型煤，生球固结采用碳化方式，利用生球中的氢氧化钙与碳化气体中的二氧化碳反应生成碳酸钙沉淀，达到硬化的目的；以水泥为黏结剂的型煤，生球固结采取养护方式，养护分为自然养护与人工养护两种，养护的作用是让生球中的水泥浆凝聚同化变成水泥石作为煤球中的骨架，以提高型煤的强度；以亲水性有机物及水溶性无机物等为黏结剂的型煤，生球固结大都采用烘干的方式，使黏结剂脱水固结，以起到增加强度的作用。

8.5.1.3　型煤成型的影响因素

型煤成型既受煤料本身的物化性质等内部因素的影响，又受成型条件等外部因素的影响[50]。

① 煤料成型属性。煤料成型属性是影响粉煤成型过程最为关键的内部因素，尤其是煤料的弹性与塑性，其影响更为突出。煤料的塑性越高，粉煤的成型特性就越好。煤化程度高的粉煤，由于其塑性较差，一般需添加黏结剂以增加煤料的塑性方可成型。

② 成型压力。成型压力是影响型煤质量的一个重要外部条件。一般地，当成型压力小于煤粒的压溃压力时，型煤的机械强度随成型压力的增大而提高。煤种不同，其压溃压力也有所差别。型煤成型的最佳成型压力与煤料种类、物料水分和粒度组成以及黏结剂种类和数量等因素密切相关。

③ 物料水分。物料水分也是影响型煤成型质量的一个重要外部条件。适量水分的存在可起润滑剂的作用，能降低成型系统的内摩擦力，提高型煤的机械强度；但水分又不能过多，否则会因物料粒子表面水层变厚，影响粒子间的充分密集而降低型煤的机械强度。另外，水分过多还会在型煤干燥时易产生裂纹，因而使型煤容易发生碎裂。一般地，对于亲水性物料，其水分含量可取高一些；而对于疏水性物料，其水分含量应取低一些。最佳的物料

水分最好通过生产试验来确定。

④ 物料粒度及粒度组成。粉煤的粒度及粒度组成对型煤的强度也有一定的影响。物料粒度及粒度组成的选择一般遵循两个原则：一是使物料粒子在型煤内的排列最为紧密；二是使物料的总比表面积和粒子间的总空隙最小。这样既可以提高型煤的机械强度，又可以减少黏结剂的用量以降低型煤的生产成本。一般地，粉煤的粒度应控制在 3mm 以下，粗细合理搭配，以 0.5～1.5mm 中间粒径为主。

⑤ 黏结剂用量。黏结剂用量不仅是影响型煤质量的关键外部条件，而且也是影响型煤生产经济性的关键因素。一般地，增加型煤黏结剂的用量有利于提高型煤的机械强度；但黏结剂的用量过大也会对型煤质量带来负面影响，如型煤的灰分含量过多增加、型煤热值降低、型煤生产脱模困难等。从型煤生产的经济性角度来看，希望黏结剂的用量越少越好。因此，型煤生产的黏结剂用量存在一个最佳值，一般需通过试验来确定。

8.5.2　型煤的分类

通常按用途可将型煤分为民用型煤和工业型煤，前者用于炊事和取暖等居民生活，以蜂窝煤为主，后者则用于工业生产，包括气化型煤、燃料型煤、炼焦型煤和生物质型煤。

① 气化型煤。气化型煤分为燃气用型煤和化肥造气用型煤。燃气用型煤在工业生产的很多方面都有应用，因为燃气用型煤气化后得到的煤气作热源时，可提高产品的质量，减轻环境污染；化肥造气用型煤自 20 世纪 60 年代开始，在我国发展迅速，气化所得的氢气用于合成氨，而合成氨是化肥工业的基础，可以生产出氯化铵、碳酸氢铵、硫铵、硝铵、磷酸氧铵和尿素等化肥。

② 燃料型煤。燃料型煤分为工业锅炉用型煤、工业窑炉用型煤和蒸汽机用型煤。锅炉型煤成型工艺有炉前成型工艺和集中成型工艺。炉前成型是指燃料煤在投入锅炉燃烧室前，通过专用设备把粉状的原煤经过粗加工后变成型煤，供锅炉燃烧；工业窑炉用型煤分为铸造炉用、锻造炉用、倒焰窑用、轧钢加热炉用；蒸汽机用型煤分为铁路蒸汽机车用和船用蒸汽轮机用。

③ 炼焦型煤。炼焦型煤分为冷压型焦用型煤、热压型焦用型煤和炼焦配用型煤。冷压型焦和热压型焦的区别在于成型温度，前者常温时成型，后者则是快速加热到煤的塑性温度区加压成型，由于温度的不同，所得的型焦质量也各不相同；配型煤炼焦工艺是把型煤加到炼焦煤里混合装炉炼焦的工艺技术，由日本新日铁八幡技术研究所于 20 世纪 70 年代开发，后来我国宝山钢铁厂引进该技术。

另外，按成型时压力提供方式，可分为冲压成型、挤压成型、辊压成型等；按成型后型煤的形状，可分为圆柱形、长条形、球形、枕形、水滴形等。

④ 生物质型煤。生物质型煤是指把高挥发分、低灰、低硫、低燃点的生物质原料按一定比例与低挥发分、低灰、低硫、高燃点、高热值的无烟煤或烟煤煤粉混合，通过一定工艺制备成的型煤[51]。它结合了生物质和煤的特点，发挥了型煤的优势，并具有环保和经济性。根据成型粒度不同，该型煤分别适于作中小型层燃锅炉或流化床燃烧用燃料。与一般固硫型煤相比，具有着火点低，燃烧彻底，燃尽率高，烟气中烟尘、SO_2 排放量少等特点[52]。同时由于加入大量生物质，是开发资源丰富的可再生能源的有效途径，具有广阔的发展空间，并符合当前我国降低 SO_2 排放和减少烟尘污染的环保产业政策，是值得推广的原煤替代

产品。

生物质型煤基本上可以分为三类：a.生物质制浆后的黑液，如纸浆废液作为成型黏结添加剂；b.生物质水解产物，如水解木质素、纤维素、半纤维素及碳氢化合物等，作为成型黏结添加剂；c.生物质直接和煤粉混合，利用受热或高压压制成型。

8.5.3　型煤应用

8.5.3.1　金属冶炼用气化型煤[53]

煤气是金属冶炼的主要资源，无论是大品种金属、小品种金属、稀有金属还是其他各种类型的金属，在其冶炼加工过程中都会有加热这一工序。而加热就要用到相应的燃料，在我国目前的金属冶炼工厂中，金属加热所用的热源都是锅炉煤气。利用煤气加热的主要优点有燃烧充分、加热温度高、资源供应量稳定、价格便宜以及使用方便等。

块煤是开采过程中自然形成的块状煤矿资源，只经过了简单的加工。在燃烧过程中由于块煤中含有大量的杂质，容易导致燃烧不充分，燃烧温度达不到需求，从而导致金属冶炼需要的时间长，块煤需要的量也大，增加了金属冶炼的成本。而气化型煤在燃烧过程中不受杂质的影响，能够充分燃烧，达到金属加热所需要的温度，一次性燃烧即可完成加热，降低了加工成本。

有些金属稳定性高，所以在加热过程中需要的温度也十分高，因此耗煤量自然也就大。而块状煤需要在锅炉内燃烧来加热金属，但是锅炉的容量是有限的，尤其是小型金属冶炼工厂。因此，在加热过程中遇到形态稳定的金属可能中途需要在锅炉内添煤，使得加热工作操作起来十分不方便。而气化型煤由于其形态决定了只能通过管道进行储藏，加热过程中只需要通过开关即可控制出煤量，操作十分方便。

块煤在燃烧过程中会产生很多的有害物质，对环境造成很大的影响，不利于可持续发展。而气化型煤在加工过程中已经改变了其物理形态，改良后的气化型煤对环境的污染影响相对较小。

8.5.3.2　合成氨用气化型煤

合成氨是最重要的化工产品之一，其产量位居各种化工产品之首。自1913年世界上第一座日产30t的合成氨装置投产，到如今日产千吨以上的合成氨装置分布全球，合成氨工业对于能源的消耗也是巨大的。目前世界上合成氨常用的原料有焦炭、煤、天然气、焦炉气、石脑油和重油，由于"富煤少油缺气"的能源结构特点，我国90%以上的合成氨企业、70%以上的合成氨产能都是以煤为原料，而其中主要以无烟块煤作为原料，其市场价位居高不下。随着煤炭开采机械化程度的提高，煤的破碎率也升高了，导致产量减少的块煤价格攀升，而粉煤却积压滞销，造成了煤炭资源的巨大浪费，并严重污染着矿山周围的环境。

合成氨生产的原料中煤占合成氨企业生产成本的1/3左右，把粉煤加工成型煤作为生产半水煤气的原料，可降低合成氨企业的生产成本，提高企业的竞争力。因此型煤气化技术的发展不仅对于企业经济状况而且对于整个社会的长远发展都有深远的影响。

通过粉煤成型技术制作气化用型煤，再将型煤用作气化反应生产半水煤气等的原料，可为化工、冶金等行业拓宽原料来源、降低企业生产成本、提高经济效益。以型煤为原料制取合成氨原料气的方法通常有以下两种[54]。

① 间歇式制气方法。该法属于常压固定床气化工艺，煤气生产过程采用间歇式操作周期性地向气化炉内加入空气和水蒸气两种气化剂。首先进行吹风反应将炉温提高到一定温度，然后停止送风，送入水蒸气进行制气反应。吹风和制气反应交替进行，炉内温度也是先升高后降低，所得的半水煤气质量也呈现周期性波动。实际生产过程中考虑到热量的充分利用和安全生产等，通常将一个生产工艺循环分成吹风、一次上吹制气、下吹制气、二次上吹制气、空气吹净等 5 个阶段来完成。

② 富氧空气连续气化法。空气中 O_2 含量过低是不能实现连续制取合格半水煤气的根本原因，所以采用富氧空气代替空气作为气化剂就可以实现连续制气。型煤固定床富氧连续气化工艺流程大致如下：用粉煤加工制作的型煤，从煤气发生炉顶部料仓以 3～5min 的时间间隔由自动加料机间歇加入气化炉内，氧和水蒸气自下而上通过煤层，型煤则完成干燥、干馏、气化还原、氧化燃烧和灰渣冷却等变化。煤气从气化炉顶排出后，经降温除尘、余热回收等工序，最终得到合格的半水煤气。

8.5.3.3　锅炉型煤[55]

我国工业生产以煤为主要能源，锅炉作为煤消耗的最大用户，在各行各业广泛使用，其中燃煤中小型锅炉（平均 2.5t/h）超过 45 万台，每年耗煤 4 亿多吨。因此，提高锅炉的热效率，减少"三废"排放量，不仅对节能减排具有重要意义，而且符合资源利用最大化的迫切要求。工业型煤具有如下优点：a. 优劣煤混合，可充分利用资源；b. 型煤燃烧后烟气中 SO_2 浓度可降低 50%，烟气中粉尘排放量可减少 50% 以上，降低了除尘器的工作强度，如采用水膜除尘装置可节约除尘用水 50%；c. 减小了燃烧火床层通风阻力，可节约鼓风机、引风机用电量 15% 以上，提高锅炉能效比（热效率）10% 以上，有效保证锅炉达到额定效率；d. 与质量、发热量相当的块煤比较，每吨工业型煤价格低 100 元，且来源充足；e. 工业型煤的集中生产，便于严格管理、科学监控，可保证质量稳定；f. 降低了司炉工的劳动强度。

8.5.3.4　型煤炼焦

型煤炼焦技术始于国外，主要目的是解决原料煤短缺的问题。我国型煤炼焦技术的最初目的是解决优质炼焦煤来源紧张的问题。1999 年，中国矿业大学（北京）型煤研究设计所研究出采用冷压成型的型煤炼焦工艺。在煤料入炉前，先将原料煤经配料、粉碎、混合搅拌、成型及干燥处理后，将煤粉加工成粒度均匀并具有一定强度的型煤，再入焦炉焦化[56]。

型煤炼焦原理与捣固炼焦原理相同，都是利用黏结性烟煤受热分解出的胶质体将周围颗粒紧密结合在一起。采用型煤炼焦工艺可以提高入炉原料的密度，即型煤的密度。常规焦炉顶装炉装煤堆密度一般为 $0.70～0.80g/cm^3$；捣固法的装炉煤堆密度为 $1.00～1.05g/cm^3$；而成型工艺可以将单个型煤的密度提高到 $1.00～1.20g/cm^3$，甚至更高。且可以使少量的黏结性烟煤与大量的不黏煤一起结焦，因而可以在不降低焦炭性能的情况下提高非主流炼焦煤种（无烟煤、贫煤、弱黏煤、焦粉）的用量。

常规炼焦入炉料的水分一般为 5.0%～7.0%，而型煤炼焦工艺中的干燥工序可以将型煤的水分控制在 2.0% 以下，从而降低炼焦过程中的能量消耗。传统炼焦时间一般为 14h，型煤炼焦工艺由于型煤水分低，型煤间的空间大，传热速度快，从而缩短了炼焦周期，提高了焦炉产量。如在立式内热型焦炉中炼焦周期为 8～10h。

由于完全型煤炼焦采用成型后再炼焦的工艺，生产出的焦炭是粒度、形状均匀的焦块，焦粉产率大大低于常规炼焦工艺，而且用户可以直接使用，不需要再对焦炭进行破碎加工，避免二次焦粉的产生，从而避免破碎焦炭带来的能耗问题。

8.5.3.5 民用型煤

我国生产的民用型煤品种较多，根据形状可分为 3 种：蜂窝煤、煤球和煤棒。其中研究开发重点为上点火型煤及配套炉具，具有以下特点：①火柴点燃型煤的点火剂配方及工艺的优化选择，关键是降低成本及减少污染；②品种系列多样化，如开发了各种规格的圆形、方形上点火蜂窝煤，各种组合型煤、烧烤型煤、火锅炭等，能适应民用炊事、饭店、茶水炉、野餐、取暖、烤烟、养殖业保温、蔬菜大棚等不同用途的要求；③研制了几十种与各种型煤相配套的高效、节能、污染小的炉具和灶具，其热效率一般都大于 50%，实现了烟煤无烟燃烧，减少燃煤对大气环境的污染。

8.5.4 型煤技术发展

8.5.4.1 国外型煤技术发展

型煤技术的产生最早起源于欧洲。19 世纪末期，型煤生产进入工业化阶段；20 世纪初对辊成型机的发明问世，对型煤生产起到了推动作用；20 世纪中叶，欧洲的型煤生产达到鼎盛时期。

20 世纪中后期，型煤技术曾经在许多发达国家得到了大规模的应用。德国、日本、美国、英国、法国、俄罗斯、韩国等每年生产大量的工业和民用型煤，包括工业锅炉型煤、固定床气化炉型煤、机车用型煤、炼焦型煤等，且技术比较成熟。

德国是世界上最早开发利用型煤的国家，早在 1877 年就在莱茵矿区建成了世界第一个褐煤型煤厂，到 20 世纪 70 年代末，黑水泵褐煤基地建立了年产 11Mt 的特大型煤厂。Koppern 公司制造的对辊成型机，单机生产能力已达 150t/h。日本是 20 世纪 30 年代从德国引进型煤技术的，最初主要是铁路机车型煤。到 1971 年日本的蒸汽机车已有 79% 使用型煤作燃料。1975 年日本铁路实现电气化后，型煤技术转向冶金、化工和民用等方面，并成立了专门的型煤研究机构。目前，日本层燃炉使用型煤已经达到了全部用煤量的 79%。日本研制成功的上点火蜂窝型煤，只要一根火柴就能点燃，使用十分方便。美国于 1933 年建成了世界上第一条商业化型焦生产线。美国生产的烧烤型煤，以木炭和煤为主要原料压制成型，可供旅游野炊用。英国自"伦敦烟雾事件"后，研究开发了多种型煤工艺，制取无烟燃料供家庭炊事或取暖，成功地解决了煤烟污染。英国的炼焦型煤年产能力达 100 万吨。法国 1976 年的型煤生产能力达 400 万吨，目前仍有 6 个型煤厂在继续生产。俄罗斯是世界上最早研究掺配型煤炼焦的国家，该技术后被日本引进。掺配型煤炼焦扩大了弱黏结煤或不黏结煤等非炼焦用煤的用途，而且使焦炉的生产能力提高了 30%～40%。韩国于 20 世纪 60 年代开始普及使用型煤，在推广之初，根据韩国当时的经济发展水平，政府制定了 30 年型煤发展计划，从政策、技术、税收等方面大力支持型煤技术的发展，到 80 年代高峰时期，韩国的型煤产量达到 2400 万吨，其中，汉城（今首尔）达到 600 万吨，型煤普及率几乎接近 100%。

在型煤黏结剂的研究开发上，早期普遍采用了与煤结构、性质相近的煤系高芳烃的煤焦油、沥青作为煤黏结剂，但是，随着环保要求的日趋严格，加之受煤焦油、沥青产量的限制，其他如改质石油沥青、高分子聚合物、工农业废弃物（包括生物质）、无机物等单一或复合型煤黏结剂得以研究与应用。

生物质型煤是在 20 世纪 80 年代末发展起来的新技术，也是目前型煤技术的研究热点之一。1985 年，日本在北海道建成了一座年产 6000t 生物质型煤的工厂，型煤中生物质的含量达 10%～30%。德国、土耳其等国研究用废纸掺锯末生产型煤。俄罗斯、乌克兰、美国、英国、匈牙利等国用生物质水解产物作为黏结剂生产型煤。美国、瑞典等国还用脱水泥炭和磨细的生物质混合、挤压、切割成型生产型煤。

尽管工业化国家已有成熟的型煤技术，还制定了相应的行业标准和技术规范，但由于能源结构的逐步调整，油、气、电等能源消耗比例不断提高，型煤生产在 20 世纪 60 年代达到高峰后逐渐回落。

8.5.4.2 国内型煤技术发展

相对国外而言，我国型煤技术的研究与应用较晚。20 世纪 50 年代后期，我国开始研究民用型煤，60 年代才研究开发工业型煤。经过 60 余年的发展，我国型煤技术的研究与应用取得了可喜的成绩。

我国最早建立的型煤厂是 1949 年在烟台煤矿建成的机车型煤厂。1958 年开始研究型焦，并在厦门建立了型焦试验厂。20 世纪 50 年代末，为解决中小合成氨厂气化用块煤供应不足的问题，开始研究开发气化型煤，并于 60—70 年代在氮肥厂及其他行业推广应用。1964 年在唐山建成国内第一条锅炉型煤生产线。"七五"期间，国家科委将"工业型煤开发"列入国家科技攻关项目"大气污染防治技术研究"的专题，使我国的工业型煤技术得到了大的提高。机车型煤的研究与应用主要集中在 70—80 年代，并于 1987 年建成了产能达 20 万吨/年的机车型煤示范厂，但随着蒸汽机车的逐渐淘汰，机车型煤的研究与生产已几近停止。锅炉型煤在 20 世纪 80 年代的发展较为迅速。1986 年山西大同市建立年产 5 万吨的型煤厂，此后北京建成一条年产 5 万吨型煤生产线，上海建成一条年产 12 万吨工业型煤生产线，贵阳建成年产 10 万吨的型煤工厂，加上其他地区，全国曾先后建立 70 余座锅炉型煤厂。随着优质炼焦煤资源的紧缺，型焦及配型煤炼焦技术的开发与应用逐渐受到重视。1987年我国已有 35 个企业进行了型焦的研制和应用。1994 年在宁夏建成了产能达 4 万吨/年的型焦生产线。80 年代后期上海宝钢钢铁公司引进日本成型设备，建成了产能为 80 万吨/年的配 30% 型煤的炼焦生产系统。1995 年以来，又研制出了一系列高强、防水、免烘干、适合长距离运输的气化型煤和锅炉型煤。通过 20 多年对型煤技术的研究和推广应用，我国的型煤技术，特别是洁净型煤技术，已经走在了世界的前列。

由湖南省资江科技开发公司研发的煤棒生产技术，采用合成氨生产造气系统原料煤筛分出的无烟粉煤为原料，以腐植酸盐系列为黏结剂，采用湿法、常温、沤化、挤压成型带烘干的生产工艺制取产品煤棒，将煤棒部分代替原料块煤用于造气系统制取合成氨原料气。该技术于 2006 年 3 月在广西河池化工股份有限公司合成氨造气生产系统中被采用，于 4 月成功运行，装置设计能力为年产 10 万吨煤棒[57]。

至 2009 年，我国型煤生产能力已经达到了 2300 万吨/年，型煤产品属于第三代，通过配煤和加入添加剂改变煤炭的多项性能，使之实现清洁、高效燃烧。另外，生物质型煤的研究、开发与推广应用已成为型煤技术发展的新方向。生物质作为绿色可再生能源，具有分布广泛、CO_2 零排放等优点。此外，生物质与煤相比，硫、氮含量更低，燃烧产生的氮氧化物和硫氧化物等环境污染物更少，可有效缓解大气污染问题。生物质型煤技术将生物质废弃物与有限的煤炭资源结合起来，不仅能实现煤炭（尤其是粉煤）的高效清洁利用，而且还实现了生物质废弃物（如农林废弃物或城市固体废弃物等）的资源化和能源化利用[58-60]。

生物质型煤的应用能够实现煤炭资源的清洁利用、减少环境污染、改善大气质量、提高劣质煤燃烧性能和煤炭利用率。据《中国生物质能源行业分析报告》数据显示，当下世界能源消耗中，生物质能源占世界总能源耗的 14%，位于石油、煤炭、天然气之后，排在第四。BP 公司在 2016 年发布的《BP2035 世界能源》中指出，中国将减少对煤炭的依赖，改变现有的能源结构[61]。今后，生物质型煤的研究应该着重于开发工业锅炉燃用型煤和气化型煤，以满足人们日益增长的能源和环境需要，大力发展生物质型煤技术，减少煤炭资源等不可再生资源的使用。

8.6 煤基腐植酸

腐植酸（humic acid，HA）是从腐败物质（腐殖质）中提取出来的碱性物质[62]，由 C、H、O、N、S 等元素组成。腐殖质是动植物经过长期的物理、化学、生物作用而形成的复杂有机物，腐殖质是大分子聚合物，化学结构复杂，带有羧基、酚基、酮基等活性基团，其分子量为 102~106。因此腐植酸也是一种天然的大分子物质，但与其他天然大分子物质的区别在于其不具有完整的结构和化学构型，而是由多种结构相似且分子大小不同的单元组成的无定型高分子化合物[63]。腐植酸广泛存在于土壤、河泥、海洋沉积物以及低阶煤中（泥炭、风化煤以及褐煤）。煤基腐植酸广泛用于描述煤被各种氧化剂氧化时（包括空气风化在内）所形成的水或碱可萃取的物料，从氧化得到的可能有用的产物包括粗煤酸、腐植酸组分、苯多羧酸等[64]，煤基腐植酸多呈黑色或者棕色，煤基腐植酸的颜色变化随煤化程度的加深而加深。普遍认为，煤经过植物残骸的堆积、被覆盖、压紧、再转化为有机岩石，因此，煤基腐植酸是微生物对植物分解和转换后，又经过长期地质化学作用，而形成的一类大分子有机化合物的混合物。

低阶煤水含量高、热值低、灰分高、稳定性差、易自燃，传统的直接燃烧的利用方式能效不高。而低阶煤中腐植酸含量为 10%~80%，从中提取的腐植酸具有较高生化活性，属于高附加值产品[65]。因此，煤基腐植酸资源的开发，对实现低级煤的清洁转化有重大意义。

目前，对煤基腐植酸的研究主要有三个目的：a.通过研究成煤原因，分析煤在储存的煤堆中自燃的趋向性；b.研究煤的破坏氧化，用于收集煤的结构信息；c.研究煤转化为芳香多羧酸等酸性物质，从煤炭资源中提取腐植酸，以备用于农业、工业、医药以及环保等方面。

8.6.1 煤基腐植酸的资源分布

泥炭、褐煤、风化煤作为世界各国规模化生产腐植酸产品的主要资源，是工业化开发利用腐植酸的基本原料，其分布特征和成分特点在一定程度上影响了煤炭腐植酸资源的分布。

据不完全统计，我国泥炭储量约为124.8亿吨，褐煤储量约为1431亿吨，风化煤储量约为上千亿吨，自然开采价值约为上百万亿元[66]。泥炭作为煤化程度最低的煤种，是沼泽（湿地）环境条件下形成的特有产物，是没有完全分解的植物遗体的堆积物，由表8-5可知，泥炭相对集中分布于云南诺尔盖高原、云贵高原、长江中下游平原、东北大兴安岭、长白山、三江平原[67]，占世界储量的2.6%，我国泥炭分布很不平衡，其中储量最大的为四川省52亿吨，其次云南省21.1亿吨，这两个省合计储量约占全国储量的58.57%；褐煤是成煤过程第二阶段的产物，由泥炭经过成岩阶段而形成。我国褐煤资源丰富，储量占我国煤炭总储量的55%以上，约占世界储量的5.5%，主要分布于内蒙古东北部、东北三省以及山东；我国风化煤的储量也非常丰富，风化煤一般是指由接近地表或位于地表浅层的褐煤、烟煤、无烟煤在大气中长期经受阳光、空气、雨雪和风沙等渗透和风化作用而得到的产物。我国风化煤资源约占世界储量的9.3%，主要分布在山西、新疆、内蒙古、云南、四川、河南以及黑龙江等地，由于风化煤热值低，一直未将风化煤作为有益矿产资源，世界储量目前未知，而我国也尚未对风化煤进行较系统的调查，表8-5中总量为估算值。由此可见，我国的褐煤以及风化煤储量较高，但是地矿部门的资料表明，我国对已有褐煤资源的勘探程度不高，经过精查勘探的地质储量还不到褐煤资源的6%，因此褐煤资源的利用还有待开发。

表 8-5　煤基腐植酸储量、比重及资源分布情况

煤基腐植酸资源	中国储量/亿吨	中国分布	世界储量/亿吨	世界分布	中国占比/%
泥煤	124.8	云南诺尔盖高原、云贵高原、长江中下游平原、东北大兴安岭、长白山、三江平原	4807.98	中国、俄罗斯、爱尔兰、芬兰	2.6
褐煤	1431	内蒙古东北部、东北三省、山东	26251.31	中国、美国、加拿大、印度、澳大利亚、俄罗斯	5.5
风化煤	1000（预估）	山西、新疆、内蒙古、云南、四川、河南、黑龙江	暂无	中国、美国、加拿大、印度、澳大利亚	—

8.6.2　煤基腐植酸的提取工艺

腐植酸按照溶解度、分子量的不同，可将其分为三类[68]：黄腐酸（又称富里酸）、棕腐酸和黑腐酸（或称胡敏酸）。其中黄腐酸易溶于水，而黑腐酸和棕腐酸因其分子量较大，难溶于水，棕腐酸溶于乙醇等有机溶剂，黑腐酸只溶于碱，其中在煤基腐植酸中，黑腐酸是主要成分。在低阶煤形成过程中，主要是腐植酸与金属离子如 Ca^{2+}、Mg^{2+} 等结合形成难溶盐，煤基腐植酸的提取工艺关键在于将腐植酸从难溶盐中析出和分离。腐植酸提取过程包括提取、纯化、分离。常用的提取方法有碱提酸析法、酸提取法、有机溶剂抽提法、离子交换法、微生物溶解法等。

碱提酸析法是根据结合态腐植酸不熔化、不结晶、溶于苛性碱溶液的原理，用氢氧化钠、焦磷酸钠碱液对煤进行提取处理，其中腐植酸中的羧基、酚羟基等酸性官能团首先与碱类物质反应，将不溶于碱的钙镁结合态腐植酸转化为游离态腐植酸，然后再加入无机酸调节至 pH<2，固液分离，使得腐植酸盐转化为腐植酸而析出。从而达到提纯、分离煤中腐植

酸的目的，其流程如图 8-10 所示。利用碱提酸析法对设备要求较低，且操作费用较少，受到人们越来越多的关注和重视，是目前最有工业化前途的提取方法之一。其原理如下：

$$R-(COOH)_n + NaOH \longrightarrow R-(COONa)_n + H_2O$$
$$R-(COONa)_n + nH^+ \longrightarrow R-(COOH)_n + nNa^+$$

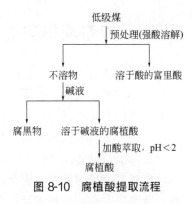

图 8-10　腐植酸提取流程

碱提酸析法虽然减少了大量的杂质，但是普遍产率较低，且产品质量不稳定，因此需要对煤样进行预处理。一般采用 HNO_3、空气、H_2O_2 和水热等对低阶煤预处理，将煤分子中某些大分子非腐植酸氧化分解为较小的分子腐植酸。但是由于空气氧化法过程比较缓慢，故一般采用 HNO_3、H_2O_2 和水热等方法强化提取腐植酸。

酸提取法主要用于提取煤中可溶性的黄腐酸，强酸的加入破坏了腐植酸中金属离子和羧基的结合，黄腐酸游离溶解于酸性溶液，之后通过蒸发方式分离得到黄腐酸制品；有机溶剂提取法与酸提取法类似，先加入酸使腐植酸盐变成相应的腐植酸，然后加入有机溶剂溶解，最后将有机溶剂蒸发掉，得到产品；离子交换法是利用强酸型离子交换树脂中存在的可交换氢离子取代不溶腐植酸盐的金属离子，然后用水将释放出的可溶性黄腐酸萃取，蒸发回收得到黄腐酸产品；微生物溶解法是通过微生物分泌到细胞外的部分活性物质起作用，具有降解低级煤腐植酸的作用。

由于酸提取法在酸洗过程中会损失掉大量的黄腐酸，因此比较少用此方法；有机溶剂法使用范围广泛，但有机溶剂难以完全回收利用，导致生产成本较高；离子交换树脂再生能耗较高，且流程较为复杂，此方法通常无法实现工业化；而微生物溶解法在微生物生长过程中，微生物产生的碱会使褐煤中的酸性物质离子化使其溶解。因此，碱提酸析法是提取腐植酸最经典的方法[69]。除了上述腐植酸的提取方法，各种金属离子通过腐植酸的络（螯）合作用形成盐基腐植酸，如腐植酸钠、腐植酸钾、腐植酸铵、腐植酸铁、黄腐酸钠等，在实际生产中应用也十分广泛，其提取工艺流程如图 8-11 所示。

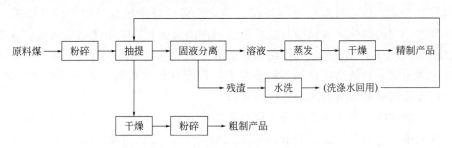

图 8-11　盐基腐植酸生产工艺流程

目前，国内外提取与制备腐植酸的主要工艺流程包括腐植酸的提取、除杂、沉淀以及分离。腐植酸的提取率往往取决于腐植酸的状态以及提取剂和预处理剂的选择，同时控制适宜的提取温度、粒度、固液比和提取时间等都有利于提高提取率。由于不同煤种中，腐植酸的种类和含量会存在差异，因此通过调整影响提取率的因素参数，从而得到最佳的煤基腐植酸提取工艺。

8.6.3 煤基腐植酸的应用

腐植酸结构中含有丰富的羧基、酚羟基、羰基、磺酸基和甲氧基等活性含氧官能团，对其酸性、离子交换性、胶体性能以及络合性能有重要影响，因此在医药、农业、工业以及环保等领域得到了广泛应用。我国拥有三大煤炭腐植酸资源（泥炭、褐煤、风化煤）2000多亿吨，属于不可再生的天然有机资源，开发潜力巨大。腐植酸的应用领域如下。

（1）医药行业

煤基腐植酸的基本结构单元是苯羧酸、酚（醌）酸、萘及杂环，通过脂肪结构侧链，氢键、范德华力和π键相连接，并与非腐殖物质（金属离子、碳水化合物等）连接而成，腐植酸抗病毒既可用于预防，也可用于治疗，对细胞的生长完全无不良影响。

迄今，煤基腐植酸作为初级药源涉及疾病的临床研究范围已经很广。而近几年，国内外也有许多学者将腐植酸药用研究着重于人和动物重大疾病的预防与治疗。Maurizio[70]等利用风化煤氧化转化形成的腐植酸，用于各种人类免疫缺陷病毒（HIV）的研究，并评价其安全性和毒性，研究显示该种腐植酸有希望成为用于治疗HIV感染的新药。同时腐植酸及其衍生出来的腐植酸盐、腐植酸酯，也是一种用于治疗人类和动物发炎、湿疹细菌或抗真菌及抗病毒感染的药物。

因此，在腐植酸已有的药用研究基础上，确定稳定的资源，建立类似中药活性组分或者生物医药酶活力表征的质量标准和分析标准，依据腐植酸物理性质、特征反应、酶联免疫反应，研制符合药典的腐植酸类药物，将腐植酸药源用于人类和动物，是现今期待的一种必然趋势。

（2）农业应用

煤基腐植酸在农业方面的应用，主要利用腐植酸具有一定的生理活性、酸性以及吸附性。煤基腐植酸在一定程度上可以改善土壤结构，利用其各种理化性质，与土壤中的离子发生络合作用、吸附作用，使得腐植酸具备将分散的土壤胶结在一起的能力，从而使土壤具备良好的通气性和透水性，可避免土壤板结、沙化；煤基腐植酸分子中有羟基和酚羟基等基团，使其具备一定的酸性，腐植酸与盐类组成缓冲溶液，可以调节土壤酸碱度；腐植酸可以为植物提供C、P、K、Mg、Ca等植物所需的养分，煤基腐植酸作为氢受体，可参与植物体内的能量代谢过程，对植物体内的各种酶有不同程度的促进或抑制作用，也能促进铁、镁、锌等离子的吸收与转移，有利于农作物的生长。

煤基腐植酸在农业生产中，作为土壤自带腐植酸的一种补充肥料存在并使用，与土壤本身具有的腐植酸在结构与功能上有异曲同工之处[71]，通过利用腐植酸分子中酚羟基与醌基的相互转化作用，提高作物体内多酚氧化酶、过氧化氢酶等的活性，从而提高作物的新陈代谢作用，促进作物的生长与发育，提高作物产量、质量。因此，煤基腐植酸作为肥料的补充和替代，成为现在农业生产的主力军。目前市场上常用的煤基腐植酸有腐植酸钾、腐植酸钠、黄腐酸以及硝基腐植酸等，主要产品类型有生长调节剂、抗逆剂、杀菌剂以及与各种农药或者除草剂复配的增效减毒产品。

（3）工业应用

在各种腐植酸中，煤基腐植酸在工业方面的应用最为广泛。腐植酸在工业上的应用主要利用腐植酸的离子交换能力和络合性能。腐植酸具有较高的离子交换容量，这是由于腐植酸分子上的羧基等一些官能团上的 H^+ 可以被 Na^+、K^+、NH_4^+ 等置换出来而生成弱酸盐。其中腐植酸钠可用于陶瓷泥料的调整以及低压锅炉和机车锅炉的防垢剂等；腐植酸离子交换剂还可用于去除废水中的重金属污染等；磺化腐植酸钠可用作水泥减水剂；腐植酸制品还可被用作石油钻井用的泥浆处理剂；提纯的腐植酸可用作铅蓄电池中的阴极膨胀剂等。此外，它还可以作为酿酒促酵剂、煤球黏结剂、水煤浆添加剂、选矿剂、离子交换剂、表面活性剂、絮凝剂和鞣革剂等在工业上使用。

（4）环保行业

腐植酸的组成和性质，在一定程度上决定了其在环保方面具有广阔的应用前景。腐植酸分子结构中的大量官能团（羟基、酚羟基、羰基、氨基等）能与 Al^{3+}、Fe^{2+}、Ca^{2+}、Cu^{2+}、Cr^{3+} 等金属离子配合和螯合，形成配合物和螯合物，从而除去水溶液和土壤中的金属离子[72]。用于处理工业废水，重金属离子去除率可达 98% 以上，含量低于国家排放浓度，处理后的废水接近中性；利用聚乙烯醇与羧甲基纤维素复合黏结剂制备腐植酸净水剂，对印染废水有良好的处理效果，同活性炭相比，具有较强的物理脱色功能，并且处理量与成本的比值比活性炭大，高浓度染料废水的溶解性 COD 去除率以及脱色率均符合环保标准，避免了"二次污染"，是一种成本低且很有发展前途的环保材料。

8.6.4　煤基腐植酸的研发与产业化

自德国科学家 Achard 于 1786 年首次从泥炭中提取腐植酸，人们对腐植酸的研究已有 200 多年的历史。国外最先把煤基腐植酸应用于医药和农业方面。20 世纪 50 年代，欧洲一些国家开始进行泥炭药理研究，发现泥炭中的关键药理活性组分是腐植酸，推动了泥炭腐植酸的医药应用；20 世纪 60 年代，德国对当时康复疗养所的泥炭浴疗临床试验报道，表明口服腐植酸可治疗肠、胃、肝病，外用可治疗皮肤病等疾病；1964 年，日本有专利报道，有机磷农药与褐煤基腐植酸混合，可防止有机磷农药的降解；1972 年，波兰医学家研究发现泥炭腐植酸中含有某种生物刺激素和抑制剂，有一定的抗菌功能；1989 年，苏联和波兰科学家报道了从泥炭基腐植酸中提取抗氧化剂和抗癌药物的情况[73]；2001 年，Madronova[74] 等研究了波西米亚北方煤田中煤基腐植酸的离子交换性能，证明其是一种良好的吸附剂原料。此外，美国和日本主要在环境研究领域比较深入，日本专门设有检测研究机构，并且每年都有腐植酸环境研究报告会。

我国对于煤基腐植酸的研究开始于 1957 年 3 月，由中国科学院（大连）煤炭研究室（现中国科学院山西煤化所）承担煤中腐植酸的组成和性质基础研究，标志着我国煤炭腐植酸基础研究开始起步；1958 年，在苏联的影响下，我国掀起了氨化泥炭和褐煤及其他腐植酸制剂的实验，取得了不少改良土壤、增产粮食的数据，腐植酸的农业应用初见端倪；1963～1965 年，华东理工学院（现华东理工大学）进行了"褐煤硝酸氧化制取硝基腐植酸"的研究；1980 年，化工部开展出口硝基腐植酸的研究与开发，由中国科学院山西煤化所小试，太原化肥厂生产；1987 年，"硫化黑棕染料"由郑州大学化学系利用风化煤腐植酸研制而成；1990 年，"抗高温降滤失剂 SPC"由中国科学院化学所研制，北京延庆腐植酸厂生产；1991 年"腐植酸水煤浆添加剂"，由中国矿业大学（北京）研究生部、北京延庆腐植酸厂开发；1994 年 12 月，中国科学院山西煤化所完成了"高纯腐植酸类制剂新技术"的开发，风化煤基腐植酸生产工艺实现重要技术突破；1998 年 5 月，"黑龙江优质泥炭与原料提取药用级黄腐酸溶液和泥炭黄腐酸植物生长素"项目完成；到 20 世纪 90 年代末，全国参加腐植酸研究的科研院所有 109 家，参加单位不仅有科研院所，民间企业和各种组织者也参与其中。

1974 年底，全国腐植酸年产千吨以上的生产厂家由 40 多家增长到近百家，生产能力从 20 万吨左右增加到约 80 万吨，仅山西、河北、广西、广东四省年产量达 30 万吨以上；1997 年，新疆双龙腐植酸有限公司成立，其拥有优质的风化煤原料基地和大型采掘、选矿设备，保证了风化煤基腐植酸原料的长期稳定供应，目前已研制开发出腐植酸盐系列、黄腐酸盐系列、硝基腐植酸盐系列和腐植酸有机肥系列等 4 大类 40 余种产品，生产的各类腐植酸产品有 60% 销往日本、美国等二十几个国家和地区，是中国腐植酸行业的龙头企业，在世界腐植酸行业中排名第 10 位。霍林河大型现代化褐煤腐植酸综合产业化项目一期工程建设一条年产原生褐煤腐植酸 3 万吨、一级品腐植酸盐 5 万吨、高活性黄腐酸 0.5 万吨多功能生产线，2004 年 9 月达到生产能力。该生产线装备精良，在全国首次实现腐植酸产品连续化、自动控制、工业化生产。2008 年 11 月，神东天隆集团新疆分公司生产腐植酸肥；2015 年，年产 20 万吨黄腐酸项目落户内蒙古乌兰察布市，并利用当地丰富的煤炭资源，采用煤生产黄腐酸技术，于 2017 年 9 月建成投产；至 2023 年，神华国能宝清褐煤腐植酸 5kt/a 综合利用研究项目持续进行中。

我国对煤基腐植酸的研究与应用迄今已有 60 多年的历史，相比于世界其他国家起步较晚，但是发展速度却远超国外，不论是基础研究还是应用开发，都取得了令人瞩目的成果，受到了国际界的关注。长期以来，腐植酸类物质的实际生产应用还没有发挥出巨大的经济效益，但已有大量对煤基腐植酸类物质的基础性研究[75]。近年来，随着科研工作者对腐植酸的深入研究，众多提取、分离、分级、检测技术日渐成熟，煤基腐植酸的应用领域必将逐步扩大。在现今倡导绿色低碳生活，可持续发展理念的社会中，煤基腐植酸制品越来越受到人们的推崇和重视，煤基腐植酸产业也将是一个发展中的朝阳产业。

8.7 褐煤蜡

褐煤蜡是指用各种有机溶剂从褐煤、柴煤和泥炭中萃取所得各种蜡的统称。褐煤蜡也称蒙旦蜡（Montan wax），得名于德国采矿工业 Montan。将这种粗蜡经物理方法和简单的化学方法处理可得到更适用于多种具体应用的衍生蜡。如德国生产的各种 ROMONTA 型蜡、美国曾经生产的各种 ALPCO 型蜡、瑞士科莱恩生产的各种 CLARIANT 型蜡、我国生产的脱脂蜡。为了与浅色蜡区别开，褐煤蜡通常也称为粗褐煤蜡。通过强氧化剂，例如铬酸、硫酸、硝酸、双氧水等，处理深色粗褐煤蜡而得浅色硬蜡，各生产厂家有不同的命名，在我国一般称为浅色蜡或浅色精制蜡。浅色蜡或浅色精制蜡再经过酯化或皂化可进一步加工生产各种合成蜡。

8.7.1 褐煤蜡的性质与应用

8.7.1.1 褐煤蜡的性质

褐煤蜡是包含多种不同有机化合物的复杂混合物，含有上千种化合物，目前已鉴定出二百余种。行业内，通常将褐煤蜡分成三个主要组成部分：纯蜡、树脂和地沥青。树脂在较低温度（-10~+20℃）下能溶于多种溶剂（如丙酮、二氯乙烷、乙醇和苯等），而纯蜡和地沥青在此条件下则溶解得很少。将脱树脂后的蜡再溶于热的异丙醇中，黏滞的不溶暗色物即为地沥青。褐煤蜡中的纯蜡，同天然的植物蜡一样，主要是由长碳链的蜡酸和蜡醇所构成的蜡酯，并含有部分游离的蜡酸和少量游离的蜡醇、酮类和烃类。在固体状态下，褐煤蜡呈现晶体结构，随着蜡中树脂和地沥青含量的增高，这种晶体结构就逐渐弱化[76]。

褐煤蜡产品的理化性质，主要包括熔点、酸值、皂化值、密度、针入度（硬度）、导电性、颜色。

① 酸值：是指用来衡量产品中游离脂肪酸含量的计量单位，为选择产品用途的重要参考指标，酸值表示用于中和 1g 蜡产品中的游离脂肪酸所需 KOH 的质量，其单位为 mg/g。

② 皂化值：皂化值表示在规定条件下，中和并皂化 1g 物质所消耗 KOH 的质量，其单位为 mg/g。

③ 酯值：酯值＝皂化值－酸值。

④ 针入度：用以表示硬度的指标，针入度越小，硬度越大。

不同的应用领域，根据以上指标选择合适的褐煤蜡产品。通常，熔点越高，硬度越大（针入度越小）、机械强度越高、揩擦光亮度越好、导电性越差、电绝缘性越好。

褐煤蜡表观呈深褐色，表面光滑，断面暗亮呈贝壳状，硬度极大，因产地等而异，熔程在 78~96℃之间，燃点为 300℃左右。褐煤蜡具有良好的物理性质，熔点高、光泽度高、耐湿性好、绝缘性好、机械强度高，对酸和其他活性有机溶剂的化学稳定性好，在有机溶剂中可溶性好，能与石蜡、硬脂酸、蜂蜡、地蜡等熔合成稳定的组织结构，提高熔合物的熔点。因此，褐煤蜡被广泛应用于电气工业、精密铸造工业、印刷工业、擦亮蜡工业和复写纸工业等几十个行业领域。另外，据美国和日本报道，褐煤蜡是无致癌作用的安全蜡。由于具有以上优异特性，且价格比一般的天然动植物硬性蜡便宜，所以它一直是工业上用途很广很重要的一种硬性蜡原料。

8.7.1.2 褐煤蜡的应用

褐煤蜡的性质在许多方面与巴西棕榈蜡相似。粗褐煤蜡的主要缺点是颜色太深，限制了其在更多方面代替价格昂贵的巴西棕榈蜡。但颜色不是制约因素时，褐煤蜡经常作为巴西棕榈蜡的廉价代用品来使用。粗褐煤蜡及其加工改制品（包括脱树脂蜡、改制蜡和浅色蜡）现已广泛用于多种行业。从擦亮蜡工业、油墨工业到电气工业、机械工业、制革工业、橡胶工业、印刷工业、造纸工业、纺织工业、包装工业以及其他的日用化学工业等部门生产的近百种产品，都需要采用褐煤蜡或其改制品作为原料。现将其应用的几个方面介绍如下。

① 光亮蜡制品　褐煤蜡具有硬度大、揩擦光亮度好、易乳化、溶色性好等优点，因此被广泛用于皮鞋油（尤其是乳化型皮鞋油）、地板蜡、汽车上光蜡等擦亮蜡产品的硬性蜡原料，以代替原配方中的巴西棕榈蜡。目前国内外褐煤蜡在这方面的耗用量是比较大的。当皮鞋、皮靴及皮革制品表面涂上一层鞋油后，溶剂很快挥发，剩下的蜡和染料部分，经揩擦后表面便出现一层光亮的薄膜，其膜不但有光亮感，而且具有保护皮革的作用。皮鞋油由蜡、溶剂和染料等组成。鞋油的光亮度取决于蜡的光亮度，因此，在鞋油的配方中，必须含有一定量的光亮蜡，这样鞋油才能擦得光亮。光亮蜡一般指褐煤蜡、虫白蜡（川蜡）和甘蔗蜡等，而石蜡一般只能作配方中的助蜡。类似功能的还有地板蜡、汽车上光蜡、抛光膏等。

② 油墨制品　褐煤蜡中含有较多的长碳链脂肪酸（蜡酸），对色素有很好的溶解力，即油溶性及脂溶性染料。例如在复写纸配方中，加进适量褐煤蜡，可吸收配方中较多的蓖麻油和溶化了色素的油酸，使复写纸涂面色泽均匀，光滑而不粘纸，有效地减少复写纸在油墨未干状态下的背面蹭脏，以及油墨干燥后的耐摩擦性能。褐煤蜡因具有吸油性好、溶色性好等优点，一直是油墨工业不可缺少的一种重要原料。

③ 电绝缘制品　褐煤蜡导电性差，有很好的电绝缘性。在电线、电缆外面涂上一层含有褐煤蜡的表层，可防潮、防粘、防龟裂，并能提高其电绝缘性和延长其使用寿命。涂蜡后可增加电缆的柔韧性，耐颤动，并使电线、电缆表面光滑美观。褐煤蜡另一特点是干燥快，不影响生产工序。

④ 精密铸造蜡料　熔模精密铸造是一种少切削或无切削的铸造工艺，是铸造行业中一项优异的工艺技术。由于它具有铸件尺寸精度高、表面光洁度好等特点，适于铸造形状复杂、难切削加工的机械零件，因而被广泛用于航空工业、军械工业、精密机械工业等。发展熔模精密铸造的一个关键问题是制造蜡模用的模料，实践表明，对于模料性能的基本要求是熔点适中（一般应在 60～120℃范围内）、流动性及成型性好、膨胀率和收缩率小（<1%）、具有一定的强度和表面硬度、焊接性和涂挂性好、灰分低。此外，还要求模料的导热性和组分稳定性好，配制容易，回收方便，复用性好，无污染。合适配比的褐煤蜡比其他蜡料能更好地满足上述条件。

⑤ 添加剂　褐煤蜡可以分别用作道路沥青添加剂和橡胶添加剂，具有良好的性能。

a. 道路沥青添加剂。为了提高道路的耐水性和能承受强大的机械应力，需要借助沥青道路黏结剂将石料固结在一起。由于褐煤蜡具有极性，现已证明它是一种优良的黏结促进剂。加入 0.5%～1% 褐煤蜡，就可以把沥青黏结剂与石料之间的结合强度提高 3～4 倍。褐煤蜡不同于其他氨基抗剥落添加剂，它具有热稳定性强，甚至在长期储存和暴露于 100℃ 以上条件下，这种促进黏结的性质仍然存在；它还能使道路沥青在低温下更加稳定。用于建筑物的其他沥青浸渍剂和防护剂加入适量褐煤蜡，可提高其耐水性。此外，褐煤蜡安全无害，所以作为黏结剂使用无任何限制。

b. 橡胶添加剂。褐煤蜡用于橡胶工业已有几十年历史。它被用作多功能的掺和剂，同时起着分散剂和润滑剂的作用。褐煤蜡用作非极性橡胶和极性橡胶之间的一种胶合剂，在橡胶混合物中这种添加剂的优点特别明显。在橡胶坯料中加入 1%～5% 褐煤蜡，可使所得混合物产生显著的均匀化作用，这样就有可能在纤维上得到没有应力的光滑橡胶涂层。在压延橡胶制品中添加适当褐煤蜡可使制品不易渗漏，延长储存期。

⑥ 乳化液助剂　褐煤蜡所含的亲水基团与憎水基团的较好比例，很容易把它制成极细分散的稳定乳化液。褐煤蜡乳化液是一种很有前途的产品。当乳化液的水分蒸发后，留下似胶膜的蜡层，其耐热性强，与基础物黏结牢固。此外，褐煤蜡胶膜具有憎水作用，可防止处理过的表面渗入水。褐煤蜡的这种特性在现代加工技术中作为一种加工助剂得到广泛应用。

8.7.1.3　提蜡后褐煤的再利用

目前国内已探明的富蜡褐煤中蜡含量约 10%，经提取褐煤蜡后，仍有大量的残煤，约为原煤（干基）的 90%。如何较为合理地利用好残煤对褐煤蜡工业十分重要，既可除残料，又能提高褐煤蜡生产的经济效益。很多研究发现褐煤中的蜡提取后，对后续开发影响非常小，有些方面还有积极的作用。提蜡后褐煤还有以下几方面用途。

① 提取腐植酸　通常情况，富含褐煤蜡的褐煤原料同时也富含腐植酸，一般腐植酸含量是煤蜡含量的8～12倍，而且萃取后，腐植酸含量比原料煤中的腐植酸含量更高，可见，从萃取褐煤蜡之后的残煤中再把高附加值的腐植酸组分提取分离出来，是一种很好的残煤利用途径。

② 电厂燃料　褐煤是一种成煤年代较晚的化石燃料，具有很大的内表面积。当使用有机溶剂萃取煤时，蜡质、树脂、地沥青等物质被溶解，从煤的毛细管流出而得粗褐煤蜡。流经通道形成了煤的附加毛细管网，进一步增大了其内表面积。如果作为电厂燃料，有利于氧的扩散，燃烧性能提高。

③ 气化原料　提蜡后褐煤水分低、内表面积增加，有利于燃烧和还原反应，因此，用作气化原料时，可提高水的分解率，有助于提高气化效率。

④ 低温干馏原料　提蜡后褐煤用作低温干馏原料，有助于油品质量提高。褐煤蜡属于碳链较长的脂肪族类物质，经热解脱羧后，易形成重油组分。若热解前得以提取，对干馏来讲轻油组分相对增加。同时，由于油的密度、黏度降低了，也有利于油品回收。例如，乌克兰褐煤蜡工厂残煤的利用方式之一是制取煤碱剂。其主要工艺过程是，首先将残煤粉碎到小于1mm，然后将此粉煤与42％氢氧化钠溶液以干煤比1∶6混合，使煤中腐植酸转变为水溶性的腐植酸钠。所得粉状产品即为煤碱剂，主要用作石油、气井钻探时泥浆的稳定剂，以降低其黏度和出水率。

此外，国外还利用这种残煤来制取活性炭、硝基腐植酸、腐植酸钠等产品。

8.7.2　褐煤蜡的提取技术

8.7.2.1　提取溶剂

如前所述，褐煤蜡是利用有机溶剂从褐煤中萃取而制得。提取溶剂，也称萃取剂，是褐煤蜡提取技术中的关键。通常，提取溶剂的选择要求有：

① 提取溶剂对褐煤蜡的溶解度较高，对杂质溶解度小或不溶解；

② 提取溶剂的沸点适中，一般在75～130℃之间，沸点过低，溶剂损失率太高，沸点过高，回收成本增加；

③ 提取溶剂的比热容和蒸发热低，有利于溶剂从残煤中回收；

④ 工业上容易获取，价格便宜，确保提取的经济性；

⑤ 毒性小，生产过程中对人员及环境影响小；

⑥ 腐蚀性低，易于设备长期使用。

当然，并没有一种提取溶剂能够满足所有条件。通常在工业应用之前，须要在实验室进行前期实验，找出最适合待提取煤的提取溶剂，可以是单一溶剂也可以是混合溶剂。

苯是褐煤蜡生产中的传统溶剂，它的合适沸点范围有利于提高褐煤蜡的回收率，且在萃取过程中溶剂的损失也较少。但苯的毒性非常大，尤其热苯对人体的危害更大，对环境有不利的影响。随着技术的进步，由于甲苯的毒性比苯弱，在工业上渐渐成了苯的替代品。德国至今仍使用甲苯作为褐煤蜡的提取溶剂[77]。此外，汽油作为具有烷烃性质的常用溶剂，也被作为提取溶剂进行过实验，得到的产品质量较好，但提取率较低，且成本过高，因此一直未能应用于实际工业中。其他混合溶剂也一直处于研究阶段，未实现工业化。尽管甲苯的毒性比苯降低了，但其固有危害属性仍较大且对环境和人体健康造成较大风险，与苯同时被列入《优先控制化学品名录》。发展低毒甚至无毒提取溶剂，是褐煤蜡发展的重要方向。

8.7.2.2　提取工艺

图 8-12 是褐煤蜡提取过程示意图。原料煤经过粉碎、筛分后，进行干燥，在萃取反应器内与萃取剂充分接触，主要进行物理萃取。萃取液经旋流器分离溶剂后进入脱脂罐，经蒸煮和过滤等工序分别得到褐煤蜡和树脂产品。萃余物经脱除溶剂后得到残煤。在褐煤蜡提取的过程中，主要有以下几个影响因素。

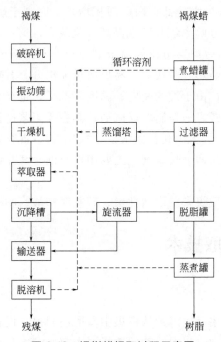

图 8-12　褐煤蜡提取过程示意图

①　原料粒度　褐煤蜡分散在煤骨架结构中，在萃取过程中，提取溶剂必须通过煤中的细孔才能接触到褐煤蜡并使其转移到煤骨架外的提取溶剂中，传质阻力比较大。较小粒度时，由于原煤和提取溶剂间的相互接触面积增大，一级扩散距离缩短，使萃取速率显著提高。但过分的粉碎会产生粉尘，并在褐煤蜡提取过程中使残煤的滞液量增加，造成固液分离困难和萃取效率降低。目前，国内外对萃取用煤最佳粒度还没取得一致看法。原料煤的粒度、煤本身的特性、萃取溶剂的特性以及萃取工艺条件等都会影响萃取物的产率和特性。从萃取工艺过程来看，一般认为，间歇式萃取工艺适合采用粒度较粗的煤料，而连续萃取工艺则可用粒度较细的粉煤。例如，德国在采用间歇式工艺时，用 1~5mm 粒度级煤料，而采用连续式萃取工艺时，则用 0.1~1.5mm 粒度级煤料或 0.5~2mm 粒度级煤料。乌克兰萨缅诺夫斯克工厂连续生产工艺采用 0.1~3.3mm 级煤料。

②　原料水分　原煤中含水量以及煤的干燥过程对产率有影响。目前，研究结果略有差异，有学者认为，随着水含量的增加，提取物的产率增加，也有学者认为随着原煤中水含量的增加，提取物的产率先增加到最大值后下降。现有褐煤蜡厂的原煤水分含量在 15%~30% 之间。

③ 提取温度　有机溶剂的溶解度通常随着温度的升高而增大，通常会缩短提取时间。褐煤蜡提取也是煤中蜡质溶于溶剂的过程。随着温度的升高，溶剂的提取能力相应增大。但提取时，提取温度远高于溶剂沸点，会从根本上改变最终提取物的性质。合理的提取温度一般认为是稍低于溶剂沸点。在这种温度下，煤中蜡容易且几乎全部转入溶液中，提取进行得较强烈。在实际生产中要维持接近于溶剂沸点的提取温度在技术上有许多困难，例如，冷凝设备复杂化、溶剂渗漏以及不凝气量增加所造成的损失增加等。此外，降低温度会导致提取不完全。因此，确定最佳提取温度范围很有实际意义。

④ 提取压力　在提取过程中使用压力可增加提取溶剂的溶解度。但一些实验结果表明，压力增加到一定程度，提取物的成分会发生很大变化。目前的褐煤蜡生产过程中，几乎没有应用增加压力提取的案例。

⑤ 提取时间　提取时间对褐煤蜡生产的经济性有着很大的影响。有研究认为提取物的产率是时间的幂函数，当然煤种、煤的粒度、萃取器类型等，都对提取速率存在影响。获得同一提取率所需时间是随原料煤的特性、溶剂特性和萃取设备类型而有不同的。不同原料煤所需的最佳提取时间，需要通过试验加以确定。从工业上综合考虑，一般认为当提取出80%的提取物之后，煤的提取作业即可停止，后续虽然可以增加一些产率，但经济性有所下降。

8.7.3　褐煤蜡产业的发展与资源

8.7.3.1　国际褐煤蜡产业的发展

褐煤蜡，国外一般叫蒙旦蜡（Montan wax），最早起名于德国采矿工业[78]。大约在 19世纪中叶，德国采矿业开始在德国中部发展起来。杜林根和萨克森地区发现的煤不同于鲁尔地区的硬黑型煤，前者是一种软、呈褐色的富蜡褐煤。这种煤特别适合于干馏，可提取各种规格的燃料油及石蜡。E. Riebeck 于 1880 年发表了一篇论文，论述了用乙醚、石油醚和乙醇从褐煤中提取蜡。1890 年 E. 梅伊申请用汽油和醇的混合物来提取褐煤方法的专利。1897年 E. Boyen 用过热蒸汽蒸馏并获得褐煤蜡专利。因此，人们把 1897 年作为生产褐煤蜡的第一年。以后又相继出现了用挥发性有机溶剂萃取干燥过的粉煤等方法。

1900 年，第一个褐煤蜡工厂在哈尔茨山北投产，该厂由一个用褐煤生产褐煤蜡的小厂和一个按蒸汽减压蒸馏原理生产浅色蜡的工厂组成。现在，该地已建成了现代化的精制工厂，阿姆斯多夫生产的大部分粗褐煤蜡都在此精制。

1905 年，里贝克采矿公司在勒布林根附近的万斯来本开办了第二个褐煤蜡工厂。到第一次世界大战结束时，已有 7 个公司生产褐煤蜡，年产量均达 600～2000t。

第一次世界大战后，里贝克采矿公司在阿姆斯多夫建立了第一个大型褐煤蜡生产厂，于1922 年 1 月开始投产。在这一时期，铬酸氧化法从褐煤蜡加工成浅色褐煤蜡也开始大规模应用。

1957 年德国开始新建褐煤蜡厂。褐煤蜡生产主要在德国的阿姆斯多夫，它生产全世界80% 以上的褐煤蜡。自 1957 年以来，德国在卡塞尔附近的特雷萨建立了一个较小规模的褐煤蜡工厂，该厂生产的粗褐煤蜡不外销，而是完全用来制取浅色硬蜡。

20 世纪 60 年代，美国的褐煤蜡全部由加利福尼亚州阿马多郡的伊昂附近的美国褐煤产品公司生产。美国褐煤蜡企业使用甲苯作为提取溶剂，但随着民众环保意识的提高，迫于当地环保压力，已于 20 世纪 90 年代末关停[79]。

乌克兰第一批半工业性生产褐煤蜡装置是采用间歇法，1939 年建于罗蒙达城，1940 年建于亚历山大城。1959 年在乌克兰亚历山大附近一座采用连续法生产褐煤蜡的萨缅诺夫斯克工厂投产，仅生产粗褐煤蜡，主要供国内使用。

8.7.3.2　我国褐煤蜡产业的发展

我国褐煤蜡产业起步较晚。20 世纪 50～60 年代所使用的褐煤蜡主要是从德国进口。60 年代时，由于种种原因，褐煤蜡的进口量逐年减少，致使国内褐煤蜡供应日趋紧张，在这种情况下，国家开始启动相关研究。

1966 年，煤炭工业部有关主管部门委托吉林省舒兰矿务局和中国科学院山西煤炭化学研究所利用舒兰褐煤试制国产褐煤蜡，该褐煤含蜡量为 3％左右（干基）。考虑到云南省褐煤储量丰富，又位于内地，有些褐煤含蜡较高，是制取褐煤蜡较好的原料，煤炭工业部又委托煤炭科学研究院煤化学研究所和中国科学院山西煤炭化学研究所承担云南褐煤蜡的研制任务。之后，又与云南省煤炭工业管理局、云南省煤管局煤机厂、云南省勘察设计院和云南省寻甸县化工厂等单位合作，利用寻甸金所褐煤进行了中间试验，为选择合理的提取工艺及主要技术参数提供了依据。

20 世纪 70 年代初，在云南省建设了两个褐煤蜡生产厂，分别是位于曲靖市潦浒的云南省煤炭化工厂和位于寻甸县金所的云南省寻甸县化工厂。在此期间，吉林省舒兰矿务局继续从事褐煤蜡研制工作，也建成褐煤蜡生产厂，就是吉林舒兰矿务局化工厂[80]。从此我国结束了褐煤蜡依赖进口的历史。

1995 年，在内蒙古翁牛特旗建成我国第四个褐煤蜡生产厂，年产量为 1000t。但截至目前，这 4 家褐煤蜡厂都已经停产关门。2014 年，在云南玉溪峨山建成我国第五个 500t/a 的褐煤蜡生产厂，目前该厂在间断地生产。2020 年，国能集团国神宝清煤电化有限公司采用北京低碳清洁能源研究院开发的绿色提取技术，启动 1000t/a 的褐煤蜡提取中试项目，计划待中试项目运行稳定后转产。

8.7.3.3　褐煤蜡的资源

并不是所有的褐煤都富含褐煤蜡，由于成煤植物的不同，褐煤中蜡含量差异较大。有些植物本身含有蜡质，主要分布在叶子、果皮的表面，以减少水分蒸发。例如棕榈科植物演变而成的褐煤含有较高的褐煤蜡。根据在德国中部煤层中发现的部分植物遗迹，研究人员得出结论，3000 万～4000 万年前的典型森林包括沼泽柏树、封印木和鳞木以及其他针叶树，被认为是含蜡煤的起源[81]。在高等植物中含有树脂，健康植物中其含量不大，当受伤时，植物体内即产生大量树脂，从伤口流出，以封住伤口。在泥炭化过程中，脂肪、树脂、蜡质等比较稳定的物质变化很小。

世界富蜡褐煤储量不多，而且分布地区很不均匀。德国是世界上富蜡褐煤储量最丰富的国家，主要分布在舒尔茨山东部的奥伯勒布林根，属于第三纪沥青褐煤矿床。这些褐煤的含蜡量都很高，一般在 10％～15％（干基），甚至高达 18％（干基）。经过多年开采，现在的蜡含量已经降至 10％以下。

乌克兰富蜡褐煤的储量占世界第二位，主要分布在德涅泊尔煤田。它分几个矿区，其乌克兰的亚历山大矿区被认为是最有前途的生产褐煤蜡的矿区。该区的萨缅诺夫斯克工厂生产粗褐煤蜡所用的原料褐煤含粗蜡 8%~12%（干基），个别地区高达 18%，其中蜡质部分含量高达 70%~85%，树脂含量为 20%~42%。

俄罗斯最大的褐煤矿藏集中在南乌拉尔煤田，大部分适合于露天开采。其中最大的煤矿为巴什基里的巴巴耶夫、伏罗希洛夫和库涅加兹，还有屋列别尔的秋尔加伍、哈巴罗夫斯克和耶马一涅麦特尔等矿区。

美国的富蜡褐煤分布在阿肯色州和加利福尼亚州阿马多郡的伊昂，两地都有含蜡量高的褐煤。

虽然我国褐煤资源非常丰富，但含蜡量普遍较低，不过仍有一些具有工业开发前景的富蜡煤矿。云南省的褐煤资源以年轻褐煤为主，其中寻甸县金所和曲靖市潦浒的褐煤矿条件比较好。寻甸县金所褐煤矿在云南省东北部，距昆明市约 90km，交通比较方便。煤层厚度超过 35m，表土覆盖层只有数米厚，对露天开采十分有利。金所煤矿还有一个特点，就是整个层煤质较稳定，含蜡量都比较高。金所褐煤属晚第三纪褐煤，在煤层中常常可以发现未成煤的木质纤维体，有的还保留着树木组织的层理结构。云南省曲靖市潦浒煤矿也分布着富蜡褐煤资源，该矿区距昆明市 200km，潦浒煤矿分南矿和北矿，其中尤以南矿煤层较厚（平均11.51m），剥采比较小（1.95:1），适于露天开采，该煤属于第三纪褐煤，含蜡量为 6%~8%（干基，苯溶剂）。

吉林舒兰矿务局化工厂发现丰广煤矿的褐煤水分约 20%，含蜡量为 3.1%（干基），使用其作为原料提取的粗褐煤蜡质量比较好（熔点高，树脂和地沥青含量较低）。

黑龙江宝清县已探明煤炭储量主要分布在西山、小城子等 9 个矿区，资源储量中褐煤约93.5 亿吨，其中褐煤蜡含量平均 5.0%，局部达 11.6%。

8.8 煤基碳素材料

煤是多种碳素材料的原料。近年来，碳素材料产业不断发展，碳材料因其独特的结构和优异的性能，在冶金、航空、新能源、电子、催化、医疗等领域展现出广阔的应用前景。以煤为原料制造碳素产品，可以是煤直接转化，也可以是煤转化产物的进一步加工。煤基碳素材料有效地拓展了煤的利用空间，为煤炭行业转型升级带来了新的选择，也为社会提供了高附加值产品。本丛书《煤基功能材料》分册将对煤基碳素材料做系统介绍，本节只对煤基碳素材料的概况和典型技术方向做简略描述。

8.8.1 煤直接转化制碳素材料

8.8.1.1 煤基活性炭

活性炭是一种通过对含碳材料进行加工制得的具有发达孔隙结构和巨大比表面积的炭质多孔材料，其具有优异吸附性能、良好化学稳定性等优点，广泛应用于食品、制药、医药卫生及环保等领域[82]。制备活性炭的原料较为广泛，包括生物质、煤、沥青、石油焦及有机高分子材料等，在这些原料中，煤的来源比较广泛、价格低廉，而且以煤为原料生产的活性炭具有易再生、化学稳定性好、抗磨损等优点。因此，煤是制备活性炭的主要原料，世界范围内煤基活性炭产量占活性炭总量的70%以上。

煤基活性炭的原料煤，要具有低灰、低硫、挥发分适中、化学反应性好等特征。国内适宜生产煤基活性炭的煤有宁夏的太西无烟煤、新疆准东高挥发分的低阶烟煤、山西大同煤等。煤能够制活性炭，其基本原理是利用煤热解析出挥发分，一些非碳元素或低分子化合物脱离体系，热解生成的自由基碎片发生聚合反应而得到具有一定孔隙和强度的炭化料。这些炭化料在高温条件下与活化剂反应，炭化料中的一部分碳发生氧化还原反应导致碳的"烧失"，原有孔隙不断疏通扩大并伴随新孔隙的形成，最终得到带有多种表面基团的多孔活性炭产品。

煤基活性炭制备大致分为磨粉、成型、炭化及活化等过程，其工艺流程图如图8-13所示。

图8-13　煤基活性炭制备工艺流程

活性炭制备主要工段为炭化和活化[83]。炭化过程是将原料煤在隔绝空气条件下低温干馏，从而减少非碳元素并生产出满足活化工序要求的、具有初步发育的孔隙结构和较高机械强度的炭化料。我国煤基活性炭生产中使用最广泛的炭化设备是回转炭化炉，根据加热方式的不同分为内热式和外热式两种。活化是活性炭形成大部分孔隙结构的过程，过程中水蒸气、氧气等活化气体与碳发生氧化还原反应，打开原来闭塞孔的同时扩大原有孔隙，该工段是活性炭生产中的核心工段。按照活化方法的不同可分为物理活化法、化学活化法及物理化学活化法。化学活化法制备的活性炭孔结构发达，吸附性能好，以中孔为主，但活化剂多为腐蚀性物质，会腐蚀设备、污染环境。物理活化法制备活性炭工艺成熟，活性炭微孔发达，比表面积较大，但缺点在于活化时间较长，微孔孔径分布较难控制。物理化学活化法，也称催化活化法，是借助于化学试剂的催化作用，与气体活化剂进行活化反应制备活性炭，通过该法可以对活性炭孔结构进行定向调控，制造出具有特殊结构性能的活性炭。

活性炭最重要的应用是吸附分离，既用于液相吸附，如饮用水深度净化，废水处理，血液净化，食品、医药、化工产品等的精制、脱色、除杂，也用于气相吸附，包括防毒面具，有机溶剂吸附回收及工业有机废气净化，烟气脱硫脱硝、废气治理，天然气净化、工业用气净化、空气净化等。此外，在催化、贵金属提取与回收以及航天、生命科学等领域也有广泛的应用。

单种煤生产的煤基活性炭，产品容易质量不一，中低档产品居多。随着对活性炭性能要求的不断提高，人们开发了配煤、添加剂和优化炭化活化工艺参数等调控活性炭孔结构的新技术，从而生产出适合不同应用领域、具有不同孔结构的优质专用活性炭。

8.8.1.2　高性能纳米碳材料

纳米碳材料是指分散相尺度至少有一维<100nm的碳材料。从不同维度区分，纳米碳材料可分为纳米尺度炭和纳米结构炭两种，外部尺寸在纳米尺度的碳材料即为纳米尺度炭，

碳纳米管是其中的代表，还包括富勒烯、碳纳米纤维、纳米金刚石、炭黑等；内部孔隙或结构在纳米级的碳材料即为纳米结构炭，以石墨烯为代表。这些纳米碳材料因其独特的结构和优异的性能，在信息技术、航空航天、国防科技、能量存储、纳电子器件、催化等领域具有极其重要和广阔的应用前景[84]。在所有的碳源物质中，煤的储量最为丰富、价格最低廉。用煤作原料制备高性能纳米碳材料，可以更好地发挥这种优势。

在纳米碳材料中，碳纳米管和石墨烯是最具有代表性的两种高性能纳米碳材料。碳纳米管是一种由单层石墨片层卷曲而成的空心管，其理论抗拉强度为钢的 100 倍，而密度仅为钢的 1/6[85]。以煤炭为原材料制备碳纳米管的方法主要有三种，即电弧法、激光溅射法、碳氢化合物分解法[86]。电弧法是在真空反应器中充以一定压力的惰性气体或氢气，采用较粗大的石墨棒为阴极，煤或细石墨棒为阳极，在电弧放电过程中阳极材料不断被消耗，同时在石墨阴极上沉积出含有碳纳米管的产物。由于电弧法制备碳纳米管时所需设备简单，碳纳米管结构规整，石墨化程度高，结晶缺陷少，因而备受青睐。为改变碳纳米管表面活性差、极易团聚的特性，可采用共价功能化、非共价功能化和混杂功能化等方式对碳纳米管进行功能化修饰，从而有效提高碳纳米管的性能。

石墨烯是一种具有理想二维结构和奇特电子性质的碳单质，有着极高的热导率、极高的强度和良好韧性。根据制备过程中是否有物质性质的改变，石墨烯的制备方法分为物理法和化学法[87]。物理法主要分为机械剥离法、液相剥离法以及电化学剥离法等；化学法常用的为氧化还原法、气相沉积法等。对于煤基石墨烯的制备，以煤为原料首先对原煤进行初步的筛选，然后在 1000℃ 高温中去除杂质，再在 2000℃ 以上进行石墨化或热解，获得石墨烯的制备原料，最后采用常规石墨烯的制备方法获取煤基石墨烯。其中，变质程度高的煤种（无烟煤）比较适合采用氧化还原法，而变质程度较低的煤种（烟煤、褐煤）宜采用化学气相沉积法制备煤基石墨烯。

相比于传统煤基碳素材料，碳纳米管、石墨烯、富勒烯、纳米碳纤维、碳量子点等高性能纳米碳材料多处于实验室研发阶段，距产业化发展还有一定的距离。对我国来讲，在碳材料生产和研发领域虽然整体上落后于美国、日本等发达国家，但高性能纳米碳材料的发展使我国面临新的发展机遇，有些材料的研究在世界上已经占据重要地位，并达到世界先进水平，这有利于我们发挥优势，推进我国高性能纳米碳材料和高技术产业的发展。

8.8.2 煤转化产物制碳素材料

煤焦油是煤焦化过程的副产品，含上万种组分，已从中分离并确认的组分有 500 多种[88]。煤焦油的组成与性质取决于生产所用的原料煤及其加工工艺，主要分为低温煤焦油、中温煤焦油和高温煤焦油[89,90]。中低温煤焦油主要是低变质的不黏煤、弱黏煤在中低温条件下干馏或固定床气化而得到的液体产物，其密度相对较低，芳烃含量相对较少，烷烃含量多。高温煤焦油主要来源于炼焦过程，其密度相对较高、芳烃含量高、链烷烃较少。因为煤焦油在提供多环芳烃等方面有着不可替代的作用，所以以煤焦油为原料制备碳素材料，是煤焦油深加工和碳素材料制备的一个重要方向。

煤沥青是煤焦油蒸馏各馏分中质量最高的固体部分物料，占煤焦油总量的 50%～60%，是由稠环芳烃组成的复杂混合物，资源丰富[91]。因其具有富碳低灰、可聚合度高、结焦残炭值高、易石墨化等优点，是制备各种碳素材料的核心原料之一，广泛应用于化工、冶金、机械、航天、军事、建筑、电子、绿色新能源等领域[92]。煤沥青由稠环芳烃组成，分子量适中，加热后容易生成流动性好的液态体系，经过液晶中间相生成大分子物质，石墨化程度高，成为高性能的碳素材料。

8.8.2.1 煤系针状焦

针状焦是优质的碳素产品，能够制备成人造石墨。其外观为银灰色多孔固体，具有金属光泽，结构有明显流动纹理，孔大且少，颗粒有较大的长宽比，有如纤维状或针状的纹理走向[93]。针状焦可作为超高功率电极、电池负极材料等高端碳素制品的生产原料，它还可以用来作为电刷、核石墨、电化学容器及火箭技术等的新型骨料。针状焦所制成的碳素材料具有电阻率小、热膨胀系数低、耐热冲击性强、机械强度高、抗氧化性能好等突出特点。

煤系针状焦是以煤焦油或煤沥青为主要原料，经原料预处理、延迟焦化、高温煅烧三大工艺制造而成[94]，其工艺流程图如图 8-14 所示。

图 8-14　煤系针状焦生产工艺流程

针状焦在生成过程中，主要经历了以下几个步骤：原料→不稳定中间相小球体→堆积中间相→针状焦。其成焦机理为液相炭化理论＋气流拉焦工艺。煤系针状焦关键核心技术为煤焦油或煤沥青的原料预处理工艺，主要工艺方法有蒸馏法、离心法和溶剂萃取法。溶剂萃取具有方法简单、效率高的优点，工业上用来去除原料中的杂质［主要指喹啉不溶物（QI）］，得到精制沥青（QI 含量＜0.1％）。

近年来，随着钢铁行业的复苏和新能源汽车锂电池负极材料的发展，我国对针状焦的需求较为旺盛，因煤焦油及煤沥青的原料较为丰富，所以发展煤系针状焦具有原料优势，同时我国生产的煤系针状焦整体质量和生产技术能力也在不断地提升。因此，针状焦生产企业不断增多，产能不断扩大，目前国内已经达到工业化、连续生产煤系针状焦的企业主要有鞍山开炭热能新材料有限公司、山西宏特煤化工有限公司、方大喜科墨针状焦科技有限公司、宝武炭材料科技有限公司、宝泰隆新材料股份有限公司等，部分企业产品质量已达到较高的水平。

8.8.2.2 沥青基碳纤维

碳纤维具有强度高、模量大、密度低、热膨胀系数小和导电传热性能优良等特性，其在很多领域具有独特和重要的应用[95]。碳纤维主要应用于 C/C 复合材料中，用于生产高档的体育运动产品，有的也应用到医学和建筑等领域。

按原料来源分类，碳纤维可分为聚丙烯腈（PAN）基碳纤维、沥青基碳纤维、黏胶基碳纤维和酚醛树脂基碳纤维；根据不同的力学性能，又可把沥青基碳纤维分为高性能碳纤维和通用级碳纤维。目前市场上碳纤维主要以聚丙烯腈基碳纤维为主，但由于沥青基碳纤维的模量接近于石墨的理论模量，具有超高强度、超高模量、高传导性和低热膨胀系数等特点，性能远远高于聚丙烯腈基碳纤维，一直以来都是碳材料研究的热点。

沥青基碳纤维是以沥青为原料经沥青的精制、调制、纺丝、不熔化、炭化或石墨化而制得的碳含量大于 92％ 的特种纤维。沥青基碳纤维生产工艺流程如图 8-15 所示[96]。

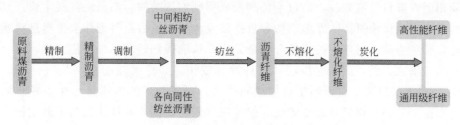

图 8-15　沥青基碳纤维生产工艺流程

精制和调制是对原料煤沥青进行处理，得到杂质含量低、密度高、黏度低的沥青原料，不同原料纺出的沥青纤维性能有所不同，软化点越高，最终得到的碳纤维性能越好。纺丝即把经过调制净化的沥青原料制作成纤维丝，沥青的纺丝难度远大于高聚物等其他原料，该过程主要受到沥青黏度的影响。不熔化又称预氧化，指采用氧化方法使热塑性沥青转变为热固性，在炭化过程中能维持原有纤维形状与择优取向，增加其稳定性，不熔化方法主要有气相氧化法和液相氧化法。炭化是指温度在 1800℃ 以下，惰性气氛（纯氮气）中进行的高温热处理；石墨化则是指在接近 3000℃ 的高纯氢气条件下的热处理，炭化和石墨化均可以提高纤维的力学性能。

随着我国经济和技术的发展，各个行业对碳纤维的需求将进一步增加，碳纤维的生产能力也会增大。目前我国沥青基碳纤维的生产成本高，价格昂贵，尚未形成大规模工业化生产，但因其原料来源充足、价格低廉，可以很好地解决大量廉价煤焦油沥青利用问题，同时，沥青基碳纤维的新用途不断开发和扩大，其发展前景十分乐观。

我国对沥青基碳纤维的研究始终保持着高度热情，涌现出了中国科学院山西煤化所、烟台新材料研究所、鞍山塞诺达碳纤维有限公司等优秀的碳纤维科研单位和生产企业。

8.8.2.3　中间相沥青基泡沫炭

泡沫炭是由孔泡和相互连接的孔泡壁组成的具有三维网状结构的轻质多孔材料，常见的泡孔结构包括五边形十二面体和球形气孔状结构，这些独特的结构使得泡沫炭在声学、光学、电学和热学等方面具有许多特殊的性能[97]。因其低密度、高导热导电性、高孔隙率、耐高温、耐腐蚀、低热膨胀系数等性能，在热管理材料、电磁屏蔽材料、电极材料、催化剂载体、轻质抗烧蚀材料等领域有着广泛的应用。

根据合成原料的来源，泡沫炭主要分为两种，即聚合物泡沫炭和中间相沥青基泡沫炭[98]。其中，中间相沥青基泡沫炭的合成原料有煤沥青、石油沥青和萘沥青等。而根据孔泡壁的微观结构，泡沫炭又可以分为石墨化和非石墨化泡沫炭[99]。以煤沥青为原料制备的中间相沥青基泡沫炭具有初始原料价格低廉、来源丰富的优势。以煤沥青为原料制备泡沫炭时，其生产工艺流程如图 8-16 所示。

图 8-16　中间相沥青基泡沫炭生产工艺流程

泡沫炭的制备过程是首先将煤沥青在一定温度下进行预处理，沥青经脱氢、环化、芳构化、缩聚、聚集堆叠、相互融并等一系列反应逐步形成中间相沥青。然后在一定温度和压力下对中间相沥青进行发泡处理，通过空位的形成得到泡沫结构，制得泡沫炭生料。其中，发泡常用的方法有高压渗氮法、发泡剂法和自挥发发泡法。最后，对泡沫炭生料进行炭化和石墨化处理，进一步除去材料中的轻组分和杂元素，从而得到轻质高强的泡沫炭。

在泡沫炭研究方面，美国起步较早而且发展较快，如橡树岭国家实验室、Ultramet 公司、ERG 公司等已形成从科研到生产的成熟体系，研发生产的泡沫炭已在诸多领域实现应用。与之相比，我国在该领域起步较晚，但是进展较快，同样取得了较为丰硕的研究成果。

因泡沫炭的力学性能与金属或其他高分子材料的力学性能相比相对较差，近年来，泡沫炭材料的研究主要集中在对泡沫炭进行改性和应用领域的新探索。在改性研究时，人们将其他具有不同物理和化学性质的物质添加到泡沫炭制备过程中，采用颗粒增强、纤维增强、化学气相渗透（或沉积）等方法，制得泡沫炭复合材料。为改善复合材料的性能，需重点考虑界面的设计和控制。同时，泡沫炭及其复合材料，因具有高比表面积和导电性，在电极材料中有着巨大的应用前景，有望成为新一代能源材料。

8.8.2.4　煤基功能材料

煤焦油是以多环芳烃为主的混合物，许多稠环芳烃和杂环化合物主要来自煤焦油。如蒽、菲、芘等物质 90% 以上需从煤焦油中提炼；咔唑、喹啉、噻吩等几乎 100% 来自煤焦油产品，萘 85% 来自煤焦油[100]。这些产品是制备塑料、合成纤维、染料、合成橡胶、农药、医药、耐高温材料以及国防用品的宝贵原料[101,102]。因此对煤焦油进行深加工并多元化利用，是提高煤焦油附加值的重要途径。

煤基功能材料的制备主要是通过煤焦油的深加工而得到，其主要包括以下四个过程：第一个过程是煤焦油原料的预处理，去除煤焦油中的水分、盐分和对煤焦油脱渣；第二个过程是对经过处理的煤焦油进行蒸馏，切取不同的馏分段；第三个过程是通过各种分离手段根据需要对馏分中部分组分进行提纯，即进一步的提取和精制；第四个过程是采用物理或化学方法对精制原料进行加工，获得功能材料等下游化工产品。煤基功能材料生产工艺流程如图8-17 所示。

煤焦油预处理 →（脱盐脱水）→ 蒸馏 →（馏分切取）→ 馏分提纯 →（物理、化学法）→ 功能材料

图 8-17　煤基功能材料生产工艺流程

从煤焦油中提取的甲基萘可以用于生产维生素 K₃、止血剂、DDT 乳化剂、洗涤剂、助染剂和饲料添加剂。芴进一步深加工可制取附加值高、性能优异的新型材料、药物和催化剂，如光敏剂、改性剂、功能高分子材料、光导材料添加剂和合成发光材料。苊广泛应用于制备树脂、合成工程塑料、医药、染料、植物生长激素的中间体、杀虫剂，并且可生产电绝缘材料和阻燃材料。咔唑可用于生产光敏半导体聚合物材料，该材料在电子照相、信息记录和光探测技术等领域有着广泛的应用。甲酚下游使用行业较为分散，其中间甲酚是合成农药、染料、橡胶、塑料、抗氧剂、医药、感光材料、维生素 E 及香料等产品的重要精细化工中间体；邻甲酚主要用于合成香料和染料，还用于生产树脂、增塑剂、抗氧剂、阻聚剂等；对甲酚是制造防老剂 264 和橡胶防老剂的原料，在塑料工业中可制造酚醛树脂和增塑剂，在医药上用作消毒剂。对于煤焦油中的联苯，其下游主要应用于医药、农药以及目前快速发展的液晶材料和锂离子电池添加剂。

近年来我国煤炭洁净转化产业规模不断扩大，煤焦油产量不断增加，同时以煤焦油为原料的煤基功能材料的研究水平和技术发展取得了长足进步。煤焦油为基础的功能材料新产品不断涌现，未来煤焦油原料会更加精细分离，工艺技术会不断优化，材料性能会不断提高，特种材料的种类会不断丰富。

参考文献

[1] 韦鲁滨，陈志林，郝曙华，等. 干法选煤研究现状与展望[C]//提高全民科学素质、建设创新型国家——2006中国科协年会论文集(下册)，中国科学技术协会：中国科学技术协会学术部，2006.

[2] 张殿增. 降低洗精煤灰分是炼铁节能的重要措施[J]. 煤炭科学技术，1983(4)：18-20.

[3] 郭彦霞，张圆圆，程芳琴. 煤矸石综合利用的产业化及其展望[J]. 化工学报，2014，65(7)：2443-2453.

[4] Zhou M，Dou Y，Zhang Y，et al. Effects of the variety and content of coal gangue coarse aggregate on the mechanical properties of concrete[J]. Construction and Building Materials，2019，220：386-395.

[5] Wang Y，Liu C，Tan Y，et al. Chloride binding capacity of green concrete mixed with fly ash or coal gangue in the marine environment[J]. Construction and Building Materials，2020，242：118006.

[6] Dang W，He H Y. Glass-ceramics fabricated by efficiently utilizing coal gangue[J]. Journal of Asian Ceramic Societies，2020，(4)：1-8.

[7] Li A H，Zheng A F，Wang A J，et al. Facile preparation of zeolite-activated carbon composite from coal gangue with enhanced adsorption performance[J]. Chemical Engineering Journal，2020，390：124513.

[8] Zhang X，Zhao R B，Zhang N，et al. Insight to unprecedented catalytic activity of double-nitrogen defective metal-free catalyst：key role of coal gangue[J]. Applied Catalysis B：Environmental，2019，263：118316.

[9] Han J，Jin X，Song C，et al. Rapid synthesis and NH_3-SCR activity of SSZ-13 zeolite via coal gangue[J]. Green Chemistry，2020，22(1)：219-229.

[10] Liu Y，Lian W，Su W，et al. Synthesis and mechanical properties of mullite ceramics with coal gangue and wastes refractory as raw materials [J]. International Journal of Applied Ceramic Technology，2019，17(1)：205-210.

[11] Wang Y，Huang Y，Hao Y. Experimental study and application of rheological properties of coal gangue-fly ash backfill slurry [J]. Processes，2020，8(3)：284.

[12] Du T，Wang D，Bai Y，et al. Optimizing the formulation of coal gangue planting substrate using wastes：The sustainability of coal mine ecological restoration[J]. Ecological Engineering，2020，143：105669.

[13] Ciubido A，Majchrzak-Kucba I. Exhaust gas purification process using fly ash-based sorbents[J]. Fuel，2019，258：116126.

[14] Zeng L，Sun H J，Peng T J，et al. Preparation of porous glass-ceramics from coal fly ash and asbestos tailings by high-temperature pore-forming[J]. Waste Management，2020，106：184-192.

[15] Rajakrishnamoorthy P，Karthikeyan D，Saravanan C G. Emission reduction technique applied in SI engines exhaust by using zsm5 zeolite as catalysts synthesized from coal fly ash[J]. Materials Today：Proceedings，2020，22：499-506.

[16] Zou X，Xu K，Xue Y，et al. Removal of harmful algal blooms in freshwater by buoyant-bead flotation using chitosan-coated fly ash cenospheres[J]. Environmental ence and Pollution Research，2020，27(3)：29239-29247.

[17] Das D，Nijhuma，Gabriel A M，et al. Recycling of coal fly ash for fabrication of elongated mullite rod bonded porous SiC ceramic membrane and its application in filtration[J]. Journal of the European Ceramic Society，2020，40(54)：2163-2172.

[18] Kim M，Ko H，Kwon T，et al. Development of novel refractory ceramic continuous fibers of fly ash and comparison of mechanical properties with those of E-glass fibers using the Weibull distribution [J]. Ceramics International，2020，46(9)：13255-13262.

[19] Luo Y，Wu Y，Ma S，et al. Utilization of coal fly ash in China：a mini-review on challenges and future directions[J]. Environmental ence and Pollution Research，2020(4)：1-14.

[20] 段清兵，张胜局，段静. 水煤浆制备与应用技术及发展展望[J]. 煤炭科学技术，2017，45(1)：205-213.

[21] Wei Y，Li B，Li W，et al. Effects of coal characteristics on the properties of coal water slurry[J]. Coal preparation，

2005，25(4)：239-249.

[22] 李智. 水煤浆提浓对气化装置运行经济性影响的分析[J]. 中氮肥，2018，204(6)：5-9.

[23] 徐昊，关翰敏. 水煤浆气化有效气含量的影响因素[J]. 煤炭加工与综合利用，2018(6)：21-24.

[24] 任小佳. 水煤浆浓度变化对煤气化工艺的能耗影响[J]. 化工设计通讯，2019，45(3)：25-26.

[25] 李志颖，董加存. 对水煤浆黏度低的原因分析[J]. 科技信息，2010(16)：710-713.

[26] 孙美洁，徐志强，涂亚楠，等. 基于多重光散射原理的水煤浆稳定性分析研究[J]. 煤炭学报，2015，40(3)：659-664.

[27] 李习臣. 大型水煤浆喷嘴的开发与雾化机理研究[D]. 杭州：浙江大学，2004.

[28] Lu H Y，Li X F，Zhang C Q，et al. β-Cyclodextrin grafted on alkali lignin as a dispersant for coal water slurry[J]. Energy Sources，Part A：Recovery，Utilization and Environmental Effects，2019，41(14)：1716-1724.

[29] 尉迟唯，李保庆，李文，等. 煤质因素对水煤浆性质的影响[J]. 燃料化学学报，2007，35(2)：146-154.

[30] Atesok G，Boylu F，Sirkeci A A，et al. The effect of coal properties on the viscosity of coal-water slurries[J]. Fuel，2002，81(14)：1855-1858.

[31] 卢寿慈，王佩云. 粉体工程手册[M]. 北京：化学工业出版社，1992.

[32] 张荣曾. 水煤浆制浆技术[M]. 北京：科学出版社，1996.

[33] 焦红雷，夏宏德，张省现，等. 基于分形方法的煤炭研磨颗粒粒度分布模型[J]. 北京科技大学学报，2007，29(11)：1152-1154.

[34] 邓业新. 粒度级配改善神华煤成浆性的研究[D]. 淮南：安徽理工大学，2018.

[35] 朱书全，邹立壮，黄波，等. 水煤浆添加剂与煤之间的相互作用规律研究Ⅰ. 复合煤粒间的相互作用对水煤浆流变性的影响[J]. 燃料化学学报，2003，31(6)：519-524.

[36] 陈浩. 基于间断级配水煤浆复合流机理研究[D]. 北京：煤炭科学研究总院，2016.

[37] 王文伟，杜善明，关丰忠，等. 分级研磨制浆工艺在神华新疆化工有限公司的应用[J]. 煤化工，2018，46(6)：11-14.

[38] 唐广军，李琳，王成黎，等. 多喷嘴对置式水煤浆气化废锅-激冷流程气化炉的研究与应用[J]. 煤炭加工与综合利用，2018，(12)：18-21，25.

[39] 岑可法，姚强，曹欣玉，等. 煤浆燃烧、流动、传热和气化的理论与应用技术[M]. 杭州：浙江大学出版社，1997.

[40] 朱书全，詹隆. 中国煤的成浆性研究[J]. 煤炭学报，1998，23(2)：198-201.

[41] 段清兵，梁兴，张胜局，等. 提高深化气化水煤浆浓度的可行性研究[J]. 洁净煤技术，2009，15(2)：49-51.

[42] 解京选，武建军. 煤炭加工利用概论[M]. 徐州：中国矿业大学出版社，2010.

[43] 赵玉兰，常鸿雁，古登高，等. 粉煤成型机理研究进展[J]. 煤炭转化，2001，24(3)：12-14.

[44] 王卫东，刘虎. 型煤技术基础理论总结与探讨[J]. 煤炭加工与综合利用，2004(5)：38-41.

[45] 殷立新，徐修成. 胶粘基础与胶黏剂[M]. 北京：航空工业出版社，1988.

[46] 许伟，王鹏山，石鑫. 粉煤成型技术研究进展[J]. 山东化工，2016，45(4)：29-33.

[47] 黄光许，郝英轩，刘全润，等. 神木烟煤气化型煤的制备及成型机理研究[J]. 中国煤炭，2012，38(9)：83-90.

[48] 徐振刚，刘随芹. 型煤技术[M]. 北京：煤炭工业出版社，2001.

[49] Felfli F F，Luengo C A，Rocha J D. Torrefied briquettes：technical and economic feasibility and perspectives in the Brazilian market[J]. Energy for Sustainable Development. 2005，9(3)：23-29.

[50] 刘建平. 型煤质量影响因素分析[J]. 山西化工，2016，36(4)：35-37.

[51] 冷三华. 国内生物质型煤技术的研究现状分析[J]. 冶金管理，2019(9)：113.

[52] 张云利，刘坤，孙丽丽. 生物质型煤燃烧特性的研究[J]. 煤炭技术，2017，22(6)：114-115.

[53] 陈记平. 气化型煤在有色金属冶炼中的应用研究[J]. 世界有色金属，2016(18)：86-87.

[54] 曹军锋. 煤气化技术在合成氨生产中的应用情况[J]. 化工管理，2019(14)：100-101.

[55] 赖坚. 工业型煤在锅炉节能中的应用[J]. 化学与生物工程，2012，29(8)：84-85.

[56] 张玉君，万立平，毕研科，等. 常规焦炉上的完全型煤炼焦[J]. 洁净煤技术，2012，18(2)：99-101.

[57] 吴廷娟. 型煤技术在合成氨造气生产系统中的应用[J]. 广东化工，2010，37(9)：86-87.

[58] Dumitrache A，Akinosho H，Rodriguez M，et al. Consolidated bio-processing of Populus using Clostridium (Ruminiclostridium) thermocellum：a case study on the impact of lignin composition and structure[J]. Biotechnology for Biofuels，2016，9(1)：31-45.

[59] 吴创之，周肇秋，阴秀丽，等. 我国生物质能源发展现状与思考[J]. 农业机械学报，2009，40(1)：91-99.

[60] Massaro M M, Son S F, Groven L J. Mechanical, pyrolysis, and combustion characterization of briquetted coal fines with municipal solid waste plastic (MSW) binders[J]. Fuel, 2014, 115(1): 62-69.

[61] Madanayake B N, Gan S, Eastwick C, et al. Biomass as a energy source in coal co-firing and its feasibility enhancement via pretreatment techniques[J]. Fuel Processing Technology, 2017(159): 287-305.

[62] 童亚军, 章祥林, 苏肖. 红外光谱与热重分析法研究腐植酸改性脲醛树脂[J]. 中国胶黏剂, 2010, 19(9): 32-35.

[63] 埃利奥特 M A. 煤利用化学[M]. 北京. 化学工业出版社. 1991.

[64] 童亚军. 煤基腐植酸改性建筑人造板粘结剂的研究与制备[D]. 合肥: 安徽建筑工业学院, 2011.

[65] 张传祥, 张效铭, 程敢. 褐煤腐植酸提取技术及应用研究进展[J]. 洁净煤技术, 2018, 24(1): 6-12.

[66] 曾宪成. 中国腐植酸产业五十年回顾[J]. 腐植酸, 2007(5): 1-6.

[67] 刘梅堂, 王天雷, 程瑶, 等. 中国泥炭褐煤资源及发展腐植酸钾产业潜力[J]. 地学前缘, 2014, 21(5): 255-266.

[68] 袁川舟. 胜利褐煤腐植酸的氧化提取、组成结构及吸附K⁺性能研究[D]. 徐州: 中国矿业大学, 2019.

[69] 冯静静, 许英梅, 何德民, 等. 腐植酸的提取方法及其应用性能研究进展[J]. 辽宁化工, 2018, 479(11): 1131-1133.

[70] Maurizio Z. Treatment of HIV infection with humic acid: WO9508335[P]. 2003-09-18.

[71] 王高伟, 胡光洲, 孔倩, 等. 煤炭腐植酸的基本性能及其工农业应用[J]. 煤炭技术, 2007, 26(11): 111-113.

[72] Urazova T S, Bychkov A L, Lomovskii O L. Mechanochemical modification of the structure of brown coal humic acids for preparing a sorbent for heavy metals[J]. Macromolecular Compunds and Polymeric Materials, 2014, 87(5): 651-655.

[73] 曾宪成. 腐植酸从哪里来, 到哪里去[J]. 腐植酸, 2012(4): 1-10.

[74] Madronova L, Kozler J, Cezikova J. Humic acids from coal of the North-Bohemia coal field Ⅲ metal-binding properties of humic acids—measurements in a column arrangement[J]. Reactive and Functional Polymers, 2001, 47: 119-123.

[75] 李仲谨, 李铭杰, 王海峰, 等. 腐植酸类物质应用研究进展[J]. 化学研究, 2009, 20(4): 103-107.

[76] 叶显彬, 周劲风. 褐煤蜡化学及应用[M]. 煤炭工业出版社, 1989.

[77] Wei X, Yuan C, Zhang H, et al. Montan wax: the state-of-the-art review[J]. Journal of Chemical and Pharmaceutical Research, 2014, 6: 1230-1236.

[78] 程宏谟, 叶显彬. 国外褐煤蜡的一些研究和发展动向[J]. 煤炭科学技术, 1976(2): 2.

[79] de Guzman D. Montan wax market remains healthy on stable demand[J]. Chemical Market Report, 2002, 262: 11.

[80] 舒兰矿务局化工厂. 舒兰褐煤蜡生产概况[J]. 煤炭科学技术, 1977: 17-18.

[81] Matthies L. Natural montan wax and its raffinates[J]. European Journal of Lipid Science & Technology, 2001, 103(4): 239-248.

[82] 解强, 张香兰, 梁鼎成, 等. 煤基活性炭定向制备: 原理·方法·应用[J]. 煤炭科学技术, 2020, 48(6): 1-28.

[83] 谷丽琴. 煤基活性炭制备研究进展[J]. 煤炭科学技术, 2008, 36(7): 107-109.

[84] 吴明铂, 邱介山, 何孝军. 新型碳材料的制备及应用[M]. 北京: 中国石化出版社, 2017.

[85] 王化军, 张国文, 胡文韬, 等. 煤基纳米碳材料制备技术的研究与应用[J]. 选煤技术, 2015(6): 89-93.

[86] 传秀云, 鲍莹. 煤制备新型先进炭材料的应用研究[J]. 煤炭学报, 2013, 38(增刊1): 187-193.

[87] 闫云飞, 高伟, 杨仲卿, 等. 煤基新材料——煤基石墨烯的制备及石墨烯在导热领域应用研究进展[J]. 煤炭学报, 2020, 45(1): 443-454.

[88] 魏江涛, 权亚文, 张启科, 等. 煤焦油加工工艺进展及其应用发展方向[J]. 石油化工应用, 2020, 39(3): 1-3.

[89] 陈刚, 康徐伟, 张生娟. 煤基油品的分析技术研究现状与进展[J]. 山东化工, 2019, 48(21): 47-50.

[90] 赵社库. 探究煤焦油加工技术进展和发展措施[J]. 石化技术, 2019, 26(10): 227.

[91] 肖南, 邱介山. 煤沥青基功能碳材料的研究现状及前景[J]. 化工进展, 2016, 35(6): 1804-1811.

[92] 赵亚楠. 初探煤沥青及其应用[J]. 炭素, 2019(3): 31-35.

[93] 王旺, 赵博文, 张波, 等. 原料组成对针状焦结构性能的影响[J]. 炭素技术, 2018, 37(5): 41-44.

[94] 刘其鹏, 尹慧君. 煤系针状焦的生产现状和发展前景[J]. 煤炭加工与综合利用, 2020(1): 57-59.

[95] 徐保明, 张家晖, 唐强, 等. 沥青基炭纤维制备方法研究进展[J]. 炭素技术, 2017, 36(5): 5-8.

[96] 周云辉, 谷小虎, 林雄超. 煤焦油沥青基炭材料的研究进展[J]. 炭素技术, 2019, 38(2): 1-5.

[97] 汪洋, 林喆, 秦志宏, 等. 泡沫炭的制备工艺及应用[J]. 炭素技术, 2020, 39(2): 1-6.

[98] 赵景飞, 李铁虎, 高长超, 等. 泡沫炭的最新研究进展[J]. 炭素技术, 2011, 30(5): 25-30.

8 煤的综合利用

[99] 刘海丰，何莹，屈滨，等. 泡沫炭的制备机理及性质概述[J]. 炭素，2019(1)：30-33.

[100] 郭艳玲，胡俊鸽，周文涛，等. 我国高温煤焦油深加工现状及发展趋势[J]. 现代化工，2014，34(8)：11-14.

[101] 闫厚春，范雯阳，崔鹏，等. 中低温煤焦油的加工利用现状[J]. 应用化工，2019，48(8)：1904-1907.

[102] 李岩. 焦油深加工发展潜能[J]. 化学工业，2019，37(6)：21-27.

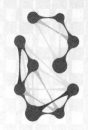

9
中国煤炭清洁转化发展面临的挑战

随着技术的进步和国家政策的支持，中国煤炭清洁转化产业得到了长足发展，为国家能源安全提供了一定的保障。然而，现实发展过程中仍面临不少问题，环境问题、水资源问题、节能问题、碳减排问题始终制约着煤炭清洁转化的发展，必须引起重视。

9.1 环境问题

煤炭从生产到利用的全过程，特别是煤炭利用过程会产生相当程度的污染物，如不加以控制，会带来一定的环境污染问题。污染物包括二氧化硫、氮氧化物、二氧化碳和其他微粒，还有重金属，包括砷、汞、铅甚至铀。因此，煤炭利用过程中环境问题不容忽视。

9.1.1 煤转化过程的污染物来源

我国煤炭的绝大部分用于直接或间接燃烧。图 9-1 的统计数据表明，煤炭的燃烧比例一直维持在 85％以上，其余部分主要用于炼焦、气化等产业。

煤炭在燃烧和焦化、气化等转化过程中，产生大量"废气""废水""废渣"，这"三废"是环境污染的主要来源和产生危害的主要根源，也是环境治理过程中的重点和难点。

（1）煤转化过程中的"废气"来源

煤在燃烧过程中会产生大量气体污染物，包括一氧化碳、二氧化碳、二氧化硫、氮氧化物、有机化合物及烟尘等，因此工业、电力和民用燃煤成了大气污染的主要来源，特别是煤炭消费所占比例较大的煤电行业。燃煤发电过程中产生的气体污染物主要来源于燃煤锅炉，通过烟囱高空排放至大气。这些气体污染物主要有烟尘、硫氧化物、氮氧化物等，其中硫氧化物排放主要由于煤中硫的存在而产生，煤炭燃烧过程中绝大多数硫氧化物是以二氧化硫的形式产生并排放，只有少部分被氧化为三氧化硫吸附到颗粒物上或以气态排放；氮氧化物排放主要由于煤中含氮化合物和空气中的氧气在高温下反应产生，包含一氧化氮、二氧化氮及

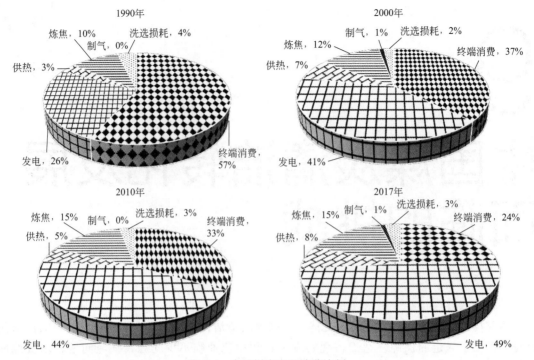

图 9-1　中国煤炭主要消费比例
图中终端消费包括工业、商业、餐饮、日常生活等活动过程中燃烧使用的煤

氧化亚氮等，其中一氧化氮为主，占到95％左右。一方面含氮化合物在燃烧过程中进行热分解，进一步氧化而生成 NO_x；另一方面，空气中的氮气在高温状态下与氧气发生化学反应生成 NO_x[1]。燃煤发电过程产生的气体污染物中还含有重金属、未燃尽的碳氢化合物、挥发性有机化合物等物质，重金属排放主要来源于煤炭中含有的重金属成分，大部分重金属（砷、镉、铬、铜、汞、镍、铅、硒、锌、钒）以化合物形式和气溶胶形式排放。另外，煤炭、脱硫剂和灰渣等物料的运输、装卸以及储存过程中会产生扬尘，这一污染来源也值得广泛重视。

　　焦化生产主要包括备煤、配煤、焦化炉炼焦、熄焦、焦炉煤气净化（化工产品回收）、化工产品精制等过程，其生产工艺复杂，因此具有污染物排放源多、种类多、毒性大等特点，对环境污染十分严重。焦化生产的过程中大气污染物的排放集中在备煤、装煤、焦炉加热、出焦、熄焦、推焦以及煤气净化脱硫等生产工艺阶段，污染物主要有 SO_2、NO_x、CO、H_2S、NH_3、苯并[a]芘等。备煤阶段产生的污染物主要为煤尘，煤料在运输、装卸、粉碎等过程中散放到大气中[2]；装煤阶段产生的主要大气污染物为大量黑烟和荒煤气，含有大量严重影响人体健康的多环芳烃，因煤料在高温条件下与空气接触产生并排放；炼焦阶段产生的大气污染物主要来自化学转化过程中未完全炭化的细煤粉及其析出的挥发分、焦油气、飞灰和泄漏的粗煤气，出焦时灼热的焦炭与空气接触生成的 CO、CO_2、NO_2，此外还包括苯并[a]芘等苯系物和酚、氰、硫氧化物、碳氢化合物等。每生产 1t 焦炭大约有 400 m^3 废气产生，大量的粉尘和有毒气体被排放到大气中[3]；化工产品回收阶段产生的大气污染物主要包括原料中的挥发性气体、燃烧废气等，由化学反应和分离操作的尾气、燃烧装置的烟囱等产生；化工产品精制阶段大气污染物主要为粗苯精制过程中排放的 H_2S、HCN 和烃类，煤焦油加工过程中排放的萘，以及通过烟囱排放的 SO_2、NO_x、CO 等有害气体[3]。另外，焦化炉的炉顶可能会有 H_2S、NH_3、苯可溶物等污染物质泄漏。

煤气化过程大气污染物来源广泛，种类众多，主要包括粉尘、碳氧化物、硫氧化物、NH_3、苯并[a]芘、CO、CH_4 等。粉尘的产生主要来源于煤场储存煤粉颗粒的飘散以及气化原料制备过程中煤粉碎、筛分过程；碳氧化物、硫氧化物、NH_3、苯并[a]芘、CO、CH_4 等污染物产生主要是因为气化炉加煤装置的煤气泄漏。气化炉在开炉启动、热备鼓风、设备检修、放空及事故时的放散操作，向大气中排放高浓度煤气，造成有害气体污染[2]。此外，气化炉开车过程中由于炉内结渣、火层倾斜等非正常情况导致的停车，会导致炉内的排空气形成部分废气、粗煤气的净化工序产生部分尾气污染物、硫和酚类物质回收装置排放尾气及酸性气体、氨回收吸收塔产生排放气等。很多废气中含有煤中的砷、镉、汞、铅等重金属物质，严重危害自然环境与人体健康[3]。

(2) 煤转化过程中的"废水"来源

燃煤发电过程中产生的废水具有来源广泛、种类较多、成分复杂、污染严重等特点，主要包括化工废水、含油废水、冲灰废水、脱硫废水等。燃煤发电化工废水主要包括工业冷却水、化学处理系统中的酸碱再生废液、输煤系统中的冲洗废水、冷却塔排污废水等，成分十分复杂；燃煤发电含油废水主要来源于汽轮机和转动机械轴承的油系统泄漏，电气设备法兰连接处泄漏，重油设施的凝结水，被重油污染的地下水等；冲灰废水主要包括冲洗锅炉渣和除尘器排灰的废水，其污染物种类和含量与锅炉燃煤的种类、燃烧方式、输送方式有关；电厂脱硫废水主要来源于锅炉烟气湿法脱硫过程中吸收塔的排放，以及锅炉冲洗水、排污水、机组冷却水等的排放[4]。脱硫废水污染成分复杂，主要包括重金属、悬浮物、COD及大量的总溶解性固体（TDS），处理较为困难。

焦化废水主要产生于炼焦、煤气净化、副产品回收与精制等过程，水质水量变化大、成分复杂，除含有高浓度的硫化物、氰化物、氟化物以及氨等无机污染物外，喹啉、吡啶、酚类和多环芳烃等有机污染物也是其主要成分。炼焦煤水分和原料煤受热裂解吸出的化合水形成的水蒸气随煤气一起从焦炉引出，经初冷凝器形成的冷凝水以及煤气净化过程中产生的废水含有高浓度的氨氮、酚类、氰化物、硫化物以及有机物等污染物，其水量占焦化废水总量的一半以上，是焦化废水的主要来源；焦化生产过程中其他废水排放主要包括除尘洗涤水、含酚氰冷却水和蒸汽冷凝水、地平冲洗及化验水、循环水系统排污水，其中煤气终冷与粗苯精苯加工蒸汽冷凝及焦油精制蒸汽冷凝水含有酚、氰、硫化物和油类等污染物[5,6]。一般经脱酚、蒸氨等过程处理后的焦化废水 COD 浓度 $1500 \sim 4500 \mathrm{mg/L}$、酚类质量浓度 $300 \sim 500 \mathrm{mg/L}$、氰化物质量浓度 $5 \sim 15 \mathrm{mg/L}$、挥发氨质量浓度 $100 \sim 250 \mathrm{mg/L}$[7]，因此，焦化废水是我国水污染防治的重中之重。

煤气化废水主要来源于气化过程中各工段的洗气水、洗涤水、蒸汽分馏后的分离水，这些废水中溶解了气化过程中产生的大量水溶性污染物。由于煤和焦炭中含有的硫、氯、氮以及金属元素等，在气化过程中转化为氰化物、硫化物、氯化物、氨、酚和金属化合物等有害污染物，溶于水中，造成污染[2]。不同的气化技术适用的煤种不同，所产生的环境污染物含量也不尽相同。目前，国内外较常用的三种气化技术分别为：固定床气化技术中的 Lurgi 碎煤加压气化、气流床气化技术中的 Shell 干粉煤气化和 Texaco 水煤浆气化。Lurgi 碎煤加压气化产生的废水中污染成分较为复杂，酚类物质、COD、氨氮等指标数值均较高，酚、氨回收前废水中 COD 浓度通常超过 $20000 \mathrm{mg/L}$；Shell 干粉煤气化产水量小，不含有酚类、油类等污染物，水质比较洁净；Texaco 水煤浆气化废水不含油类，酚类物质较少，废水也较为洁净[8]。另外，采用冷凝水全部循环工艺，各煤种排放废水量基本能控制在 $0.4m^3/t$；采用不循环工艺时，硬煤产生的气化废水量最大，约为 $30m^3/t$，焦炭、褐煤、无烟煤产生的气化废水量基本相同[3]，约为 $20m^3/t$。

（3）煤转化过程中的"废渣"来源

燃煤发电产生的固体废弃物主要为粉煤灰、煤渣和脱硫石膏。粉煤灰主要是烟气经过除尘器作用所捕集的细灰，其主要成分为未燃炭、CaO、Fe_2O_3、Al_2O_3、SiO_2，还含有少许 K、P、S、Mg 等的化合物与微量元素[9]。燃煤发电过程中，煤粉在燃烧锅炉炉膛中呈悬浮状态燃烧，绝大部分可燃物在炉内烧尽，而煤粉中的不燃物（主要为灰分）大量混杂在高温烟气之中，受到高温作用部分熔融，同时由于表面张力的作用，形成大量细小的球形颗粒。在锅炉尾部引风机的抽气作用下，含有大量灰分的烟气流向炉尾。随着烟气温度的降低，一部分熔融的细粒因受到一定程度的急冷呈玻璃体状态，从而具有较高的潜在活性。在引风机将烟气排入大气之前，这些细小灰分颗粒经过除尘器，被分离、收集。煤渣主要来源于煤炭燃烧后产生的废渣。脱硫石膏是电厂采用脱硫剂（石灰石浆液）吸收烟气中的二氧化硫，经氧化、洗涤、脱水后形成的化工副产品，主要成分为 $Ca(SO_4) \cdot 2H_2O$，还含有 $CaSO_3$、有机碳以及由飞灰和氯化物组成的可溶性盐等成分[9]。为减少大气污染，相关政策法规规定燃煤发电必须进行烟气脱硫，因此产生了大量的脱硫石膏，这些固体废弃物的排放对大气、水体、土壤均有一定污染。

焦化生产过程中，会产生大量有机固体废弃物，主要包括焦油渣、洗油再生残渣、酸焦油、生化污泥等。焦油渣、洗油再生残渣主要来源于化工产品回收和精制过程，酸焦油主要产生于硫铵饱和器，生化污泥主要来源于生化脱酚过程。此外，原煤的输送、粉碎、筛分和上煤过程中产生粉尘，洗煤过程中产生矸石，推焦、熄焦及筛焦等生产过程中除尘器收集煤尘，熄焦池中存在焦粉废渣等[2]。这些有机固体废弃物大多因不能有效加工利用而堆置，占用土地并造成一定的污染，成为困扰焦化产业发展的一大问题。

煤气化过程的固体废弃物主要为灰渣，包括粗渣（气化炉渣）、细渣（黑水滤饼）和飞灰等。煤炭在高温条件下与气化剂反应，其中有机物转化成气体燃料，而煤中的矿物质形成灰渣，气化炉残渣颗粒较大且含碳量相对较少，称为粗渣；黑水滤饼含有较多碳元素且颗粒细小，称为细渣。废渣的成分与原料煤的组成、灰分含量及气化工艺等因素相关，主要成分为 SiO_2、Al_2O_3、CaO 和残余炭等[10]。另外，气化过程还会产生焦油残渣，鲁奇炉加压煤气化产生含尘煤气水经膨胀闪蒸后进入焦油分离器，在焦油分离器内分为焦油与中油、酚水、焦油与粉尘 3 层。位于上面两层中的焦油与中油、酚水经侧线采出被分别送到专门的处理装置内进行深加工，位于最下层的就是沉降在焦油分离器下部锥体中的焦油和煤尘，产生煤焦油渣。还有大量硫化物、苯酚类有机物以及少量的废催化剂产生。

9.1.2 煤转化过程的"废气"处理

废气处理主要包括粉尘控制、挥发性有机化合物处理、硫化物处理、氮氧化物处理、烟气脱重金属、微量元素脱除等过程。

（1）粉尘控制

消除粉尘应当把改善燃烧过程和废气除尘结合起来进行。

① 改善燃烧过程。对于气体燃料，选择合适的过量空气系数，强化空气与燃料的混合；对于液体燃料，应特别重视改进雾化；对于固体燃料，应尽量减小颗粒直径，延长其在炉内的停留时间。

② 废气除尘。一般扬尘、煤尘等可以用粉尘抑制剂进行治理，大部分生产性粉尘主要依靠各种除尘器进行除尘。常见除尘器有重力除尘器、惯性除尘器、旋风除尘器、过滤式除尘器，这些除尘器均可很好地实现废气除尘。随着科技的发展，电-袋混合除尘技术、高频电压电源技术、声波清灰技术、等离子体气体净化技术应运而生，这些除尘技术的除尘效果更加显著，更好地实现烟气除尘。

（2）挥发性有机化合物处理[11]

挥发性有机化合物主要的处理技术包括吸附回收法、催化燃烧法、生物法以及冷凝法。吸附回收法主要是利用吸附剂的吸附作用，通过对挥发性有机化合物中的各个成分进行合理性的有选择的吸附。最常见吸附剂的是活性炭，其余的还有活性炭纤维。相对于其他方式，吸附回收法具有操作简单快捷、去除效率较高的优势，但是其同样具有运行费用高的缺点。催化燃烧法主要的原理是通过催化剂对挥发性有机化合物中的成分进行催化分解，从而形成对空气没有污染的气体。冷凝法处理技术主要是通过加压或是降温的方式，对挥发性有机化合物进行凝结，从而达到对气体净化的效果。除以上 3 种处理方式之外，还可以利用生物法进行空气的净化，主要利用微生物的分解作用，将挥发性有机化合物进行水和二氧化碳的转化，从而实现污染的有效处理。

（3）硫化物处理

在硫化物的处理中，不同的硫化物有不一样的处理方式，其中主要分为硫化氢和二氧化硫。对于硫化氢来说，其处理技术有吸收法、吸附法以及催化燃烧法。对于二氧化硫来说，其处理技术与硫化氢的处理技术有所差异，主要分为物理法、化学法以及生物法。其中物理法主要利用物质的吸收、吸附作用实现。如干式吸附法，主要是利用吸附剂的吸附、分离以及再生的作用，实现二氧化硫的良性转化。化学法处理技术代表物质为石灰石和氨水。通过二氧化硫与二者发生化学反应，从而实现新物质的产生，防止大气污染。除此之外，以微生物为代表的生物法处理技术，主要是利用微生物的还原作用，进行二氧化硫的净化，在这个过程中不仅成本较低，而且处理效果较好，因此有较好的发展前景。

随着对已有技术的改进，新脱硫剂的开发，烟气脱硫技术不断提高、进步，脉冲电晕等离子体技术（PPCP）、荷电干式吸收剂喷射脱硫系统（CDSI）、生物法烟气脱硫技术（Bio-FGD）、同时脱硫和脱硝技术、活性炭吸附技术等烟气脱硫新技术都将是未来煤化工烟气脱硫的重点发展方向。

（4）氮氧化物处理

NO_x 在阳光的作用下会引起光化学反应，形成光化学烟雾，从而造成严重的大气污染。NO_x 处理主要是采用过程控制与烟气脱硝两者结合的方式进行处理。一方面，在过程控制中，可以通过降低燃烧室的温度以及废气再循环的方式进行控制。另一方面，烟气脱硝法是指在高温条件下进行选择性催化还原。从实际应用来讲，这种方式的应用较为广泛。烟气脱硝按治理工艺可分为湿法脱硝和干法脱硝。国内外一些科研人员还开发了用微生物来处理 NO_x 废气的方法。烟气脱硝技术主要有干法（选择性催化还原烟气脱硝、选择性非催化还原法脱硝）和湿法两种。与湿法烟气脱硝技术相比，干法烟气脱硝技术的主要优点是：基本投资低，设备及工艺过程简单，脱除 NO_x 的效率也较高，无废水和废弃物处理，不易造成二次污染。

（5）烟气脱重金属

重金属在环境中具有难分解性，传播途径复杂，且对人体健康有较大伤害，因此煤化工过程烟气脱重金属技术的使用十分必要。国内外去除重金属污染的方法主要有：

① 降温使重金属自然凝聚成核或冷凝成粒状物后被除尘设备捕集；

② 将尾气通过湿式洗涤塔，除去其中水溶性的重金属化合物；

③ 催化转变，利用螯合剂改变重金属种类，使饱和温度低的重金属元素形成饱和温度高且较易氧凝结的氧化物或络合物，被除尘设备捕集；

④ 喷射诸如活性炭等粉末，吸附重金属形成较大颗粒而被除尘设备捕集。

另外，通过高效除尘、湿法烟气脱硫、多段净化等技术的使用，也可对其重金属进行一定程度的脱除。

（6）微量元素脱除

多数煤中微量元素含量虽然很少，但由于煤的产量大、用量大，其潜在危害不可忽视。煤中氯脱除技术的研发主要集中在气化过程中的吸附技术、微波技术、增压洗煤技术和先进的泡沫浮选技术等；煤受热分解释放出的氟化物比氮化物危害更大，目前主要采用烟气湿法除氟技术。关于燃煤中汞排放的研发内容主要有：煤中汞的赋存、转化和迁移规律，汞在自然界的扩散，汞污染的控制和相应用于控制的吸附材料的开发等。

9.1.3 煤转化过程的"废水"处理

煤转化过程中要消耗大量水资源，同时产生含有大量有机污染物的废水，其最主要的特点是污染物浓度高、组分十分复杂，且受煤种和生产工艺影响存在不同程度的难降解物质，对环境和人类本身都会产生较大的影响。选用专业化处理方式进行化学技术处理，会导致色度与浊度较高，主要是因为煤化工生产阶段过程中通常会产生各类污染物集中于废水，并且发生一定反应，反应后会产生色度偏大的物体，加剧废水的处理难度。另外，由于降解难度逐步加大，煤化工废水中的有机物数量逐步增多，也加剧了废水的处理难度。因此，对于煤转化过程产生的废水要针对性处理，才能达到良好的处理效果。目前，对于煤转化过程废水的处理主要采用针对性预处理、生化处理和深度处理的三段式处理或部分处理过程的结合[12]。

（1）针对性预处理

所谓针对性预处理就是在进行后续处理之前，针对废水特点将其中含有的油、酚和氨等物质去除或回收，进而使废水的含油量和生化性满足后续生化处理的要求。煤化工废水的预处理十分重要，其水质复杂，需根据不同水质情况进行针对性预处理。处理方式通常包括消泡、除油、蒸氨、脱酚等。消泡方面，哈尔滨工业大学科研人员研发了惰性气体除油工艺，能够有效地去除煤化工废水中含有的油类等化学物质，同时防止废水发生预氧化，后续生物处理的泡沫问题得以解决；除油常用操作主要有隔油法、气浮法、电解法和离心分离法等[13]；蒸氨方法分为直接蒸氨和间接蒸氨两种[14]；脱酚的常用方法有蒸汽吹脱法和溶剂萃取法。

（2）生化处理

生化处理利用微生物具有的新陈代谢生理反应，将煤转化过程污染废水中包含的有机污染物（如酚类等难降解物质）转化成 CO_2、水等无污染物，实现废水净化回收。该方法具有操作简单、经济实用、处理回收污水效果好、效率高和稳定性高的特点。目前，生化处理技术主要有厌氧-好氧（A/O）工艺、厌氧-缺氧-好氧（A^2/O）工艺、序批式活性污泥（SBR）工艺、升流式厌氧污泥床（UASB）工艺，以及酚类的毒性抑制、多元酚物质的降解、固定化生物技术等一些新兴工艺[15,16]。

（3）深度处理

煤化工废水中含有难降解有机物，经过生物处理后，废水中依然残留一些生物难以降解的有机物，氨氮类物质以及 COD_{Cr} 物质成分含量有所减少，导致生化处理的废水达不到回收再利用的标准，即废水出水 COD 或色度难以达标，因此必须进行深度处理。深度处理的方法有很多，常用工艺主要包含膜分离法、吸附法、混凝法以及高级氧化法等。国家能源集团煤直接液化项目的高浓度废水采用"活性炭吸附池—混凝反应池—过滤吸附池"进行后续处理，出水达到一级排放标准[12]。

在未来，发展高有机、高盐煤化工废水近零排放技术；开发典型污染物高效预处理、可生化性改善、去除特征污染物酚及杂环类和氨氮等高有机废水近零排放关键技术；开发包括臭氧催化氧化的深度处理技术及浓盐水分离、蒸发结晶组合技术；研究废水处理各项技术的优化组合，完善单质结晶盐分离流程和结晶盐利用，开展废水近零排放技术优化和工业示范；进一步研发基于新概念、新原理、新路线的煤化工废水全循环利用"零排放"技术，都将是煤化工废水处理的发展方向。

9.1.4　煤转化过程的"废渣"处理

随着"土十条"出台和《土壤污染防治法》立法，给煤转化产业管理工作提出了新的要求，传统主流的储存、填埋处理处置方法存在一定占用大量土地资源、污染地下水的环境隐患和风险，已经不能适应国家对环保、可持续发展的要求，在处理处置固体废弃物时，应遵循无害化、资源化及减量化原则。资源化主要是通过管理、工艺措施将固体废弃物中的有用能源或物质回收，使其产生一定的经济效益，实现二次利用。固体废弃物资源化利用包括 3个范畴：a.物质回收，即处理废弃物并从中回收指定的二次物质；b.物质转换，即利用废弃物制取新形态的物质；c.能量转换，即从废弃物处理过程中回收能量，包括热能和电能[17]。

（1）粉煤灰

最早处理粉煤灰的方法是回填和露天堆放。目前，对粉煤灰的处置方法主要为土地填埋和贮灰池存储。回填粉煤灰要占用大量土地，而露天堆放不仅占用大量土地，还严重污染环境。国内外对贮灰池存储法的环境效应研究表明，灰中潜在毒性物质会对土壤、地下水造成污染[17]。因此，对于粉煤灰的处理应加大其综合利用，其主要综合利用方式有以下几种。a.用作建材。粉煤灰中 SiO_2、Al_2O_3 的含量较高，分别在 $40\%\sim65\%$、$15\%\sim40\%$，有着一定的活性，可用作建材工业原料来制成水泥等。粉煤灰也可作为粉煤灰加气混凝土的原料，将一定量的水泥、石膏、铝粉及生石灰与水搅拌并倒入模具后，经过蒸养可以得到多孔轻质建筑材料。b.粉煤灰作为土壤改良剂。c.粉煤灰还可用于制分子筛、作吸附剂和过滤介质等方面，要使粉煤灰具有较高的生产力、生态效益和经济效益，必须加强其应用范围，不断扩大粉煤灰综合利用规模，提高技术水平和产品附加值，实现资源化发展。

（2）脱硫石膏

脱硫石膏的处理大多露天弃置或用来铺路、填沟、堆存等，不仅占用大量土地，对环境造成了二次污染，也浪费了大量优质资源。脱硫石膏可以作为一种工业副产石膏，与天然石膏煅烧后产生的熟石膏粉、石膏制品相比，在物理性能、凝结特征、水化动力学等方面并未存在显著差异，可取代天然石膏用于建材。以国际先进生产工艺、技术对脱硫石膏进行加工，将其制成石膏板，可实现脱硫石膏的100％利用，而以工业高标准自动化流水线进行生产，技术含量、产值较高，能耗低，不但可将脱硫石膏资源充分利用，还能将污染排放有效解决，促使固体废弃物资源化利用的实现[9]。

（3）灰渣

气化灰渣不仅含有多种有害成分和作用机理暂不明确的物质，而且由于其体积较大而需要占用土地资源进行填埋或堆放。因此，同样需要资源化利用处理，主要有以下几种处理途径：a.用于筑路；b.用于循环流化床燃烧；c.用于制砖和水泥；d.用作填料；e.用于生产铝合金；f.废渣中含有多种金属和非金属化合物，因此也可以作为生产玻璃纤维等新型材料的原料之一[18]。

（4）焦油渣

煤焦油渣是一种有害有毒的废渣，处理不当易造成环境污染。煤焦油渣的处理方法一般分为两类。第一类是采用物理或化学方法将煤焦油渣中的油、渣进行分离，并从中回收有价值的焦油和煤粉，然后对其进行进一步的加工再利用，是处理煤焦油渣的一种理想途径。主要包括溶剂萃取分离、机械离心分离以及热分离等。该方法可实现焦油和煤粉的回收利用，使其利用价值达到最大化。第二类是将煤焦油渣作为燃料、配煤添加剂或进行资源化的开发利用等，主要包括用于配煤、用作燃料、制备活性炭等[19]。

（5）洗油再生残渣

洗油再生残渣是洗油的高沸点组分和一些缩聚产物的混合物，主要有芴、苊和萘等。其主要利用方法有：a.配入焦油中，与焦油混合；b.生产混合油；c.作为生产炭黑的原料，生产苯乙烯-茚树脂；d.作为橡胶混合体的软化剂，加入橡胶后能改善其强度、塑性及相对延伸性，也可减缓其老化。

我国煤转化过程中的环境问题仍然面临着严峻的挑战，必须引起高度重视，积极推广清洁型技术，减少污染对人类的危害，为改善生态环境、促进煤转化产业的健康持久发展而努力。

9.2　水资源问题

总的来说，我国水资源分布南方多、北方少，东部多、西部少，化石能源与水资源逆向分布。水利部发布的 2018 年度《中国水资源公报》显示：2018 年，全国水资源总量 27462.5 亿立方米，其中西藏地区水资源量最大，达到全国水资源总量的 16.96％；其次为四川、云南、广东、广西、湖南、江西，所占全国水资源总量的比例分别为 10.75％、8.03％、6.90％、6.67％、4.89％、4.18％。南方水资源十分丰富，南方四区水资源量占全国水资源总量的 78.85％，其中长江区占全国水资源总量的 34.13％，西南地区占全国水资源总量的 21.80％；华北地区、西北地区大部分省区水资源量的占比都在 2％以下，新疆幅员辽阔，水资源量占有比例只有 3.13%。而我国煤炭赋存具有北多南少、西多东少的特点，与水资源呈逆向分布。我国产煤大省山西、陕西、内蒙古、新疆的煤炭产量占全国煤炭总产量的 74.22%，而水资源总量仅占全国的 6.60%。

目前，我国现代煤化工项目用水量较大，平均每吨煤直接制油用水 5.8t、煤间接液化用水 6~9t、煤制天然气用水 8.1t、煤制乙二醇用水 25t、煤制烯烃用水 22~32t。现代煤化工项目主要分布在宁夏、陕西、内蒙古等中西部地区，中西部地区有煤炭丰富的优势，也有水资源匮乏的劣势。发展现代煤化工必须要统筹考虑煤炭资源优势和水资源劣势，不能顾此失彼。宁夏、陕西等地区现代煤化工项目主要依靠黄河，黄河总水量是有限的，而且每年还有减少之势。现代煤化工用水量的增加将是未来发展的一大瓶颈。另外，随着《关于规范煤制燃料示范工作的指导意见》《水污染防治行动计划》《"十三五"实行最严格水资源管理制度考核工作实施方案》等产业政策的出台，对煤化工的发展提出了"以水定产、总量控制、严禁取用地下水"等更高标准、更严厉的要求，煤化工产业发展面临的水资源约束更为严重。

节约水资源、提高水的利用率对煤炭清洁转化产业可持续发展有着重要的意义。目前，主要的节水措施有采用先进的工艺技术和设备、矿井疏干水的综合利用、循环冷却水系统节水、密闭式冷凝液的回收利用、废水的分类收集和梯级利用、废水近"零"排放技术等。

（1）先进的工艺技术和设备

采用先进的工艺技术和设备是降低煤炭转化水耗最为重要的措施。通过对工艺技术和设备的优化，从煤炭转化技术本身降低水耗，如煤炭焦化工艺过程中，采用干法熄焦代替湿法熄焦就能够有效地降低水耗；煤炭气化过程中，使用德士古水煤浆气化也能够达到降低水耗的作用；同样，采用空冷器代替循环冷却水冷却以及采用自然通风冷却塔代替机械通风冷却塔都能够有效地降低水耗[20]。另外，太原理工大学提出的"双气头"生产合成气，包信和团队直接采用煤气化产生的合成气，高选择性的一步反应获得低碳烯烃技术取得突破，有望从技术本身解决煤制烯烃高水耗问题[21]。

（2）矿井疏干水的综合利用

矿井疏干水作为煤炭资源开采时的一种伴生资源，由于利用与排放缺乏统一管理，大量的矿井余水被白白地排放掉，不仅浪费了宝贵的水资源，而且也污染了环境。处理流程大体为"气浮除油—混凝沉淀—过滤"后，再经深度处理工序即可作为全厂生产水使用。

（3）循环冷却水系统节水

循环冷却水系统节水主要包括开式循环冷却水系统节水措施和闭式循环冷却水系统节水措施。开式循环冷却水系统节水主要通过控制浓缩倍数实现，系统冷却过程中由于与空气直接接触，空气中的灰尘、微生物及溶氧被带入循环水系统，造成水质恶化，通过控制浓缩倍数，达到降低循环水中有害组分的目的。闭式循环冷却水系统的核心是空冷器，工艺装置返回的高温水在空冷器管内冷却降温后，由循环冷却水泵加压至工艺装置，吸收工艺装置热量，再回到空冷器冷却，往复循环。

（4）密闭式冷凝液的回收利用

密闭式冷凝液回收是指冷凝液在回收过程中不与空气直接接触，从而减轻对管道和设备的腐蚀，同时还减少了闪蒸损失。冷凝液回收主要包括透平冷凝液和工艺冷凝液的回收，通过采取增加回收装置（如表面换热器等）或措施的方法收集冷凝液，回收后通过简单的预处理和离子交换后，可作为除盐水再次利用。

（5）废水的分类收集和梯级利用

废水的分类处理和分质回用主要有废水不经处理直接回用和经过处理后回用两类。由于不同工段对水质要求不同，相应工段产生的污染程度也不同。结合不同工段的水质要求，对不同污染程度的废水有针对性地处理和回用，可提高废水的回用率，同时降低废水处理的规模和难度，达到节水效果。

（6）废水近"零"排放技术

废水"零排放"或近"零"排放是指煤化工项目产生的废水经浓缩后以浓缩液的形式再加以处理或回用，不向地表水排放任何废水，即在对水系进行合理划分的基础上，结合废水特点，实现最大限度的处理回用，不再以废水的形式外排至自然水体的设计方案。其技术主要包括生化处理、回用处理、膜浓缩处理和蒸发结晶四个工段。

节约水资源不仅要从源头和全工艺流程进行统筹，制定相应的节水规则和提高管理水平，更应注重废水处理流程末端高浓度废水的处理和利用，尽可能避免废水外排或泄漏对环境的影响[22]。

9.3 节能问题

煤是我国主要的一次能源，根据国家统计局数据，2019 年全年能源消费总量 48.6 亿吨标准煤，比上年增长 3.3%。煤炭消费量增长 1.0%，煤炭消费量占能源消费总量的57.7%。从主要耗煤行业测算，电力行业全年耗煤 22.9 亿吨，钢铁行业耗煤 6.5 亿吨，建材行业耗煤 3.8 亿吨，化工行业耗煤 3.0 亿吨。这些行业均是高耗能行业，采用节能措施是减少煤用量和污染物排放的最有效最现实途径，也是促进煤炭清洁转化产业发展的重要方式。煤炭清洁转化产业节能措施主要包括先进工艺节能、系统优化节能、管理或过程控制节能、节能技术节能等。

（1）先进工艺节能

先进的工艺和技术是实现煤炭清洁转化过程节能减排的重要保证。通过创新和引进先进工艺、淘汰落后工艺，从煤炭清洁转化技术本身实现煤化工企业的节能减排。引进先进的流化床节能技术，淘汰落后的流化床工艺；引进先进的节能风机技术，淘汰能耗过大的风机；引进先进的电控系统，对大型设备进行有效节能管理[23]；进行工艺和技术上的创新、改造，提升产业流程中设备和系统的节能效果，如先进粉煤气化技术，冷煤气效率高，碳转化率高，热效率高，煤气中惰性气体含量低，原料煤利用率高；富氧喷煤技术，通过在高炉冶炼过程中喷入大量的（烟）煤粉并结合适量的富氧，达到节能降焦、提高产量、降低生产成本和减少污染的目的；低温甲醇洗技术，通过使用冷甲醇作为酸性气体吸收液，利用甲醇在−60℃左右的低温条件下对酸性气体溶解度极大的物理特性，分段选择性吸收气体中 H_2S、CO_2 以及各种有机硫杂质，以达到气体净化的效果。该技术在吸收等量酸性气体时甲醇溶液循环量小，装置设备数量少，在工业应用中有较好的节能效果，是氢气净化工序中重要的节能型酸性气体杂质脱除技术之一。

（2）系统优化节能

通过对化工过程与热工过程的集成优化，实现对煤化工的优化整合，满足煤炭联产，获得气体燃料、液体燃料等二次能源以及高附加值化工产品，在保证能源污染排放达到标准的同时，做到对煤炭资源的综合利用，满足多个领域的功能及需求，建立起可持续发展的能源利用体系。煤-天然气共气化制备合成气技术（共生耦合技术），将煤和天然气进行耦合，通过共气化，不仅可以借助煤炭较高的含碳量和天然气的富氢含量有效调节合成气的氢碳比，使之符合一般的使用范围（$H_2/CO=1.0\sim2.0$），而且可以用煤气化多余的热量来补充天然气蒸汽转化所需要的热量，有效降低整体能耗。煤气化制备合成气是煤制氢过程中的核心环节之一，该技术主要包含多喷嘴水煤浆气化、粉煤加压气化和非熔渣-熔渣水煤浆分级气化三种技术。目前，水煤浆（或粉煤）-天然气气流床共气化技术是主要发展方向。

（3）管理或过程控制节能

一方面，完善节能减排管理体制，加强企业领导及员工的节能减排意识，调动其参与节能减排的积极性。量化节能减排任务目标，科学考核、严格评估节能减排任务目标完成情况，确保节能政策得到层层落实[23]。另一方面，采用先进过程控制系统，以过程计算机系统（DCS/PLC/FCS）及其上位机为实施平台，以常规控制为基础，以整个生产装置或关键单元为控制对象，实现大型、复杂、多变量和约束过程的高性能控制的一类优化控制策略，使得各系统在优化条件下操作，提高全厂的用能水平，达到节能降耗效果。如锅炉装置使用先进过程控制系统，可在保证锅炉设备完好，密封情况良好的条件下，确保在偏差范围很小的微负压运行，减少风量损失及风机电耗，同时也延长物料在炉膛的停留时间，减少飞灰含碳量，达到良好的节能减排效果。精醇装置采用先进过程控制系统，通过工艺参数的优化、能耗物耗的卡边控制，并结合流程模拟软件和工艺实际经验，在满足产品质量要求条件下，降低分馏装置能耗[24]。

（4）节能技术节能

目前，煤炭转化过程中主要节能技术有二次能源回收技术、冶炼烟气余热回收技术、焦炉气非催化部分氧化制备合成气技术、垃圾混烧代煤技术等，通过这些技术的应用，达到良好的节能效果。

① 二次能源回收技术。钢铁工业的能源转化功能体现在生产过程中所用煤炭的能值有34%左右转化为副产煤气（焦炉煤气、转炉煤气、高炉煤气）和生产过程中所产生的余压、余热、余能。二次能源回收技术主要包括高炉炉顶煤气压差发电（TRT）技术、干法熄焦（CDQ）技术、烧结余热资源的高效回收与利用、转炉负能炼钢技术及高炉渣和钢渣显热回收技术等。据分析，钢铁企业所产生的二次能源量占钢铁企业总能耗的15%左右。

② 冶炼烟气余热回收技术。有色冶炼过程的余热资源非常丰富，利用余热降低产品综合能耗的潜力很大。可以采用梯级回收和梯级利用，这样可以提高余热回收工质的利用率，提高余热资源品位，减少新水耗量；可以采用汽轮机直接驱动大型风机等转动装置，实现热机直接转化并利用，避免机械能与电能转换过程中的损失和发电机的投资费用；将低温温差发电技术用于有色冶金生产的余热回收，可进一步回收低温余热。

③ 焦炉气非催化部分氧化制备合成气技术。焦炉气富含 CH_4 和 H_2，是生产合成气的重要原料。由于焦炉气中含有大量的有机硫，采用传统的催化部分氧化工艺时，转化炉前的脱硫工艺十分复杂，而且会造成固体废弃物的二次污染。采用焦炉气的非催化部分氧化工艺可有效避免此类问题，为焦炉气的有效利用提供了新途径，通过这种工艺制得的合成气可用于化工产品合成、制氢、还原炼铁等。

④ 垃圾混烧代煤技术。全国城市垃圾正在以每年8%～10%的速度继续增长。制作垃圾衍生燃料（ROF）与煤在流化床进行混烧或在水泥窑里焚烧都是实现垃圾资源化利用的优

选途径。水泥窑的容积大、热容量高、窑内物料最高温度达 1550℃、气体最高温度达 1800℃。废料在窑内被焚烧 20min 以上，其中的有害成分可得到充分氧化，分解成无害物。高温下形成的烧结物可以作为水泥原料。

9.4 碳减排问题

9.4.1 二氧化碳排放现状

温室效应问题早在 20 世纪 80 年代就引起世界各国的广泛关注。1990 年，联合国政府间气候变化专门委员会（IPCC）发布了第一次评估报告，对大气中的温室气体问题进行了评估。1997 年相关国家缔结了于 2005 年生效的《联合国气候变化框架公约》京都议定书，达成了温室气体的减排协议，对需要控制的温室气体进行了定义，主要有 CO_2、CH_4、N_2O、氢氟碳化合物（HFCs）、全氟碳化合物（PFCs）、六氟化硫（SF_6），其中 CO_2 排放被认为是地球温室化的重要原因，因此目前成为主要限排对象。京都机制还建立了 3 个灵活减排合作机制，即国际排放贸易机制（ET）、联合履行机制（JI）和清洁发展机制（CDM），这些机制允许发达国家通过碳交易市场完成减排任务，发展中国家也可以获得相关技术和资金支持[25]。2015 年 12 月由全世界 178 个缔约方共同签署的《巴黎协定》，还明确了"共同但有区别责任""各自能力""公平"的原则。

国际能源署发布的《2019 年全球二氧化碳排放情况》显示，在连续两年增长后，2019 年全球与能源相关的二氧化碳排放量在 33Gt 左右。全球煤炭使用二氧化碳排放量比 2018 年减少近 2 亿吨，抵消了石油和天然气排放量的增加。发达经济体的排放量下降了 3.7 亿吨，其中电力部门占降幅的 85%。

2019 年我国二氧化碳排放量达到 98.25 亿吨，同比增长 3.4%，占世界二氧化碳排放总量的 28.76%。煤化工作为中国主要的煤炭利用行业之一，也是碳排放的贡献者。据统计，每生产 1t 煤制烯烃产品，排放 10.41t 二氧化碳；生产 1t 煤间接制油产品，排放 5.78t 二氧化碳；生产 1t 煤直接制油产品，排放 4.90t 二氧化碳；生产 1t 煤制芳烃产品，预测排放 12t 二氧化碳；每生产 1t 煤制天然气产品，排放 3.35t 二氧化碳；每生产 1t 煤制乙二醇产品，大约排放 7.32t 二氧化碳。而石脑油裂解制烯烃的单位产品二氧化碳排放量约为 1.65t，炼油行业更低，每吨油品的二氧化碳排放量不到 0.5t，较煤化工产品的二氧化碳排放强度低很多[25]。

9.4.2 高效节能减排技术

（1）先进节能减排技术

采用先进技术以提高生产效率和资源利用率，降低单位产品各种消耗和综合能耗，减排 CO_2。例如，在合成氨生产的燃烧过程中，采用富氧燃烧既能提高炉温，又可以减少 20%～35% 的氮气进风量，减少热能的流失，而使排烟温度下降 50～100℃。此举可使年产 10 万吨合成氨的企业，单位产品煤耗从 1.25t 下降到 1.02t，同时 CO_2 排放量从 855.83m³

下降到 642.04m³。此外，先进的煤气化技术可以显著提高冷煤气效率，提高煤炭的转化率，高温净化技术可以有效降低煤气显热损失，进而减少煤炭消耗。

（2）大型设备节能减排技术

设备大型化可以显著降低单产能耗、水耗和建设投资，从而降低生产成本。目前，煤间接制油项目单位产品煤耗达 3.5t 左右，水耗在 10~14t，而每吨产品投资达到了 1.3 亿~1.4 亿元。如果单套煤间接液化系统生产规模达到 180 万吨，就可以达到规模经济，1t 油耗水约 5.15t，消耗标准煤 2.82t。因此生产规模的大型化无疑是煤化工的重点发展方向。大型关键装备如大型煤气化炉、大型反应塔器、大型换热器、大型压缩机、大型空分机等是实现大型化的关键，已经在工业中得到了应用。国内大型装备制造技术与国外有较大差距，我国颁布的《重大技术装备自主创新指导目录（2012 年版）》中明确了各行业需要突破的关键技术，在大型煤化工成套设备中包括：大型气流床气化炉、高压煤浆泵、大型反应器、大型压缩机、大型空分机、特殊阀门和大型褐煤提质成型成套设备以及高温、高压、耐腐蚀、耐磨等特殊材料。需要加大开发研制力度，以期实现大型装备国产化。

（3）多联产节能减排技术

多联产技术通过多种产品的联产，达到能量的梯级利用和原料的充分转化，使资源利用效率和经济效益最大化，同时实现环境友好。按照循环经济的理念，采取煤化电热一体化、多联产方式，大力推动现代煤化工与煤炭开采、传统焦炭产业、盐湖资源开发、化纤、冶金建材、石油化工等产业融合发展，延伸产业链，扩大产业集群，减轻煤炭利用对生态环境负面影响，提高资源转化效率和产业竞争力。以陕煤大型煤制烯烃循环经济示范项目为例，500 万吨/年的粉煤干馏，60 万吨煤焦油轻质化装置，180 万吨甲醇、60 万吨甲醇制烯烃和 60 万吨聚丙烯装置，相当于 230 万吨的炼油-石化项目。其资源利用率比国际先进水平高 5.4%，比国内先进水平高 11.6%，单位产量烯烃的能耗比国外先进水平的石脑油乙烯装置低 6.4%，折合标准煤消耗可节约 3.5 万吨/年；其甲醇装置 CO_2 排放比煤制甲醇装置减排 34%。该项目通过联合制气等技术手段，使甲醇单位能耗比国内外先进水平降低 12.2%~15.7%，折合标煤则可节约 35.8 万~48.1 万吨/年。1t 油能耗折合标煤为 1.47t，比直接合成油装置低 61.4%，节约标准煤 124 万吨/年，与间接制油相比降低 60.2%，节约标准煤 118 万吨/年。

9.4.3 耦合可再生能源减排技术

（1）耦合生物质能减排技术

生物质可以直接替代煤炭，通过气化、热解等方式生产煤基化学品和替代液体燃料，也可以和煤炭共同作为原料，利用生物质富氢、煤炭富碳的能源自身特点，将生物质与煤炭有机结合起来，形成元素互补利用共同生产化学品和液体燃料，如甲醇、二甲醚、F-T 油品，具有高效转化、低能耗和低污染排放的优点。除此之外，利用废弃动植物油和地沟油等生产生物柴油也是替代煤基液体燃料的重要途径，不仅可以解决废弃油脂造成的环境污染问题，还可以降低一次能源资源消耗，缓解能源安全。

（2）耦合太阳能减排技术

太阳能可以替代煤电为煤化工行业提供生产过程所需动力，可以为工艺反应、换热过程提供热量。先用太阳能将冷水加热，再用高品位煤炭加热，把热水变成高温高压水蒸气来发电，将产生良好的环境和经济效应。与采用传统气化生产 F-T 液体燃料相比，新型的太阳能气化生产工艺在保证相同能量利用效率的前提下，在 CO_2 减排方面具有明显优势，基于太阳能的生产系统 CO_2 排放量至少要低于传统气化生产系统 39%。

（3）耦合风能减排技术

风电并网替代煤电，能够降低煤化工生产过程的燃料煤消耗。非并网风电电解水产生的氢与煤化工生产的中间产物相结合，能够形成风/煤多能源系统。该系统使传统煤制甲醇生产工艺且省去变换工序和空分装置，大大降低了生产过程能耗。相同的甲醇产量下，节煤 48.1%、节水 37.8%、减排 CO_2 为 77.8%。将大规模风电应用于煤化工产业，可生产甲醇、二甲醚、甲缩醛等产品，还可直接与甲醇制低碳烯烃相结合，为实施石油替代战略提供一条切实可行的新技术途径。

9.4.4　CCS/CCUS 技术

CCS/CCUS 是一项将 CO_2 资源化，实现化石能源的低碳利用，减缓碳排放的重要技术。从整个流程来看可分为碳排放源—捕集—压缩—运输—利用/封存这五个单元。一般来讲，碳捕集技术主要有以下四种：燃前脱碳、燃后捕集、富氧燃烧和化学链燃烧。燃烧前脱碳技术首先将煤进行气化得到合成气，在合成气净化后进行变换，最终变为 CO_2 和 H_2 的混合物，再对 CO_2 和 H_2 进行分离。IGCC 是最典型的可以进行燃烧前脱碳的系统。燃烧后捕集是指采用吸收、吸附、膜分离、低温分离等方法在燃烧设备（锅炉或燃气轮机）后从烟气中脱除 CO_2 的过程。富氧燃烧技术是利用空分系统制取富氧或纯氧气体，然后将燃料与氧气一同输送到专门的纯氧燃烧炉进行燃烧，生成烟气的主要成分是 CO_2 和水蒸气。燃烧后的部分烟气重新回注燃烧炉，一方面降低燃烧温度；另一方面进一步提高尾气中 CO_2 的质量浓度。化学链燃烧的基本思路是：采用金属氧化物作为载氧体，同含碳燃料进行反应；金属氧化物在氧化反应器和还原反应器中进行循环。还原反应器中的反应相当于空气分离过程，空气中的氧气同金属反应生成氧化物，从而实现了氧气从空气中的分离，这样就省去了独立的空气分离系统。

目前中国已经建设了 40 个试点项目，为建设大型 CCS/CCUS 示范和工业化项目做好了准备。中国能源消耗主要是煤炭，大量煤化工产业靠近煤矿和油田，这样有利于提高强化采油（EOR）、强化煤层气开采（ECBM）等 CO_2 项目的发展，不仅将 CO_2 进行封存，同时能够增加油田/煤矿的采油量/采气量，具有 CCUS 技术低成本运用的地域条件。新疆的塔里木盆地、准格尔盆地以及内蒙古的鄂尔多斯盆地等的盐碱含水层为大量封存 CO_2 提供了基础。

9.4.5　CO_2 资源化利用

CO_2 是一种可利用的碳源，应重视煤炭转化过程中所产生的 CO_2 资源化利用，大力推广 CO_2 资源化利用技术。CO_2 资源化利用技术主要包括 CO_2 转化或固定化技术和 CO_2 循环利用技术两大类。

CO_2 转化或固定化技术即利用 CO_2 的化学性质，将其转化为其他物质进行资源再利用或固定到其他物体中的技术，实现资源再利用，直接达到减排效果。植物生长过程中需要吸

收 CO_2，并将其转化成为氧气释放到自然环境，因此，CO_2 可以作为碳基肥料；目前，众多国家开始研究使用 CO_2 生产可以降解的塑料材料，环保性高且经济效益明显；工业上，使用先进技术将 CO_2 气体制作成甲醇、烃类、酯类等化工产品；当前，已经成熟的甲烷、水蒸气重整制备合成气工艺中，常常采用适当改变 CO_2 和 H_2O 比例，以调节合成气 H/C 比，适应后续化学品合成的需要，其中水煤气变换反应起着重要的作用。

① CO_2 作为碳基肥料。当温室大棚内 CO_2 浓度大于大气中的 2～3 倍时，大部分蔬菜可提高 1 倍的产量。充足的 CO_2 浓度能够促使蔬菜提早上市，减少农药用量，抑制硝态氮的反硝化，改善作物品质。因此，可以利用 CO_2 开发碳基肥料，其主要有 4 种可行途径。a. 开发饱和 CO_2 水溶液肥料。在阳光强烈、无风时进行喷施或滴灌、渗灌，并在水溶液中加入适量的钾、镁元素，可以进一步促进光合作用，效果更好。b. CO_2 直接使用。将 CO_2 收集、储藏于钢瓶或大型气柜内，直接供给温室大棚，促进植物光合作用。c. 把 CO_2 压缩成液体肥料进行深埋，促进植物生长。d. 开发复合型碳基钾肥、碳基氮肥、碳基磷肥。

② 二氧化碳基可降解塑料。CO_2 全降解塑料加工性能优异，通过改性开发可应用在可降解泡沫材料、板材、一次性医药、薄膜、包装材料、餐饮具、食品托盘等领域。目前，国内已经成功开发了 3 种二氧化碳基降解塑料产业化应用技术[26]，分别为：a. 广东中山大学以高效纳米催化剂为核心的环氧丙烷高效合成聚碳酸亚丙酯树脂技术，该项技术已经应用在河南天冠企业集团有限公司建设的 5000t/a 项目中；b. 中国科学院广州化学所以双金属催化剂为核心的二氧化碳与环氧丙烷反应生产全降解塑料技术，该项技术主要以 CO_2 为原材料合成聚碳酸酯多元醇，制备各类聚氨酯材料，已在江苏中科金龙化工股份有限公司实现产业化应用；c. 中国科学院长春应用化学研究所以稀土配合物、烷基金属化合物、多元醇和环状碳酸酯组成的复合催化剂为核心的高效脂肪族聚碳酸酯制备技术，该技术已成功应用于内蒙古蒙西高新技术集团建设的 3000t/a 全降解塑料项目、中海石油化学股份公司建设的 3000t/a 降解塑料项目，以及浙江邦丰塑料有限公司的万吨级生产线。随着我国二氧化碳基可降解塑料合成技术及下游应用技术的不断开发，二氧化碳基可降解塑料产销量将不断增长，发展二氧化碳基降解塑料项目前景良好。CO_2 制作塑料材料的技术研发和应用，可以降低对国外产品的依赖程度，还能够降低生产成本，需要尽量实现规模化的生产。通过制作塑料产品，能够有效减少 CO_2 的排放，还能够产生比较高的经济效益，综合效果非常好。

③ CO_2 转换为化工产品[27]。CO_2 催化转换生成甲醇、甲酸、烃类、天然气等基础化工原料，以及转换为以碳酸二甲酯、脂肪族聚碳酸酯、合成环状碳酸酯为代表的酯类等多种高附加值产品的新催化合成技术研究开发十分活跃。CO_2 经过催化加氢生产甲醇或甲酸是 CO_2 资源化利用的重要途径之一，目前已被广泛研究；热力学研究表明，CO_2 催化加氢合成低碳烯烃理论转化率最高可达约 70%，且具有较好的选择性，高于传统费-托合成得到的低碳烯烃选择性；CO_2 催化加氢合成低碳烷烃及高品质燃料是既能增加能源又能减少温室效应的 CO_2 利用新技术，目前，ABB 技术集团在清华大学和天津大学针对催化等离子体转化 CO_2 合成高品质液体燃料开展了深入研究；CO_2 加氢合成甲烷技术对于节能减排、环境保护和新能源开发具有现实意义和巨大经济价值。目前，日本东京电力公司已成功研制了一种转化率可达 90% 的 CO_2 甲烷化催化剂；利用酯交换工艺，以 CO_2、甲醇和环氧乙烷/环氧丙烷为原料经合成反应生产碳酸二甲酯，联产乙二醇/丙二醇是当前国内外最具有竞争力的绿色清洁生产工艺。该工艺首先是 CO_2 和环氧乙烷/环氧丙烷在催化剂作用下合成碳酸乙烯酯/碳酸丙烯酯，然后碳酸乙烯酯/碳酸丙烯酯与甲醇反应生成碳酸二甲酯、乙二醇/丙二

醇。两步反应都是原子利用率为100%的反应，利用反应精馏酯交换技术，产品纯度高，转化率和选择性都接近100%；CO_2与环氧乙烷、环氧丙烷等共聚合成脂肪族聚碳酸酯是全球CO_2再利用研究的热点，该技术不仅能将大量CO_2温室气体制成环境友好的可降解塑料，且避免传统塑料产品对环境的二次污染；利用CO_2与环氧化合物在150～200℃、6.5～9.8MPa反应条件下，可催化合成碳酸乙烯酯。中国石油辽阳石化分公司与兰州化物所于2005年开展了环氧乙烷与CO_2反应合成碳酸乙烯酯的工业放大试验，环氧乙烷转化率接近100%，产物碳酸乙烯酯的纯度高达99%。CO_2作为温和氧化剂或氧转移剂应用于选择氧化反应中被认为是一项CO_2减量新技术，主要发展方向有低碳烷烃氧化制烯烃（如甲烷氧化偶联制乙烯、低碳烷烃氧化脱氢制低碳烯烃）、甲烷氧化制芳烃、乙苯氧化脱氢制苯乙烯等。CO_2作为氧化剂比直接氧化脱氢反应的反应平衡转化率更高，反应得到了促进，且积炭得到有效抑制。另一方面，CO_2代替氧气可防止深度氧化，保持较高的烯烃选择性。除此之外，大量CO_2已用于生产纯碱、尿素、碳酸铵等无机化工产品；CO_2生产功能材料纳米碳酸钙、生产发酵粉和钾肥等研究也已取得重大进展。

④ 水煤气变换。水煤气变换反应是工业上广泛应用的反应过程，在甲烷转化制备合成气的过程中起着重要的作用，CO_2和H_2O共气化反应中，水煤气变换反应可以调节合成气中的H/C比。目前已经成熟的甲烷、水蒸气重整制备合成气工艺中，常常适当改变CO_2和H_2O比例，以调节合成气H/C比，以适应后续化学品合成的需要。水煤气变换反应可以廉价地制造合成气以及应用于合成氨厂中合成气的净化和精制。一方面，水蒸气重整与变换反应组合仍是除极少量的电解制氢外廉价制氢的唯一途径；另一方面，水煤气变换反应的应用，在一定程度上从源头上实现了CO_2减排。

CO_2循环利用技术是利用CO_2的物理特性来实现CO_2资源化利用的技术，如制造超临界CO_2，制作干冰、灭火剂、保鲜剂、食品添加剂、CO_2驱油等。

① 生产超临界CO_2。CO_2在热力学上是十分稳定的化合物，处于最高的氧化态。其临界性质[28]为：临界压力为7.3MPa，临界温度为31℃，绝热压缩指数为1.3。超临界CO_2具有气体的压缩性和流动性，液体的高密度和高比热容，同时具有高渗透性和低黏度特性，价格低廉，无毒，是一种具有广泛应用前景的CO_2产品。超临界CO_2可以作为汽轮机和压缩机的循环介质，由于它比普通空气介质具有高得多的能量密度，将会极大地缩小汽轮机和压缩机的体积，提高输出效率；具有高渗透性，可以作为特殊用途的清洁剂。利用超临界CO_2的化学惰性可用作聚合反应介质，对高聚物溶解和溶胀能力进行调节。利用超临界CO_2对高聚物的溶胀性，可以将各种添加剂扩散入高聚物中，大大改善高聚物材料的性能及品质。另外，超临界CO_2还是一种极佳的萃取介质。超临界流体萃取技术萃取效率高、萃取剂易分离回收、操作方便、工艺流程短、耗时少，而CO_2作为超临界萃取剂，具有临界条件容易达到、化学性质稳定、无色无味无毒、安全性好、价格便宜、容易获得等优点，已在生物、化工、环保、食品等方面得到了大规模工业应用。

② 作为食品的保鲜剂和添加剂。把CO_2作为食品的保鲜剂和添加剂，用于食品的保鲜冷却、冷藏。特别是在碳酸饮料的加工过程中，二氧化碳的需求量很大，我国的饮料消费占比达到世界总量的30%，发展前景比较广阔。

③ CO_2驱油技术。往油层中注入二氧化碳可借助许多机理驱替原油。在油层条件下当二氧化碳开始与原油接触时，一般不能混相但可形成一个类似干气驱过程的混相前缘，当二氧化碳萃取了大量的重烃组分（$C_5～C_{30}$）后便可产生混相。在不同的油层压力、温度条件

下二氧化碳驱类似富气驱。注入的二氧化碳除了提高油层压力外，还起到增加原油采收率的作用。我国 1963 年首次在大庆油田开始研究利用 CO_2 驱油技术，并相继在吉林油田、江苏富民油田、新疆开展先导试验以及驱油操作。据测算，每采一桶原油需要注入 $150\sim450m^3$ CO_2 气体，该试验取得了良好采油效果。化工部西南化工研究院于 1986 年成功开发利用 PSA 法从富含 CO_2 气体中提取 CO_2 的技术，已获得专利并工业化推广 15 套装置；经过科研人员数十年研究，"CO_2-EOR" 采油技术成为迄今最成熟的 CO_2 利用新技术，在国内外已得到了广泛应用，大幅度提高了油田三次采油率。煤化工生产过程中产生的高浓度 CO_2 是驱油的重要碳源。

此外，CO_2 在气体保护焊接、干冰制造、炼钢、冷冻操作等行业广泛应用。

参考文献

[1] 石晓亮，钱公望. 燃煤火力发电厂大气污染及其控制[J]. 污染防治技术，2004，17(1)：97-100.

[2] 胡志伟，刘涛，满杰，等. 煤化工行业主要环境污染物来源及污染防治对策[J]. 山东化工，2016，45(24)：155-156.

[3] 王锐. 煤化工行业主要环境污染物来源及防治[J]. 广东化工，2011，38(4)：192.

[4] 马双忱，温佳琪，万忠诚，等. 中国燃煤电厂脱硫废水处理技术研究进展及标准修订建议[J]. 洁净煤技术，2017，23(4)：18-28.

[5] 张万辉，韦朝海. 焦化废水的污染物特征及处理技术的分析[J]. 化工环保，2015，35(03)：272-278.

[6] 郑国华. 焦化废水处理技术现状及治理趋势[J]. 煤炭加工与综合利用，2019(12)：27-29.

[7] 单明军，吕艳丽，丛蕾. 焦化废水处理技术[M]. 北京：化学工业出版社，2007：32-33.

[8] 陈明翔，高会杰，孙丹凤，等. 煤气化废水处理技术及其应用进展[J]. 现代化工，2019，39(12)：62-65.

[9] 王彦忠，朱善淳. 火力发电厂固体废弃物资源化利用分析[J]. 中国资源综合利用，2018，36(4)：63-65.

[10] 吴大刚，赵代胜，魏江波. 煤化工过程气化废渣和废碱液的产生及处理技术探讨[J]. 煤化工，2016，44(6)：56-59.

[11] 许国莉. 煤化工大气污染处理技术进展及发展趋势探讨[J]. 石化技术，2019，26(8)：176-178.

[12] 王香莲，湛含辉，刘浩. 煤化工废水处理现状及发展方向[J]. 现代化工，2014，34(3)：1-4.

[13] 张宝库. 煤化工废水处理技术面临的问题与技术优化研究[J]. 环境与发展，2018，30(2)：100-102.

[14] 费凡，张培培. 煤化工废水处理技术进展及发展方向[J]. 化工管理，2019(4)：35-36.

[15] 谷力彬，姜成旭，郑朋. 浅谈煤化工废水处理存在的问题及对策[J]. 化工进展，2012，31(增刊1)：258-260.

[16] 徐春艳，韩洪军，姚杰，等. 煤化工废水处理关键问题解析及技术发展趋势[J]. 中国给水排水，2014，30(22)：78-80.

[17] 孙中华，沈健雄，张雄俊. 火力发电厂固体废弃物的资源化利用[J]. 能源与节能，2014(7)：91-94.

[18] 刘海菊，刘凯，郭琦. 煤化工过程气化废渣和废碱液的产生及处理技术探讨[J]. 化工管理，2019(12)：121-122.

[19] 王雄雷，牛艳霞，刘刚，等. 煤焦油渣处理技术的研究进展[J]. 化工进展，2015，34(7)：2016-2022.

[20] 王敏辉. 煤化工行业高水耗问题分析与探讨[J]. 内蒙古煤炭经济，2018(5)：15.

[21] Jiao F, Li J J, Pan X L, et al. Selective conversion of syngas to light olefins[J]. Science, 2016, 351(6277)：1065-1068.

[22] 周厚方，方少辉. 煤化工水资源综合利用技术发展趋势及应对措施[J]. 煤炭加工与综合利用，2017(8)：1-5.

[23] 赵宏林. 煤化工产业的节能对策探讨[J]. 化工管理，2016(24)：126.

[24] 宋肖盼，宋仁委，王攀，等. 先进过程控制在煤化工中的应用[J]. 河南化工，2013，30(11)：50-51.

[25] 高艳，李志光. 煤化工企业应对碳排放的思考[J]. 当代化工研究，2016(8)：87-89.

[26] 甘力强. 二氧化碳基全降解塑料产业化研究进展[J]. 现代化工，2013，33(2)：4-6.

[27] 杨东明，梁相程. CO_2 绿色利用技术[J]. 当代化工，2019，48(8)：1838-1841.

[28] 中国石化集团上海工程有限公司. 化工工艺设计手册[M]. 3版. 北京：化学工业出版社，2003.

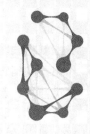

10 中国煤炭清洁转化发展战略

10.1 中国煤炭清洁转化产业发展现状和技术发展趋势

能源是经济社会繁荣发展的重要基础。改革开放四十多年来,中国已初步形成了以煤炭为主体、电力为中心、石油天然气和可再生能源全面发展的能源供应格局,基本建立了较为完善的能源供应体系[1]。然而,作为世界最大的能源生产和消费国,中国以化石能源为主体的局面导致资源约束加剧,生态环境问题突出,能源安全压力陡增,能源发展面临一系列新的挑战。

为此,国家提出了能源革命战略,旨在建立清洁低碳、安全高效的能源体系。中国工程院《推动能源生产和消费革命战略研究》认为,中国能源革命具有长期性,其进程分三个阶段[2]。2016~2020 年是能源结构优化期,主要是煤炭的清洁高效可持续开发利用,淘汰落后产能,提高煤炭利用集中度,到 2020 年,煤炭、油气、非化石能源消费比例为 6∶2.5∶1.5。2019 年,煤炭、油气、非化石能源消费比重分别为 57.6%、27.5% 和 14.9%,与 2020 年的预期非常接近[3]。2020~2030 年是能源革命变革期,这一时期,能源需求增量要由非化石能源替代,到 2030 年,煤炭、油气、非化石能源消费比例为 5∶3∶2。2030~2050 年是能源革命定型期,实现能源需求合理化、开发绿色化、供应多元化、调配智能化、利用高效化,到 2050 年,煤炭、油气、非化石能源消费比例达 4∶3∶3,或非化石能源占比更高。能源消费总量预计约 57 亿吨标准煤。可见,煤炭在能源结构中的占比虽然会明显下降,但其主体地位短期难以改变。而且随着油气对外依存度不断攀升,煤炭作为能源体系稳定器和压舱石的战略意义凸显。风、光等可再生能源比重的提升,也对煤电的调峰提出了更大的需求。从中国的基本国情、发展阶段和能源格局来看,推动煤炭清洁高效开发利用是能源转型发展的立足点和首要任务。2011 年 2 月启动,2013 年 2 月完成的中国工程院重大咨询项目《中国煤炭清洁高效可持续开发利用战略研究》对此提出了"服务发展、保障安全;节能优先、环境友好;系统最优、区域协调;创新驱动、产业升级"的战略建议[4]。

现代煤化工是煤炭清洁高效利用的重要途径之一，"十二五"以来，中国现代煤化工产业规模发展迅速，工程项目日趋成熟，技术装备不断进步。同时，也面临着战略认识不足、未来制约严峻、当下技术落后、基础问题薄弱等挑战。

如前所述，现代煤化工的主要技术路线包括煤制气体燃料、液体燃料、塑料、化学品等，其主要特征是产品以煤为原料，通过气化、液化、热解三大龙头转化途径及下游工艺生产甲烷气体以及传统石油基产品，如汽柴油、烯烃、芳烃、乙二醇等，从而产生"煤替油"或者"煤替气"效果[5]，相比传统煤化工具有工艺技术先进、工艺流程长、近年来才得以工业化和商业化的特点。其中气化途径是以煤气化技术为起点，合成气为中间产物进而合成甲醇、F-T油（石脑油、汽柴油、液化石油气等）、天然气、乙二醇的过程。以甲醇为中间原料还可进一步转化为烯烃、汽油、芳烃。液化途径指直接液化过程，其主产品是柴油、航油等。热解途径主要是以煤中低温干馏为先导的煤焦油深加工过程。虽然现代煤化工发展迅速，但传统煤化工依然是产业主体。

2020年，我国煤化工产品仍以焦炭、煤制甲醇、煤制合成氨和电石等传统煤化工产品为主，其理论耗原料煤量（以产能计算）约占整个煤化工产业的78.7%，其中焦炭（包括半焦）耗煤量最多，占整个煤化工产业耗煤量的56.83%。现代煤化工产品理论耗煤量约为1.8亿吨。其中煤制烯烃、煤间接液化和煤制天然气耗煤最多，这三种产品的耗煤量占现代煤化工总耗煤量的57.3%。中低温煤焦油加氢和煤制天然气次之，其理论耗煤量也都超过了1000万吨（图10-1）。"十三五"期间，我国传统煤化工变化不大，而现代煤化工发展迅速，其耗煤量占比相比2015年提高了33.4个百分点。

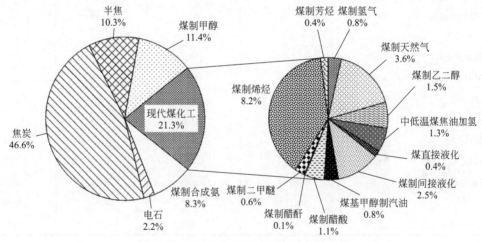

图 10-1 2019 年我国煤化工产品耗煤结构

10.1.1 产业现状

我国现代煤化工产业所取得的长足进步，表现在总体规模在全球前列，以内蒙古鄂尔多斯、陕西榆林、宁夏宁东、新疆准东四个现代煤化工产业示范区为代表，产业集群基本形成，基地园区初具规模。截至2022年底，我国已建成10套煤制油、5套煤制天然气、32套煤（甲醇）制烯烃、36套煤（合成气）制乙二醇示范及产业化推广项目，煤制油、煤制天然气、煤（甲醇）制烯烃、煤（合成气）制乙二醇产能分别达到931万吨/年、61.25亿立方米/年、1772 万吨/年、1083 万吨/年，产量分别为 793 万吨、61.6 亿立方米、1739 万吨、427 万吨，产能利用率分别达到 85.18%、100.6%、104.01%、39.43%。

2019 年底，我国现代煤化工产业共产出成品油 1332 万吨、天然气 39.4 亿立方米、烯烃 1194 万吨、乙二醇 333 万吨、芳烃 28 万吨。实现替代石油 4024 万吨、天然气 39.4 亿立方米，相当于分别降低石油与天然气 1.7 个百分点和 1.3 个百分点的对外依存度，对油气能源的替代效果初步显现。

随着节能减排技术的发展和设施的普及，目前这种"煤替油""煤替气"的资源环境代价并不显著。以现有的工业技术水平测算，如表 10-1 所示，2020 年我国现代煤化工行业共消耗煤炭 17892 万吨和新鲜水 62935 万吨，仅占全国消费总量的 4.51% 和 0.13%；共排放 38230 万吨 CO_2、13.97 万吨 SO_2 和 16.98 万吨 NO_x，仅占全国排放总量的 3.89%、4.39% 和 1.67%；废水近零排放，固废几乎 100% 处置或回收利用。这表明发展现代煤化工产业部分实现"煤替油""煤替气"的同时能够做到资源高效利用、环境友好，可以实现煤炭的清洁化利用。

表 10-1　2020 年我国现代煤化工产业资源消耗与气体排放量

技术路线	原煤消耗/($\times 10^4$ t)	新鲜水消耗/($\times 10^4$ t)	CO_2 排放/($\times 10^4$ t)	SO_2 排放/($\times 10^4$ t)	NO_x 排放/($\times 10^4$ t)
煤制氢气	652	1006	1462	0.41	0.71
煤制天然气	3035	7140	4133	0.15	0.16
煤制乙二醇	1229	5040	3257	1.15	1.34
中低温煤焦油加氢	1133	647	756	0.29	0.44
煤直接液化	306	535	520	0.14	0.16
煤间接液化	2097	3379	3382	1.05	1.16
煤基甲醇制汽油	690	4738	2409	1.07	1.36
煤制醋酸	934	370	171	0.08	0.11
煤制醋酐	55	1459	1163	0.34	0.43
煤制二甲醚	470	33858	17881	7.87	9.40
煤制烯烃	6926	1734	1209	0.57	0.70
煤制芳烃	366	3031	1886	0.86	1.03
合计	17892	62935	38230	13.97	16.98
占全国比例	4.51%	0.13%	3.89%	4.39%	1.67%

10.1.2　技术趋势

煤气化是一种主要和优选的清洁高效的煤炭转化技术。它可以与煤制氢或天然气、液化、制合成气等各种下游工艺相结合，是生产特种油和化学品的重要途径。未来的煤气化技术有望向灵活可靠、大容量、低投资、适应性广、高效、节水、智能化等方向发展，开发适用于高灰分、高熔点煤的高可靠性气化技术和设备。目前，煤制甲醇的工业技术已经相当成熟。未来将开发甲醇和合成气高效定向转化新工艺、大规模高效催化剂制备、大规模反应器设计、关键设备和工艺优化升级等。高性能甲醇合成催化剂是目前研究的热点。

国内对煤制天然气技术进行了大量的研究，主要集中在甲烷化工艺和催化剂的开发上，但一直没有大规模的项目应用。未来，将开发高效低成本的催化剂及工艺，研究用于煤制天然气（CTSNG）技术的物料能量优化过程，然后进行工业化，以提高转换效率并减少能源和水的消耗。

现有的直接液化工厂将进一步优化和升级，以延长其运行周期。通过开发新的催化剂和工艺，实现高效节水、温和液化及煤与煤焦油或重油的共处理。新的催化剂可以进一步提高产物的选择性，从而提高能源效率，减少水的消耗。通过开发特种燃料、高价值溶剂油、高端润滑油、超净油、芳烃等生产技术，优化直接液化产品的结构。现有的百万吨级间接液化项目也将进行优化，以改善运营周期，减少资源消耗。开发用于生产高端润滑油、高端蜡、烯烃、清洁含氧燃料和高端精细化学品的技术。开发新工艺和高效率、高选择性的钴基或铁基催化剂。推进直接液化和间接液化集成耦合技术发展。

为了进一步满足需求，甲醇制烯烃技术需要提高乙烯和丙烯的选择性，实现产品的宽可调比例。甲醇制丙烯技术需要催化剂的国产化，以及在此基础上的进一步优化，以降低物耗能耗和经济成本。煤制乙二醇技术未来的重点是高选择性催化剂的大规模制备、高效反应器的放大和系统优化与集成，目标是实现大规模生产。未来，利用合成气直接实现高效催化剂和芳烃合成工艺是关注的重点。

我国煤基多联产技术在系统分析、关键工艺开发、小规模示范等方面取得了快速发展。未来将发展产品定向控制、联产系统能量梯级利用、综合系统优化与控制等关键技术。此外，将对关键单元技术、子系统和多生产系统仿真进行优化，开发协同生产系统的全流程工艺包。应重点发展以煤热解或气化为基础的典型煤基多生联产一体化工艺。

现代煤化工使用合成气作为中间原料。合成气制备工艺排放的 CO_2 浓度较高，大大降低了 CO_2 捕集的经济成本。这一优势为部署碳捕集与封存（CCS）或碳捕集、利用与封存（CCUS）技术提供了机会。在现代煤化工中集中发展 CCS 或 CCUS 技术，可以大大减少温室气体排放。经济上可行的 CCS 和大规模 CCUS 技术是实现深度脱碳的关键。先进煤化工企业排放的大量 CO_2 如能及时捕获、运输和利用，可以实现经济效益和环境效益的双赢。CCS 和 CCUS 技术具有前瞻性，是实现中长期二氧化碳排放总量降低非常重要的技术手段。目前，CCS 和 CCUS 技术还处于研究和示范阶段，面临的主要挑战是高资源消耗和经济成本。为此，要加强科技投入和国际交流合作，把握国际前沿发展趋势。在加强创新研发的同时，有选择引进国际先进技术。

10.1.3 煤炭清洁转化中的化学化工问题

能源革命的关键是能源技术革命，能源革命的实质是能源转换的革命，其目标是对能源的有效驾驭和高效转换，包括一次能源科学有效利用和一次、二次能源的高效经济转换。而化学与化工的理论和技术是解决其中能量转化、能量存储、能量传输，实现能源科学有效利用不可或缺的。

中国以煤为主的能源资源禀赋决定了以煤为主的格局在相当长的时间内难以改变，鉴于煤的组分复杂、碳含量高，考虑到对环境和气候的影响，必须推进其清洁化利用，除清洁高效燃烧获取其作为一次能源的热量外，煤的化学转化是实现其清洁化利用的重要途径，包括煤热解、煤气化、煤液化及它们的直接产物、合成产物的进一步转化。转化过程以化学反应为基础，转化产物则与化学工程密切相关。煤热解、煤气化和煤液化的化学反应主要由煤的结构与反应性所决定，而化学工程则包括了单元操作、反应工程、传递过程、热力学、动力学等。

对煤的结构与反应性及其相互关系的深刻认识有助于对煤热解、煤气化、煤液化化学反应的揭示与掌控[6,7]，而化学工程的优化则决定着工艺和技术的进步，直接影响着转化效率、能源利用效率和产物的清洁化程度及产物链的延伸。

催化剂和催化过程在煤的清洁转化中发挥着极其重要的作用，在充分利用资源、减少污染、提高装置生产效率等方面有广泛应用。煤转化过程中涉及的催化过程主要是加氢、氧化、气体变换、碳-碳键断裂与重构、污染组分的脱除等[8]。在实际的煤转化工艺和技术中，催化研究和催化剂的选择，既要遵循催化化学原理，又要满足工艺和技术的特别要求。

工艺技术先进的现代煤化工可以实现煤炭转化的清洁化和高效化。这就要求现代煤化工在共性关键技术、前沿引领技术、现代工程技术和颠覆性技术上有所创新与突破。

煤炭清洁高效利用的两种主要转化方式是燃煤发电和煤炭转化，前者在中国已经基本实现了清洁高效，后者主要指现代煤化工，这里主要分析现代煤化工创新与突破中的主要化学化工问题。

现代煤化工创新与突破目标：节能提效，节水减碳，低成本，高质量。主要的化学化工问题包括科学、技术和工程三个方面的问题。针对现代煤化工的主要过程（热解、气化、合成、分离）以及具有关键作用的催化过程（催化剂和催化反应），其主要化学与化工问题有：

① 以煤化学族组成为基础的不同类型煤的微观组成、结构以及基本反应与新的煤质评价，这些化学问题是煤热解和气化反应的强化调控以及源头上脱除污染物的理论基础；

② 以原子经济性为基础的原子经济反应是提高煤炭作为原料资源的利用率和转化为产品的产率，实现节能提效、环境友好的绿色化学核心问题；

③ 以新方法调节煤基合成气氢碳比中的化学问题解决是实现煤化工源头节水、减少碳排放的关键所在；

④ 以 C—H 键和 C—O 键的催化活化以及 C—C 偶联反应为基础的碳化学键和分子模拟与量化计算研究，有利于催化剂的靶向性设计，实现颠覆性的技术突破；

⑤ 以复杂体系下反应物高选择性转化和产物中性质相近组分选择性分离的基础研究是实现现代煤化工低成本、高质量发展的必经之路；

⑥ 可再生能源与煤的共转化过程中化学问题的探索与解决，有助于克服现代煤化工 CO_2 排放的瓶颈问题，如煤与生物质的共转化等，而煤化工与石油天然气化工耦合中的化学问题探明则可以提高能效和减少碳排放；

⑦ 煤化工固废中重金属迁移和转化的基础研究对开发经济性固化、钝化、分离固废中重金属的技术，解决煤化工固废大型化、资源化利用问题具有重要作用，有利于环境保护与生态建设。

总之，从分子层面理解煤化工反应，可以明确煤转化，特别是催化转化过程中不同分子特征结构间的构效关系指导新型催化剂的设计；从过程层面强化煤化工主要反应过程，采用反应-分离耦合、超重力、微化工等过程强化手段可以发展清洁高效的新型集成技术与过程，实现煤化工的节能减排；从系统层面实现煤化工升级，推动煤化工与石油天然气化工、精细化工、高分子化工等领域的交叉融合，对现代煤化工的高质量发展和经济效益提升有重要意义。

10.2 中国煤炭清洁转化发展战略

综上所述，我国现代煤化工产业已经取得长足进步，产业规模全球领先，示范项目或生产装置运行水平不断提高，越来越多的技术达到国际先进或国际领先水平。但是，政府对煤炭清洁转化的发展战略定位尚不明晰，社会对现代煤化工与绿色高端化工结合可以实现清洁高效、部分替代石油化工的重要性和必要性缺乏认知，非理性的"去煤化"呼声不断涌现。党的"十八大"以来，我国提出了构建清洁低碳、安全高效的现代能源体系（党的"十九大"后，称为能源体系），煤炭转化作为能源的利用路径之一，必然要在现代能源体系框架下发展[9,10]。做好煤炭清洁高效利用是符合当前基本国情、基本能情的选择[11]。

10.2.1 清洁发展战略

随着环保问题的注重和政府环境治理力度的加强，国务院自 2013 年至 2016 年陆续颁布了"大气十条""水十条""土十条"，对高耗能、高污染行业提出了更严格的环保要求。环境容量已经成为现代煤化工项目环评考量的重要约束，现代煤化工的清洁发展刻不容缓。

现代煤化工必须坚持防治结合、提高工艺技术和管理水平。随着现代煤化工转化工艺以及污染物控制技术的进步，未来我国现代煤化工产品的污染物排放系数将进一步降低，结合未来煤炭转化以及燃烧过程污染物控制技术发展潜力，提出 2030 年、2040 年与 2050 年我国现代煤化工产业污染气体排放的清洁发展目标，如表 10-2 所示。

表 10-2　我国现代煤化工产业气体排放清洁发展战略目标

技术路线	SO_2 排放量			NO_x 排放量		
	2030 年	2040 年	2050 年	2030 年	2040 年	2050 年
煤直接液化/(kg/t)	≤0.41	≤0.39	≤0.36	≤0.34	≤0.32	≤0.30
煤间接液化/(kg/1000m³)	≤0.78	≤0.73	≤0.66	≤0.72	≤0.67	≤0.61
煤基甲醇制汽油/(kg/t)	≤0.87	≤0.82	≤0.76	≤0.78	≤0.73	≤0.61
中低温煤焦油加氢/(kg/t)	≤0.31	≤0.28	≤0.26	≤0.49	≤0.45	≤0.41
煤制天然气/(kg/1000m³)	≤0.63	≤0.59	≤0.54	≤0.59	≤0.55	≤0.51
煤制烯烃/(kg/1000m³)	≤0.98	≤0.93	≤0.86	≤0.90	≤0.85	≤0.80
煤制乙二醇/(kg/t)	≤0.79	≤0.74	≤0.70	≤0.76	≤0.71	≤0.65
煤制芳烃/(kg/t)	≤1.05	≤0.99	≤0.92	≤0.94	≤0.88	≤0.82

现代煤化工还要同时降低对水和土壤的污染影响，这就要求现代煤化工要积极发展高效污染物脱除技术、多污染物协同控制技术、废水零排放技术以及"三废"资源化利用技术，依托示范工程尽快实现产业化。加快制定科学完善的现代煤化工清洁生产标准与相关环保政策，引导和调控现代煤化工产业清洁化发展。科学布局现代煤化工产业，综合考量大气环境、水环境与土壤环境，已无环境容量的地区发展现代煤化工项目，必须通过等量或减量置换提供可用的环境容量。建立现代煤化工项目审批、全过程监管以及后评价的清洁生产管理体系，明确监督职责，完善问责制度。始终以环保标准为优先考虑因素，建立绿色化现代煤化工产业体系，推进现代煤化工产业的清洁化发展。

10.2.2　低碳发展战略

近年来，随着《巴黎协定》的签订，世界绝大多数国家都在积极采取行动减少温室气体排放应对气候变化。低碳发展已成为一种国际共识，也是包括煤炭清洁高效开发利用在内的能源转型发展的必然趋势。早在 2014 年，中国就出台了《国家应对气候变化规则（2014—2020）》，明确提出，到 2020 年中国单位国内生产总值（GDP）二氧化碳排放比 2005 年减少 40%～45%。中国在《巴黎协定》中承诺，将在 2030 年左右使二氧化碳排放达到峰值并争取尽早实现，2030 年单位 GDP 二氧化碳排放比 2005 年减少 60%～65%。节约能源、提高能源利用效率是中国实施低碳发展战略的首要举措。

通过节能和高效技术的进步，未来我国现代煤化工产品的 CO_2 排放系数将进一步降低。根据物料平衡核算，提出 2030 年、2040 年与 2050 年我国现代煤化工产业低碳发展目标，如表 10-3 所示。

表 10-3　未来我国现代煤化工产业低碳发展目标

技术路线	CO_2 排放量		
	2030 年	2040 年	2050 年
煤直接液化/(t/t)	≤3.21	≤3.10	≤3.00
煤间接液化/(t/1000m³)	≤3.83	≤3.62	≤3.42
煤基甲醇制汽油/(t/t)	≤3.91	≤3.70	≤3.49
中低温煤焦油加氢/(t/t)	≤0.86	≤0.81	≤0.75
煤制天然气/(t/1000m³)	≤2.28	≤2.17	≤2.07
煤制烯烃/(t/1000m³)	≤4.90	≤4.81	≤4.71
煤制乙二醇/(t/t)	≤4.10	≤3.96	≤3.82
煤制芳烃/(t/t)	≤5.15	≤4.92	≤4.70

超前部署高效 CCS 以及 CO_2 驱油（CO_2-EOR）、CO_2 制甲醇、CO_2 制烯烃等 CCUS 技术的前沿性研发，拓展 CO_2 资源化利用途径，鼓励有条件的地区和企业积极探索 CCS/CCUS 技术，是实现高碳资源低碳化利用的潜在有效途径。加强现代煤化工与可再生能源、清洁能源的互补融合，建设低碳煤基综合能源产业基地，促进现代煤化工从高碳向低碳发展。主动融入全国碳市场，通过碳交易机制提升企业减排的积极性、降低减排成本，通过碳管理机制完善现代煤化工碳排放核算标准，实现碳排放精细化管理。

实施低碳战略要结合中国的国情，也要考虑温室气体的历史成因。过激的不加区别的减碳措施可能会丧失正当合理的发展权。现代煤化工的低碳发展战略必须在坚持《巴黎协定》"共区三原则"的前提下，明确现代煤化工减碳的有所为和有所不为，一方面要充分利用现代煤化工过程中副产高浓度 CO_2 的优势积极探索 CCS 和 CCUS 技术，抓住气候变化秩序重塑的战略机遇，积极推进现代煤化工产业的低碳化发展；另一方面又不能"投鼠忌器"无视现代煤化工高碳工业的工艺属性，阻碍现代煤化工的科学发展。

10.2.3　安全发展战略

2022 年，我国石油与天然气的对外依存度已分别达到 71.2% 和 40.2%，未来油气能源的高对外依存度态势很有可能长期存在，届时油气能源供应将面临更加巨大的挑战。我国从中东、西非、南美等地区进口的石油要通过霍尔木兹海峡、马六甲海峡以及太平洋航线，复杂的地缘政治不利于我国石油供应安全。美国页岩（油）气革命成功，产量持续增长，已成为世界上最大的石油、天然气生产国，从而在全球能源市场中占据更大的份额并进一步控制能源价格，不利于我国油气能源经济安全。现代煤化工是"煤替油""煤替气"的可行技术路线，对于"富煤、少油、缺气"的中国而言，其战略重要性非常现实。

据预测，2030年、2040年与2050年我国石油消费量将分别达到7.2亿吨、7.2亿吨和6.8亿吨左右，石油生产量将分别为1.9亿吨、1.7亿吨和1.6亿吨左右，届时石油对外依存度将分别高达73.5%、76.1%和76.2%。从国家能源供应安全的角度出发，如果我国石油对外依存度的安全警戒线控制在70%，2030年、2040年与2050年"煤替油"规模潜力分别为0.9亿吨、1.5亿吨和1.4亿吨左右。

2030年、2040年与2050年我国天然气消费量将分别达到5037亿立方米、6406亿立方米和7584亿立方米左右，天然气生产量分别为2735亿立方米、3672亿立方米和4131亿立方米左右，届时天然气对外依存度将分别高达45.7%、42.7%和45.5%。从国家能源供应安全的角度出发，如果我国天然气对外依存度的安全警戒线控制在40%，2030年、2040年与2050年"煤替气"规模潜力分别为287亿立方米、171亿立方米和419亿立方米左右。如果未来天然气产量达不到预期，"煤替气"的潜力空间还将增大。

现代煤化工关乎中国能源安全，政府应明确现代煤化工的战略意义与产业定位，主导制定现代煤化工发展规划政策，有序推进现代煤化工逐步实现升级示范、适度商业化与全面产业化。政府有关部门应制定相关保障性经济、金融政策以提高实施企业的经济性与竞争力，形成一定规模的油气能源替代能力。从科技层面，应大力加强颠覆性工艺技术创新，大力推进大型煤气化炉、大型空分设备、大型合成设备、催化剂等设备和材料的研发与应用，进一步提高现代煤化工装备的制造水平与自主化率，保障现代煤化工技术安全。

10.2.4　高效发展战略

能源强度是评价能源综合利用效率的重要指标，体现了能源利用的经济效益。2019年，全球范围内主要发达国家（如美国、日本、德国、韩国等）化学原料与化学制品行业能源强度基本在2.0～3.2吨标准煤/万美元之间。而我国为9.4吨标准煤/万美元，虽然相比2005年下降了65.6%，但与发达国家相比还有很大差距，若能达到发达国家的能源强度水平，能源消耗将减少65%以上，高效发展的战略意义重大。高效也是清洁、低碳乃至安全的基础，高效发展能够减低对资源的消耗，也就减小对生态环境和气候的影响，能源供给安全也可因此得以缓解。

随着现代煤化工转化工艺与节能节水技术的进步，未来我国现代煤化工产品的物耗系数将进一步降低，能效水平明显提高。参考《煤炭深加工产业示范"十三五"规划》中相应的准入值与先进值，结合发达国家技术水平发展趋势，提出2030年、2040年与2050年我国现代煤化工产业高效发展目标，如表10-4所示。

表 10-4　我国现代煤化工产业高效发展战略目标

技术路线	煤耗			水耗		
	2030 年	2040 年	2050 年	2030 年	2040 年	2050 年
煤直接液化/(t/t)	≤3.00	≤2.95	≤2.90	≤4.80	≤4.55	≤4.30

技术路线	煤耗			水耗		
	2030 年	2040 年	2050 年	2030 年	2040 年	2050 年
煤间接液化/(t/1000m³)	≤3.30	≤3.20	≤3.10	≤5.50	≤5.15	≤4.80
煤基甲醇制汽油/(t/t)	≤3.34	≤3.24	≤3.14	≤13.14	≤11.98	≤10.82
中低温煤焦油加氢/(t/t)	≤1.96	≤1.92	≤1.88	≤1.00	≤0.94	≤0.87
煤制天然气/(t/1000m³)	≤2.40	≤2.35	≤2.30	≤5.40	≤5.15	≤5.90
煤制烯烃/(t/1000m³)	≤3.84	≤3.80	≤3.75	≤15.00	≤14.25	≤13.50
煤制乙二醇/(t/t)	≤2.63	≤2.57	≤2.50	≤10.5	≤9.5	≤8.5
煤制芳烃/(t/t)	≤4.03	≤3.93	≤3.82	≤17.35	≤15.95	≤14.56

发展现代煤化工必须坚持节能优先、提质增效、产业融合，优化升级构建综合节能降耗模式，跨行业优化配置要素资源。在技术层面，积极探索颠覆性现代煤化工技术的研发以及工业化应用，实现节能降耗的突破性进展；大力推进现代煤化工与电力、石油化工、化纤、盐化工、冶金建材等产业的融合发展，提高资源综合转化和利用效率，特别是与石油化工的深度融合、优势互补，延伸产业链，生产高端化、特色化、高值化化学品，以提升现代煤化工产业的经济效益与抗风险能力和竞争力；重点推广低位热能利用技术、高效节电技术、大型现代煤气化技术等一系列节能、节煤、节水技术，不断优化过程工艺，减少资源消耗。从管理层面，提高现代煤化工项目准入门槛，对水资源"三条红线"进行全面管控；优化现代煤化工产业格局，统筹地区资源、煤种煤质、运输条件与市场需求等因素，鼓励产业差异化发展，为资源高效利用与上下游产业发展创造便利条件；深挖管理节能潜力，建设能源管理中心，实现煤、水、电的全面节约。

10.3 中国煤炭清洁转化技术发展建议

实现现代能源体系下煤炭清洁高效转化，技术是最关键的手段。结合中国现代煤化工近20 年发展的经验和教训，提出以下技术发展建议。

10.3.1 现代化

随着现代煤化工关键技术的突破和示范工程项目的建成投产，中国煤化工产业逐步由传统型向现代化转变。煤化工产业现代化包括两方面：一是技术、装备现代化；二是产品现代化。技术现代化要求淘汰落后技术，采用先进技术以提高生产效率和资源利用率，降低单位产品资源消耗和综合能耗。例如，先进的气化技术能够达到冷煤气效率大于83％，热煤气效率大于96％，灰渣含碳量小于1％，耗水量减少30％。先进生产工艺和高效的催化剂可以给行业带来明显的效益，如合成气直接制烯烃/芳烃工艺可以使合成气综合能源效率提高15 个百分点以上，新一代甲醇制烯烃催化剂可以达到吨烯烃甲醇消耗小于2.7t，乙烯丙烯总选择性大于86％。装备现代化要求装备对复杂工艺的适应性和契合度更强，进而提高生产的安全性。例如，高可靠性的气化炉能够很好地适应高灰分高灰熔点煤。适用于工艺条件苛刻的高差压耐磨控制阀和高温高固含煤浆泵等关键设备为复杂工艺的"安、稳、长、满、优"运行奠定基础。产品的现代化主要是提高煤炭深加工产品的性能和附加值。譬如，直接和间接液化工程耦合能够提高煤液化技术的整体能效，实现工艺的互补性、延伸产业链、灵活调控产品方案、提高油品附加值。

10.3.2　大型化

大型化包括装备大型化和生产规模大型化。装备大型化是生产规模大型化的基础。大型化可以显著降低单位产品能耗、物耗和建设投资，从而降低生产成本，对于提高煤化工的生产效率、改善经济效益是一条行之有效的途径，因此是煤化工的重点发展方向。目前，煤化工设备已呈大型化发展趋势，关键装备如大型煤气化炉、大型反应塔、大型换热器、大型压缩机、大型空分机等是实现大型化的关键，已经在工业中得到了应用。例如，3000t/d 的大型水煤浆气化炉和干粉煤气化炉、2000t 的大型加氢液化费-托合成反应器、单台设备制氧能力 $1 \times 10^5 m^3/h$ 的大型空分设备、单系列有效气处理量 $4 \times 10^5 m^3/h$ 的大型气体净化与分离装置、超大型联合气用往复压缩机已实现国产化。未来，煤气化炉将向 3500t/d 级乃至更大规模迈进，煤间接液化浆态床反应器单台产能有望提高至 65 万吨/年。煤化工生产规模的大型化已初具成效。以煤间接液化为例，由最初示范的 10 万吨/年级已提升至目前示范的百万吨/年级。未来，煤制乙二醇项目将向 50 万吨/年甚至百万吨/年级迈进，煤制芳烃项目也有望实现百万吨/年级的工业放大。

10.3.3　分质联产化

多联产的核心是不同产品生产工艺技术的优化耦合。多联产没有固定的模式，其核心是通过多种产品的联产，达到能量的梯级利用和原料的充分转化，使资源利用效率和经济效益最大化，同时实现环境友好，是煤化工重点发展的技术方向。例如，粉煤热解-气化一体化技术依据煤的组成、结构特征以及不同组分反应性的差异，将粉煤热解与半焦气化结合在一个反应器内，以空气（或氧气）为气化剂，使粉煤一步法转化为高品质的中低温煤焦油和合成气，从而实现粉煤热解、半焦气化的分级转化和优化集成。该技术能源转化效率达82.75%，无水无灰基煤焦油产率达 17.12%，粗合成气有效气含量达 35.10%，目前已通过万吨级中试，为建设大型工业示范装置提供了技术基础。再如，煤基甲醇、煤液化、煤炭焦化等煤化工技术在单元工艺（如煤气化和气体净化）、中间产物（如合成气、氢气）、目标产品等方面具有很大的互补性。将不同的工艺进行优化组合实现多联产，并与尾气发电、废渣利用等形成综合联产，有利于降低工程项目的建设投资及目标产品的平均生产成本，提高整体项目的经济性和抗风险能力。

10.3.4　原料多元化

目前，以煤炭为原料生产化学品和通过转化生成高效洁净能源的技术将与石油天然气化工及能源的技术路线形成并列竞争的趋势。随着各单项技术的逐渐成熟，煤化工行业面临着新的发展机遇。以煤油共炼技术为例，该技术打破了传统的煤化工、气化工和石油化工的单一模式，以煤、油田气、干气为原料生产甲醇，然后进一步生产烯烃，实现了多种原料的优利用煤基合成气向油田气基合成气和催化裂化副产的干气补充其所缺的碳，降低煤成气的 CO 变换深度，降低 CO 变换和脱除 CO_2 的能耗，同时大幅减少 CO_2 的排放量和水的消耗量，大幅度提高煤的碳利用率。通过多种先进技术的组合、创新和资源的优化配置，有效弥补煤制甲醇中"碳多氢少"和天然气制甲醇"氢多碳少"的不足，将渣油裂解产生的干气用于生产甲醇，不仅大幅节约项目投资，而且使生产甲醇的原料消耗大幅降低。

10.3.5 洁净化

随着生态环保要求的日趋严格，煤化工生产的近零排放是必然趋势。必须将各种先进的工艺技术、节能技术、节水技术、环境控制技术、温室气体减排技术等优化耦合综合实施，才能真正实现近零排放。研发具有同时吸附多种污染物的新型高效吸附剂及高效、低成本氧化剂，氧化工艺与设备以及高效催化剂，研发多污染物一体化脱除技术工艺关键装置设计与制造技术，研究工艺流程优化技术，形成具有自主知识产权的成套多种污染物一体化脱除技术，实现废气的综合利用。研发高有机、高盐煤化工废水近零排放技术，开展废水近零排放技术优化和工业示范。进一步研发基于新概念、新原理、新路线的煤化工废水全循环利用零排放技术，坚持废水治理并实现回用，发展循环经济。通过采用先进的洁净煤气化技术、多联产工艺、CCS/CCUS 技术等，减少能源消耗和温室气体排放，保护生态环境。

10.4 "十四五"期间中国煤炭清洁转化发展思考

当前中国正在经历百年未有之大变局，全球政治、经济、科技形势正在经历深刻变化，"十四五"期间中国煤炭清洁转化发展必须结合时代形势，必须符合我国的能源革命阶段。如前所述，根据中国工程院的战略研究，中国的能源革命具有分阶段的长期性。2020～2030 年间为"能源领域的变革期"，这一阶段能源需求的增量要由清洁能源，特别是可再生能源替代煤炭能源。2030～2050 年是"能源革命的定型期"，实现能源的"清洁低碳，安全高效"终极目标，形成能源"需求合理化、开发绿色化、供应多元化、调配智能化和利用高效化"发展模式。

第一，必须清醒认识现代煤化工在我国能源安全保障中压舱石的地位。

"清洁低碳、安全高效"的现代能源体系的四个方面是不可分割的统一体，虽各有侧重但权重不等，其权重大小取决于不同时期的具体要求。当前中国面临能源供应安全的高风险，煤炭是中国唯一大量拥有的可获得资源，发展现代煤化工具有非常现实的意义。"十四五"期间，世界和中国化石能源在一次能源结构中的占比都将在 80% 左右，煤炭在中国一次能源结构中占比估计在 55% 左右，因此对煤的注意力不要分散。应积极"推进煤炭清洁化利用，加快解决风、光、水电消纳问题"，切实把推动煤炭清洁高效开发利用作为能源转型发展的立足点和首要任务。"推进煤炭清洁化利用""推动煤炭清洁高效利用"，连续三年列入中国政府工作报告的年度工作任务。

能源革命是一个长期过程，不可能一蹴而就，其最终目标是要建成"清洁低碳、安全高效"的能源体系。"十四五"能源应紧紧围绕这一终极目标予以关注和部署。清洁的重点在于推进化石能源，特别是煤炭的科学开发和清洁利用，提高煤炭使用的集中度。实现了清洁高效利用的煤炭也是清洁能源。由国家发展改革委牵头,包括国家能源局在内的六部委已将煤炭清洁利用、煤炭清洁生产列入《绿色产业指导目录(2019年版)》,"十四五"期间应具体体现。低碳是在提高非化石能源比重的同时,将节能减排和提高能效作为当前中国低碳化过程中的重中之重,在这一过程中要旗帜鲜明地坚持和维护《巴黎协定》的"共区三原则",保证中国合理的发展权。安全包括能源的供应、生态环境、科技和经济安全,在当前油、气对外依存度不断攀升,地缘政治风云变幻的形势下,更要用战略眼光看待煤基燃料(煤制油、气、醇、醚等)和煤基化学品(烯烃、芳烃等)对石油、天然气的部分替代,并积极部署和支持。高效是指能源生产、转化、利用的效率都要高,如果中国的能源利用效率提高到世界平均水平,就可以少消耗13.3亿吨标准煤,从而可以减少34.6亿吨的CO_2排放,约占2018年碳排放总量的三分之一。

第二,必须客观承认煤炭清洁转化在发展中依然存在诸多问题。

现代煤化工本身的能源利用与资源转化效率偏低,精细化、差异化、专用化下游产品开发不足,整体效能有待提高。产品的价格、市场、税收的不确定性,以及环境容量、水资源、温室气体约束对我国煤化工的发展提出了更高的要求。"十四五"期间,要在原有煤炭清洁转化技术和产业的基础上,进行理念、系统、工艺、技术、产品、管理的全面升级。科学认识煤炭的能源资源双重属性,发掘不同结构煤炭的"个性"价值,指导煤化工的发展。以煤化工为基础构建新的能源化工系统,促进煤炭清洁利用。大力开拓科学的工艺路线,打破不同行业之间的壁垒,以产生更高的经济效益、环境效益和社会效益。通过技术的发明创造、优化革新,提高煤化工的经济、清洁、高效、低碳水平。提高产品的性能,衍生产品链条,拓宽产品的用途,产品向精细化的高附加值方向发展。

第三,充分利用先进的信息、大数据等新兴技术。

今天,互联网和大数据技术正席卷全球。随着能源行业科技化、信息化程度的加深,各种监测设备、智能传感器以及5G技术逐渐普及,能源大数据也成为时代进步的必然趋势。作者负责的中国工程院能源专业知识服务系统提出了泛能源大数据的理论框架,泛能源大数据是以能源数据为核心,将经济、社会、政治、生态、环境、气候、安全、工程、科技、市场、贸易、健康等维度关联在一起的数据体系,符合现代社会的特征,是一个全新的体系。泛能源大数据理论认为泛能源大数据中包含着社会发展的主要信息,蕴含着现代社会运行的密码,通过挖掘泛能源大数据可以发现能源与经济、社会、政治、生态、环境、气候、安全等维度的关系,进而推导出各维度之间的联系,做到"牵一发而动全身"。这为探索现代社会这个复杂体系提供了理论基础。将煤化工构建到泛能源开发数据中,在泛能源大数据的理论框架下,利用大数据手段、人工智能手段、区块链技术等,实现煤化工的科学布局,高效生产,经济、环境、社会协调发展,驱动产业升级转型,助推能源革命。李俊杰等[12]已经在这方面做了有益的探索。

第四,大力探索煤炭清洁转化颠覆性技术。

能源技术革命是推进能源革命的动力,是构建能源体系的支撑,其实质是能源转换的革命,其目标是对能源的有效驾驭和高效转换。共性关键技术可以促进能源行业的转型升级;前沿引领技术可以提升示范工程的质量水平;现代工程技术可以实现示范工程的大型化、商业化;而颠覆性技术则是能源低碳转型的关键。要积极探索颠覆性的煤炭清洁高效转化技术,在技术经济上保留煤炭作为燃料、化学品的原料属性基础上,大幅度减少甚至消除生产过程对生态、环境、气候等的负面影响。

参考文献

[1] 国家统计局. 中国能源统计年鉴[M]. 北京:中国统计出版社,2020.

推动能源生产与消费革命战略研究(综合卷)[M]. 北京：科学出版社，2017.

统计局. 中华人民共和国 2019 年国民经济和社会发展统计公报[R]. 2020-02-28.

[4] 谢克昌. 中国煤炭清洁高效可持续开发利用战略研究[M]. 北京：科学出版社，2014.

[5] 谢克昌，田亚峻，贺永德. 煤洁净高效转化[M]. 北京：科学出版社，2014.

[6] 谢克昌. 煤的结构与反应性[M]. 北京：科学出版社，2002.

[7] Xie K C. Stucture and reactivity of coal[M]. Berlin Heidelberg：Spring，2015.

[8] 谢克昌，赵炜. 煤化工概论[M]. 北京：化学工业出版社，2012.

[9] 谢克昌. 中国能源体系构建中的现代煤化工发展战略研究[M]//刘峰. 中国煤炭科技四十年(1978～2018). 北京：应急管理出版社，2020：711-720.

[10] 谢克昌. "十四五"期间现代煤化工发展的几点思考[J]. 煤炭经济研究，2020，40(5)：1.

[11] 谢克昌. 让煤炭利用清洁高效起来[N]. 人民日报，2020-09-20.

[12] 李俊杰，程婉静，梁媚，等. 基于熵权-层次分析法的中国现代煤化工行业可持续发展综合评价[J]. 化工进展，2020，39(4)：1329-1338.